嵌入式技术与应用丛书

嵌入式系统设计教程

（第3版）

丁　男　马洪连　主编

马艳华　董　校　朱　明　张益嘉　编著

電子工業出版社
Publishing House of Electronics Industry
北京·BEIJING

内 容 简 介

本书以目前国内外流行的基于 ARM 架构的嵌入式微处理器及嵌入式操作系统为例，详细介绍嵌入式硬件系统架构、嵌入式微处理器和系统核心电路接口的设计与应用，以及嵌入式软件架构、主流嵌入式操作系统及其移植裁剪和应用程序编写等相关知识及应用技术。

全书共 9 章，内容主要包括嵌入式系统概论、基于 ARM 架构的嵌入式微处理器、嵌入式系统开发环境与相应开发技术、嵌入式指令系统与程序设计、嵌入式系统设计与应用、嵌入式操作系统 μC/OS-II 及应用、嵌入式 Linux 操作系统及应用、Andriod 操作系统及应用，最后详细介绍了系统综合设计应用实例。

本书适合高等院校相关专业的学生和研究生作为专业课程教材，也可以作为从事嵌入式系统开发和设计人员的技术培训或者开发参考用书。

本书配有教学用课件，读者可登录华信教育资源网（www.hxedu.com.cn）免费注册后下载。

图书在版编目（CIP）数据

嵌入式系统设计教程 / 丁男，马洪连主编. —3 版. —北京：电子工业出版社，2016.9
（嵌入式技术与应用丛书）
ISBN 978-7-121-29773-1

I. ①嵌… II. ①丁… ②马… III. ①微型计算机－系统设计－教材 IV. ①TP360.21

中国版本图书馆 CIP 数据核字（2016）第 202886 号

责任编辑：田宏峰
印　　刷：北京盛通数码印刷有限公司
装　　订：北京盛通数码印刷有限公司
出版发行：电子工业出版社
　　　　　北京市海淀区万寿路 173 信箱　　邮编　100036
开　　本：787×1 092　1/16　印张：18.25　字数：460 千字
版　　次：2006 年 6 月第 1 版
　　　　　2016 年 9 月第 3 版
印　　次：2024 年 2 月第10次印刷
定　　价：49.00 元

凡所购买电子工业出版社图书有缺损问题，请向购买书店调换。若书店售缺，请与本社发行部联系，联系及邮购电话：（010）88254888，88258888。

质量投诉请发邮件至 zlts@phei.com.cn，盗版侵权举报请发邮件至 dbqq@phei.com.cn。

本书咨询联系方式：tianhf@phei.com.cn。

前　言

嵌入式系统是以应用为中心，以计算机技术为基础，并且软/硬件可裁剪，适用于应用系统对功能、可靠性、成本、体积、功耗有严格要求的专用计算机系统。嵌入式系统开发与应用的内容繁杂，涉及诸如计算机、电子、自动控制等诸多专业知识，综合性强。由于嵌入式系统涉及的知识点多，想让学生在短短的有限课时内完全掌握嵌入式系统设计全部知识是不现实的。因此通过嵌入式系统课程的学习，目的是使其能够掌握嵌入式系统设计的基本知识和开发方法。实践是学习嵌入式系统设计的重要环节，通过动手实践才能让学生掌握嵌入式系统设计开发方法和开发经验。

随着嵌入式系统应用的普及，对嵌入式系统设计的技术人才需求越来越大，同时也迫切需要一些较好的适用于不同层次人员使用的教材和参考书。本书定位于从事嵌入式系统开发和设计的初学人员。从实用的角度出发，本书分别以目前国内外流行的 S3C2440 和 Cortex 架构处理器为例，详细地介绍嵌入式系统的内部结构、工作原理、设计步骤、设计方法、接口电路，以及嵌入式系统的开发环境和开发工具。在软件方面介绍了 μC/OS、Linux 和 Andriod 操作系统相关知识，最后介绍了一项实例设计供读者参考和借鉴。

本书第 1 版和第 2 版分别在 2006 年 6 月和 2009 年 9 月由电子工业出版社出版发行，目前国内 20 多所高校采用本教程作为嵌入式系统设计课程教材。由于嵌入式系统技术发展迅速，新技术层出不穷，为了适应时代发展，故对本书进行重新修正和再版发行，主要对书中各章节重新进行了规划、整理和内容充实。例如，第 2 章中的嵌入式处理器简介改为基于 ARM9 系列的 S3C2440 和新一代的 Cortex 系列处理器；第 3 章修改为嵌入式系统开发环境与相应开发技术的内容介绍；第 4 章中增添了 ARM 汇编语言与 C 语言的程序设计内容；第 8 章修改为基于 Andriod 操作系统的设计与应用；在第 1、5、6、7、9 章的内容也做了适当的修改。同时，对全书各章的内容都进行了精细化、逐页逐句地进行仔细斟酌，对一些表达不恰当句子进行了修改。教材的习题部分对于复习和巩固所学内容是非常重要的，每章精心挑选适量增加了课后的习题。

作者从事计算机教学工作多年，多次完成基于 ARM 微处理器系列的科研项目的开发和设计工作。所以在编写本教材的过程中，精选内容、力求符合从事嵌入式系统开发和设计的初学者的特点，做到概念清晰、理论联系实际。在叙述方法上，则力求由浅入深、通俗易懂便于学习，以便使读者能在较短的时间内迅速掌握相关知识，起到事半功倍的作用。

本书适合高等院校相关专业的大学高年级学生和研究生作为专业课教材也可以作为从事嵌入式系统开发和设计人员的参考用书。作者建议本课程课时数为 56 学时（授课课时 32，实验课时 24）。在课堂主要讲授第 1～5 章和第 9 章内容，选取第 6～8 章操作系统的内容，与实验同步进行。为了便于本课程的教学需要，本书另配有多媒体教学课件，需要者与本教材责任编辑联系，E-mail：tianhf@phei.com.cn。

在本书编写的过程中，感谢电子工业出版社的编辑，在他们的大力支持下使本书能够很快出版发行。同样，对本书参考文献中以及引用了相关资料的所有作者深表谢意。

由于嵌入式系统设计的发展非常迅速和普及，嵌入式应用的新技术、新成果不断涌现和更新，书中难免存在错误、疏漏和不妥之处。还希望广大读者能够多加谅解，并及时联系作者，以期在后续版本中进行完善。

编　者

2016 年 8 月

目　　录

第 1 章

嵌入式系统概论

嵌入式系统将微处理器直接嵌入到应用系统之中，融合了计算机软/硬件技术、通信技术和半导体微电子技术，是信息技术的最终产品。本章首先介绍嵌入式系统的定义、特征、应用领域和发展趋势，然后介绍嵌入式硬件系统体系结构原理及在嵌入式系统中采用的先进技术，最后介绍嵌入式系统软件结构、设计流程，以及常用的四种嵌入式操作系统。

1.1 系 统 概 述

随着现代计算机技术的飞速发展，计算机系统逐渐形成了通用计算机系统（如 PC）和嵌入式计算机系统两大分支。通用计算机系统的硬件以标准化形态出现，通过安装不同的软件满足各种不同的要求。嵌入式系统则是根据具体应用对象，采用量体裁衣的方式对其软/硬件进行定制的专用计算机系统。嵌入式系统与 PC 相比区别如下。

（1）嵌入式系统是专用系统，其功能专一，而 PC 则是通用计算平台。

（2）嵌入式系统的资源比 PC 少，具有成本、功耗、体积等方面的要求。

（3）嵌入式软件系统一般采用实时操作系统，其应用软件大多需要进行重新编写，因此软件故障带来的后果会比 PC 大。

（4）嵌入式系统的开发与设计方面需要在宿主机中装配有专用的开发环境与开发工具。

嵌入式系统是将计算机硬件和软件结合起来构成的一个专门的装置，这个装置可以完成一些特定的功能和任务。由于它可能会工作在一个与外界发生交互并受到时间约束的环境中，所以要求其能够在没有人工干预的情况下独立进行实时监测和控制。另外由于被嵌入对象的体系结构、应用环境要求的不同，各个嵌入式系统可以由各种不同的结构组成。

1.1.1 嵌入式系统的定义和特征

1．嵌入式系统的定义

到目前为止，嵌入式系统已经有近 50 年的发展历史。第一款嵌入式处理器是 Intel 的 4004，它出现在 1971 年。1981 年世界上出现了第一个商业嵌入式实时内核（VTRX32），内核中包含了许多传统操作系统的特征，如任务管理、任务间通信、同步与相互排斥、中断支持、内存管理等功能。随后，出现了各种嵌入式操作系统，目前已经在全球形成了一个产业。

关于嵌入式系统的定义很多，例如 IEEE（国际电气和电子工程师协会）的定义为嵌入式系统是“用于控制、监视或者辅助操作机器和设备的装置”（devices used to control, monitor, or assist the operation of equipment, machinery or plants）。国内较权威机构对嵌入式系统的定义是：“以应用为中心，以计算机技术为基础，软/硬件可裁剪，功能、可靠性、成本、体积、功耗严格要求的专用计算机系统”。

嵌入式系统本身是一个相对模糊的定义，手机、MP4、数码相机、机顶盒、媒体播放器和智能仪器、仪表都可以认为是嵌入式系统。总之，嵌入式系统采用“量体裁衣”的方式把所需的计算机功能嵌入到各种应用的设备与装置中。

2. 嵌入式系统的特征

嵌入式系统是将先进的计算机技术、半导体技术和电子技术与各个行业的具体应用相结合后的产物，这一点就决定了它必然是一个技术密集、资金密集、高度分散、不断创新的知识集成的系统。嵌入式系统的重要特征主要包括以下几个方面：

（1）嵌入式系统通常都具有低功耗、集成度高、体积小、高可靠性等特点，它能够把通用计算机中许多由部件完成的任务集成在芯片内部，从而有利于嵌入式系统设计趋于小型化，移动能力也大大增强。

嵌入式系统的个性化很强，其软/硬件的结合是非常紧密的，一般要针对不同的硬件情况来进行软件系统的设计。即使在同一品牌、同一系列的产品中也需要根据系统硬件的变化和增减来不断地对软件系统进行修改。一个嵌入式系统通常只能重复执行一个特定的功能，例如一台数码相机永远是数码相机。而通用的台式微机系统可以执行各种程序，如电子表、多媒体播放器和游戏，还可以经常加入其他新程序。

（2）实时性强，系统内核小。有些嵌入式系统的系统软件和应用软件没有明显区分，不要求其在功能设计及实现上过于复杂，这不仅利于控制系统成本，同时也利于实现系统安全。嵌入式软件代码要求高质量和高可靠性、实时性。很多嵌入式系统都需要不断地依据所处环境的变化做出反应，而且要实时地得到计算结果，不能延迟。由于嵌入式系统一般是应用于要求系统资源相对有限的场合，所以内核较传统的操作系统要小得多，如 μC/OS 操作系统，核心内核只有 8.3 KB 左右。

（3）资源较少，可以裁减。由于对成本、体积和功耗有严格要求，使得嵌入式系统的资源（如内存、I/O 接口等）有限，因此对嵌入式系统的硬件和软件都必须高效率地设计，量体裁衣、去除冗余，力争在有限的资源上实现更高的性能。

（4）需要开发环境和调试工具。由于嵌入式系统本身不具备自主开发能力，即使设计完成以后，用户通常也不能对其中的程序功能进行修改，必须有一套开发工具和环境才能进行开发。这些工具和环境一般是安装在宿主机（如 PC）中，进行系统开发时宿主机用于程序的开发，目标机（产品机）作为最后的执行机，研制和开发时需要交替结合进行。

1.1.2 嵌入式系统的应用领域及发展趋势

1. 嵌入式系统的应用领域

嵌入式系统可应用在交通管理、信息家电、家庭智能管理系统、网络及电子商务、环境监测等方面。在工业和服务领域中，大量嵌入式技术也已经应用于工业控制、数控机床、智能工具和机器人等各个行业，并逐渐改变着传统的工业生产和服务方式。例如，飞机中的电子设备、城市地铁购票系统等都可通过嵌入式系统来实现。嵌入式系统的应用领域如图 1-1 所示。

2. 嵌入式技术的发展趋势

人们对嵌入式系统的要求是经济实惠、可靠、小型化携带方便，同时智能性高（知识推理、模糊查询、识别、感知运动），使人们用起来更习惯。未来嵌入式系统的发展趋势大致如下。

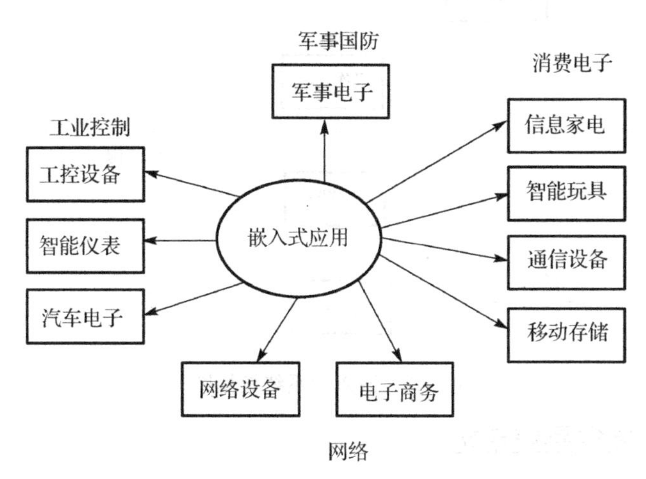

图 1-1　嵌入式系统的应用领域

（1）新的微处理器不断涌现，嵌入式软件不断更新、完善。为满足市场的需求，嵌入式产品设计者不断研制新产品。这样，就相应提高了对嵌入式软件设计技术的要求。例如，选用最佳的编程模型、不断改进算法和优化编译器性能等，因此不仅需要软件人员有丰富的经验，更需要采用先进的嵌入式软件技术。

（2）连网成为必然趋势。网络化、信息化的要求随着 Internet 技术的成熟、带宽的提高，功能不再单一，结构更加复杂。为适应嵌入式分布处理结构应用的上网需求，面向未来的嵌入式系统要求配备标准的一种或多种网络通信接口。

（3）提供精巧的多媒体人机界面。嵌入式设备之所以为亿万用户乐于接受，重要因素之一是自然的人机交互界面。人与信息终端交互多采用以屏幕为中心的多媒体界面实现，如手写文字输入、语音拨号上网、收发电子邮件，以及彩色的图形、图像。目前，一些嵌入式产品在显示屏幕上已实现了多元化输入和三维图像显示发布等功能。

（4）需要先进、强大的开发工具的支持，嵌入式软件开发要走向标准化。嵌入式开发是一项系统工程，因此要求厂商不仅提供嵌入式软/硬件系统本身，同时还需要提供强大的硬件开发工具和软件包支持。另外，为了合理地调度多任务、利用系统资源、系统函数和专家库函数接口，用户必须自行选配更合理的标准化嵌入式开发平台，这样才能保证程序执行的实时性、可靠性，并减少开发时间和保障软件质量。

1.2 嵌入式系统组织结构

1.2.1 嵌入式系统总体架构

嵌入式系统一般是由硬件系统和软件系统两大部分组成，嵌入式硬件系统包括嵌入式处理器、存储器、I/O 系统和配置必要的外围接口部件，嵌入式软件系统主要包括操作系统和应用软件。嵌入式系统的软/硬件结构框架如图 1-2 所示。

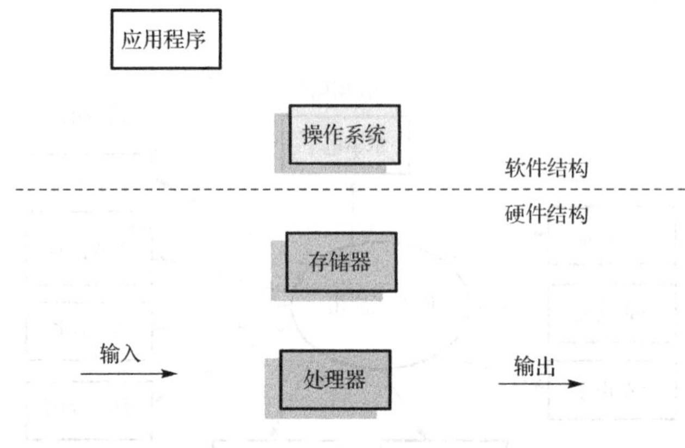

图 1-2 嵌入式系统架构图

1.2.2 嵌入式硬件系统结构

1. 概述

嵌入式硬件系统主要包括处理器、外围核心部件及外部设备三大部分。嵌入式处理器将 PC 中许多由板卡完成的任务集成到芯片内部，从而有利于系统设计小型化、高效率和高可靠性。外围核心部件一般由时钟电路、复位电路、程序存储器、数据存储器和电源模块等部件组成。外部设备一般配有显示器、键盘或触摸屏等设备及相关接口电路。通常，在嵌入式处理器基础上增加电源电路、时钟电路和存储器电路（ROM 和 RAM 等）就构成了一个嵌入式核心控制模块（或称核心板）。在嵌入式软件方面，为了增强系统的可靠性，通常将操作系统和应用程序都固化在程序存储器 ROM 中。典型的嵌入式硬件系统结构如图 1-3 所示。

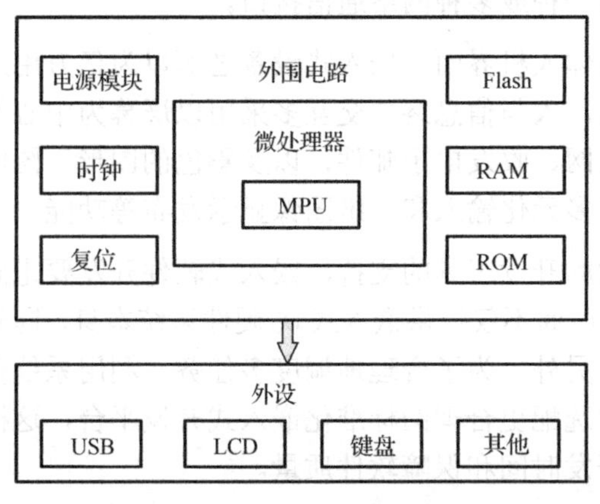

图 1-3 典型嵌入式硬件系统组成

2. 嵌入式处理器

嵌入式处理器是一种为完成特殊应用而设计的专业处理器，因此对嵌入式处理器性能要求也有所不同，如在实时性、功耗、成本、体积等方面。目前，嵌入式处理器的一般分为以下四种类型，如图 1-4 所示。

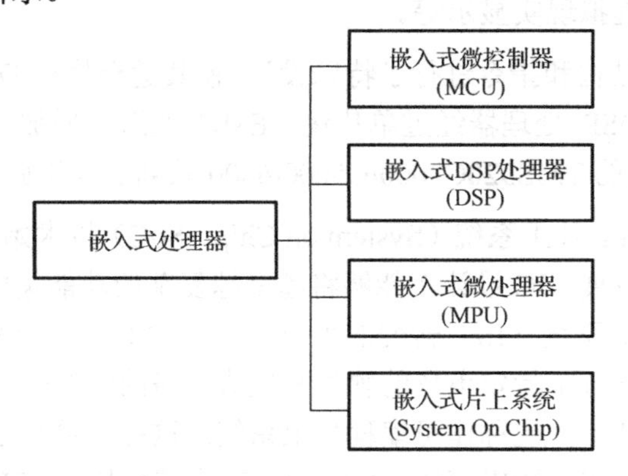

图 1-4　嵌入式处理器的分类

（1）嵌入式微控制器。微控制器（Micro Control Unit，MCU）是在一块芯片上集成了中央处理单元（CPU）、存储器（RAM/ROM 等）、定时器/计数器及多种输入输出（I/O）接口的比较完整的数字处理系统。MCU 从体系结构到指令系统都是按照嵌入式系统的应用特点专门设计的，它能很好地满足应用系统的嵌入、面向测控对象、现场可靠运行等方面的要求。因此，微控制器有广泛的应用领域。

MCU 在国内也被称为单片机，由于其具有低廉的价格和优良的功能，所以品种和数量众多，并且某些单片机内部集成有 I^2C、CAN 总线、LCD、A/D 和 D/A 功能，以及众多专用 MCU 的兼容系列。比较有代表性的 8 位微控制器是 Intel 公司 MCS-51 系列和 16 位的 TI 公司 MSP430 系列等。

MCU 的最大特点是单片化，体积小，功耗和成本低。但是，MCU 系统不适合运行操作系统，难以实现复杂的运算及处理功能。MCU 在软件和硬件设计方面的工作量比例基本相同，各约占 50%。

（2）嵌入式微处理器。嵌入式微处理器（Micro Processor Unit，MPU）是由通用计算机中的 CPU 演变而来的。在实际嵌入式应用中，MPU 只保留和嵌入式应用紧密相关的功能部件，去除其他的冗余功能部分，这样就以最低的功耗和资源实现嵌入式应用的特殊要求。其中，代表性的产品如 ARM、Am186/88、Power PC、68000、MIPS 系列等微处理器。

目前，嵌入式系统的主流是以 32 位嵌入式微处理器为核心的硬件设计和基于实时操作系统（RTOS）的软件设计，并强调基于平台的设计和软硬件协同设计。MPU 系统设计的工作量主要是软件设计，其中软件设计约占 70%的工作量，硬件约占 30%工作量。在本教材中，MPU 将作为主要处理器来介绍。

（3）嵌入式数字信号处理器。数字信号处理器（Digital Signal Processor，DSP）是专门用于信号处理方面的处理器，其在系统结构和指令算法方面进行了特殊设计，如在需要进行数字滤波、FFT、频谱分析等运算的仪器设备上，DSP 就获得了大规模的应用。

DSP 的理论算法在 20 世纪 70 年代就已经出现，1982 年诞生了世界上首枚 DSP 芯片。DSP 一般可以用于射频、音频和视频的处理，某些对实时性、计算强度要求较高的场合也可使用 DSP。随着 DSP 的运算速度进一步提高，应用领域也从上述范围扩大到了通信和计算机方面。例如，各种带有智能逻辑的消费产品、生物信息识别终端、带加密算法的键盘、实时语音压缩和解压系统、虚拟现实显示等。

DSP 处理器对系统结构和指令进行了特殊设计，使其适合执行 DSP 算法，编译效率较高，指令执行速度也很快。DSP 处理器经过单片化、EMC 改造、增加片上外设，已成为嵌入式 DSP 处理器，如 TI 公司的 TMS320C2000/C5000/6000 系列等属于此范畴。

（4）嵌入式片上系统。片上系统（System on Chip，SoC）技术始于 20 世纪 90 年代中期，随着半导体工艺技术的发展，IC 设计者能够将越来越复杂的功能集成到单硅片上，SoC 正是在集成电路（IC）向集成系统（IS）转变的大方向下产生的。片上系统的具体定义为：SoC 是一个具备特定功能、服务于特定市场的软件和集成电路的混合体。它采用可编程逻辑技术把整个系统放到一块硅片上，也称作可编程片上系统。这样在单个芯片上集成一个完整的系统，一般包括系统级芯片控制逻辑模块、MCU/MPU 内核模块、DSP 模块、嵌入的存储器模块和外部进行通信的接口模块、含有 ADC/DAC 的模拟前端模块、电源提供和功耗管理等模块。SoC 由单个芯片实现整个系统的主要逻辑功能，又具备软/硬件在系统可编程的功能。SoC 是追求产品系统最大包容的集成器件，其最大的特点是成功实现了软/硬件无缝结合，可以直接在处理器片内嵌入操作系统的代码模块。

例如，TI 公司生产的 CC2530 芯片就是一个 SoC，其内部结合了 RF 收发器（用于 2.4 GHz IEEE 802.15.4、ZigBee 应用）、增强型 8051 MCU、32/64/128/256 KB 可编程闪存、8 KB RAM 等功能部件。CC2530 具有不同的运行模式，使得它尤其适应超低功耗要求的系统。目前，SoC 在声音、图像、影视、网络及系统逻辑等应用领域中发挥了重要作用。

3．存储体系和存储层次结构

（1）存储体系。在目前应用的嵌入式处理器存储体系结构中，通常采用冯 • 诺依曼结构和哈佛体系结构两种形式。

① 冯 • 诺依曼体系结构。采用冯 • 诺依曼体系结构的计算机系统一般是由中央处理单元（CPU）、主存储器和输入输出设备组成。主存储器存储全部的数据和指令，并且可以根据所给的地址对其进行读、写操作，主存储器只有在取指令周期才能取出机器指令，CPU 通过数据总线与存储器交换数据。

冯 • 诺依曼体系结构系统内部的数据与指令都存储在同一存储空间中，程序指令存储地址和数据存储地址指向同一个存储器的不同物理位置。系统采用单一的地址及数据总线，程序指令和数据的宽度相同，程序计数器是 CPU 内部指示指令和数据的存储位置的寄存器。例如，基于 ARM7 的微处理器一般采用冯 • 诺依曼体系结构。冯 • 诺依曼体系结构模型图如图 1-5 所示。

② 哈佛体系结构。采用哈佛体系结构的计算机是将主存储器分为两个部分，一部分存放指令，另一部分存放数据，它们各自拥有独立的地址空间和访存指令。其中，程序计数器 PC 只指向程序存储器，数据存储器指针指向数据存储器。采用这种结构形式，即使数据总线被

占用，CPU 也可以继续从程序内存中取指令执行。这样在 CPU 的操作和部件之间引入了某种并行度，从而可以提高系统的效率。独立的程序存储器和数据存储器为数字处理提供了较快的速度，让两个存储器有不同的端口，可提供较大的存储器带宽。因此，大部分嵌入式微处理器和数字信号处理器 DSP 中常采用这种结构方式。哈佛体系结构图如图 1-6 所示。

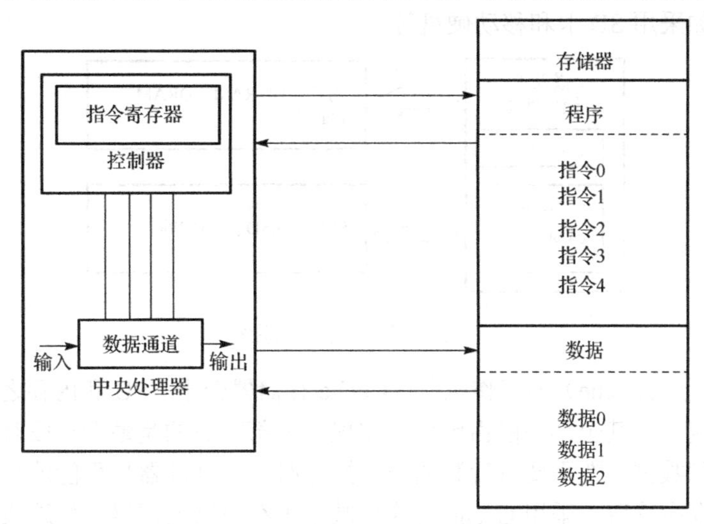

图 1-5　冯 · 诺依曼体系结构模型图

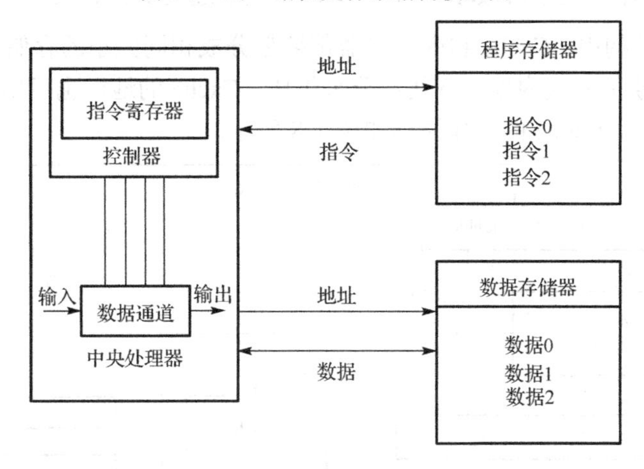

图 1-6　哈佛体系结构图

在目前应用的嵌入式处理器 Cache 中，其结构组成分同样分为两类：一类是数据同指令都放在同一个 Cache 中，称为统一化结构 Cache；另一类是数据和指令分别放在两个独立的 Cache 中，称为哈佛结构 Cache，也称为分离型 Cache。

（2）存储层次结构。目前，应用计算机中的各种存储器不能同时满足存取速度快、存储容量大和成本低的要求，所以在计算机中必须有速度由慢到快、容量由大到小的多级层次存储器，以最优的控制调度算法和合理的成本，构成具有性能可接受的存储系统。因此，嵌入式存储系统同样将存储层次分为高速缓冲区（Cache）、内部存储器（简称内存或称主存）和外部存储器（简称外存），如图 1-7 所示。

高速缓存区采用了一种小型、快速的静态随机存储器 SRAM，它保存了部分主存储器的内容。Cache 用来改善主存储器与处理器的速度匹配问题，可减少微处理器访问内存储器花费的访问时间。内部存储器一般采用存储密度较大的同步动态存储器 SDRAM，用来存放即将要被微处理器执行的程序和数据。嵌入式系统中的程序存储器一般使用闪速存储器 FlashROM，用来存放为不同的嵌入式系统编写的程序和常数数据。外部存储器可以根据实际需要进行配置，如采用 SD 卡和移动硬盘等。

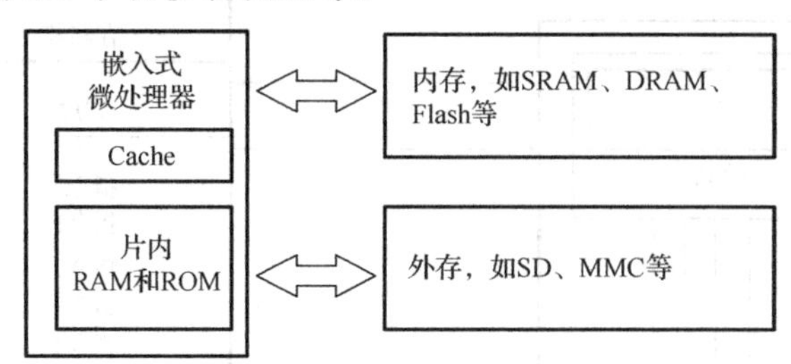

图 1-7 嵌入式存储系统

① 高速缓冲区（Cache）的工作机制。Cache 存储器介于 CPU 和内存之间，工作速度数倍于内存的存储速度，其全部功能由硬件来实现，内部存放的是最近一段时间微处理器使用最多的程序代码和数据。在需要进行数据访存操作时，微处理器尽可能地从 Cache 中读取数据，而不是从主存中读取。采用 Cache 方式可减小内存对微处理器内核造成的存储器访存时间，提高微处理器和内存之间的数据传输速率，使处理速度更快、实时性更强。

在 Cache 存储结构中，Cache 和内存储器都被划分成相同大小的存储块（或页），因此内存地址可用存储块号 m 和块内地址 b 两部分来组成，Cache 的地址也可用存储块号 C 和块内地址 b 两部分来组成。Cache 的工作原理如图 1-8 所示。

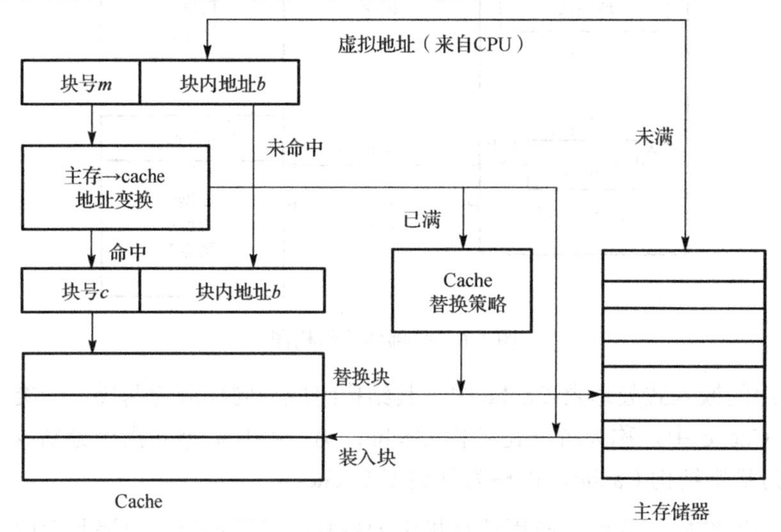

图 1-8 高速缓存区的工作原理

当 CPU 要访问 Cache 时，首先由 CPU 送来主存地址，放到内存地址寄存器中。再经过地址映像与地址变换过程。如果变换成功（称为命中），则通过地址变换部件把内存地址中的存储块号 m 变换成 Cache 的存储块号 c，并放到 Cache 地址寄存器中，同时将内存地址中的块内地址 b 直接作为 Cache 的块内地址 b 装入到 Cache 地址寄存器中。然后用得到的 Cache

地址去访问 Cache，并从 Cache 中取出内容（数据或指令）送到 CPU 中。如果变换不成功，则产生 Cache 失效信息，并且用内存地址访问内器。从内存中读出一个字送往 CPU，同时把包含被访问字在内的整个存储块都从内存读出来，装入到 Cache 中去。这时，如果 Cache 已经没有空闲的存储空间，则要采用某种替换策略把 Cache 中的某个存储块的内容删掉来存放新调入的块。由于程序具有局部性特点，每次块失效时再将即将执行的一个新存储块调入到 Cache 中，故能够提高 Cache 的命中率。

通常，内存的容量要比 Cache 的容量大得多，所以内部含有的存储块（或页）的数目多于 Cache 内的存储块的数量。下面，简单地介绍在它们之间是按照什么样的规则来建立这种对应关系，以及在这种对应关系下，内存地址又是如何变换成 Cache 地址的呢？

在 Cache 中，地址映像是指把某个内存地址空间的内容映像到 Cache 的某个地址空间中去。具体执行时，需要在 Cache 中的每个存储块外加有若干位标记位，用来指明它所存放的是内存的哪一存储块的副本，该标记位的内容相当于内存中存储块的编号。为了要把信息放到 Cache 中，必须用一定的方法把存放在内存中某个存储块中的信息按照某种规则装入到 Cache 中，同时要建立内存地址到 Cache 地址之间的对应关系，这个过程称为地址映像。而地址变换是指当信息按照这种映像关系装入 Cache 以后，在实际程序运行过程中，把内存地址具体的变换成 Cache 地址来执行。地址的映像和变换是密切相关的，在进行地址映像和变换时，都是以存储块为单位进行调度的。

（a）Cache 的地址映像方式。在 Cache 中，通常使用的调度方法有全相联映像、直接映像或组相联映像三种方式。

全相联映像方式是最灵活、利用率最高，但成本也最高的一种方式。它允许内存中的每一个存储块都可以映像到 Cache 的任何一个存储块位置上，也允许从确实已被占满的 Cache 中替换出任何一个旧存储块。这种方式每个存储块使用的标记位数要多一些（即主存存储地址的总位数减去块内地址的位数），会使 Cache 每个存储块的标记容量加大。所带来的主要问题是在访问 Cache 时，需要对 Cache 每个存储块的全部标记进行比较，通过比较后才能判断出所访内存地址的内容是否已在 Cache 中，故需要时间较长。

在直接映像方式中，内存中的存储块与 Cache 中存储块有固定的对应关系。假设，在内存中共有 2^m 个存储块，存储块大小为 2^b 字节。在 Cache 中有与内存存储块同样大小的 2^c 个存储块，存储块大小同样为 2^b 字节。c 也代表了 Cache 高位地址位数，b 同样是 Cache 块内地址位数即低位地址数。具体的实现方法是先将内存分成与 Cache 同样大小的若干个区(组)，每个区（组)中包含有同 Cache 相同的存储块数。要求每个区（组)中的某个存储块只能固定调入 Cache 中的对应编号的存储块中。在这种映像方式中，相应存储块的对应关系是固定的，并有一定限制。采用这种直接映像方式所需判断查询的内容比全相联映像方式少。直接映像方式的优点是实现简单、速度快，但缺点是不够灵活。这使得 Cache 存储空间得不到充分利用，并降低了 Cache 的命中率。

组相联映像方式是直接映像和全相联映像方式的一种折中方案，其性能与复杂性介于直接映像与全相联映像两种方式之间。首先对 Cache 分组，然后在组内分成 2^r 个存储块。内存结构只是按照 Cache 组的大小划分成若干的组。由于 Cache 中每组内包含 2^r 个存储字块数，当 $r = 0$ 时内存的组与 Cache 的组之间就成为了直接映像方式。当 2^r 等于 Cache 的地址空间时，则变成了全相联映像方式。通常，Cache 中的各个组与内存内的各个组之间是工作在直接映像方式，而 Cache 每组内的存储字块与内存的各个组内相同存储字块位置之间则工作在全相联映像方式。ARM7 微处理器采用的是 4 路（r=2）组相联的 8 KB 的 Cache。

Cache 的命中率除了与地址映像的方式有关外，还与 Cache 的容量有关。Cache 容量大，命中率就高，但达到一定容量后，命中率的提高也就不明显了。

（b）Cache 的替换算法。当微处理器需要的程序或数据没有存放在 Cache 中时，就必须及时进行地址映像和地址变换，替换 Cache 中的内容或者将新的存储块存入到 Cache 中。常用的替换算法有近期最少使用（LRU）算法、先进先出算法（FIFO）和随机替换（RAND）算法等。

LRU 算法是把一组中近期最少使用的字块替换出去。这种替换算法需随时记录 Cache 中各个字块的使用情况，即字块表为在物理存储器中的每一字块保留了一个时间年龄域，以便确定哪个字块是近期最少使用的字块。在需要替换的时候，则将近期最少使用的字号块替换掉。这种算法利用率高，但是实现较为麻烦，经常采用修改型 LRU 算法。ARM7 中采用的就是修改型 LRU 的替换算法。

FIFO 算法是在地址变换表中设置一个历史位，当替换时，总是把一组中最先调入 Cache 的字块替换出去。它不需要随时记录各个字块的使用情况，所以容易实现且开销小。

另外还有一种随机替换法（RAND），这种算法不考虑使用时的具体情况，在 Cache 组内随机的选择一存储块来进行替换，其 Cache 的利用效率比较差，但方法实现简单。

（c）Cache 的写入方法。Cache 和内存的写策略有如下两种方式。

- 写直达法：当 CPU 对 Cache 写命中时，Cache 与主存同时发生写修改。其优点是一致性好，缺点是耗时。
- 写回法：当 CPU 对 Cache 写命中时，只修改 Cache 的内容而不立即写入主存，只当该页被从 Cache 替换时，才把数据写回主存储器中。优点是减少访问主存次数，提高了效率，缺点是一致性差点。目前，在 ARM 微处理器中多采用这种方式。

② 嵌入式内部存储器。SDRAM（Synchronous DRAM）意为同步动态随机存储器，大约在 1997 年问世，曾是 PC 使用的主流内存，现在 SDRAM 已经成为嵌入式系统的主流内存储器。SDRAM 存储器不具有掉电保持数据的特点，因此 SDRAM 在系统中主要用作程序的运行空间、数据及堆栈区。当系统启动时，CPU 首先从复位地址 0x0h 处读取代码，在完成系统初始化后，由导引程序将程序代码调入 SDRAM 中运行，以提高系统的运行速度。

SDRAM 具有空间容量大、体积小、速度快和价格便宜的优点，已广泛应用在各种嵌入式系统中。常用的 SDRAM 为 8 位/16 位的数据宽度，一般工作电压为 3.3 V 或 2.5 V。嵌入式系统中 SDRAM 内部采用 Bank 体系结构，Bank 的中文意义是存储体。从逻辑上看，可以认为 SDRAM 内部组织为一个多层存储阵列，每一个存储阵列逻辑上就是一张表，即一个内部 Bank。该表有行地址和列地址，行列交叉的位置就是存储单元，每个存储单元存放 1 B 或者 2 B。同表格检索一样，为了对 Bank 中的数据进行读写，需要先指定数据在某一个存储体、某一个行，而后再指定一个列，这样寻址到该单元之后再进行访问。

目前，在较多的嵌入式系统中已经应用 DDR（Double Data Rate）SDRAM 作为嵌入式系统内部存储器。DDR RAM 内存的运作方式与传统 SDRAM 相似，但可在一个时脉周期内传输 2 次数据，理论上可提供 2 倍数据传输量。DDR 的工作电压为 2.5 V。DDR3 即第三代双倍数据率同步动态随机存取存储器，是 DDR2（4 倍数据率）的后继者（增加至 8 倍数据率），也是现时最流行的嵌入式系统中的内存产品。

③ 嵌入式程序存储器。闪速存储器（Flash）是最常用的嵌入式程序存储器，它在嵌入式系统中的作用相当于 PC 中的硬盘。Flash 用于存放程序代码、常量表、中断向量，以及一些在系统掉电后需要保存的用户数据。Flash 存储器是一种高密度、不挥发的高性能读写存储器，兼有功耗低、可靠性高等优点。

闪速存储器主要有NOR型和NAND型两种类型，目前在嵌入式系统上多使用的是NAND型闪速存储器。NOR 型和 NAND 型闪存的性能比较主要体现在以下三个方面。

（a）工作方式。NOR Flash 带有 SRAM 接口，具有线性寻址特性，可以很容易地存取访问其内部的每一个字节，NOR 类型的读速度比 NAND 类型稍快一些。NAND Flash 使用复用接口和控制 IO 接口多次寻址存取数据，NAND 类型的擦除速度和写入速度比 NOR 类型的快。在 NAND 类型存储器中，要修改 NAND 芯片中的某一个字节，必须重写整个页面，不能对单个字节操作。NAND 类型的读和写操作采用块（页）操作，容量大小一般是 512 B。这一点有点像硬盘管理，故此类操作易于取代硬盘等类似的块设备。

（b）容量和成本。NAND Flash 生产过程简单、成本低。常见的 NOR Flash 容量为 128 KB～16 MB，而 NAND Flash 通常为几 MB～几 GB 不等。NOR Flash 主要应用在代码存储介质中，可以像通用存储器那样接入系统，直接作为系统启动芯片。NAND Flash 共用地址和数据线，需要外接一些控制引脚。存储在 NAND Flash 中的程序不可以直接运行，需要复制到 RAM 中才能执行，所以一般不将 NAND 芯片用作启动芯片。NAND Flash 是串行读写设备，所以适合于作为大数据量的存储。

（c）耐用性。NAND Flash 每块的最多擦写次数是 100 万次，而 NOR 类型存储器的最多擦写次数是 10 万次。NOR Flash 主要用于手机、掌上电脑等需要直接运行代码的场合，而 NAND Flash 广泛用于数据存储的相关领域，如移动存储产品、各种类型的闪存卡、音乐播放器等。

1.2.3 嵌入式硬件系统中采用的先进技术

嵌入式处理器通常采用精简指令系统计算机（Reduced Instruction Set Computer，RISC）结构中的先进技术来提高 CPU 性能，如流水线技术、总线等新技术。

1. RSIC 特征

RISC 起源于 20 世纪 80 年代，RISC 能够以更快的速度执行操作（每秒执行百万条指令，即 MIPS）。RISC 与 x86 CPU 等复杂指令集计算机（Complex Instruction Set Computer，CISC）相比，具有如下优点。

- 结构更加简单合理，从而提高运算效率；
- 优先选取使用频率最高、有用但不复杂的指令，避免使用复杂指令；

- 固定指令长度，减少指令格式和寻址方式种类；
- 指令之间各字段的划分比较一致，各字段的功能也比较规整；
- 采用 Load/Store 指令访问存储器，其余指令的操作都在寄存器之间进行；
- 增加了 CPU 中通用寄存器数量，算术逻辑运算指令的操作数都在通用寄存器存取；
- 大部分指令控制在一个或小于一个机器周期内完成；
- 以硬布线控制逻辑为主，不用或少用微码控制；
- 采用高级语言编程，重视编译优化工作，以减少程序执行时间。

2．流水线技术

计算机中一条指令的执行可分为若干个阶段，由于每个阶段的操作相对来说都是独立的，因此可以采用流水线的重叠技术来提高系统的性能。在流水线装满以后，几条指令可以并行执行。这样既可充分利用现有硬件资源，又可提高 CPU 的运行效率。例如，基于 ARM7 微处理器中采用了取指令、指令译码和执行指令三个阶段，即三级流水线，如图 1-9 所示。图中的 MOV、ADD、SUB 指令为单周期指令，在流水线装满后，即从图中 T1 开始，用 5 个时钟周期执行了 5 条指令，平均 1 个时钟周期执行 1 条指令。基于 ARM9 架构的微处理器一般采用五级流水线，指令的执行过程分别是取指令、指令译码、执行、数据访存和结果回写五个阶段，如图 1-10 所示。与三级流水线相比，ARM9 的增加了存储器访存和寄存器回写操作。由于 ARM9 系列架构将高速缓冲区又分成了指令 I-Cache 和数据 D-Cache，这样就解决了对于存储器访问指令（如 LDR/STR）在指令执行阶段的延迟，加快了 CPU 的执行速度。

新型的微处理器中还有更多级的流水线，不同架构的微处理器，其流水线的级数也可能会有不同。

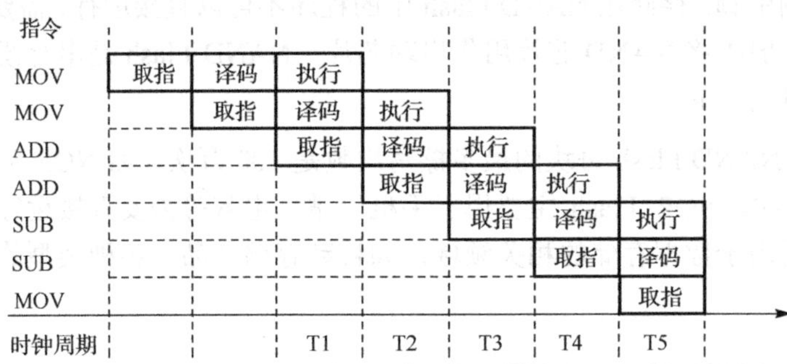

图 1-9　三级最佳流水线

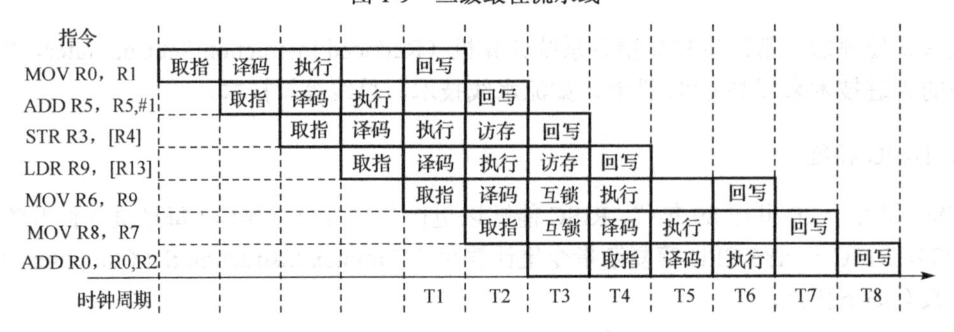

图 1-10　五级最佳流水线

使用流水线技术可以增快总体程序的执行速度。若指令中具有 N 个阶段且每个阶段的执行时间相同，那么在流水线装满的时间内则在每一个周期就可同时执行 N 条指令，其性能就可以改善 N 倍。但是上述的过程只是一种理想的过程，有时流水线中的数据也会存在许多相关的问题。在实际中，如果执行某一条指令的过程中需要前一条指令的执行结果，而这些指令又均在流水线中重叠执行时，就可能会与流水线的数据相关，这就不得不产生停顿。为了避免这类数据相关问题的出现，ARM 架构的微处理器采用了资源重复的方法，即采用分离式指令 Cache 和数据 Cache 结构。该方法使取指令和存储器的数据访问不再发生冲突，同时也解决了指令、数据同一通道的问题。算数逻辑单元（ALU）中采用单独加法器来完成地址计算，这样在执行周期的运算时不再产生资源冲突。

当流水线遇到分支指令和其他会改变程序计数器 PC 值的指令时，就会发生控制相关。当检测到流水线中某条指令是分支指令时，处理器就暂停分支指令之后的所有指令，直到分支指令确定了新的 PC 值为止。对于控制相关，ARM 采用了指令预测的方法。这样能尽早判断分支转移是否成功，从而采取相应预测转移和延迟转移，以降低分支转移所造成的时间上的损失。另外为了能够尽早计算出分支转移成功时的 PC 值（即分支的目标地址），在有些 ARM 架构的微处理器流水线中的译码阶段增加了一个专用加法器来计算分支的目的地址。

流水线通过重复设置多套指令执行部件，同时处理并完成多条指令的并行操作来达到提高处理速度的目的。

3. 总线和总线桥

总线是 CPU 与存储器和设备通信的机制，是计算机各部件之间传输数据、地址和控制信息的公共通道。按相对于 CPU 的位置来分，有片内总线（连接 CPU 内部各主要功能部件）和片外总线（CPU 与存储器和 I/O 接口之间进行信息交换的通道）。

总线的主要参数有总线宽度、总线频率和总线带宽。其中，总线宽度又称总线位宽，即总线能同时传输数据的位数。例如，32 位总线就是具有 32 位数据传输能力。总线频率是总线工作速度的一个重要参数，工作频率越高则速度越快。总线带宽（单位为 MBps）=（总线宽度位/8 位）×总线频率，例如，总线宽度 32 位，频率 66 MHz，则总线带宽=（32 位/8 位）×66 MHz=264 MBps。

ARM 体系处理器总线与微机中的 PCI 总线类似，使用同步数据传输结构实现信息传输，具有支持 32 位数据传输和 32 位寻址的能力。但是，ARM 总线的传输速度在规范中没有明确规定，而是取决于特定应用中所使用的微处理器的时钟频率。

由于嵌入式处理器是由许多不同制造商制造的，提供的总线传输速度随使用的处理器芯片变化而变化。ARM 公司已经为单芯片系统创建了一个独立的总线规格说明。其中，通过先进微控制器总线架构（Advanced Microcontroller Bus Architecture，AMBA）将 CPU、存储器和外围设备都制作在同一个系统板中。AMBA 规格说明具体包含有两条总线。

高性能总线（Advanced High-performance Bus，AHB）为高速传输而优化，并直接连接到 CPU 上。AHB 适用于高性能、高时钟的系统模块，它构成了高性能的系统骨干总线。它的主要技术特性有支持流水线技术、突发传输、数据分割传输和多总线主控器等。

连接外设的外围设备总线（Advanced Peripheral Bus，APB）属于本地二级总线，通过桥连接器（简称桥）与 AHB 相连。它主要用于不需要高性能流水线接口或不需要高带宽接口的设备互连，ARM 体系处理器中总线结构如图 1-11 所示。图中的桥用来将 APB 连接到 AHB 上，这种总线方式在实际中比较容易实现。

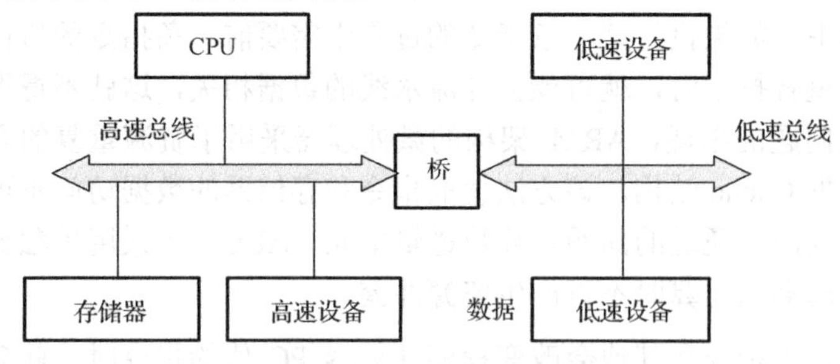

图 1-11　总线和总线桥

在嵌入式微处理器中常用的 AMBA 3.0 版也称为先进可扩展接口（Advanced eXtensible Interface，AXI），它是高性能片上总线，数据线宽度选择余地更大，支持 8、16、32、64、128、256、512 和 1024 位 8 种方式。它通过采用单项通道体系结构减少了芯片资源，并具有独立的地址和数据通道，支持多项数据交换等。一个典型的 AHB 总线工作过程包括以下两个阶段：其一是地址传输阶段，只持续一个时钟周期。在 HCLK 时钟的上升沿数据有效，所有的从单元都在这个上升沿来采样地址信息。其二是数据传输阶段，它需要一个或几个时钟周期，通过总线应答 HREADY 信号来延长数据传输时间。当 HREADY 信号为低电平时，就在数据传输中加入等待周期，直到 HREADY 信号为高电平才表示这次传输阶段结束。

APB 桥将系统总线 AHB 和 APB 连接起来，并执行下列功能。

- 锁存地址并保持其有效，直到数据传输完成；
- 译码地址并产生一个外部片选信号，在每次传输时只有一个片选信号有效；
- 写传输时驱动数据到 APB；
- 读传输时驱动数据到系统总线 AHB；
- 传输时产生定时触发信号 PENABLE。

1.3　嵌入式软件系统

软件是一种逻辑实体，具有抽象性。人们可以把它记录在纸上、内存、磁盘、存储卡和光盘上，但却无法看到软件本身的形态，必须通过观察、分析、思考、判断，才能了解它的功能、性能等特性。软件的开发至今尚未完全摆脱手工作坊式的开发方式，生产效率低。软件编写是复杂的，涉及人类社会的各行各业、方方面面，这些因素常常成为软件开发的困难所在，直接影响项目的成败。

软件是计算机系统中与硬件相互依存的另一部分，它包括程序、相关数据及其说明文档三个部分。其中程序是按照事先设计的功能和性能要求执行的指令序列；数据是程序能正常操纵信息的数据结构；文档是与程序开发维护和使用有关的各种图文资料。

1.3.1　系统简介

嵌入式软件系统是实现嵌入式计算机系统功能的软件，一般由嵌入式系统软件、支撑软件和应用软件构成。其中系统软件用于控制、管理计算机系统的资源，具体包括嵌入式操作系统、嵌入式中间件（CORBA、Java）等。支撑软件是辅助软件开发的工具，具体包括系统分析设计工具、仿真开发工具、交叉开发工具、测试工具、配置管理工具和维护工具等。应用软件面向应用领域，随着应用目的的不同而不同，如手机软件、路由器软件、交换机软件、视频图像、语音、网络软件等。

1. 软件系统结构

嵌入式系统软件结构由低到高可分为驱动层、操作系统（OS）层、中间件层、应用层 4 个层面。由于嵌入式硬件电路的可裁减性和嵌入式系统本身的特点，其软件部分也是可裁减的。通用的嵌入式软件系统体系结构，如图 1-12 所示。

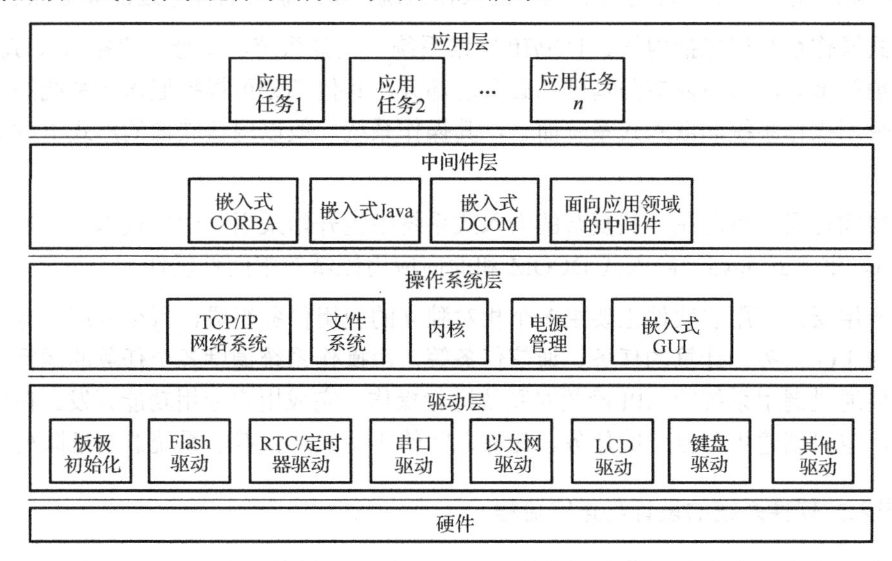

图 1-12　嵌入式软件系统的体系结构

（1）驱动层。驱动层程序是嵌入式系统中不可缺少的重要部分，使用任何外部设备都需要相应驱动层程序的支持，它为上层软件提供了设备的接口。上层软件不必考虑设备的具体内部操作，只须调用驱动层程序提供的接口即可。

驱动层中的板级支持包（Board Support Package，BSP）也称为硬件抽象层（Hardware Abstract Layer，HAL），是一个介于操作系统和底层硬件之间的软件层次，内部包括了系统中大部分与硬件联系紧密的软件模块，主要作用是消除不同硬件之间的差异。BSP 使上层软件开发人员无须关心底层硬件的具体情况，根据 BSP 层提供的接口即可进行开发。BSP 一般包括相关底层硬件的初始化、为驱动程序提供数据的输入/输出操作和硬件设备的配置等功能。

板级初始化程序是在嵌入式系统上电后初始化系统的硬件环境，包括嵌入式微处理器、存储器、中断控制器、DMA、定时器等的初始化。系统软件相关的驱动程序是操作系统和中间件等系统软件所需的驱动程序，它们的开发要按照系统软件的要求进行。

（2）操作系统层。操作系统的作用是隐含底层不同硬件的差异，向上层运行应用程序提供一个统一的调用接口。操作系统主要完成内存管理、多任务管理和外围设备管理三个任务。在系统运行较多任务，任务调度、内存分配复杂，系统需要大量协议支持等情况下，就需要一个操作系统（OS）来管理和控制内存、多任务、周边资源等。依据系统所提供的程序界面来编写应用程序，可大大减少应用程序开发人员的负担。另外，如果想让系统具备更好的可扩展性或可移植性，那么使用操作系统也是一个不错的选择。因为操作系统里含有丰富的网络协议和驱动程序，可以大大简化系统的开发难度，并提高系统的可靠性。现代高性能嵌入式系统的应用越来越广泛，操作系统的使用成为必然发展趋势。但是安装操作系统同样会带来新的系统开销，降低系统的某些性能。

操作系统的功能给应用程序开发人员提供了抽象的接口，用户只需要和这些抽象的接口打交道，而不用在意这些抽象的接口和函数是如何与物理资源相联系的，也不用去管那些功能是如何通过操作系统调用具体的硬件资源来完成的。这样，如果以后系统硬件体系发生变化，只要在新的硬件体系下还运行着同样的操作系统，那么原来的程序还能完成原有的功能。

嵌入式操作系统层包括内核、TCP/IP 网络系统、文件系统、图形用户接口（GUI）系统和电源管理等部分。其中内核是基础和必备的部分，其他部分可根据嵌入式系统的需要来确定。对于使用操作系统的嵌入式系统而言，其操作系统一般以内核映像的形式下载到目标系统中。

（3）中间件层。目前在一些复杂的嵌入式系统中也开始采用中间件技术，主要包括嵌入式 CORBA、嵌入式 Java、嵌入式 DCOM 和面向应用领域的中间件软件。

（4）应用层。应用层软件主要由多个相对独立的应用任务组成，每个应用任务完成特定的工作，如 I/O 任务、计算的任务、通信任务等，由操作系统调度各个任务的运行。用户应用程序主要通过调用系统的 API 函数对系统进行操作，完成用户应用功能开发。在用户的应用程序中，也可创建用户自己的任务。任务之间的协调主要依赖于系统的消息队列。

2．嵌入式软件系统的设计与运行流程

操作系统是为应用程序提供基础服务的软件，而应用程序是在 CPU 上执行的一个或多个程序，在执行过程中会使用输入数据并产生输出数据。应用程序的管理包括程序载入和执行，以及程序对系统资源的共享和分配，并避免分配到的资源被其他程序破坏。

应用程序的设计流程是先用编辑程序编写源代码，源代码可以由多个文件组成，以实现模块化。然后编译程序或汇编多个文件，使用链接程序将这些二进制文件组合为可执行文件。这些工作归结起来，可看作实现阶段。然后，通过调试程序提供的命令运行得到的可执行文件，以测试所设计的程序。在验证阶段，如果找到错误或性能瓶颈，可以返回到实现阶段进行改进，并重复该流程。

嵌入式软件运行流程主要分为五个阶段，它们分别是上电复位/板级初始化阶段、系统引导/升级阶段、系统初始化阶段、应用初始化阶段和多任务应用运行阶段。

（1）上电复位/板级初始化阶段。嵌入式系统上电复位后完成板级初始化工作，板级初始化程序具有完全的硬件特性，一般采用汇编语言实现。

（2）系统引导/升级阶段。根据需要分别进入系统软件引导阶段或系统升级阶段，软件可通过测试通信端口数据或判断特定开关的方式分别进入不同阶段，在系统引导阶段有以下三种不同的工作方式来执行。

① 将系统软件从 NOR Flash 中读取出来加载到 RAM 中运行，这种方式可以解决成本及 Flash 速度比 RAM 慢的问题。软件可压缩存储在 Flash 中。

② 不需将软件引导到 RAM 中而是让其直接在 NOR Flash 上运行，进入系统初始化阶段。

③ 将软件从外存（如 NAND Flash、SD 卡、MMC 等）中读取出来加载到 RAM 中运行，这种方式的成本更低。

在进入系统升级阶段后，系统可通过网络进行远程升级或通过串口进行本地升级。远程升级一般支持 TFTP、FTP、HTTP 等方式，本地升级可通过 Console 使用超级终端或特定的升级软件进行。

（3）系统初始化阶段。在该阶段进行系统软件各功能部分必须的初始化工作，如根据系统配置初始化数据空间、初始化系统所需的接口和外设等。系统初始化阶段需要按特定顺序进行，如首先完成内核的初始化，然后完成网络、文件系统等的初始化，最后完成中间件等的初始化工作。

（4）应用初始化阶段。在该阶段进行应用任务的创建，信号量、消息队列的创建，以及与应用相关的其他初始化工作。

（5）多任务应用运行阶段。各种初始化工作完成后，系统进入多任务状态，操作系统按照已确定的算法进行任务的调度，各应用任务分别完成特定的功能。

嵌入式应用软件是由基于嵌入式操作系统开发的应用程序组成的，用来实现对被控对象的控制功能。功能层面向被控对象和用户，为方便用户操作，往往需要提供一个友好的人机界面。为了简化设计流程，嵌入式应用软件的开发采用一个集成开发环境供用户使用。

在嵌入式系统中通常采用高级语言编写相关程序，C 语言具有广泛的库程序支持，目前是在嵌入式系统中应用最广泛的编程语言。C++是一种面向对象的编程语言，在嵌入式系统设计中也得到了广泛的应用。但 C 与 C++相比，C++的目标代码往往比较庞大和复杂，在嵌入式系统应用中应充分考虑这一因素。

1.3.2　嵌入式操作系统

1．概述

操作系统是一段在嵌入式系统启动后执行的背景程序，负责计算机系统中全部软/硬资源的分配回收、控制与协调等开发的活动。操作系统提供了用户接口，使用户获得良好的工作环境。另外，操作系统为用户扩展新的系统功能提供了软件平台。

嵌入式操作系统是操作系统的一种类型，是在传统操作系统的基础上加入符合嵌入式系统要求的元素发展而来的。嵌入式操作系统提高了系统的可靠性和开发效率、缩短了开发周期，充分发挥了 32 位 CPU 的多任务潜力。

嵌入式操作系统通常包括与硬件相关的底层驱动软件、系统内核、设备驱动接口、通信协议、图形界面、标准化浏览器等，具有编码体积小、面向应用、可裁剪和移植、实时性强、可靠性高和专用性强等特点。

（1）嵌入式操作系统的发展过程。在嵌入式系统的发展过程中，从操作系统的角度来看，大致经历了无操作系统、简单操作系统、实时操作系统和面向 Internet 共四个阶段。

① 无操作系统阶段。嵌入式系统最初的应用是基于单片机的，大多以可编程控制器的形式出现，具有监测、伺服、设备指示等功能。一般可以通过程序语言对系统进行直接控制，运行结束后再清除内存。这一阶段嵌入式系统的主要特点是系统结构和功能相对单一，处理效率较低，存储容量较小，几乎没有用户接口。由于这种嵌入式系统使用简便、价格低廉，因而曾经在工业控制领域中得到了非常广泛的应用，但却无法满足现今对执行效率、存储容量都有较高要求的信息家电等场合的需要。

在无操作系统的嵌入式系统软件主程序中使用无限循环，这是由于程序都是顺序执行的。如果不使用无限循环，程序执行一次代码后就不能在接收其他的任务操作了。

② 简单操作系统阶段。20 世纪 80 年代，随着微电子工艺水平的提高，IC 制造商开始把嵌入式应用中所需要的微处理器、I/O 接口、串行接口，以及 RAM、ROM 等部件统统集成到一片超大规模集成电路 VLSI 中，制造出面向 I/O 设计的微控制器，并一举成为嵌入式系统领域中异军突起的新秀。与此同时，嵌入式系统的程序员也开始基于一些简单的“操作系统”开发嵌入式应用软件，大大缩短了开发周期、提高了开发效率。

这一阶段嵌入式系统的主要特点是：出现了大量高可靠、低功耗的嵌入式 CPU（如 Power PC 等），各种简单的嵌入式操作系统开始出现并得到迅速发展。此时的嵌入式操作系统虽然还比较简单，但已经初步具有了一定的兼容性和扩展性，内核精巧且效率高，主要用来控制系统负载，以及监控应用程序的运行。

③ 实时操作系统阶段。20 世纪 90 年代，在分布式控制、柔性制造、数字化通信和信息家电等巨大需求的牵引下，嵌入式系统进一步飞速发展，而面向实时信号处理算法的 DSP 产品则向着高速度、高精度、低功耗的方向发展。随着硬件实时性要求的提高，嵌入式系统的软件规模也不断扩大，逐渐形成了实时多任务操作系统，并开始成为嵌入式系统的主流。

这一阶段嵌入式系统的主要特点是：操作系统的实时性得到了很大改善，已经能够运行在各种不同类型的微处理器上，具有高度的模块化和扩展性。此时的嵌入式操作系统已经具备了文件和目录管理、设备管理、多任务、网络、图形用户界面（GUI）等功能，并提供了大量的应用程序接口（API），从而使得应用软件的开发变得更加简单。

④ 面向 Internet 的阶段。随着 Internet 的进一步发展，以及 Internet 技术与信息家电、工业控制技术等的结合日益紧密，嵌入式设备与 Internet 的结合为嵌入式系统的发展带来了巨大的机遇，同时也对嵌入式系统厂商提出了新的挑战。目前，嵌入式系统的研究和应用产生了以下新的显著变化。

- 新的微处理器层出不穷，嵌入式操作系统自身结构的设计更加便于移植，能够在短时间内支持更多的微处理器。
- 嵌入式系统的开发形成了一项系统工程，开发厂商不仅要提供嵌入式操作系统本身，同时还要提供强大的软件开发支持包。
- 通用计算机上使用的新技术、新观念开始逐步移植到嵌入式系统中，如嵌入式数据库、移动代理、实时 CORBA、Java 等，嵌入式软件平台得到进一步完善。

网络化、信息化的要求随着 Internet 技术的成熟和带宽的提高而日益突出，以往功能单一的设备如电话、手机、冰箱、微波炉等功能不再单一，结构变得更加复杂，网络互联成为必然的应用。

（2）操作系统的分类。嵌入式操作系统按照实时性、开发成本和执行结构划分为以下类型。

① 实时性。“实时”表示一个非常短的时间间隔，具有“立即”之含义。当计算机进行实时处理时，要求在接收到数据的同时执行输出操作并输出计算结果，不能超出计算机系统所能容忍的时限。嵌入式系统的软件主要有实时系统和非实时系统（分时系统）两大类，其中实时系统又分为硬（强）实时和软（弱）实时系统。实时嵌入式系统是为执行特定功能而设计的，可以严格地按时序执行功能，其最大的特征就是程序的执行具有确定性，具体可分为三种形式。

（a）具有强实时特点的嵌入式操作系统。在实时系统中，如果系统在指定的时间内未能实现某个确定的任务，会导致系统的全面失败，这样的系统被称为强实时系统或硬实时系统。强实时系统响应时间一般在毫秒或微秒级，如核反应堆处理装置、飞机控制器和数控机床控制器等。一个强实时系统往往需要在硬件上添加专门用于时间和优先级管理的控制芯片，例如 μC/OS 和 VxWorks 就是典型的强实时操作系统。

（b）具有弱实时特点的嵌入式操作系统。在弱实时系统中，虽然响应时间同样重要，但是超时却不会发生致命的错误。设计软实时系统时，也需要考虑系统可接受的超时限的次数和延迟。弱实时系统主要在软件方面通过编程实现时间的管理，比如 Windows CE、Linux 是一个多任务分时系统。其系统响应时间在毫秒至秒的数量级上，其实时性的要求比强实时系统要差一些，具体应用如对饭店电子菜谱的查询等。

（c）非实时特点的嵌入式操作系统。

② 按开发成本分。大体上分为商用型和免费型。商用型的实时操作系统功能稳定、可靠，有完善的技术支持和售后服务，但价格昂贵，如 VxWorks、Windows CE 和 QNX 等。免费型的操作系统在价格方面具有优势，目前主要有 Linux 和 μc/OS 操作系统，但与商用型 OS 相比具有不可靠，无技术咨询等特点。

③ 按软件执行结构分。按软件执行结构分类有两种形式。其一是循环轮询系统（Polling Loop），程序依次检查系统的每一个输入条件，一旦条件成立就进行相应的处理。其二是事件驱动系统，是能对外部事件直接响应的系统，它包括前后台、实时多任务、多处理器等，这种执行结构是嵌入式实时系统的主要形式。

应用程序是一个无限的循环，在循环中调用相应的函数完成相应的操作，这部分工作可以看成后台行为。中断服务程序处理异步事件，这部分工作可以看成前台行为。后台也可以称为任务级，前台也称为中断级。很多基于微处理器的产品都采用前后台系统设计的方法，如微波炉、电话机、智能玩具等。从省电的角度出发，平时微处理器处在停机状态，所有的事都靠中断服务程序来完成。

2. 嵌入式实时操作系统

（1）概述。实时是嵌入式系统里面非常重要的性能，很多人认为实时系统是执行速度非常快的系统，事实则不然。“实时”的含义主要是“即时反应”。人们平时在 PC 上使用的 Windows、Linux 等操作系统都属于通用操作系统。这类操作系统的任务类型多种多样，一般比较强调系统的运行效率，在其上执行的应用软件一起分享 CPU。由于 CPU 速度快，所以给人的感觉好像可以同时执行多个软件。其实在其系统内部的同一时间只有一个程序在运行。

嵌入式实时操作系统（RTOS）能够在指定或者确定的时间内完成系统功能。对于实时操作系统，其首要任务是调度一切可利用的资源完成实时控制任务，其次才着眼提高计算机系统的使用效率。实时操作系统具有立即反应而且不能让出资源的特性，例如防滑刹车系统，如果不采用能够立即反应的实时系统后果不堪设想。

RTOS 是一段嵌入在目标代码中的程序，系统复位后首先执行。它相当于用户的主程序，其他程序都建立在 RTOS 之上。同时 RTOS 还是一个标准的内核，将 CPU 时间、中断、I/O、定时器等资源都包含进来，留给用户一个标准的 API，并根据各个任务的优先级，合理地在不同任务之间分配 CPU 时间。

RTOS 是针对不同处理器优化设计的高效实时多任务内核，可以面向众多系列的嵌入式处理器提供类似的 API 接口。基于 RTOS 的 C 语言工具具有很强的可移植性（只须修改 10%左右的内容），在 RTOS 基础上可以编写出各种硬件驱动程序、专家库函数、行业库函数、产品库函数，它们与通用性的应用程序一起都可以作为产品销售。

RTOS 主要包括实时内核、网络组件、文件系统、图形用户界面四部分组成，并提供了大量的应用程序接口（API），从而使得应用软件的开发变得更加简单。实时操作系统具有如下特征。

- 具有实时性、并行性、多路性、独立性、约束性，其中 RTOS 任务的约束包括时间约束、资源约束、执行顺序约束和性能约束。
- 具有可预测性，可预测性是指 RTOS 完成实时任务所需要的执行时间应是可知的。
- 具有可靠性和交互性。

RTOS 与一般操作系统相比，其不同点有：支持异步事件的响应；具有中断和调度任务的优先级机制；支持抢占式调度；具有确定的任务切换时间和中断延迟时间；支持同步。

（2）RTOS 调度技术。调度是操作系统的主要职责之一，它决定该轮到运行哪个任务了。往往调度是基于优先级的，根据其重要性的不同赋予任务不同的优先级。CPU 总是让处在就绪态的优先级最高的任务先运行，何时让高优先级任务掌握 CPU 的使用权，有两种不同的情况，这要看用的是什么类型的内核，是非占先式的还是占先式的内核。

① 抢占式调度法和非抢占式调度法。抢占式调度法（或称为占先式调度法）通常是优先级驱动的调度。每个任务都有优先级，任何时候具有最高优先级且已启动的任务先执行。

当系统响应时间很重要时，要使用占先式内核。最高优先级的任务一旦就绪，总能得到 CPU 的控制权。当一个运行着的任务使一个比它优先级高的任务进入了就绪态，当前任务的 CPU 使用权就被剥夺了或者说被挂起了，那个高优先级的任务立刻得到了 CPU 的使用权。使用抢占式内核时，应用程序应直接使用可重入型函数。这样，在被多个任务同时调用时不必担心会破坏数据。也就是说，可重入型函数在任何时候都可以被中断执行，过一段时间以后又可以继续运行，而不会在函数中断的时候被其他的任务重新调用，影响函数中的数据。即可重入型函数使用的是局部变量，在通常的 C 编译器中把局部变量分配在栈中。所以，多次调用同一个函数可以保证每次的变量相互不受影响。

如果调入不可重入型函数时，低优先级任务的 CPU 的使用权被高优先级任务剥夺，不可重入型函数中的数据有可能被破坏。例如，不可重入型函数中使用的是全局变量，这样全局变量可能会被更改。抢占式（Preemptive）调度法如图 1-13 所示。

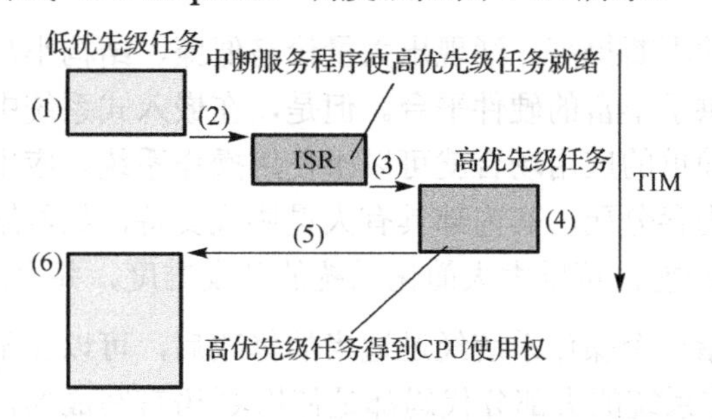

图 1-13　抢占式调度法执行图

抢占式调度实时性好、反应快，调度算法相对简单，可优先保证高优先级任务的时间约束，其缺点是上下文切换多。

非占先式调度法也称为合作型多任务，各个任务彼此合作共享一个 CPU。中断服务可以使一个高优先级的任务由挂起状态变为就绪状态。但中断服务以后控制权还是回到原来被中断了的那个任务，直到该任务主动放弃 CPU 的使用权时，那个高优先级的任务才能获得 CPU 的使用权。非占先式内核的一个特点是几乎不需要使用信号量保护共享数据，运行着的任务占有 CPU 使用权，而不必担心被别的任务抢占。非占先式内核的最大缺陷是其响应高优先级的任务慢，任务虽然已经进入就绪态，但还不能运行，也许要等很长时间直到当前运行着的任务释放 CPU 后才能运行。非占先式内核的任务响应时间是不确定的，最高优先级的任务不知道什么时候才能拿到 CPU 的使用权，完全取决于应用程序什么时候释放 CPU。非占先式调度法如图 1-14 所示。

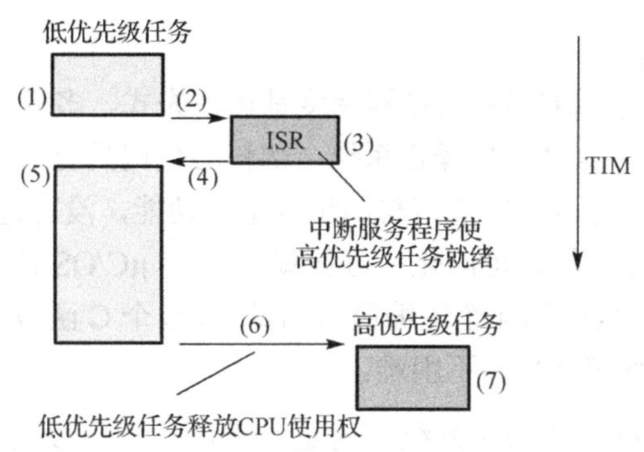

图 1-14　非占先式调度法执行图

② 静态表驱动策略和优先级驱动策略。静态表驱动策略是一种离线调度策略，指在系统运行前根据各任务的时间约束及关联关系，采用某种搜索策略生成一张运行时刻表。在系统运行时，调度器只须根据这张时刻表启动相应的任务即可。优先级驱动策略指按照任务优先级的高低确定任务的执行顺序。优先级驱动策略又分为静态优先级调度策略和动态优先级调度策略。静态优先级调度是指任务的优先级分配好之后，在任务的运行过程中，优先级不会发生改变，又称为固定优先级调度。动态优先级调度是指任务的优先级可以随着时间或系统状态的变化而改变。

1.3.3 常用的嵌入式操作系统

随着集成电路规模的不断提高，涌现出大量价格低廉、结构小巧、功能强大的嵌入式处理器，给嵌入式系统提供了丰富的硬件平台。但是，在嵌入式系统中安装操作系统并不是必需的，在系统功能比较简单的应用场合就可以不使用操作系统。应用操作系统可以运行较多任务，进行任务调度、内存分配，其内部具有大量协议支持，如网络协议、文件系统和很好的图形用户接口 GUI 等功能，可以大大简化系统的开发难度，并提高系统的可靠性。

操作系统的移植是指一个操作系统经过适当的修改后，可以在不同类型的微处理器上运行。虽然一些嵌入式操作系统的大部分代码都是使用 C 语言写成的，但仍要用 C 语言和汇编语言完成一些与处理器相关的代码。例如，嵌入式实时操作系统 μC/OS-II 在读写处理器、寄存器时只能通过汇编语言来实现，因为 μC/OS-II 在设计的时候就已经充分考虑了可移植性。目前，在嵌入式系统中比较常用的操作系统有 μ C/OS、Linux、VxWorks 和 Android 等。

1. μC/OS 操作系统简介

从 μC/OS 到今天的 μC/OS-III，经历了 20 多年的发展，已经得到广泛的认可是具有高可靠性的、有商业价值的嵌入式 RTOS。

μC/OS（Micro Controller Operating System）是美国人 Jean J.Labrosse 开发的实时操作系统内核。这个内核的产生与 Linux 有点类似，他花了一年多的时间开发了这个最初名为 μC/OS 的实时操作系统，并且将介绍文章在 1992 年的《Embedded System Programming》杂志上发表，源代码已公布在该杂志的网站上。1993 年出版专著的热销以及源代码的公开推动了 μC/OS 本身的发展，μC/OS 系列操作系统目前已经被移植到 Intel、Samsung、Motorola 等公司众多的微处理器上了。

作为一个实时操作系统，μC/OS 的进程调度是按占先式、多任务系统设计的。1998 年推出 μC/OS-II 实时操作系统，μC/OS-II 操作系统全部核心代码只有 8.3 KB。它只包含了进程调度、时钟管理、内存管理和进程间的通信与同步等基本功能，没有包括 I/O 管理、文件系统、网络等额外模块，具有可移植性、可固化、可裁减性。在 μC/OS-II 操作系统中涉及系统移植的源代码文件只有 3 个，只要编写 4 个汇编语言的函数、6 个 C 函数、定义 3 个宏和 1 个常量，代码长度不过二三百行，移植起来并不困难。

2009 年又推出了 μC/OS-III 操作系统，这是一个可扩展升级的、可固化的、基于优先级的抢占式实时内核。μC/OS-III 支持现代的实时内核所期待的大部分功能，如资源管理、同步、任务间的通信等。μC/OS-III 提供的特色功能包括完备的运行时间测量性能、直接地发送信号或者消息到任务、任务可以同时等待多个内核对象等。特别是 μC/OS-III 被设计用于 32 位处理器，但是它也能在 16 位或 8 位处理器中很好地工作。

目前，μC/OS-II 和 μC/OS-III 已经广泛用于各种产品，如手机、路由器、交换机、不间断电源、家用电器、航空电子产品、医疗仪器及工业设备等。

2. 嵌入式 Linux 操作系统简介

嵌入式系统越来越追求数字化、网络化和智能化，原来在某些设备或领域中占主导地位的软件系统已经很难再继续使用，这就要求整个系统必须是开放的、提供标准的应用编程接口软件 API，并且能够方便地与众多的第三方软/硬件沟通。

随着Linux的迅速发展，嵌入式Linux现在已经有了许多版本，包括强实时的嵌入式Linux（RT-Linux 和 KURT-Linux）和一般的嵌入式 Linux（如 μCLinux 和 Porket Linux 等）。其中，RT-Linux 通过把通常的 Linux 任务优先级设为最低，而所有的实时任务的优先级都高于它，以达到既兼容通常的 Linux 任务，又保证实时性能的目的。

开源软件 Linux 的出现对目前商用嵌入式操作系统带来了冲击，它可以被移植到多个不同结构的 CPU 和硬件平台上，并具有一定的稳定性、各种性能的升级能力，而且开发更加容易。开源软件 Linux 的特点是：

① 开放源代码，不存在黑箱技术，易于定制裁减，在价格上极具竞争力。

② 内核小、功能强大、运行稳定、效率高，不仅支持 x86 CPU，还可支持其他数十种 CPU。

③ 有大量的且不断增加的开发工具和开发环境，沿用了 UNIX 的发展方式，遵循国际标准，可方便地获得众多的第三方软/硬件厂商的支持。

④ Linux 内核的结构在网络方面是非常完整的，它提供了对十兆位、百兆位、千兆位以太网、无线网络、令牌网、光纤网、卫星等多种连网方式的全面支持。此外在图像处理、文件管理及多任务支持等诸多方面也都非常出色。

⑤ 国外应用 Linux 的产品有 PDA、照相机、机顶盒、手机、书写板等，国内的一些研究单位和科技公司也推出了一些相应的产品。

⑥ 一个可用的 Linux 系统包括内核和应用程序两个部分。应用程序包括系统的部分初始化、基本的人机界面和必要的命令等内容。内核为应用程序提供了一个虚拟的硬件平台，以统一的方式对资源进行访问，并且透明地支持多任务。

⑦ Linux 内核一般可分为六个部分：进程调度、内存管理、文件管理、进程间通信、网络和驱动程序。

另一种常用的嵌入式 Linux 是 μCLinux，它是指对 Linux 经过小型化裁剪后，能够固化在容量只有几百 KB 或几 MB 的存储器芯片中，应用于特定嵌入式场合的专用 Linux 操作系统。μCLinux 也是针对没有存储器管理单元 MMU 的处理器而设计的，它不能使用处理器的虚拟内存管理技术；对内存的访问是直接的，使用程序中的地址都是实际的物理地址。有关嵌入式系统中 Linux 操作系统的介绍，详见第 7 章。

3．VxWorks 操作系统简介

VxWorks 操作系统是美国 WindRiver 公司于 1983 年设计开发的一种嵌入式（无 MMU）实时操作系统（RTOS），具有良好的持续发展能力、高性能的内核以及友好的用户开发环境，在嵌入式实时操作系统领域牢牢地占据着一席之地。

VxWorks 操作系统基于微内核结构，由 400 多个相对独立的目标模块组成，用户可以根据需要增加或减少模块来裁剪和配置系统，其链接器可按应用的需要来动态链接目标模块。操作系统内部包括了进程管理、存储器管理、设备管理、文件管理、网络协议及系统应用等

部分。VxWorks操作系统只占用很小的存储空间，并可高度裁剪，保证系统能以高效率运行。大多数的VxWorks API是专用的，采用GNU的编译和调试。

VxWorks系统是一个运行在目标机上的高性能嵌入式实时操作系统，所具有的显著特点是可靠性、实时性和可裁减性，它支持如x86、Sun Sparc、Motorola MC68xxx、MIPS、Power PC等多种处理器。多数的VxWorks API是专有的，例如在美国的F-16和F-18战斗机、B2隐形轰炸机、爱国者导弹和“索杰纳”火星探测车上使用的都是VxWorks操作系统。

4. Android操作系统

Android是一种基于Linux的开放源代码的操作系统，主要应用于智能手机、平板电脑等移动通信设备。Android操作系统最初由Andy Rubin公司开发，主要支持手机。2005年由Google收购注资，并组建开放手持设备联盟，逐渐扩展到平板电脑及其他领域上。2008年9月发布Android 1.1版；2009年10月26日发布Android 2.0；2011年10月19日发布Android 4.0；2014年10月16日发布Android 5.0；2015年5月28日发布Android 6.0。目前，Android操作系统占据全球智能手机操作系统市场大部分的份额。

Android包括操作系统、中间件和应用程序，由于源代码开放，Android可以被移植到不同的硬件平台上。手机厂商从事移植开发工作，上层的应用程序开发可以由任何单位和个人完成，开发的过程可以基于真实的硬件系统，也可以基于仿真器环境。作为一个手机平台，Android在技术上的优势主要有以下几点。

- 全开放智能手机平台；
- 多硬件平台的支持；
- 使用众多的标准化技术；
- 核心技术完整、统一；
- 完善的SDK（软件开发工具包）和文档；
- 完善的辅助开发工具。

Android的开发者可以在完备的开发环境中进行开发，Android官方网站也提供了丰富的文档、资料，这样有利于Android系统的开发和运行在一个良好的生态环境中。

从宏观的角度来看，Android是一个开放的软件系统，它包含了众多的源代码。Android操作系统的组成架构与其他操作系统一样采用了分层的架构，从底层到高层分别是Linux内核层、系统运行库层、应用程序框架层和应用程序层4个层次。

（1）Linux内核层。该层也称为Linux操作系统及驱动层。Android运行于Linux Kernel之上，但并不是GNU/Linux。因为在一般GNU/Linux里支持的功能，包括Cairo、X11、Alsa、FFmpeg、GTK、Pango及Glibc等Android都没有支持。Android以Bionic取代Glibc、以Skia取代Cairo、以opencore取代FFmpeg等。Android为了达到商业应用，必须移除被GNU GPL授权证所约束的部分，例如Android将驱动程序移到Userspace，使得Linux driver与Linux Kernel彻底分开。Android的Kernel header是利用工具由Linux Kernel header所产生的，这样做是为了保留常数、数据结构与宏。

（2）系统运行库层。Android包含一些C/C++库，这些库能被Android系统中不同的组件使用，它们通过Android应用程序框架为开发者提供服务，以下是一些核心库：

- 系统C库。从BSD继承来的标准C系统函数库Libc，它是专门为基于Embedded Linux的设备定制的。
- 媒体库。基于Packet Video Open Core，该库支持多种常用的音频、视频格式回放和录制。同时支持静态图像文件，编码格式包括MPEG4、H.264、MP3、AAC、AMR、JPG、PNG。
- Surface Manager。对显示子系统的管理，并且为多个应用程序提供了2D和3D图层的无缝融合。
- LibWebCore。最新的web浏览器引擎，支持Android浏览器和一个可嵌入的Web视图。

（3）应用程序框架层（或称为Java框架层）。开发人员可以完全访问核心应用程序所使用的API框架，该应用程序的架构设计简化了组件的重用。任何一个应用程序都可以发布它的功能块，并且任何其他的应用程序都可以使用其所发布的功能块。同样，该应用程序重用机制也使用户可以方便地替换程序组件。

（4）应用程序层。在Android应用程序包中，包括有客户端、SMS短消息程序、日历、地图、浏览器和联系人管理程序等。在应用程序层中，所有的程序都是使用Java语言编写的。

Android的第1层次由C语言实现，第2层次由C或C++实现，第3、4层次主要由Java代码实现。第1层次和第2层次之间，从Linux操作系统的角度来看，是内核空间与用户空间的分界线，第1层次运行于内核空间，第2、3、4层次运行于用户空间。第2层次和第3层次之间，是本地代码层和Java代码层的接口。第3层次和第4层次之间，是Android的系统API的接口，对于Android应用程序的开发，第3层次以下的内容是不可见的，仅考虑系统API即可。

由于Android系统需要支持Java代码的运行，这部分内容是Android的运行环境（Runtime），由虚拟机和Java基本类组成。对于Android应用程序的开发，主要关注第3层次和第4层次之间的接口。

Android的Linux Kernel控制包括安全（Security）、存储器管理（Memory Management）、程序管理（Process Management）、网络堆栈（Network Stack）、驱动程序模型（Driver Model）等。下载Android源码之前，先要安装其构建工具Repo来初始化源码。Repo是Android用来辅助Git工作的一个工具。除了软件本身的代码之外，Android还提供了一系列工具来辅助系统开发，详见相关资料。

习题与思考题一

一、单项选择题

（1）通常所说的32位微处理器是指（　　）。

A．地址总线的宽度为32位　　B．处理的数据长度只能为32位

C．CPU字长为32位　　D．通用寄存器数目为32个

（2）下面哪一类嵌入式处理器最适合用于工业控制（　　）。

A．嵌入式微处理器　　B．微控制器

C．DSP　　D．以上都不合适

（3）在嵌入式系统的存储结构中，存取速度最快的是（　　）。

A．内存　　B．Cache　　C．Flash　　D．寄存器组

（4）RAM的特点是（　　）。

A．断电后，存储在其内的数据将会丢失

B．存储在其内的数据将永久保存

C．用户只能读出数据，但不能写入数据

D．容量大但是存取速度慢

（5）存储器内容不会因电源的关闭而消失的存储器类型是（　　）。

A．DRAM　　B．SRAM　　C．SDRAM　　D．Flash

（6）以下叙述中，不符合RISC指令系统特点的是（　　）。

A．指令长度固定，指令种类少　　B．寻找方式种类丰富，指令功能尽量增强

C．选取使用频率较高的一些简单指令　　D．有大量通用寄存器，访问存储器指令简单

（7）以下所列提高CPU系统性能的技术，说法不正确的是（　　）。

A．采用流水线结构后每条指令的执行时间明显缩短

B．增加Cache存储器后CPU与内存交换数据的速度得到提高

C．加入虚拟存储技术后扩大了用户可用内存空间

D．提高主机时钟频率后加快了指令执行速度

（8）关于实时操作系统RTOS的任务调度器，以下描述中正确的是（　　）。

A．任务之间的公平性是最重要的调度目标

B．RTOS调度算法只是一种静态优先级调度算法

C．RTOS调度器都采用了基于时间片轮转的调度算法

D．大多数RTOS调度算法都是可抢占式（可剥夺式）的

（9）实时操作系统必须在（　　）内处理来自外部的事件。

A．一个机器周期　　B．被控制对象规定的时间

C．周转时间　　D．时间片

二、填空题

（1）嵌入式系统是以应用中心，以计算机技术为基础，软件硬件可裁剪，适用于系统对________严格要求的专用计算机系统。

（2）嵌入式系统由两大部分组成，分别是：________。

（3）嵌入式系统软件的要求与台式机有所不同，其特点主要包括：________软件代码要求高效率和高可靠性；系统软件有较高的实时性要求。

三、问答题

（1）什么是嵌入式系统？其主要特点有些什么？

（2）简述嵌入式系统的发展趋势。

（3）嵌入式系统由哪几部分组成？写出你所想到的嵌入式系统。

（4）简述嵌入式硬件系统的组成和功能。

（5）什么叫嵌入式处理器？嵌入式处理器分别为哪几类？

（6）什么是片上系统 SoC？

（7）冯·诺依曼结构与哈佛结构各有什么特点？

（8）简述 Cache 的功能与分类。

（9）简述 SDRAM 的特点。

（10）与 SDRAM 相比，Flash 在 ARM 存储器系统中的主要作用是什么？

（11）RISC 架构与 CISC 架构相比有什么优点？

（12）简述流水线技术的基本概念。

（13）举例说明嵌入式系统与通用 PC 的主要差异体现在哪些方面。

（14）简述 ARM AMBA 接口结构与功能。

（15）简述嵌入式软件系统的组成和功能。

（16）简介嵌入式软件系统的运行流程。

（17）什么是嵌入式操作系统？

（18）简述嵌入式操作系统发展各阶段的特点。

（19）简述 RTOS 的定义与特征。

（20）常用的 RTOS 调度技术有哪些？各有什么特点？

（21）常用的嵌入式操作系统有哪些？简述各自的特点？

第2章

嵌入式微处理器

嵌入式系统是在新技术条件下产生的高附加值产品，多媒体的应用和网络互连技术是其中必备的因素，开放操作系统应用也是一个显著的特征。这些条件成为选择32位嵌入式微处理器的主要理由。本章主要介绍ARM系列微处理器组成结构、工作原理，以及体系版本和系列产品。另外，还介绍了目前应用较多的基于ARM9的S3C2440微处理器和Cortex系列处理器的组成和工作原理。

2.1 概　　述

在20世纪80年代，IT行业迅猛发展，Intel、摩托罗拉、TI等上游厂商和公司都有着各自不同的数字体系架构，这使得它们生产的CPU等器件也各有不同。此时，全球工业价值链基本就是大包大揽的大公司的天下。比如像摩托罗拉这样的大公司，它们在测试、制造、系统封装，甚至CPU设计等领域都是独立设计并生产的。由于使用的器件不同，其应用的软件也就不同。而越来越多不同的指令集、工具和语言，对整个数字技术的发展非常不利。直至20世纪80年代末，产业链开始出现新的划分和分工。一个更有效解决方案形成了，需要出现一个更上游的开发商来制定标准。这个标准的统一，一定是从数字技术的核心CPU开始的。于是一些公司开展了这方面的工作，其中之一的ARM公司就选择了CPU体系结构设计这个上游厂商的模式。

1991年ARM（Advanced RISC Machines，ARM）公司成立于英国剑桥，其主要业务是设计32位的嵌入式处理器，它本身并不直接从事芯片生产，而是采用技术授权、转让设计许可的方式，由合作的半导体生产商从ARM公司购买其设计的ARM处理器核，根据各自需求，加入适当的外围电路接口和先进技术，形成具有自己特色的微处理器进入市场。由于ARM技术获得了更多的第三方在工具、制造和软件方面的支持，又降低了系统成本，使得产品更容易进入市场被消费者所接受，具备了更大的市场竞争力。ARM公司是一个纯粹的知识产权的贩卖者，公司的业务没有硬件和软件，只有图纸上的知识产权。目前，采用ARM技术知识产权（IP）核由各公司生产的处理器已遍及工业控制、消费类电子产品、通信系统、网络系统、无线系统等各类产品市场。随着信息化、智能化、网络化的发展，嵌入式系统技术也将获得了更广阔的发展空间。

基于ARM架构的嵌入式处理器，由于其自身的优势及特点，在嵌入式微处理器领域中异军突起，占有较大的市场份额。基于ARM架构的嵌入式处理器具有如下优点。

（1）处理器架构的标准化和标准化外设有助于系统的管理、连接和兼容，同时也可降低开发周期所需的时间和成本。

（2）ARM 的 32 位架构成熟可靠，具备向下兼容性，可确保用户在软/硬件开发上的投资。

（3）ARM 已建立起了高效的供应链系统，目前有数十家 MCU 供应商提供基于 ARM 的 MPU 解决方案。围绕着 ARM 的业界网络也能够提供众多针对特定应用的知识产权，包括 CAN 总线、容错线性控制、总线系统和 OSEK 解决方案。

（4）ARM 的 32 位处理器通过提高性能和降低芯片尺寸来提供最高的系统集成度，可帮助半导体供应商最大限度地降低成本。

（5）ARM 处理器可以提供众多不同的性能和功耗组合，能够选择从 1 MHz～2 GHz 的速度运行。

嵌入式系统的核心部件是处理器，基于 ARM 架构的嵌入式处理器主要具有如下四个性能和特点，它们分别为：

（1）在处理器内部大量使用 32 位寄存器，对实时多任务有很强的支持能力，并能在较短的中断响应时间内完成多任务，从而使内部的代码及实时内核的执行时间减少到最低的限度。

（2）系统内部具有很强的存储区保护功能。这是由于嵌入式系统的软件结构已模块化，为了避免在软件模块之间出现错误的交叉作用，需要设计强大的存储区保护功能，同时也有利于软件诊断。

（3）内部具有可扩展的处理器结构，以最短的时间和最快的速度扩展出满足应用性能的嵌入式微处理器。同时支持 ARM（32 位）和 Thumb（16 位）双指令集，并且能够兼容 8 位、16 位和 32 位器件。

（4）系统具有小体积、低功耗、低成本、高性能的特点。嵌入式处理器的功耗必须很低，尤其在便携式的无线及移动的计算和通信设备应用中，依靠电池供电的嵌入式系统更是如此，如微处理器需要的功耗只有 mW 甚至 μW 级。

ARM 微处理器的技术指标一般包括功能、字宽、处理速度、工作温度、功耗、寻址能力、平均无故障工作时间、性能价格比、工艺和电磁兼容性等。

2.1.1 ARM 体系结构版本、命名规则

1. ARM 体系结构版本分类

ARM 系列处理器是广泛使用的嵌入式处理器，近年来全球生产的大部分手持和便携式设备均采用基于 ARM 技术的处理器。至今 ARM 公司先后定义了八种 ARM 体系结构版本，分别命名为 v1～v8，此外还有基于这些体系结构版本的变形功能。目前，v1～v3 版本的产品已经被淘汰，v4～v8 版本微处理器正在应用中。

v1 版架构只在原型机 ARM1 上出现过，其基本性能有基本的数据处理指令，字节、半字和字的 Load/Store 指令，转移指令（包括子程序调用及链接指令），以及软件中断指令（寻址空间为 64 MB）。

v2 版架构在 v1 版上进行了扩充，增加了乘法和乘加指令、支持协处理器操作指令、快

速中断模式、SWP/SWPB 的最基本存储器与寄存器交换指令、寻址空间 64 MB 等功能。

v3 架构是对以前的 ARM 体系结构做了较大的改动，将寻址空间增至 32 位，同时增加了当前程序状态寄存器 CPSP 和存储程序状态寄存器 SPSR，以便进行对异常事件的处理。另外又增加了中止和未定义两种处理模式，ARM6 微处理器均采用了 v3 版架构。

v4 版架构是在 v3 版架构上的进一步扩充，使内核使用更加灵活。增加的功能有符号化和半符号化半字及符号化字节的存取指令，增加了 16 位的 Thumb 指令集，完善了软件中断 SWI 指令的功能。处理器系统模式引进了特权方式，可使用用户寄存器操作，把一些未使用的指令空间捕获为未定义指令。目前常用的 ARM7 和 ARM9 微处理器都采用该版结构。

v5 版架构新增加了带有连接和交换的转移 BLX 指令，计数前导零 CLZ 指令，BBK 中断指令，数字信号处理指令，为协处理器增加了更多可选择的指令。

v6 版本于 2002 年推出，ARM11 微处理器采用了该架构。v6 版本在注重低功耗的同时，还强化了图形处理性能，追加有效进行多媒体处理的 SIMD 功能和指令集；支持混合端序，能够处理大端序和小端序混合的数据。新增加了 Thumb^{TM}（代码压缩 35%）、DSP 扩充（高性能定点 DSP 功能）、Jazelle^{TM}（Java 性能优化，可提高 8 倍）和 Media 扩充（音/视频性能优化，可提高 4 倍）等功能。

v7 版本扩展了 130 条指令的 Thumb-2 指令集。具有 NEON 媒体引擎，可共享 L1 和 L2 高速缓存，简化了系统带宽的设计。Jazelle-RCT 技术对 Java 程序的即时编译和预编译可以节省 30%以上的代码空间。高带宽的 AXI 系统总线，可以配置 64 位或者 128 位数据线。目前，应用的 Cortex 系列处理器就是基于 ARM v7 架构的。由于 ARM 处理器不再沿用过去的数字命名方式，而冠名为 Cortex。具体为 Cortex-M、Cortex-R 和 Cortex-A 三种类型，详见 2.4.2 节。

2011 年 11 月，ARM 公司发布了新一代处理器架构 v8 版本，引入了 64 位处理技术，并扩展了虚拟寻址。v8 架构内部包含有 AArh64 执行态，即针对 64 位处理技术引入了一个全新指令集 A64。内部还包含 AArh32 执行态，支持现有的 ARM 指令集的两种执行状态。

2. ARM 指令集定义的命名规则

当前应用较为广泛的 ARM 微处理器核有 ARM7、ARM9、ARM11 和 Cortex 系列产品，每个产品系列都提供了一套特定的性能来满足设计者对功耗、性能和体积的需求。为便于理解 ARM 的各个型号的命名含义，也便于根据设计的功能进行芯片的选型，在详细介绍各个系列的 ARM 处理器之前，先介绍一下 ARM 命名规则的知识。

在 ARM 产品型号后缀中，通常以[X][Y][Z][T][D][M][I][E][J][F][S]形式出现。ARM 体系结构的命名规则中这些后缀的具体含义，如表 2-1 所示。

ARM 体系中主要的几种变种形式，详见如下。

（1）Thumb 指令集（简称 T 变种）。ARM 指令长度为 32 位，Thumb 指令长度位为 16 位，Thumb 指令集是将 ARM 指令集重新编码而形成的一个子指令集。这样使用 Thumb 指令集可以得到密度更高的代码，这对于需要严格控制产品成本的设计是非常有意义的。但与 ARM 指令集相比，Thumb 指令集有以下局限：完成相同的操作，Thumb 指令通常需要更多的指令，因此在对系统运行时间要求苛刻的应用场合，采用 ARM 指令集更为适合。Thumb 指令集没有包含进行异常处理时需要的一些指令，因此在异常中断的低级处理时还是需要使用 ARM 指令的，这种限制决定了 Thumb 指令需要与 ARM 指令配合使用。

表 2-1　ARM 微处理器后缀命名的含义

后缀	含　义	说　明
X	系列号	如 ARM7、ARM9 等
Y	存储管理/保护单元	具有存储管理/保护单元
Z	Cache	具有 Cache
T	支持 Thumb 指令集	Thumb 指令集版本 1 应用在 ARM v4 中 T；Thumb 指令集版本 2 应用在 ARM v5T 中；Thumb-2 应用在 ARM v6T 及以上版本中
D	片上调试	具有 JTAG 调试器，支持片上 Debug
M	支持长乘法	内嵌硬件乘法器，支持 32 位乘 32 位得到 64 位，32 位的乘加得到 64 位
I	Embedded ICE	嵌入式 ICE（在线仿真），支持片上断点和调试点
E	DSP 指令	增加了 DSP 算法处理器指令：16 位乘加指令，饱和的带符号数的加减法，双字数据操作，Cache 预取指令
J	Java 加速器 Jazelle	提高了 Java 代码的运行速度
F	向量浮点单元	具有向量浮点单元
S	可综合版本	提供 VHDL 或 Verilog 可编程语言设计文件

Thumb-2 指令集主要是对 Thumb 指令集架构的扩展，其设计目标是以 Thumb 的指令密度达到 ARM 的性能，它具有如下特性。

- 增加了 32 位的指令，因而实现了几乎 ARM 指令集架构的所有功能。
- 完整保留了 16 位的 Thumb 指令集。
- 编译器可以自动选择 16 位和 32 位指令的混合编程。
- 具有 ARM 工作状态的行为，包括可以直接处理异常、访问协处理器，以及完成 v5 版本以上的高级数据处理功能。
- 通过 If_Then(IT)指令，1～4 条紧邻的指令可以条件执行。

在 ARM 系列的微处理器核中，ARM 11 和 Cortex 系列处理器都支持 Thumb-2 指令集。

（2）长乘法指令（简称 M 变种）。M 变种增加了两条用于进行长乘法操作的 ARM 指令。其中一条指令用于实现 32 位整数乘以 32 位整数，生成 64 位整数的长乘法操作；另一条指令用于实现 32 位整数乘以 32 位整数，然后再加上 32 位整数，生成 64 位整数的长乘加操作。然而在有些应用场合中，乘法操作的性能并不重要，在系统实现时就不适合增加 M 变种的功能。M 变种首先在 ARM 体系版本 v3 中引入，在 ARM 体系版本 v4 及以上的版本中 M 变种是系统中的标准部分。

（3）增强型 DSP 指令（简称 E 变种）。E 变种包含了一些附加的指令，这些指令用于增强处理器对一些典型 DSP 算法的处理性能。主要包括实现 16 位数据乘法和乘加操作的新指令，实现饱和的带符号数加减法操作的指令。所谓饱和的带符号数加减法操作是在加减法操作溢出时，结果并不进行卷绕，而是使用最大的整数或最小的负数来表示。进行双字数据操作的指令，包括双字读取指令 LDRD、双字写入指令 STRD 和协处理器的寄存器传输指令 MCRR/MRRC，Cache 预取指令 PLD。E 变种首先在 ARM 体系版本 v5 中使用，使用字符 E

表示。在 ARM 体系版本 v5 以前的版本，以及在非 M 变种和非 T 变种的版本中，E 变种是无效的。

（4）Java 加速器 Jazelle（简称 J 变种）。Jazelle 技术提供了 Java 加速功能，可以得到比普通 Java 虚拟机高得多的性能。与普通的 Java 虚拟机相比，Jazelle 使 Java 代码运行速度提高了几倍，而功耗降低降低了很多。J 变种首先在 ARM 体系版本 v4TEJ 中使用，使用字符 J 表示 J 变种。

（5）ARM 媒体功能扩展（简称 S 变种）。ARM 媒体功能扩展为嵌入式应用系统提供了高性能的音/视频处理技术。新一代的 Internet 应用系统、移动电话和 PDA 等设备需要提供高性能的流式媒体，提供更加人性化的界面，包括语音识别和手写输入识别等。这就要求处理器在能够提供很强的数字信号处理能力的同时，必须保持低功耗，以延长电池的使用时间。S 变种的主要特点有将音/视频处理性能提高了 2～4 倍，可以同时进行两个 16 位操作数或者 4 个 8 位操作数的运算。不仅提供了小数算术运算，还可以进行两套 16 位操作数的乘加/乘减运算，32 位乘以 32 位的小数运算，同时也能够进行 8 位/16 位选择操作。

2.1.2 嵌入式微处理器系列产品

1．ARM 微处理器系列产品

ARM 公司是嵌入式 RISC 处理器的知识产权 IP 供应商，它为 ARM 架构处理器提供了 ARM 处理器内核（如 ARM7TDMI 等）和 ARM 处理器核（如 ARM720T 等）。其中，处理器内核包括 ARM7TDMI、ARM9TDMI、ARM9E-S、ARM10TDMI、ARM10E 和 ARM11 等。

ARM 处理器核有 ARM710T/720T/740T、ARM920T/940T、ARM1020E 和 ARM1176JZF-S 等。ARM 处理器核在最基本的处理器内核基础上增加了 Cache、存储器管理单元 MMU、协处理器 C15、先进微控制器总线架构 AMBA 接口，以及 EMT 宏单元等部件。

由半导体公司在上述的处理器内核和处理器核的基础上，再增加不同的各种外围和处理部件，形成各公司的不同的嵌入式微处理器 MPU。例如，Intel 公司生产的 PXA 系列微处理器（采用 XScale 架构）；TI 公司生产的 OMAP 微处理器（采用 ARM+DSP 双核）；Motorola 公司生产的 MX1 微处理器（ARM922T 核）；Atmel 公司生产的 AT91 系列微处理器（采用有 ARM7TDMI 内核和 ARM920T 核）；Philips 公司生产的 LPC 系列微处理器（采用 ARM7TDMI 内核）等。目前，正在应用的 ARM 处理器内核/处理器核的分类如下。

（1）ARM7 微处理器系列简介。ARM7 微处理器系列为低功耗的 32 位 RISC 处理器核/内核，采用冯 • 诺依曼存储架构方式。具有嵌入式 ICE-RT 逻辑、调试方便和极低的功耗（约为 100 mW）等特点，适合于便携式产品和手持式产品等。ARM7 微处理器能够提供 0.9 MIPS/MHz 的三级流水线结构、兼容 16 位 Thumb 指令集、对操作系统的支持广泛（包括 Win CE、Linux 等），主频最高可达 130 MIPS/MHz。

ARM7TMDI 内部采用 0.25 μm 工艺，工作电压为 1.2 V、时钟为 0～66 MHz，功耗为 87 mW。ARM7T 系列的功能简介如表 2-2 所示。目前，该版本的典型微处理器有韩国三星公司生产的 S3C44B0 微处理器等。

表 2-2　ARM7T 处理器系列相关参数

	Unified Cache	内存管理	流水线级别	Thumb	DSP	Jazelle
ARM7TDMI	无	无	3	有	无	无
ARM7TDMI-S	无	无	3	有	无	无
ARM710T/720T	8 KB	MMU	3	有	无	无
ARM740T	8 KB 或 4 KB	MPU	3	有	无	无

注：有关 MMU 存储器管理单元和 MPU 存储器保护单元的介绍，详见 2.3 节。

（2）ARM9 微处理器系列。ARM9 系列微处理器在高性能和低功耗特性方面提供了最佳的性能，具有五级整数流水线；具有 1.1 MIPS/MHz 的哈佛结构；支持 32 位 ARM 指令集和 16 位 Thumb 指令集；支持 32 位的高速 AMBA 总线接口；全性能的 MMU，支持 Win CE、Linux 等操作系统、MPU 支持实时操作系统；支持数据 Cache 和指令 Cache，具有更高的指令和数据处理能力。

典型产品 ARM9TDMI，内部采用 0.18 μm 工艺，电压为 1.2 V，时钟为 0～200 MHz，功耗为 150 mW。ARM9 系列主要应用于无线设备、仪器仪表、安全系统、机顶盒、高端打印机、数字照相机和数字摄像机等。ARM9 核系列相关参数如表 2-3 所示。

表 2-3　ARM9 核系列相关参数

	Cache	内存管理	流水线级别	Thumb	DSP	Jazelle
ARM9TDMI	无	无	5	有	无	无
ARM920T	16 KB/16 KB	MMU	5	有	无	无
ARM922T	8 KB/8 KB	MMU	5	有	无	无
ARM940T	4 KB/4 KB	MPU	5	有	无	无

ARM920T 处理器核在 ARM9TDMI 内核基础上加入了两个协处理器：①CP14，允许软件访问调试通信通道；②系统控制协处理器 CP15，提供了一些附加寄存器，用于配置和控制 Caches、MMU、保护系统、时钟模式和其他系统选项。目前，该版本的典型微处理器有韩国三星公司生产的 S3C2440 微处理器等。

（3）ARM11 微处理器系列简介。ARM11TM 的运行频率高达 500～1000 MHz，微处理器内部采用 0.13 μm 工艺，这自然就带来了更为完善的系统性能。ARM11 中另一个重要的结构改进，是静、动组合的跳转预判。核内部包含 1 个 64 位端口、4 种状态的跳转目标地址缓存。新的 ARM11 支持 SIMD 指令，可使某些算法的运算速度提高 2～3 倍。由 ARM1176JZF-S 核构成的微处理器 S3C6410 应用于包括数字电视、机顶盒、游戏机，以及手机在内的消费和无线产品。ARM11 微处理器核系列如表 2-4 所示。目前，该版本的典型微处理器有韩国三星公司生产的 S3C6410 微处理器等。

表 2-4　ARM11 系列相关参数

	Cache	内存管理	流水线级别	Thumb	DSP	Jazelle	浮点运算
ARM1136J-S	4~64 KB	MMU	8	有	有	有	无
ARM1136JF-S	4~64 KB	MMU	8	有	有	有	有
ARM1156T2-S	可配置	MMU	9	Thumb-2	有	无	无
ARM1156T2F-S	可配置	MMU	9	Thumb-2	有	无	有
ARM1176JZF-S	4~64 KB	MMU	9	有	有	有	有

（4）异构型“双核”微处理器。嵌入式“双核”处理器，一般是指在处理器中同时包含异构型的双处理器。比如在微处理器内部包含一个DSP内核和一个32位嵌入式微处理器核，或者一个32位嵌入式处理器核加FPGA核等。这些所谓的“双核”甚至“多核”处理器代表着未来嵌入式处理器的发展方向。

TI公司的开放式多媒体平台OMAP5912（Open Multimedia Application Plant）是一款具有DSP（TMS320C55X）+微处理器（ARM926EJ核）的双核定点数字信号微处理器。它具有高速度、低功耗的特点，并提高了编程的灵活性，有利于对产品的软硬件进行升级，用于实现具有特殊功能的产品，主要特性如下。

① 双核结构，包括以TI增强型ARM926EJ内核为核心的MPU子系统和高效能、低功耗TMS320C55x定点DSP子系统。MPU子系统支持32位指令集和16位指令集（Thumb模式），具有16 KB的指令Cache和8 KB的数据Cache、内存管理单元（MMU）、用户可写缓存（17-Word）。DSP子系统含有两个MAC（Multiply-Accumulates per Cycle，17×17）单元、六条总线（一条内部程序存储器总线、两条数据写总线，三条数据读总线）、七级流水线、两个ALU（Arithmetic/Logic Units，一个40位ALU，一个16位ALU）单元、64 KB片内DARAM（Dual-Access RAM）、96 KB片内SARAM（Single-Access RAM）、24 KB指令Cache（可由程序配置）、硬件图像加速器（用来实现离散余弦变换/反离散余弦变换、运动估计和半像素插值）、六通道高速DMA，工作时钟频率是192 MHz。

② 存储管理，包括250 KB的MPU子系统、DSP子系统共享的SRAM、MTC（Memory Traffic Controller）控制器、MMU（MPU子系统和DSP子系统都有）单元。其中MTC控制器包括16位EMIFS（External Memory Interfaces）接口，最大可支持256 MB外部存储（如异步ROM/RAM、NOR/NANDFlash、同步Burst Flash）；16位EMIFF接口，最大可支持64 MB的SDRAM、Mobile SDRAM、Mobile DDR。

③ DSP外部设备，包括三个32位定时器和看门狗定时器，六通道DMA控制器，两个McBSP（Multichannel Buffered Serial Ports，McBSP1和McBSP3），两个McSI（Multichannel Serial Interfaces，McSI1和McSI2）。

④ MPU外部设备，包括三个32位定时器和看门狗定时器、USB 1.1 Host控制器和Client控制器、USB OTG（On-the-Go）控制器、3个USB Ports，CMOS传感器摄像头接口、RTC、PWT接口、键盘矩阵（6×5或8×8）接口、HDQ/1-Wire接口、SD卡接口、为位控设计的16个通用I/O口、两个LED脉冲产生器、ETM9跟踪调试模块、16位或18位专用系统DMA通道LCD控制器和32 kHz定时器。

⑤ 共享设备，包括8个通用定时器、SPI（串行口接口，Serial Port Interface）、3个通用异步串行口UART（其中2个支持IrDA的SIR模式）和64个位设计的通用I/O口。

（5）ARM公司Cortex处理器系列。ARM v7架构采用了Thumb-2技术，它是在ARM的Thumb代码压缩技术的基础上发展起来的，并且保持了对现有ARM解决方案的完整的代码兼容性。Thumb-2技术比纯32位代码少使用31%的内存，减小了系统开销。同时，能够提供比已有的基于Thumb技术的解决方案高于38%的性能。ARM v7架构还采用了NEON技术，将DSP和媒体处理能力提高了近4倍，并支持改良的浮点运算，满足下一代3D图形、游戏物理应用，以及传统嵌入式控制应用的需求。此外，ARM v7还支持改良的运行环境，以迎合不断增加的 JIT（Just In Time）和 DAC（Dynamic Adaptive Compilation）技术的使用。

在命名方式上，基于 ARM v7 架构的 ARM 处理器已经不再沿用过去的数字命名方式，而是冠以 Cortex 的代号。由于应用领域不同，基于 v7 架构的 Cortex 处理器系列所采用的技术也不相同，基于 v7A 的称为 Cortex-A 系列，基于 v7R 的称为 Cortex-R 系列，基于 v7M 的称为 Cortex-M 系列。Cortex 处理器系列的典型产品介绍详见 2.4.2 节。

2. 其他主流微处理器

（1）MIPS RISC 嵌入式微处理器。在 20 世纪 80 年代初期，MIPS 处理器由斯坦福大学的研究小组研制出来。MIPS 计算机公司于 1984 年成立，1998 年改为 MIPS 技术公司，该公司是一家设计、制造高性能、高档次的嵌入式 32 位和 64 位处理器的厂商，在 RISC 处理器方面占有重要地位。

MIPS 的中文意义是内部无互锁流水线微处理器。1998 年之后，公司的战略发生了变化，把重点放在嵌入式系统上。1999 年公司发布了 MIPS32 和 MIPS64 架构标准，为未来 MIPS 处理器的开发奠定了基础。MIPS 的嵌入式指令体系包含有 MIPS16、MIPS32 和 MIPS64。在设计理念上强调软/硬件协调提供性能，同时简化硬件设计。

（2）Power PC 架构微处理器简介。Power PC 微处理器初期由 IBM、Motorola 和 Apple 公司共同投资，后来 Apple 公司退出。迄今为止，Motorola 公司共生产了六代产品，其微处理器产品具有 MPC 的前缀名。2004 年公司又组建了一个新公司 Freescale（飞思卡尔），现在飞思卡尔公司延续了 MPC 处理器的技术支持和新品研发。

Power PC 架构的特点是可伸缩性好、方便灵活。Power PC 处理器品种很多，既有通用的处理器，又有嵌入式控制器和内核，应用范围非常广泛，从高端的工作站、服务器到桌面计算机系统，从消费类电子产品到大型通信设备等各个方面。

2.2 ARM 微处理器组成结构与工作原理

2.2.1 微处理器结构组成

ARM 架构的核心是采用了先进的 RISC 设计理念和 32 位嵌入式微处理器，内部所有的资源，如存储器、控制寄存器、I/O 端口等都是在有效地址空间内采用统一编址的，寻址空间增大，方便程序在不同处理器间的移植，同时，微处理器内部采用了多总线接口、多级流水线、高速缓存、数据处理增强等技术，这样通信协议栈能在 32 位 CPU 中轻松实现，也使 C、C++、Java 等高级语言得到了广泛的应用。另外微处理器内部还包含有 DMA 控制器，这样就进一步提高了整个芯片的数据处理能力。如果系统需要多任务的调度、图形化的人机界面、文件管理系统、网络协议等需求，那么就使用嵌入式操作系统。一般复杂的操作系统在多进程管理中还需要有管理单元（MMU）的支持。目前 ARM9 以上的微处理器核均有这些支持，可运行 Linux 和 Win CE 等众多嵌入式操作系统。

ARM系统架构的微处理器一般由32位算术逻辑单元（ALU）、37个32位通用及专用寄存器组、32 位桶形移位寄存器、指令译码及控制逻辑、指令流水线和数据/地址寄存器等部件组成，如图2-1所示。

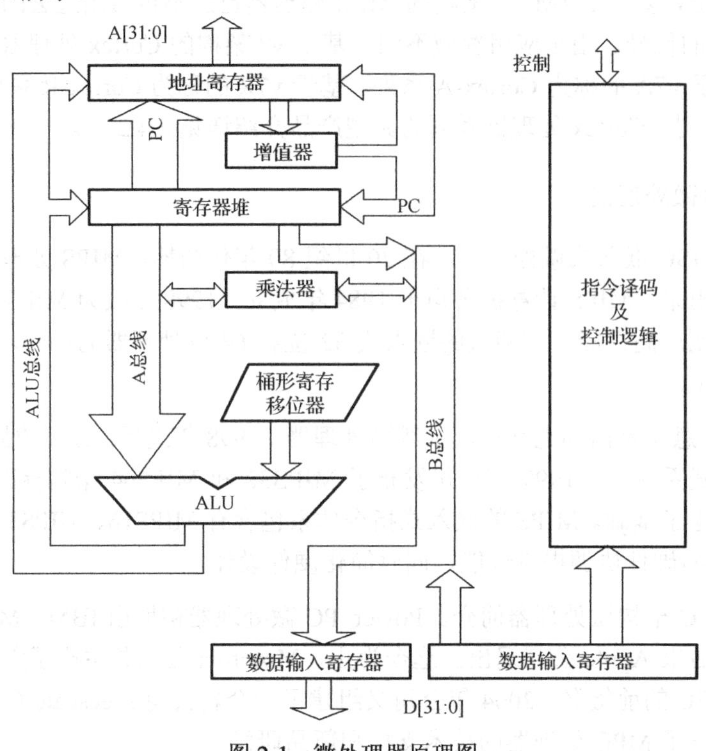

图2-1 微处理器原理图

1. 算术逻辑单元（ALU）

嵌入式ALU与常用的ALU逻辑结构基本相同，由2个操作数锁存器、加法器、逻辑功能、结果及零检测逻辑等部件构成。ALU的最小数据通路周期包含寄存器读时间、移位器延迟、ALU延迟、寄存器写建立时间和双相时钟间的非重叠时间等。

2. 桶形移位寄存器

ARM采用了32×32位的桶形移位寄存器，置于ALU的操作输入口前。传统计算机的移位寄存器在一个时钟周期只能进行一位的相关操作，移动多位操作就非常耗时。桶形移位寄存器是具有 *n* 位数据输入，*n* 位数据输出及一组指令输入的组合逻辑电路。通过相关指令的设置能够在一个时钟周期内进行字宽限度之内任意位数的移位，这样使左移/右移 *n* 位、循环移 *n* 位和算术右移 *n* 位等都可以在一个周期内完成。内部结构由多路选择器、符号控制电路、移位寄存器和写选择电路等构成。桶形移位寄存器可以对累加器中的内容进行算术或逻辑移位，还可以完成对操作数的符号位扩展、对累加器进行归一化处理和多媒体数据压缩解压等功能。桶形移位寄存器的应用主要有分组密码、寻址计算、浮点数规格化、多媒体数据压缩/解压缩等。

3. 高速乘法器

ARM系列微处理器中的高速乘法器采用了32位结构，如为了提高运算速度，则采用两位乘法和加 1 移位的方法来实现乘法运算。ARM 的高速乘法器采用了 32×8 位的结构，完成 32×2 位乘法也只需 5 个时钟周期。

4. 协处理器

CPU 体系结构设计师们希望为 CPU 的实现提供灵活性。在指令系统层次提供这种灵活性的方法是利用协处理器，它被附接在 CPU 上并实现部分指令。ARM 微处理器支持 16 个协处理器，已经为协处理器操作在指令系统中保留了一些操作码指令。当 CPU 收到协处理器指令时，CPU 激活该协处理器并将有关指令传给它，协处理器指令能够装入和存储协处理器的寄存器中或者执行内部操作。CPU 也可以暂停执行以等待协处理器指令结束或者采取超标量的方法继续执行指令，同时等待协处理器指令结束。

当然，CPU 也可能会在本身没有协处理器的情况下收到协处理器的命令，在这种情况下大部分体系结构是用非法指令陷阱来处理这类问题。陷阱处理程序能够监测协处理器指令，并且在 CPU 上用软件执行它。采用软件模拟协处理器指令比较慢，但可以提供良好的一致性。ARM 体系结构能为多个协处理器提供支持，协处理器能对自己的寄存器进行装入和存储动作。

ARM 通过增加硬件协处理器来支持对其指令集的通用扩展，通过未定义指令陷阱支持这些协处理器的软件仿真。简单的 ARM 微处理器提供板级协处理器接口，因此协处理器可作为一个独立的元件接入。最常使用的系统控制协处理器 CP15 负责管理 Cache 配置、存储器管理单元 MMU、写缓存配置之类的存储系统管理工作。ARM 协处理器的另一个应用例子就是浮点单元，该单元占有编号 1、2 的两个协处理器，但是它们对程序员来说表现为单个单元，它提供八个 80 位浮点数据寄存器、浮点状态寄存器和一个可选的浮点状态寄存器。

5. 控制器

ARM 的控制器与可编程逻辑阵列 CPLD 或 FPGA 连接，该控制器分散控制 Load/Store、乘法器、协处理器，以及地址、寄存器、ALU 和移位器等部件。

6. 寄存器组

由于嵌入式微处理器采用了 RISC 体系结构，所以其内部包含较多的寄存器，例如，基于 ARM 系列的微处理器中就含 37 个寄存器，其中 31 个位通用寄存器，6 个位状态寄存器。

综上所述，由于基于 ARM 知识产权的微处理器芯片在其内核上保持了高度的兼容性，这样就会很方便地使用一些通用工具来进行嵌入式系统的开发和设计工作。目前，所有基于 ARM 的微处理器内核里面都有一个 Embedded ICE 逻辑模块。该模块是通过扫描线与内核进行通信的，扫描线受测试访问控制端口（TAP）控制并通过芯片 JTAG 接口连接，这样能够保持与不同微处理器之间接口控制的兼容性。调试工具只要支持 TAP 端口访问，就能进行系统调试。由于 32 位体系结构的访存空间不同于 8 位机器那样受到地址空间的限制，这样在 ARM 的体系结构里，所有的资源，如存储器、控制寄存器、IO 端口等都是在有效地址空间里统一编址的，这样方便了程序在不同芯片间的移植。

2.2.2 微处理器的工作状态与工作模式

从编程的角度看，ARM 微处理器的工作状态一般有 ARM 状态和 Thumb 状态两种。在 ARM 工作状态时，处理器执行 32 位的字对齐的 ARM 指令系统。在 Thumb 工作状态下，微处理器执行16位的、半字对齐的Thumb指令系统。当然，ARM微处理器可以通过转移指令在两种状态之间进行切换，两者之间的状态切换不影响处理器工作状态和寄存器中的内容。

ARM体系结构微处理器支持七种工作运行模式，相关说明如表2-5所示。ARM微处理器的当前程序状态寄存器（CPSR）中的低5位M[4:0]字段值，反映了处理器的当前工作模式。在软件控制下可以改变工作模式，同样外部中断或者异常处理也可以使工作模式发生改变。七种运行模式介绍如下。

表2-5 ARM处理器的工作模式

处理器模式	CPSR中M[4：0]字段值	模式描述
USR	10000	正常程序执行模式
FIQ	10001	支持高速数据传输或通道处理
IRQ	10010	用于通道中断处理
SVC	10011	操作系统保护模式
ABT	10111	实现虚拟存储或存储器保护
UND	11011	支持硬件协处理器的软件仿真
SYS	11111	运行特权级的操作系统任务

（1）用户模式（USR）：非特权模式，也就是正常程序执行的模式，大多数应用程序在用户模式下执行。在处理器工作在该模式时，正在执行的程序不能访问某些被保护的系统资源，也不能改变模式。如果在应用程序执行过程中发生了异常中断，微处理器则进入响应的异常模式。此时，微处理器自动改变CPSR的工作模式标志字段M[4:0]的值。

（2）快速中断模式（FIQ）：用于高速数据传输或紧急事件的处理，以及需要快速中断服务程序的场合。

（3）外部中断模式（IRQ）：也称为普通中断模式，用于通用的中断处理场合。当一个低优先级中断产生时将会进入这种模式，通常的中断处理都在IRQ模式下进行。

（4）管理模式（SVC）：管理模式是一种操作系统保护模式，当复位或软中断指令执行时处理器将进入这种模式。这种模式用于软件中断和系统重新启动，一般操作系统运行在该模式。

（5）数据中止模式（ABT）：当数据访问中止时进入该模式，用来处理存储器故障、实现虚拟存储或存储保护。

（6）未定义指令中止模式（UND）：当执行未定义指令时会进入这种模式，主要是用来处理未定义的指令陷阱，支持硬件协处理器的软件仿真。因为未定义指令多发生在对协处理器的操作上，可在该模式中用软件来模拟硬件功能，如浮点运算。

（7）系统模式（SYS）：运行具有特权的操作系统任务，使用与用户模式相同寄存器组的特权模式，用来运行特权级的操作系统任务。

以上七种工作模式可以归类为用户模式状态、特权模式两种形式，特权模式具体包括了除用户模式之外的其他六种模式。在这六种类特权模式下，程序可以访问所有的系统资源，也可以任意地进行处理器模式的切换。改变处理器模式的方法，可以直接使用指令将特定的位序列写入到 CPSR 寄存器的[4：0]字段（最低 5 位）。在特权模式中，除系统模式之外的其他五种模式又称为异常模式。

当应用程序发生异常中断时，处理器进入相应的异常模式。在每一种异常模式中都有一组寄存器 R0～R15，供相应的异常处理程序使用。这样就可以保证在进入异常模式时，用户模式下的寄存器（保存了程序运行状态）不被破坏。处理器的工作模式可以通过软件控制进行切换，也可以通过外部中断或异常处理过程进行切换。大多数的程序运行在用户模式下，这时应用程序不能够访问一些受操作系统保护的系统资源，也不能直接进行处理器模式的切换。当需要进行处理器模式切换时，应用程序可以产生异常处理。在异常处理过程中进行处理器模式的切换，这种体系结构使操作系统可以控制整个系统的资源。

但是系统模式并不是通过异常过程进入的，它具有与用户模式完全一样的寄存器。系统模式属于特权模式，可以访问所用的系统资源，也可以直接进行处理器模式切换，它主要供操作系统的任务使用。通常操作系统的任务需要访问所有的系统资源，同时该任务仍然使用用户模式的寄存器组，而不是使用异常模式下相应的寄存器组，这样可以保证当异常中断发生时任务状态不被破坏。

2.2.3　微处理器的寄存器组织

1．ARM 工作状态下寄存器组织

ARM 系列微处理器中包含有 37 个 32 位寄存器，这些寄存器按照工作模式分成不同的组，在编程时有些寄存器可以使用，有些不可以使用，这是由微处理器的状态和模式决定的。ARM 工作状态下微处理器的寄存器组织如表 2-6 所示。

表 2-6　ARM 的寄存器组织

ARM状态时的通用寄存器和程序计数器

系统和用户	快中断	管理	中止	中断	未定义
R0	R0	R0	R0	R0	R0
R1	R1	R1	R1	R1	R1
R2	R2	R2	R2	R2	R2
R3	R3	R3	R3	R3	R3
R4	R4	R4	R4	R4	R4
R5	R5	R5	R5	R5	R5
R6	R6	R6	R6	R6	R6
R7	R7	R7	R7	R7	R7
R8	R8_fiq	R8	R8	R8	R8
R9	R9_fiq	R9	R9	R9	R9
R10	R10_fiq	R10	R10	R10	R10
R11	R11_fiq	R11	R11	R11	R11
R12	R12_fiq	R12	R12	R12	R12
R13	R13_fiq	R13_svc	R13_abt	R13_irq	R13_und
R14	R14_fiq	R14_svc	R14_abt	R14_irq	R14_und
R15(PC)	R15(PC)	R15(PC)	R15(PC)	R15(PC)	R15(PC)

ARM状态时的程序状态寄存器

系统和用户	快中断	管理	中止	中断	未定义
CPSR	CPSR	CPSR	CPSR	CPSR	CPSR
	SPSR_fiq	SPSR_svc	SPSR_abt	SPSR_irq	SPSR_und

（1）通用寄存器。通用寄存器（R0～R15）通常分为不分组寄存器、分组寄存器和程序计数器三种类型。

① 不分组寄存器，包括 R0～R7。对于每一个不分组寄存器来说，在所有的处理器模式下指的都是同一个物理寄存器。由于这些寄存器未被系统用作特殊的用途，因此在中断或异常处理情况下进行工作模式转换时，可能会造成某些寄存器中数据的被破坏。

② 分组寄存器，包括 R8～R14。对于分组寄存器（或称为私有寄存器）每一次访问的物理寄存器都与微处理器当前的工作模式有关，也就是说它们当中的每个寄存器都对应不同的物理寄存器。例如，当微处理器工作在快速中断模式下时，寄存器 R8 和寄存器 R9 分别记作 R8_fiq、R9_fiq；当工作在用户模式下时，寄存器 R8 和寄存器 R9 分别记作 R8_usr、R9_usr 等。在这两种情况下使用的是不同的物理寄存器，系统没有将这几个寄存器用于其他用途。这样使中断处理非常简单，中断处理程序可以不必执行保存和恢复中断现场的指令，从而使中断处理过程非常迅速。

对于 R13 和 R14 来说，它们被分为对应 6 组不同的物理寄存器。其中用户模式和系统模式使用相同的 R13 和 R14，另外 5 组分别对应于其他五种处理器工作模式。这 5 组分别采用下面的记号来区分各自的物理寄存器，例如，R13_<mode>，其中，<mode>可以是微处理器的工作模式之一，即 USR、SVC、ABT、UND、IRQ 及 FIQ。

寄存器 R13 在 ARM 中常用作栈指针。在 ARM 指令集这只是一种习惯的用法，并没有任何指令强制性地使用 R13 作为栈指针，用户也可以使用其他的寄存器作为栈指针。每一种异常模式拥有自己的物理的 R13，应用程序初始化该 R13 使其指向该异常模式专用的栈地址。当进入异常模式时，可以将需要使用的寄存器保存在 R13 所指的栈中；当退出异常处理程序时，将保存在 R13 所指的栈中的寄存器值弹出。这样，就使异常处理程序在返回时更加可靠。

寄存器 R14 又称为连接寄存器，在 ARM 体系中具有下面两种特殊的作用。每一种处理器模式中，自己的物理 R14 中存放当前子程序的返回地址。当通过 BL 或 BLX 指令调用子程序时，R14 设置成该子程序的返回地址。在子程序中，当把 R14 的值复制到程序计数器 PC 中时，子程序即返回。可以通过下面两种方式实现这种子程序的返回操作，例如，执行下面任何一条指令：

```
MOV   PC, LR
BX    LR                                        ; 跳转指令
```

在子程序入口使用下面的指令将程序计数器 PC 中的值保存到栈中：

```
STMFD  SP!,{<registers>,LR}
```

下面的指令也可以实现子程序返回：

```
LDMFD  SP!,{<registers>,PC}
```

当异常中断发生时，该异常模式特定的物理 R14 被设置成该异常模式将要返回的地址。值得注意的是，对于有些异常模式，R14 的值可能会与将返回的地址有一个常数的偏移量。具体的返回方式与上面的子程序返回方式基本相同。R14 寄存器也可以作为通用寄存器使用。

③ 程序计数器 R15（或称为 PC）。ARM 处理器的 R15 是程序员可访问的寄存器，读 R15

的主要作用是快速地对邻近的指令和数据进行与位置无关的寻址，写 PC 的主要用途是将写入值作为转移地址。

R15 虽然可以作为通用寄存器使用，但是有一些指令在使用 R15 时有一些特殊限制。当违反这些限制时，该指令执行的结果是不可预料的。例如，ARM7 处理器采用了三级流水线机制，当正确读取 PC 的值时，该值为当前指令地址值加 8 B。也就是说，对于 ARM 指令集来说，PC 指向当前指令的下两条指令的地址。由于 ARM 指令是字对齐的，PC 值的最低两位（第 0 位和第 1 位）总为 0。

当成功地向 R15 中写入一个地址数值时，程序将跳转到该地址执行。由于 ARM 指令是字对齐的，写入 R15 的地址值应该满足 bits[1：0]=0b00，具体要求因 ARM 各版本有所不同，对于 ARM v4 以及更高的版本，程序必须保证写入 R15 寄存器的地址值的 bits[1：0]为 0b00；否则会产生不可预知的结果。

还有一些指令对于 R15 的用法有一些特殊的要求。例如，指令 BX 利用 bit[0]来确定是 ARM 指令还是 Thumb 指令。

（2）状态寄存器。在 ARM 处理器中，包括当前程序状态寄存器 CRSR（Current Program Status Register）和备份的程序状态寄存器 SPSR（Saved Program Status Register）。

① 当前程序状态寄存器 CRSR。寄存器 R16 用作 CRSR，CPSR 可在任何运行模式下被访问。CRSR 中包括条件标志位、中断禁止位、当前处理器标志位，以及其他相关的控制和状态位。CPSR 内部的分配格式如下所示。

31	30	29	28	27	26　　　8	7	6	5	4	3	2	1	0
N	Z	C	V	Q	保留位	I	F	T	M4	M3	M2	M1	M0

当前程序状态寄存器条件标志位的功能如表 2-7 所示，控制位的各种功能描述如表 2-8 所示。

表 2-7　状态寄存器条件标志位功能描述

标志位	含　义
N	符号位：当两个补码表示的带符号数运算时，N=1 表示运算的结果为负数；N=0 表示运算的结果为正数或零
Z	运算结果指示位：Z=1 表示运算的结果为零；Z=0 表示运算的结果不为零
C	进位指示位：有些情况会改变 C 的值，加法运算（包括比较指令 CMN）：当运算结果产生了进位时（无符号数上溢出），C=1，否则 C=0。减法运算（包括比较指令 CMP）：当运算时产生了借位（无符号数下溢出），C=0，否则 C=1
V	溢出指示位：对于加/减法运算指令，当操作数和运算结果为二进制补码表示的带符号数时，V=1 表示符号位溢出
Q	DSP 溢出位：在 ARM v5 及以上版本的 E 系列处理器中，用 Q 标志位指示增强的 DSP 运算指令是否发生了溢出

当采用 C 语言编程和汇编语言编程互相调用时，R0～R3 用来传递函数参数，可记为 a0～a3。R0～R7 称为不分组寄存器，R8～R12 有两组物理寄存器。一组属于快速模式（R8_fiq～R12_fiq），另一组属于其他模式（R8_usr～R12_usr）。对于备份寄存器 R13 和 R14，有 6 组不同的物理寄存器，只在用户模式和系统模式下共用一组，在其他模式下都是专用的，另外五种是对应其他五种处理器模式，采用下标_<mode>来区分各个物理寄存器。

② 备份的程序状态寄存器 SPSR。SPSR 是每一种异常模式下专用的物理寄存器，当异常中断发生时，这个寄存器用于存放 CRSR 的内容；在异常退出时，用 SRSR 中的值以恢复 CRSR。

表 2-8 状态寄存器控制位功能的描述

标志位	含　义		
I	I=1，表示禁止 IRQ 中断；I=0，表示允许 IRQ 中断		
F	F=1，表示禁止 FIQ 中断；F=0，表示允许 FIQ 中断		
T	对于 ARM v4 以上版本 T 系列处理器，T=0 表示执行 ARM 指令，否则表示执行 Thumb 指令		
M[4:0]	M[4:0]	处理器工作模式	可访问的寄存器
	10000	用户模式	PC，R0～R14，CPSR
	10001	快速中断模式	PC，R0-R7，R8_fiq-R14_fiq，CPSR，SPSR_fiq
	10010	外部中断模式	PC，R0-R12，R13_irq-R14_irq,CPSR,SPSR_irq
	10011	管理模式	PC，R0-R12，R13_svc-R14_svc,CPSR,SPSR_svc
	10111	中止模式	PC，R0-R12，R13_abt-R14_abt,CPSR,SPSR_abt
	11011	未定义指令模式	PC，R0-R12，R13_und-R14_und,CPSR,SPSR_und
	11111	系统模式	PC，R0-R14，CPSR

2. Thumb 工作状态下寄存器组织

Thumb 工作状态下寄存器组织是 ARM 工作状态下寄存器组织的一个子集，程序员可以直接操作 8 个通用寄存器 R0～R7。同样，也可以这样操作程序计数器 R15（PC）、堆栈指针寄存器 R13（SP）、链接寄存器 R14（LR）和当前程序状态寄存器 CPSR，它们都是各个特权模式下的私有寄存器、链接寄存器和程序状态寄存器（SPSR）。Thumb 工作状态下寄存器组织如表 2-9 所示。

表 2-9 Thumb 工作状态下的寄存器组织

Thumb状态时的通用寄存器和程序计数器

系统和用户	快中断	管理	中止	中断	未定义
R0	R0	R0	R0	R0	R0
R1	R1	R1	R1	R1	R1
R2	R2	R2	R2	R2	R2
R3	R3	R3	R3	R3	R3
R4	R4	R4	R4	R4	R4
R5	R5	R5	R5	R5	R5
R6	R6	R6	R6	R6	R6
R7	R7	R7	R7	R7	R7
SP	SP_fiq	SP_svc	SP_abt	SP_irq	SP_und
LR	LR_fiq	LRsvc	LR_abt	LR_irq	LR_und
PC	PC	PC	PC	PC	PC

Thumb状态时的程序状态寄存器

CPSR	CPSR	CPSR	CPSR	CPSR	CPSR
	SPSR_fiq	SPSR_svc	SPSR_abt	SPSR_irq	SPSR_und

ARM 和 Thumb 状态寄存器间的关系如下。

- Thumb 状态下 R0～R7 和 ARM 状态下 R0～R7 是等同的。
- Thumb 状态下 CPSR 和 SPSR 与 ARM 状态的 CPSR 和 SPSR 是等同的。
- Thumb 状态下的 SP 映射在 ARM 状态下的 R13 上。

- Thumb 状态下的 LR 映射在 ARM 状态下的 R14 上。
- Thumb 状态下程序计数器映射在 ARM 状态下的程序计数器（R15）上。

2.2.4　异常中断模式处理过程

在 ARM 体系微处理器中，通常有三种方式控制程序的执行流程方式。

① 在正常程序执行过程中，每执行一条 ARM 指令，程序计数器寄存器（PC）的值加 4 个字节。每执行一条 Thumb 指令，程序计数器寄存器（PC）的值加 2 个字节。在整个过程中，按顺序执行。

② 程序通过跳转指令可以跳转到特定的地址标号处执行，或者跳转到特定的子程序处执行。B 指令用于执行跳转操作；BL 指令在执行跳转操作的同时，保存子程序的返回地址；BX 指令在执行跳转操作的同时，根据目标地址的最低位将程序状态切换到 Thumb 状态；BLX 指令执行三个操作，跳转到目标地址处执行，保存子程序的返回地址，根据目标地址的最低位将程序状态切换到 Thumb 状态。

③ 异常（Exceptions）是指当正常的程序执行流程发生暂时停止或改变，称之为异常，如处理一个外部的中断请求。当异常中断发生时，系统执行完当前指令后，将跳转到相应的异常中断处理程序处执行；在异常中断处理程序执行完成后，程序返回到发生中断的指令的下一条指令处执行。进入异常中断处理程序时，要保存被中断的程序的执行现场，从异常中断处理程序退出时，要恢复被中断的程序的执行现场。

下面将介绍在 ARM 体系中，微处理器异常中断的类型及处理过程。

（1）异常中断的分类。ARM 体系中的异常中断有以下七种形式。

① 复位（Reset）：是指当处理器的复位引脚有效时，系统产生复位中断。通常在系统加电和系统复位时发生复位中断，此时，ARM 处理器立刻停止执行当前指令，程序跳转到复位异常中断程序处（从地址 0x00000000）开始执行指令。在复位中断处理程序进行如下工作：

- 设置异常中断向量表。
- 初始化数据区和寄存器等。
- 将处理器切换到合适的模式。

首先在复位中断处理程序中将进行一些初始化工作，然后将程序控制权交给应用程序，因而复位异常中断处理程序不需要返回。

② 未定义指令（Undefined Instruction）：是指当 ARM 处理器或协处理器遇到不能处理的指令时，产生未定义指令异常。当 ARM 处理器执行协处理器指令时，它必须等待任一外部协处理器应答后，才能真正执行这条指令；若协处理器没有响应，就会出现未定义指令异常。若试图执行未定义的指令，也会出现未定义指令异常。未定义指令异常可用于在没有物理协处理器（硬件）的系统上，对协处理器进行软件仿真或在软件仿真时进行指令扩展。

③ 软件中断（Software Interrupt，SWI）：是一个由用户定义的中断指令，可用于用户模式下的程序调用特权操作指令。在实时操作系统（RTOS）中，可以通过该机制实现系统功能调用。该异常由执行 SWI 指令产生，以请求特定的管理（操作系统）函数。同样，也可使用该异常机制来实现系统功能调用。

④ 指令预取中止（Prefetch Abort）：是指若处理器预取指令的地址不存在或该地址不允许当前指令访问，存储器会向处理器发出中止信号。但当预取指令被执行时，处理器才会产生指令预取中止异常。

⑤ 数据中止（Data Abort）：是指若处理器数据访问指令的地址不存在或该地址不允许当前指令访问时，处理器会产生数据中止异常。当存储器系统发出存储器数据中止信号时，CPU响应数据访问（加载或存储）激活中止，标记数据为无效。在后面的任何指令或异常改变 CPU状态之前，数据中止异常发生。

⑥ 外部中断请求（IRQ）：是指当处理器的外部中断请求引脚有效，且 CPSR 中的 I 位为 0 时，处理器产生 IRQ 异常中断。在系统中，各外设通常通过该异常中断请求处理器服务。IRQ 异常的优先级比快速中断请求 FIQ 异常的低。当进入 FIQ 处理时，会屏蔽掉 IRQ异常。

⑦ 快速中断请求（FIQ）：是指当处理器的快速中断请求引脚有效，且 CPSR 中的 F 位为 0 时，处理器产生 FIO 异常中断。FIQ 支持数据传输和通道处理，并有足够的私有寄存器。

各种异常中断具有各自的私有寄存器组。当多个异常中断同时发生时，处理器可以根据各异常中断的优先级响应优先级最高的异常中断。

（2）ARM 微处理器对异常中断的响应过程。ARM 处理器对异常中断的响应过程是首先将下一条指令的地址存入相应的连接寄存器 LR（保存断点），以便程序在处理异常返回时能从正确的位置重新开始执行。然后保存处理器当前状态、中断屏蔽位及各条件标志位，这是通过将 CPSR 的内容保存到将要执行的异常中断对应的 SPSR 寄存器中实现的。在系统中，各异常中断都存在自己的物理 SPSR 寄存器。接着根据异常类型不同，强制设置 CPSR 的运行模式位，使微处理器进入相应的执行模式。最后，强制程序计数器（PC）从相关的异常向量地址取下一条指令执行，从而跳转到相应的异常处理程序处。进入异常处理过程：PC→LR，CPRS→SPSR，设置 CPSR 的运行模式位，跳转到相应的异常处理程序。

上述的处理器对异常中断的响应过程可以用如下的伪代码描述。

```
R14_<exception_mode>=return link
SPSR_<exception_mode>=CPSR
CPSR[4: 0]=exception mode number
/*当运行于 ARM 状态时*/
CPSR[5]=0
/*当响应 FIQ 异常中断时，禁止新的 FIQ 中断*/
if<exception_mode>==Reset or FIQ then
CPSR[6]=1
/*禁止新的 IRQ 中断*/
CPSR[7]=1
PC=exception vector address
```

（3）从异常中断处理程序中返回。从异常中断处理程序中返回包括以下两个基本操作：一是恢复被中断的程序的处理器状态，即将 SPSR_mode 寄存器内容复制到 CPSR 中；二是返回到发生异常中断的指令的下一条指令处执行，即将 LR_mode 寄存器的内容复制到程序计数器中。当异常中断发生时，程序计数器所指的位置对于各种不同的异常中断是不同的。同样，返回地址对于各种不同的异常中断也是不同的。异常返回过程：LR→PC，SPSR→CPSR，若在进入异常处理时设置中断禁止位。注意，复位异常处理程序不需要返回。

（4）FIQ 和 IRQ 异常中断处理程序。FIQ 异常中断为快速异常中断，它比 IRQ 异常中断优先级高。这主要表现在：当 FIQ 和 IRQ 异常中断同时产生时，CPU 先处理 FIQ 异常中断。在 FIQ 异常中断处理程序中，IRQ 异常中断被禁止。由于 FIQ 异常中断通常用于系统中对响应时间要求比较苛刻的任务，ARM 体系在设计上有一些特别的安排，以尽量减小 FIQ 异常中断的响应时间。FIQ 异常中断的中断向量为 0x0000 00lC，位于中断向量表的最后。这样 FIQ 异常中断处理程序可以直接放在地址 0x0000 00lC 开始的存储单元，这种安排省掉了中断向量表中的跳转指令，从而也就节省了中断响应时间。当系统中存在 Cache 时，可以把 FIQ 异常中断向量以及处理程序一起锁定在 Cache 中，从而大大地提高了 FIQ 异常中断的响应时间。除此之外，与其他的异常模式相比，FIQ 异常模式还有额外的 5 个物理寄存器，这样在进入 FIQ 处理程序时可以不用保存这 5 个寄存器，从而也提高了 FIQ 异常中断的执行速度。ARM 处理器异常中断向量表如表 2-10 所示。

表 2-10　ARM 处理器异常中断向量表

向量号	向量地址	中断类型	中断模式	优先级
1	0x0000 0000	复位	管理模式，SVC	1（最高）
2	0x0000 0004	未定义指令	未定义指令中止，UND	6
3	0x0000 0008	软件中断	管理模式，SVC	6
4	0x0000 000C	中止（预取指令）	中止模式，ABT	5
5	0x0000 0010	中止（预取数据）	中止模式，ABT	2
6	0x0000 0014	保留	未使用	未使用
7	0x0000 0018	IRQ	普通中断模式，IRQ	4
8	0x0000 001C	FIQ	快速中断模式	3

ARM 提供的 FIQ 和 IRQ 异常中断都用于外部设备向 CPU 进行请求中断服务，这两个异常中断的引脚都是低电平有效。使用当前程序状态寄存器 CPSR 的 I 控制位可以屏蔽这两个异常中断请求。当程序状态寄存器 CPSR 中的 I 控制位为 1 时，FIQ 和 IRQ 异常中断被屏蔽。当程序状态寄存器 CPSR 中的 I 控制位为 0 时，CPU 正常响应 FIQ 和 IRQ 异常中断请求。

ARM 异常返回指令如下。

SWI 未定义的返回：

```
MOVS PC,R14;
```

IRQ、FIQ、预取中止的返回：

```
SUBS PC,R14,#4;
```

数据中止返回并重新存取：

```
SUBS PC,R14,#8;
```

异常中断的优先级：复位（最高优先级）→数据异常中止→FIQ→IRQ→预取指异常中止→SWI→未定义指令（包括缺协处理器）。

2.3 ARM 存储器存储方式与映射机制

ARM 的存储体系层次结构与通用计算机大致相同，最高层是寄存器组，其次为片内 Cache、片内 SRAM、片外 SRAM、DRAM 和闪速存储器，最低层为外带的辅助存储器。

ARM 处理器中的寄存器均为 32 位，寄存器读写周期一般小于几 ns。片内 Cache 容量为几 KB～几十 KB 不等，访问时间大约为 10 ns。片外 DRAM 或者片外 SRAM 是嵌入式系统的板卡级主存储器，其容量通常在 8～512 MB 之间，存取速度一般为几十 ns。在系统运行时，操作系统和应用程序都放在内存中。闪速存储器因为其体积小、容量大而成为嵌入式系统常用的外部存储器，人们通常称其为固态盘。系统的引导加载程序、操作系统及应用程序都存放在固态盘上。辅助存储器可以通过 USB 接口进行扩展，容量可达几十 GB，访问时间为几十 ms 不等。

1．存储数据类型和数据存放格式

在 ARM 存储器中，通常使用字节（8 位）、半字（16 位）和字（32 位）的有符号和无符号六种数据类型。ARM 处理器的内部绝大部分操作都面向 32 位操作数，只有数据传输指令才支持较短的字节和半字数据形式。存储器中每一个字节都有唯一的地址，该地址开始于偶数字节边界地址，字以 4 字节的边界对准。

在 32 位嵌入式系统存储体系中，每个字单元中包含 4 个字节单元或者两个半字单元（半字包含两个字节单元）。但是在字单元中，4 个字节地址中具体的哪一个地址是存放该字的高位字节内容，哪一个地址是存放低位字节内容，有两种不同存放的格式，分别为大端序格式和小端序格式。

在大端序格式中，对于字地址为 *A* 的单元包括 4 个字节地址分别为 *A*、*A*+1、A+2 及 *A*+3。存储字的内容占 4 个字节的存储空间，其中存储字的高位字节到低位字节的内容依次存放在 *A*、*A*+1、*A*+2、*A*+3 的字节地址之中。即高字节的内容放在低字节地址中，低字节的内容放在高字节地址中。另外，同样地址为 *A* 的字单元也可分为包含 *A*、*A*+2 两个地址的半字单元，其中，半字单元的数据存放的原则是高位半字和低位半字的内容依次存放在 *A*、*A*+2 的地址之中。地址为 *A* 的半字单元包含 *A*、*A*+1 两个字节地址，其中字节 *A* 的地址中存放高位字节的存储内容，字节地址 *A*+1 中存放的是该半字的低位字节内容。大端序数据存储格式如表 2-11 所示。

在小端序格式中，地址为 *A* 的字单元包括 4 个字节地址依次为 *A*、*A*+1、*A*+2 和 *A*+3，其中存储字的高位到低位 4 个字节的内容依次存放在 *A*+3、*A*+2、*A*+1、*A* 的字节地址中。即小端格式高字节的内容放在高字节地址中，低字节的内容放在低字节地址中。地址为 *A* 的字单元也包含地址为 *A* 和 *A*+2 两个半字单元，二个半字单元由高位到低位字节的内容依次存放在 *A*+2 和 *A* 的地址中。地址为 *A* 的半字单元包含地址为 *A* 和 *A*+1 两个字节单元，其中字节地址 *A*+1 中存放数据的高位字节的内容，字节地址 *A* 中存放低位字节内容。小端序数据存储格式如表 2-12 所示。

表 2-11　大端序数据存储格式

31　24	23　16	15　8	7　0
字单元地址 *A*			
半字地址 *A*		半字地址 *A*+2	
字节地址 *A*	字节地址 *A*+1	字节地址 *A*+2	字节地址 *A*+3

表 2-12　小端序数据存储格式

31	20 19	12 11 10 9 8	5 4 3 2 1 0
字单元地址 *A*			
半字地址 *A*+2		半字地址 *A*	
字节地址 *A*+3	字节地址 *A*+2	字节地址 *A*+1	字节地址 *A*

2．存储器映射机制与存储器管理单元

（1）存储器映射机制。Cache 是位于主存和 CPU 之间的高速存储器，它存放了 CPU 最近使用的、取自于主存储器的指令和数据的副本。Cache 的基本读/写单位是行，它的大小通常是 2 的整数次幂，单位是字节。Cache 地址映射方式有直接映射、全相联映射和组相联映射三种方式。例如，ARM720T 处理器核具有 8 KB 的 Cache，采用四路组相联映像方式。基于 ARM920T 的 S3C2440 微处理器采用是 64 项全相联映像方式。

（2）存储管理单元（MMU）。多数 ARM 微处理器核中含有 MMU，用来管理嵌入式系统的虚拟存储器。当然，为了实现虚拟存储器功能，在软件方面还要求操作系统具备虚拟存储管理模块。系统资源非常有限的嵌入式系统中也可不采用虚拟内存管理方式，使用不带有 MMU 的微处理器。在这种情况下，开发人员要参与系统的内存管理，对内存访问的地址都是采用实际的物理地址方式。在编写程序时，必须考虑内存的分配情况并关注程序需要运行的空间。微处理器必须采用动态内存管理方式，即当程序的某一部分需要使用内存时，利用操作系统提供的分配函数来处理。一旦使用完毕，可通过释放函数来释放所占用的内存。这样内存空间就可以重复使用，来增加有限内存的利用率。

MMU 首先完成虚拟存储空间到物理空间的映射（ARM 采用了页式虚拟存储器管理方式），其次是控制存储器访问权限，最后是设置虚拟存储空间的缓冲特性三项工作。在具有 MMU 的微处理器系统中，使能 MMU 时，存储访问过程如图 2-2 所示。图中 MMU 的地址变换过程中是通过两级页表实现的，一级页表中包含以段为单位的地址变换条目，以及指向二级页表的指针。

MMU 先查找 TLB（Translation Lookaside Buffers，称为快表）中的虚拟地址表，如果 TLB 中没有虚拟地址的入口，硬件从内存中的转换表（也称为内页表，慢表）中获取转换和访问权限，但开始 MMU 之前必须创建转换表。MMU 支持基于段或页的存储器访问，一般段包含 1 MB 的存储器块容量，大页包含 64 KB 的存储器块，小页包含 4 KB 的存储器块，微页包含 1 KB 的存储器块。

二级页表中包含以大页和小页为单位的地址变换条目，也有的二级页表还包含以极小页为单位的地址变换条目。以页为单位的地址变换过程需要二级页表。由页表描述符获取二级描述符的过程如图 2-3 所示。

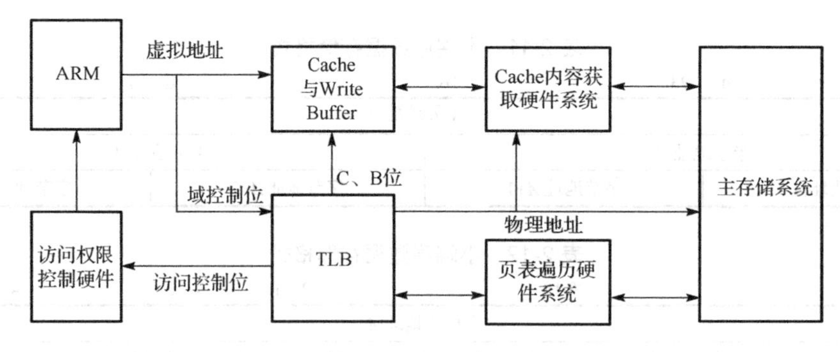

图 2-2 使能 MMU 时存储访问过程

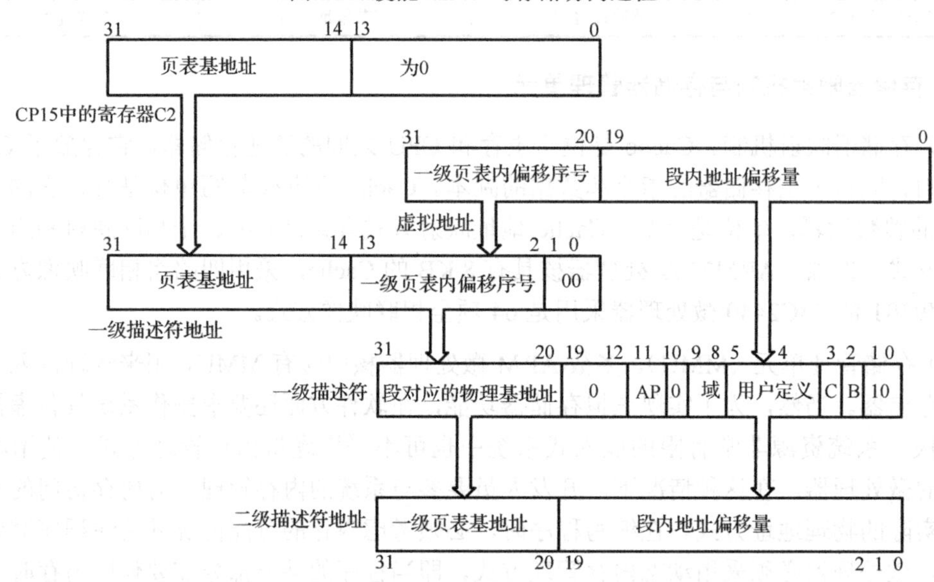

图 2-3 由页表描述符获取二级描述符的过程

对虚拟存储器来说，程序员按虚存储空间编制程序，在直接寻址方式下由机器指令的地址码给出地址。这个地址码就是虚拟地址，具体是由虚拟页号及页内地址组成的。注意虚地址实际上不是辅助存储器的实地址，而是辅存的逻辑地址。在虚拟存储器中还应有虚拟地址到辅存实地址的变换。辅存一般按信息块编址而不是按字编址，若让一个信息块的大小等于一个虚页面的大小，就需要把虚页号变换到存储器的实页号。为此可采用页表的方式，把虚拟地址的虚页号与存储器实页号变换的表称为外页表，而把虚拟地址的虚页号与内存页号变换的表称为内页表。

这样在虚拟存储器中，CPU 首先查内页表判定内存是否命中。假若命中，则从内页表中得到实存页号与页内地址拼接起来构成访问内存（系统中的 SDRAM）的实地址，然后可以使用该实地址直接去访问内存。若没有命中，则向 CPU 发出缺页中断，执行中断程序到辅存中调页，通过外部地址转换，即查外页表得到该页的辅存实地址；到辅存中去选页，同时要调入内存中，并在实存中调整相应页表，并且填写好外页表。最后查内存页面分配表，若内存中还有空闲页面，则将从辅存取出的页面直接写入内存的空闲页中，并填写好内页表。若内存空间已满，则需根据所采用的替换算法确定当前的被替换页面，填写好内页表，然后对确定的实页号进行替换。在进行页面替换时，如果被替换的页调入内存后一直未被修改过，则不再送回辅存。如果已修改过，则须先将它送回辅存原来的位置，而后把调入页装入内存。如果所需的页未装入辅存，还需再产生中断，进行出错或其他处理。然后才能用虚地址去访问内存，这时 CPU 查看内页表判定必为命中。经地址变换后，可直接去访问内存，从而完成一次访问虚拟存储器的全过程。

可以看出，虚拟存储系统中存在三个存储空间：①内存空间，它取决于系统中实际使用的内存容量，由 SDRAM 构成；②虚存空间，它取决于虚地址的长度；③辅存空间，它取决于系统中实际使用的辅助存储器的总容量，在嵌入式系统中一般由 FlashROM 构成。

对于具有 32 位地址、4 GB 寻址空间的 ARM 微处理器一般都采用页式寻址的方式。若页面大小为 4 KB，可采用二级页表的方式来寻址。在 32 位逻辑地址中，最高 10 位作为目录索引，接下来的 10 位作为页表项索引，余下的作为偏移量。ARM 的存储器管理单元（MMU）是通过系统控制协处理器 CP15 来实现和完成虚拟存储器管理功能的。

（3）存储器保护单元（Memory Protection Unit，MPU）。MPU 提供了一个相当简单的替代 MMU 的方法来管理存储器。对于不需要 MMU 的嵌入式系统而言，MPU 简化了硬件和软件，主要表现为不使用转换表，从而不必使用硬件遍历转换表和软件建立与维护转换表。当然，MPU 的简化是有代价的。如果使用 MPU，则通过 MMU 获得的高精度存储管理的优势将消失殆尽。

MPU 允许将 ARM 的 4 GB 地址空间映射为 8 个区域。每一个区域都有可编程的起始地址及大小、可编程属性和 Cache 属性。区域的起始位置可以重叠，区域的寻址有固定的优先级。通过写协处理器 CP15 的 C6 寄存器可以定义 8 个区域中每一个的起始地址和大小界限。

2.4　常用的嵌入式处理器简介

2.4.1　ARM9 系列 S3C2440 微处理器

S3C2440 是韩国三星电子公司推出的一款基于 ARM920T 内核的 16/32 位 RISC 体系结构和指令集的嵌入式微处理器。

ARM920T 核由 ARM9TDMI、存储器管理单元（MMU）和高速缓存三部分组成。其中，MMU 可以管理虚拟内存；高速缓存由独立的 16 KB 地址和 16 KB 数据高速 Cache 组成；内部含有两个内部协处理器 CP14 和 CP15。CP14 用于调试控制，CP15 用于存储系统控制，以及测试控制。微处理器内部采用了 0.13 μm 的 CMOS 标准宏单元和存储器单元，以及内部高级微控制总线（AMBA）总线架构。通过提供一套完整的通用系统外设，可以减少整体系统成本和无须配置额外的组件。S3C2440 的低功耗、全静态设计使其特别适合于对成本和功率敏感型的应用，主要面向手持式设备，以及高性价比、低功耗便携式产品的应用。

1．性能指标

S3C2440 微处理器主要性能如下。

（1）体系结构。

① S3C2440 采用 ARM920T 微处理器核支持 ARM 调试体系结构，主频最高达 400 MHz。

② 采用 16/32 位 RISC 体系结构和 ARM920T 核强大的指令集。例如，AMBA 体系结构（AMBA2.0，AHB/APB），以及用于支持 WinCE、EPOC 32 和 Linux 的加强型 ARM 体系结构 MMU。

③ 采用锁相环 MPLL 产生最大 400 MHz@1.3 V 操作 MCU 所需的时钟，另一个锁相环 UPLL 产生操作 USB 主机/设备的时钟。通过软件可以有选择性地为每个功能模块提供时钟。CPU 主时钟 FCLK 最高达 400 MHz，高速总线 AHB 的时钟 HCLK 最高达 136 MHz，外围设备总线 APB 的时钟 PCLK 最高达 68 MHz。

④ 指令高速存储缓冲器（I-Cache）、数据高速存储缓冲器（D-Cache）、写缓冲器和物理地址 TAG RAM 减少了主存带宽和响应性带来的影响。

⑤ 支持大/小端方式；支持高速总线模式和异步总线模式。小端模式是 S3C2440 处理器的默认模式，一般通过硬件输入引脚 BIGEND 来配置工作模式，若要实现支持大端存储系统，该引脚接高电平。

⑥ 内核工作在 300 MHz 时 1.20 V 供电，在 400 MHz 时 1.3 V 供电。内存支持 1.8 V、2.5 V、3.0 V、3.3 V 供电；I/O 端口支持 3.3 V 供电。

（2）电源管理模式。S3C2440 微处理器可以工作在正常模式（正常运行模式）、慢速模式（不加 PLL 的低时钟频率模式）、空闲模式（只停止 CPU 的时钟）和掉电模式（所有外设和内核的电源都切断），可以通过 EINT[15:0]或 RTC 报警中断从掉电模式中唤醒处理器。其中：

① 在正常模式下，由于所有外围设备都处于开启状态，因此功耗达到最大。若不需要定时器，那么用户可以断开定时器的时钟，以降低功耗。

② 在慢速模式（称为无 PLL 模式）不使用锁相环 PLL，而使用外部时钟（XTIPLL 或 EXTCLK）直接作为 S3C2440A 中的 FCLK。在这种模式下，功耗大小仅取决外部时钟的频率，功耗与 PLL 无关。

③ 在空闲模式下，电源管理模块只断开 CPU 内核的时钟（FCLK），但仍为所有其他外围设备提供时钟。空闲模式降低了由 CPU 内核产生的功耗，任何中断请求均可以从空闲模式唤醒 CPU。

④ 在掉电模式下，电源管理模块断开内部电源。除唤醒逻辑以外，CPU 和内部逻辑都不会产生功耗。激活掉电模式需要两个独立的电源，一个电源为唤醒逻辑供电；另一个为包括 CPU 在内的其他内部逻辑供电，并且这个电源开/关可以控制。在掉电模式下，为 CPU 和内部逻辑供电的第二个电源将关断。通过外部中断端口引脚 EINT[15:0]或 RTC 报警中断可以从掉电模式唤醒 CPU。

（3）存储系统管理。

① S3C2440 具有 8 个存储器 Bank，其中 6 个适用于 ROM、SRAM，另外 2 个适用于 ROM/SRAM 和同步 DRAM。每个 Bank 的大小为 128 MB（共 1 GB）。

② 支持可编程的每 Bank8/16/32 位数据总线带宽，从 Bank0 到 Bank6 都采用固定的 Bank 起始寻址，Bank7 具有可编程的 Bank 的起始地址和大小。

③ 支持从 NAND Flash 存储器的启动，采用 4 KB 内部缓冲器进行启动引导。支持启动

之后 NAND 存储器仍然作为外部存储器使用。采用 64 项全相连模式，采用 I-Cache（16 KB）和 D-Cache（16 KB，每行 8 字长度，其中每行带有一个有效位和两个 dirty 位）。

④ 采用伪随机数或轮转循环替换算法位；采用写穿式（Write-Through）或写回式（Write-Back）Cache 操作来更新主存储器。

⑤ 写缓冲器可以保存 16 个字的数据和 4 个地址。

（4）中断控制器。

① S3C2440 具有 60 个中断源（1 个看门狗定时器、5 个定时器、9 个 UART、24 个外部中断、4 个 DMA、2 个 RTC、2 个 ADC、2 个 I2C、2 个 SPI、1 个 SDI、2 个 USB、1 个 LCD、1 个电池故障、1 个 NAND、2 个 Camera、1 个 AC97 音频）。

② 具有电平/边沿触发模式的外部中断源，可编程的边沿/电平触发极性。

③ 支持为紧急中断请求提供快速中断服务，具有脉冲带宽调制功能的定时器（PWM）。

④ 4 通道 16 位具有 PWM 功能的定时器，1 通道 16 位内部定时器，可基于 DMA 或中断工作。可编程的占空比周期、频率和极性，能产生死区和支持外部时钟源。

（5）S3C2440 具有全面的时钟特性：秒、分、时、日期、星期、月和年，以 32.768 kHz 工作，具有报警中断和节拍中断功能。

（6）通用 I/O 端口。S3C2440 具有 130 个多功能输入/输出端口和 24 个外部中断端口 EINT，S3C2440 的多功能 I/O 端口分为以下 9 类。

- 端口 A（GPA）：25 个输出端口。
- 端口 B（GPB）：11 个输入/输出端口。
- 端口 C（GPC）：16 个输入/输出端口。
- 端口 D（GPD）：16 个输入/输出端口。
- 端口 E（GPE）：16 个输入/输出端口。
- 端口 F（GPF）：8 个输入/输出端口。
- 端口 G（GPG）：16 个输入/输出端口。
- 端口 H（GPH）：9 个输入/输出端口。
- 端口 J（GPJ）：13 个输入/输出端口。

每个端口很容易通过软件来设置，以满足各种系统配置和设计的要求。

（7）S3C2440 具有 4 通道的 DMA 控制器，采用触发传输模式来加快传输速率，支持存储器到存储器、I/O 到存储器、存储器到 I/O，以及 I/O 到 I/O 的传输。

（8）LCD 控制器显示特性。

① S3C2440 支持 3 种 STN 类型的 LCD 显示屏，4 位双扫描，4 位单扫描，8 位单扫描显示类型；支持单色模式、4 级、16 级灰度 STN LCD、256 色和 4096 色 STN LCD；支持多种不同尺寸的液晶屏，LCD 实际尺寸的典型值是 640×480、320×240、160×160 及其他，最大虚拟屏幕大小是 4 MB，256 色模式下支持的最大虚拟屏是 4096×1024、2048×2048、1024×4096 等。

② S3C2440 支持彩色 TFT 的 1、2、4 或 8 bbp（像素每位）调色显示；支持 16、24 bbp

无调色真彩显示TFT；在24 bbp模式下支持最大16M色TFT；支持多种不同尺寸的液晶屏，典型实屏尺寸有640×480、320×240、160×160及其他，最大虚拟屏大小4 MB。64K色彩模式下最大的虚拟屏尺寸为2048×1024。

（9）S3C2440具有3通道UART，可以基于DMA模式或中断模式工作。支持5、6、7位或者8位串行数据发送/接收；支持外部时钟作为UART的运行时钟（UEXTCLK）；可编程的波特率；支持IrDA1.0；具有测试用的还回模式；每个通道都具有内部64 B的发送FIFO和64 B的接收FIFO。

（10）S3C2440具有8通道多路复用ADC，最大500 kbps/10位精度；具有内部TFT直接触摸屏接口和看门狗定时器；16位看门狗定时器，在定时器溢出时发生中断请求或系统复位。

（11）S3C2440具有1通道多主I2C总线，可进行串行8位双向数据传输。在标准模式下数据传输速度可达100 kbps，在快速模式下可达到400 kbps。

（12）S3C2440支持1个通道音频IIS总线接口，可基于DMA方式工作。串行方式下，每通道8/16位数据传输，发送和接收具备128 B（64 B加64 B）FIFO；支持IIS格式、MSB-Justified数据格式和AC97音频解码器接口，支援16位采样；具有1通道立体声PCM和MIC输入。

（13）S3C2440具有2个USB主设备接口，遵从OHCI Rev.1.0标准。1个USB从设备接口，具备5个Endpoint；兼容USB v1.1标准。

（14）SD主机接口。S3C2440支持正常、中断和DMA数据传输模式（字节、半字节、文字传递），兼容SD存储卡协议1.0版、兼容SDIO卡协议1.0版。发送和接收具有64 B的FIFO，兼容MMC卡协议2.11版。

（15）S3C2440兼容2个通道SPI，其通信协议为2.11版，发送和接收具有2×8位的移位寄存器，可以基于DMA或中断模式工作。

（16）S3C2440的相机接口支持ITU-R BT 601/656 8 bit模式，具有DZI（数字变焦）功能；具有极性可编程视频同步信号；最大值支持4096×4096像素输入（支持2048×2048像素输入缩放）；支持镜头旋转（x轴、y轴和180°旋转），相机输出格式（16/24 bit的RGB与YCBCR 4:2:0/4:2:2格式）。

（17）S3C2440微处理器芯片采用289脚的FBGA封装形式。

2．内部结构组成

S3C2440微处理器内部结构主要由ARM920T微处理器核和相关部件两大部分构成，其内部原理框图如图2-4所示。

片内相关部件具体分为高速外设和低速外设，分别连接在AHB高速总线和APB外设总线。处理器片内外设结构部分如图2-5所示。

S3C2440支持七种操作模式，可以由软件进行配置。具体分别为正常程序执行模式（USR）、快速数据传输和通道处理模式（FIQ）、通用中断处理模式（IRQ）、操作系统保护模式（SVC）、运行特权模式操作系统任务模式（SYS）、数据或指令预取失效模式（ABT），以及执行未定义指令模式（UND）。对这些操作模式的支持，使得 ARM 可以支持虚拟存储器机制，支持多种特权模式，从而可以运行多种主流的嵌入式操作系统。

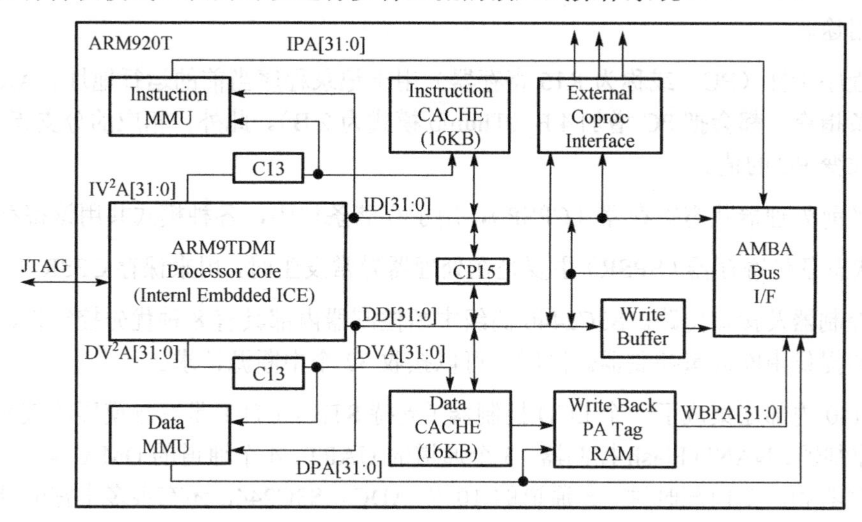

图 2-4　S3C2440 微处理器原理框图

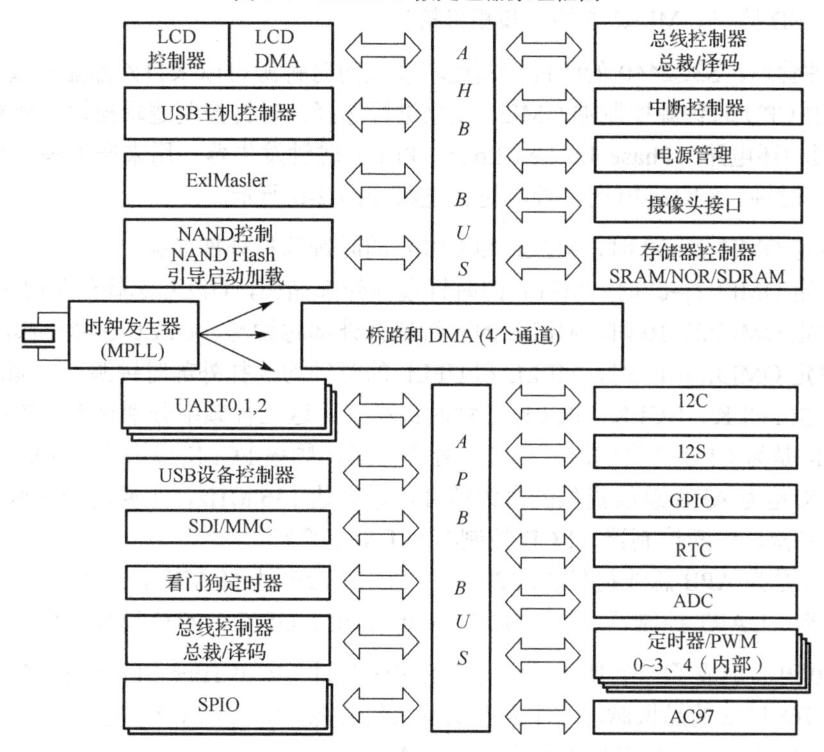

图 2-5　S3C2440 微处理器内部结构图

S3C2440 中定义了 37 个可编程寄存器，每个寄存器的长度均为 32 位。根据不同的用途，可将其划分为以下几类。

（1）30 个通用寄存器。在任意一种微处理器工作模式下，有 15 个通用寄存器可以使用，编号分别为 R0，…，R14。其中，R13 常作为堆栈指针寄存器（Stack Pointer，SP），该寄存器由 ARM 编译器自动使用；R14 常作为链接寄存器（Link Register，LR），当系统中发生子程序调用时，用 R14 来记录返回地址，如果返回地址已经保存在堆栈中，则该寄存器也可以用于其他用途。

（2）程序指针（PC，或称为 R15 寄存器）用于记录程序当前的运行地址。ARM 处理器每执行一条指令，都会把 PC 增加 4 B（Thumb 模式为 2 B）。此外，相应的分支指令（如 BL 等）也会改变 PC 的值。

（3）当前处理器状态寄存器（CPSR），用于存储条件码，各种模式共用该寄存器。

（4）状态备份寄存器（SPSR）主要是在处理器异常发生时，用来保存 CPSR 中的内容的。

（5）控制器及接口电路。S3C2440 高级中断控制器内部具有 8 种优先控制权、可屏蔽特定中断源和提供中断向量控制器。同时，可以接收 32 个中断源请求。

S3C2440 内部还集成了一个 LCD 控制器（支持 STN 和 TFT 带有触摸屏的液晶显示屏）、SDRAM 控制器、NAND Flash 控制器、3 个通道的 UART、4 个通道的 DMA、4 个具有 PWM 功能的计时器和一个内部时钟、8 通道的 10 位 ADC。S3C2440 还有很多丰富的外部接口，如触摸屏接口、I2C 总线接口、IIS 总线接口、两个 USB 主机接口、一个 USB 设备接口、两个 SPI 接口、SD 接口、MMC 卡接口和相机接口。

（6）时钟管理。S3C2440 的时钟控制逻辑模块的时钟源可以来自外部晶振或外部时钟，其控制方式由 CPU 时钟源控制端 OM[3：2]来进行选择。时钟控制逻辑模块内部有 MPLL 和 UPLL 两个锁相环电路（Phase Locked Loop，PLL）时钟发生器，用来产生满足 S3C2440 需求的各种频率时钟。S3C2440 时钟控制逻辑电路如图 2-6 所示。

① 当设定 OM[3:2]=00 时，MPLL 和 UPLL 的时钟选择外部晶振。
② 当设定 OM[3:2]=01 时，MPLL 的时钟选择外部晶振，UPLL 选择外部时钟源。
③ 当设定 OM[3:2]=10 时，MPLL 的时钟选择外部时钟源，UPLL 选择外部晶振；
④ 当设定 OM[3:2]=11 时，MPLL 和 UPLL 的时钟均选择外部时钟源，电源时钟管理模块产生 FCLK、HCLK、PCLK 三种时钟频率，这三种频率分别有不同的用途。

- FCLK 是为 CPU 提供的时钟信号，处理器工作频率 FCLK 最高达到 400 MHz。
- HCLK 是为 AHB 总线提供的时钟信号，最高达 136 MHz，主要用于高速外设（如内存控制器、中断控制器、LCD 控制器和 DMA 等）。
- PCLK 是为 APB 总线提供的时钟信号，PCLK 最高达 68 MHz，主要用于低速外设（如看门狗、UART 控制器、I2S、I2C、SDI/MMC、GPIO、RTC 和 SPI 等）。

S3C2440 内部集成了一个具有日历功能的实时时钟（Real Time Clock，RTC），RTC 需要外接一个 32.768 kHz 的晶振脉冲，作为提供输入信号源。RTC 给 CPU 提供精确的当前时刻，它在系统停电的情况下由后备电池供电继续工作。

（7）存储系统组成。S3C2440 的存储器管理器提供访问外部存储器的所有控制信号：26 位地址信号、32 位数据信号、8 个片选信号，以及读/写控制信号等。

S3C2440 的存储空间分成 8 组，最大容量是 1 GB，Bank0～Bank5 为固定 128 MB，Bank6 和 Bank7 的容量可编程改变，可以是 2、4、8、16、32、64、128 MB，并且 Bank7 的开始地址与 Bank6 的结束地址相连接，但是二者的容量必须相等。Bank7 的开始地址是 Bank6 的结束地址，灵活可变。所有内存块的访问周期都可编程，外部 Wait 扩展了访问周期。S3C2410 采用 nGCS[7：0]8 个通用片选线选择 8 个 Bank 区。

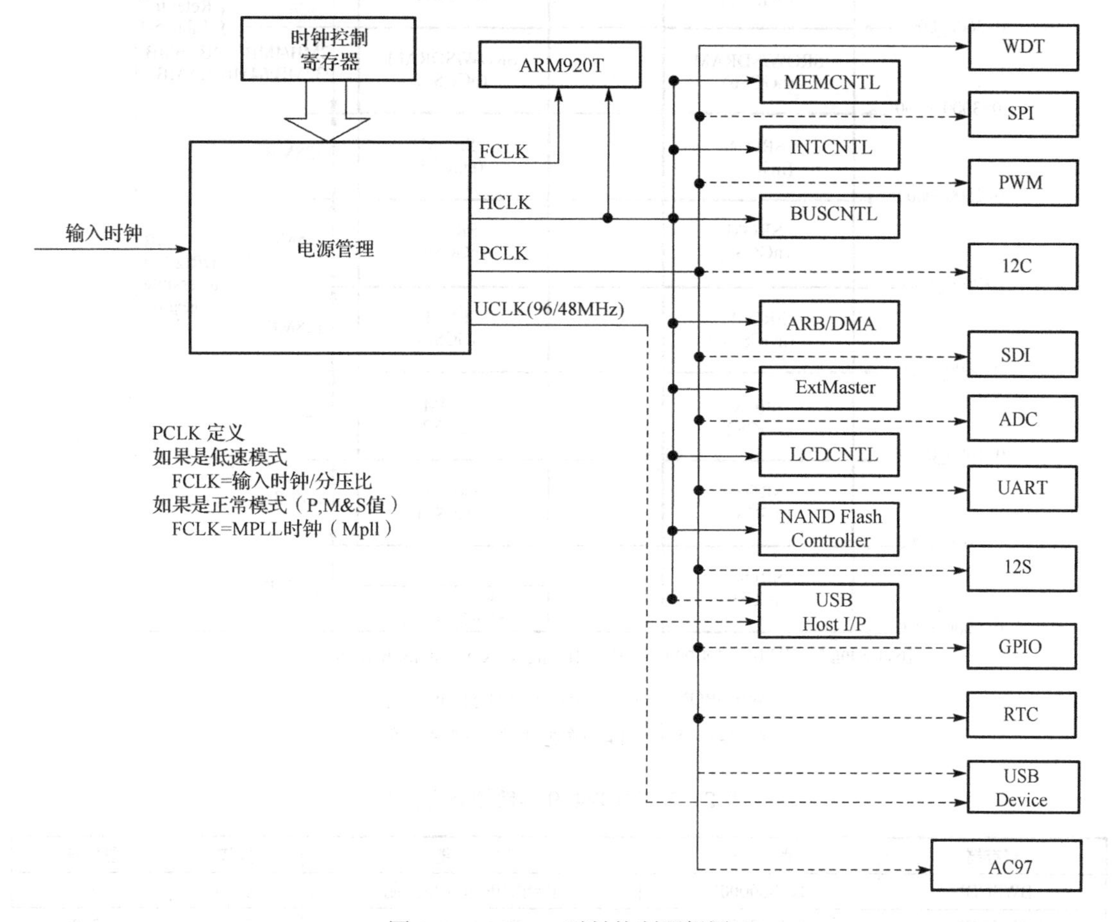

图 2-6 S3C2440 时钟控制逻辑图

Bank0 可以作为引导 ROM，其数据线宽只能是 16 位和 32 位，复位时由 OM0、OM1 引脚确定；其他存储器的数据线宽可以是 8 位、16 位和 32 位。S3C2440 的存储器格式，可以编程设置为大端格式，也可以设置为小端格式。S3C2440 采用 NAND Flash 与 SDRAM 组合，可以获得非常高的性价比。S3C2440 微处理器存储区映射表如图 2-7 所示，当设定 CPU 总线控制模式引脚 OM[1:0]位=01 和 10 时，引导程序不从 NAND Flash 启动；当设定模式引脚 OM[1:0]位=00 时，引导程序从 NAND Flash 启动。内存控制器为访问外部存储空间提供存储器控制信号，S3C2440X 存储器控制器共有 13 个寄存器，如表 2-13 所示。

（8）中断控制器。S3C2440 微处理器内部的中断控制器总共支持 60 个中断源，这些中断请求可由 S3C2440 内部功能模块（如 DMA 控制器、UART、I2C 等）或者外部引脚 EINT 信号产生，每个中断源都可以被任意定义 IRQ 和 FIQ 方式。中断控制器共有 8 个控制寄存器组成，它们分别是中断悬挂寄存器 SRCPND、中断模式寄存器 INTMOD、中断优先级寄存器 PRIORITY、中断屏蔽寄存器 INTMSK、中断请求寄存器 INTPND、中断偏移寄存器 INTOFFSET、次级中断请求寄存器 SUBSRCPND、次级中断屏蔽寄存器 INTSUBMSK。

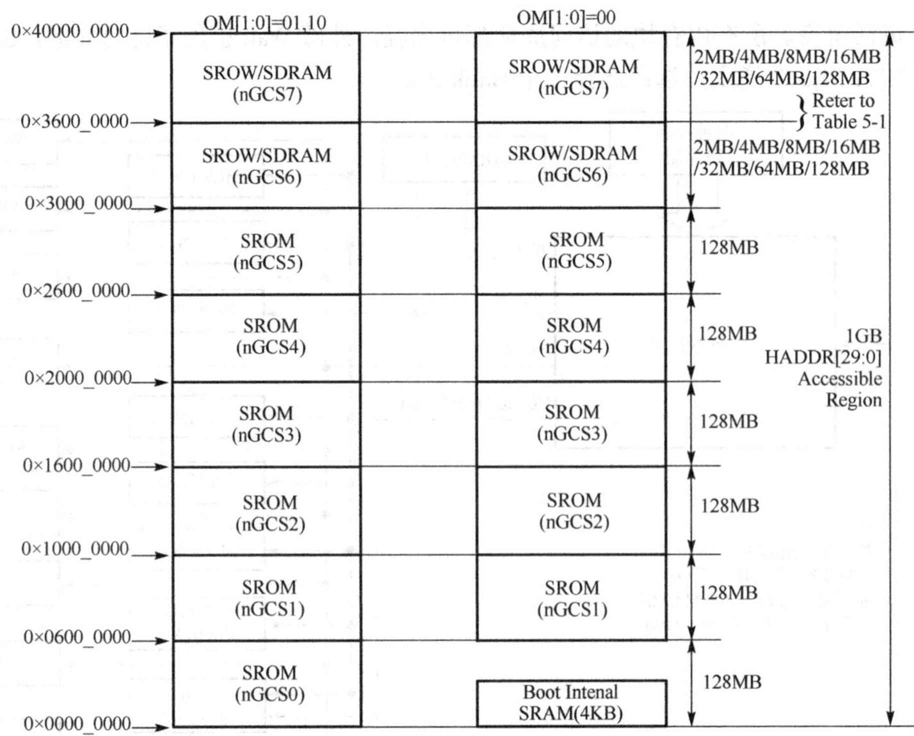

图 2-7 S3C2440 微处理器存储区映射表

表 2-13 S3C2440 存储控制寄存器

寄存器	地 址	功 能	操作	复位值
BWSCON	0x48000000	总线宽度和等待控制	读/写	0x0
BANKCON0	0x48000004	Bank0 控制	读/写	0x0700
BANKCON1	0x48000008	Bank1 控制	读/写	0x0700
BANKCON2	0x4800000C	Bank2 控制	读/写	0x0700
BANKCON3	0x48000010	Bank3 控制	读/写	0x0700
BANKCON4	0x48000014	Bank4 控制	读/写	0x0700
BANKCON5	0x48000018	Bank5 控制	读/写	0x0700
BANKCON6	0x4800001C	Bank6 控制	读/写	0x18008
BANKCON7	0x48000020	Bank7 控制	读/写	0x18008
REFRESH	0x48000024	SDRAM 刷新控制	读/写	0xAC0000
BANKSIZE	0x48000028	可变的组大小设置	读/写	0x0
MRSRB6	0x4800002C	Bank6 模式设置	读/写	xxx
MRSRB7	0x48000030	Bank7 模式设置	读/写	xxx

S3C2440 微处理器系统中的中断处理过程如下：保存现场→模式切换→获取中断服务子程序地址→多个中断请求处理→中断返回和恢复现场。当多个异常中断同时发生时，处理器根据一个固定的优先级系统来决定处理它们的顺序。优先级从高到低的排列为复位、数据 Abort、FIQ、IRQ、预取指令 Abort、未定义指令、软件中断。

当一个异常出现以后，S3C2440 微处理器会执行如下步骤操作。

① 将下一条指令的地址存入相应链接寄存器（LR），以便程序在处理异常返回时能从正确的位置重新开始执行。若异常是从 ARM 状态进入的，则 LR 中保存的是下一条指令的地址（当前 PC+4 或 PC+8，与异常的类型有关）；若异常是从 Thumb 状态进入的，则在 LR 中保存当前 PC 的偏移量，这样，异常处理程序就不需要确定异常是从何种状态进入的。例如，在软件中断异常 SWI，指令“MOV PC，R14_svc”总是返回到下一条指令，不管 SWI 是在 ARM 状态执行，还是在 Thumb 状态执行。

② 将 CPSR 复制到相应的 SPSR 中。

③ 根据异常类型，强制设置 CPSR 的运行模式位。

④ 强制 PC 从相关的异常向量地址取下一条指令执行，跳转到相应的异常处理程序处。

（9）DMA 控制器。直接内存访问（Direct Memory Access，DMA）是一种不经过 CPU 而直接从内存存取数据的数据交换模式。在 DMA 模式下，CPU 只需向 DMA 控制器下达命令，让 DMA 操作器来处理数据的传输，数据传输完毕后再把信息反馈给 CPU，这样就在很大程度上减轻了 CPU 资源占有率，实现大量数据的快速传输。

S3C2440 具有 4 个通道的 DMA 控制器，位于系统总线和外设总线之间。每个 DMA 通道都能没有约束地实现系统总线或者外设总线之间的数据传输，即每个通道都能处理下面四种情况：源器件和目的器件都在系统总线；源器件在系统总线，目的器件在外设总线；源器件在外设总线，目的器件在系统总线；源器件和目的器件都在外设总线。

DMA 的主要优点是可以不通过 CPU 的中断来实现数据的传输，DMA 的运行可以通过软件或者通过外围设备的中断和请求来初始化。S3C2440 的 DMA 通道有多种相关控制寄存器，各自功能如下。

① DMA 初始化源寄存器（DISRC）：用于存放要传输的源数据的起始地址。

② DMA 初始化源控制寄存器（DISRCC）：用于控制源数据在 AHB 总线还是 APB 总线上，并控制地址增长方式。

③ DMA 初始化目标地址寄存器（DIDST）：用于存放传输目标的起始地址。

④ DMA 初始化目标控制寄存器（DIDSTC）：用于控制目标位于 AHB 总线还是 APB 总线上，并控制地址增长方式。

⑤ DMA 控制寄存器（DCON）：有 4 个 DMA 控制寄存器（DCON）（DCON0～DCON3）。

⑥ DMA 状态寄存器（DSTAT）：保存 DMA0～DMA3 计数寄存器状态。

⑦ DMA 当前源寄存器（DCSRC）：用于保存 DMAn 的当前源地址，n 为当前目标地址。

⑧ DMA 当前目标寄存器（DCDST）：用于保存 DMAn 的当前目标地址。

⑨ DMA 屏蔽触发寄存器（DMASKTRIG）：控制 DMA0～DMA3 触发状态。

每个 DMA 通道都有 4 个 DMA 请求源，通过设置，可以从中挑选一个服务。每个通道的 DMA 请求源如表 2-14 所示，S3C2440 的 DMA 内部结构如图 2-8 所示。

每个 DMA 通道有 9 个控制寄存器（4 个通道共 36 个寄存器），6 个用来控制 DMA 传输，其他 3 个监视 DMA 控制器的状态。DMA 通道控制寄存器如表 2-15 所示。

表 2-14 S3C2440 各通道的 DMA 请求源

通道源	请求源 0	请求源 1	请求源 2	请求源 3	请求源 4
通道 0	nXDREQ0	UART0	SDI	Timer	USB 设备 EP1
通道 1	nXDREQ1	UART1	IIS/SDI	SPI0	USB 设备 EP2
通道 2	IISSDO	IISSDI	SDI	Timer	USB 设备 EP3
通道 3	UART2	SDI	SPI1	Timer	USB 设备 EP4

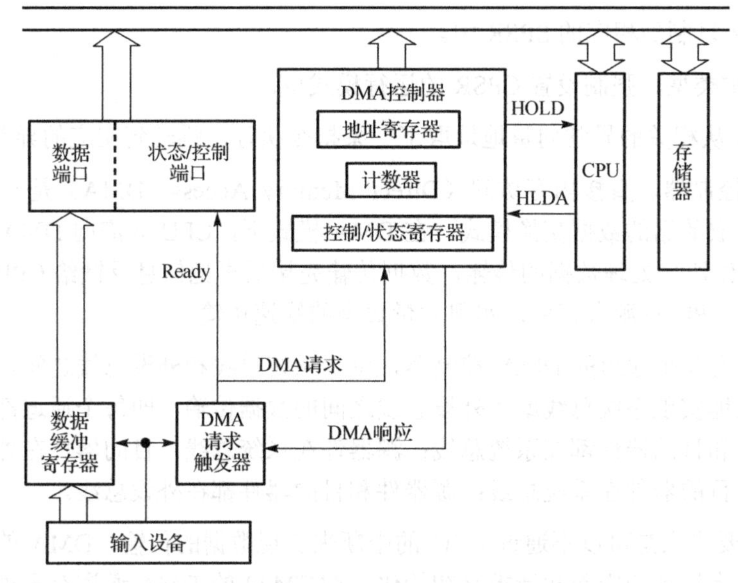

图 2-8 S3C2440 中 DMA 的内部结构图

表 2-15 DMA 通道控制寄存器

寄存器	地 址	R/W	描 述	复位值
DISRCn	0x4B0000x0	R/W	初始源基地址寄存器	0x00000000
DISRCCn	0x4B0000x4	R/W	初始源控制寄存器	0x00000000
DIDSTn	0x4B0000x8	R/W	初始目的基地址寄存器	0x00000000
DIDSTCn	0x4B0000xC	R/W	初始目的控制寄存器	0x00000000
DCONn	0x4B0000y0	R/W	DMA 控制寄存器	0x00000000
DSTATn	0x4B0000y4	R	状态/计数寄存器	0x00000000
DCSRCn	0x4B0000y8	R	当前源地址寄存器	0x00000000
DCDSTn	0x4B0000yC	R	当前目的地址寄存器	0x00000000
SKTRIGn	0x4B0000z0	R/W	DMA 掩码/触发寄存器	0b000

注意：在表地址项中，x 表示对应 DMA 的 0～3 通道相关寄存器的地址为 0、4、8 和 C，y 对应 DMA 的 0～3 通道相关寄存器的地址为 1、5、9 和 D，z 分别对应为 2、6、A 和 E。

S3C2440 微处理器系统中采用 DMA 方式进行数据传输的过程如下。

① 外设向 DMA 控制器发出 DMA 请求。

② DMAC 通过 HOLD 信号向 CPU 发出总线请求。

③ CPU 执行完现行的总线周期后，向 DMA 控制器发出响应请求的回答信号。

④ CPU 响应释放三总线，并且发应答 HLDA 信号，由 DMA 控制器进行控制。

⑤ DMA 控制器向外部设备发出 DMA 请求回答信号。

⑥ 进行 DMA 传输。

⑦ 数据传输完毕，DMAC 撤销总线申请 HOLD 信号，CPU 也撤销总线应答 HLDA 信号，并且恢复对三总线的控制。DMA 控制器通过中断请求线发出中断信号，CPU 在接收到中断信号后，转入中断处理程序进行后续处理。

⑧ 中断处理结束后，CPU 返回到被中断的程序继续执行，CPU 重新获得总线控制权。

（10）系统的启动方式。S3C2440 具有三种启动方式，由 CPU 总线控制 OM[1：0]引脚选择。

- 当 OM[1:0]为 00 时，处理器从 NAND Flash 启动。
- 当 OM[1:0]为 01 时，从 16 位宽 ROM 启动。
- 当 OM[1:0]为 10 时，从 32 位宽 ROM 启动。

用户可以将 BootLoader 代码和操作系统镜像放在外部的 NAND Flash，采用 NAND Flash 启动。在这种情况下由于 S3C2440 处理器在片内集成了一个 Steppingstong（垫脚石）的 4 KB 大小的内部 SRAM，当处理器上电复位时，通过内置的 NAND Flash 访问控制器将位于 NAND Flash 前 4 KB 位置的 BootLoader 代码自动加载到片内的 4 KB boot SRAM（此时该 SRAM 定位于起始地址空间 0x00000000）中，在 boot SRAM 中运行 BootLoader 程序，将操作系统的镜像加载到 SDRAM，这样操作系统就能够在 SDRAM 中运行。启动完毕后，4 KB 的 Boot SRAM 就可以用于其他用途。在实际的存储系统中，SDRAM 的地址空间从 Bank6 开始，NAND Flash 的地址从 Bank7 开始。

3. 工作原理

从编程者的角度看，S3C2440 微处理器可以工作在 ARM 状态，即执行 32 位字对齐的 ARM 指令集，也可以工作在 Thumb 状态，即执行 16 位半字对齐的 Thumb 指令集。从 ARM 工作状态转换进入 Thumb 状态的方式如下。

（1）在操作数寄存器状态位（bit0）置位的情况下执行 BX 指令可以进入 Thumb 状态。

（2）如果在 Thumb 状态发生中断，从异常中断（IRQ、FIQ、UNDEF、ABORT、SWI 等）返回时将自动进入 Thumb 状态。

从 Thumb 状态转换进入 ARM 工作状态的方式如下。

（1）在操作数寄存器状态位（bit0）清零的情况下，执行 BX 指令可以进入 Thumb 状态。

（2）在位处理器进入异常中断（IRQ、FIQ、RESET、UNDEF、ABORT、SWI 等）时，PC 值被放在中断模式 Link 连接寄存器中，然后跳到中断的向量地址执行命令。

注意，两种状态间切换不影响处理器状态和寄存器的内容。

微处理器核 ARM920T 将存储器空间视为从 0 开始由字节组成的线性集合，字节 0～3 中保存了第一个字，字节 4～7 中保存第二个字。以此类推，ARM920T 对存储的字，可以按照小端或大端的方式对待。

S3C2440 微处理器支持用户模式、快速中断模式、中断模式、管理模式、异常中断模式、系统模式和未定义模式。其中，外部中断、异常操作或软件控制都可以改变中断模式。大多数应用程序都是在用户模式下进行的，进入特权模式是为处理中断或异常请求、操作保护资源服务的。

S3C2440 有 37 个 32 位的寄存器，其中 31 个是通用寄存器，6 个是状态寄存器。但在同一时间，对程序员来说并不是所有的寄存器都可见。在某一时刻存储器是否可见，是由处理器当前的工作状态和工作模式决定的。

在 ARM 状态下，任何时刻都可以看到 16 个通用寄存器，1 个或 2 个状态寄存器。在特权模式（非用户模式）下会切换到具体模式下的寄存器组，其中包括模式专用的私有（Banked）寄存器。其中，CRSR 状态寄存器系列中含有 16 个直接操作寄存器（R0～R15），除了 R15 外其他的都是通用寄存器，可用来存放地址或数据值。除此之外，实际上有 17 个寄存器用来存放状态信息。

Thumb 工作状态寄存器是 ARM 状态寄存器的一个子集。程序员可以直接操作 8 个通用寄存器 R0～R7，同样可以操作程序计数器（PC）、堆栈指针寄存器（SP）、链接寄存器（LR）、和 CPSR，它们都是各个特权模式下的私有寄存器、链接寄存器和程序状态寄存器（SPSR）。

S3C2440 具有一个当前程序状态寄存器（CPSR），另外还有 5 个保存程序状态寄存器（SPSR）用于异常中断处理。这些寄存器的功能有：

- 保留最近完成的 ALU 操作的信息。
- 控制中断的使能和禁止。
- 设置处理器的操作模式。

当微处理器复位引脚 nRESET 信号为低电平时，ARM920T 放弃任何指令的执行，并从增加的字地址处取指令。当 nRESET 信号为高电平时，ARM920T 进行如下操作。

- 将当前的 PC 值和 CPSR 值写入 R14_svc 和 SPSR_svc，已保存的 PC 和 CPSR 的值是未知的。
- 强制 M[4:0]为 10011（超级用户模式），将 CPSR 中的“I”和“F”位设为 1，并将 T 位清零。
- 强制程序计数器 PC 从 0x00 地址处取得下一条指令。
- 恢复为 ARM 状态并开始执行。

S3C2440A 有 5 个 16 位定时器。定时器 0、1、2、3 具有脉宽调制（PWM）功能，定时器 4 是内部计时器无输出引脚。定时器 0 有一个死区发生器，即用大电流装置。定时器 0 和 1 共享一个 8 位分频器，而定时器 2、3 和 4 共享其他 8 位分频器。每个定时器有一个时钟分频器，产生 5 种不同的信号，分别为 1、1/2、1/4、1/8、1/16。每个计时器块接收由自己时钟分频器产生的时钟信号，其中接收时钟来自相应的 8 位分频器，这 8 位分频器是可编程的，并且分别依照 PCLK 装载数据储存在 TCFG0、TCFG1 寄存器。

计时计数缓冲寄存器（TCNTBn）有一个初始值，当计时器被激活时装入自减计数器。计时比较缓冲寄存器（TCMPBn）初始值装入与自减计数器比较。这种 TCNTBn 和 TCMPBn 双重缓冲特点使计时器产生一个稳定的输出，同时输出频率和占空比也被改变。

每个定时器都有自己的受定时时钟驱动 16 位减法计数器，当计数器为零，定时器中断请求产生告知的 CPU 定时器操作已经完成。当定时器计数器达到零，其相应 TCNTBn 值自动装入来继续运行下一步操作。但是，如果定时停止，例如，当断开正在定时器运行模式下的 TCONnduring 计时器使能位时，其 TCONnduring 值就不会再装载。

TCMPBn 的作用是用于脉宽调制（PWM）。在定时器控制逻辑中，当计数器的值达到了比较寄存器的值时定时器控制逻辑改变输出电平，因此，比较寄存器确定了一个脉宽调制输出接通时间（或关断时间）。有关更多的相关资料，请查阅 S3C2440 产品手册。

2.4.2　ARM 系列 Cortex 处理器

目前，ARM 公司 ARM v7 架构的处理器在命名方式上已经不再沿用过去的数字命名方式，而是冠以 Cortex 的代号。由于应用领域不同，基于 v7 架构的 Cortex 处理器系列所采用的技术也不相同，如 Cortex-A 系列处理器、Cortex-R 系列处理器和 Cortex-M 系列处理器。其中 Cortex-A 系列主要面向尖端的基于虚拟内存的操作系统和用户应用，Cortex-R 系列主要针对实时系统的应用，Cortex-M 系列主要针对微控制器的应用。

1．ARM Cortex-M 微控制器

（1）Cortex-M 微控制器简介。首款 Cortex-M 处理器于 2004 年发布，当一些主流 MCU 供应商选择这款内核并开始生产 MCU 器件后，Cortex-M 处理器迅速受到市场青睐。32 位的 Cortex-M 微控制器就如同 8 位 8051 单片机类似，成为一种受到众多供应商支持的工业标准内核。各家供应商采用该内核加之自己特别的开发，在市场中提供差异化产品。例如，Cortex-M 系列能够实现在 FPGA 中作为软核来用，但更常见的用法是作为集成了存储器、时钟和外设的 MCU。在该系列产品中，有些产品专注最佳能效，有些专注最高性能，而有些产品则专门应用于诸如智能电表这样的细分市场。

ARM Cortex-M 控制器系列具有既可向上兼容，又易于应用，其宗旨是帮助开发人员满足将来的嵌入式应用的需要，包括以更低的成本提供更多功能、不断增加连接、改善代码重用和提高能效。

Cortex-M 系列主要针对成本和功耗敏感的 MCU 和智能测量、人机接口设备、汽车和工业控制系统、大型家用电器、消费性产品，以及医疗器械等终端产品的应用。

目前广泛应用的 Cortex-M4 是基于高性能的 32 位处理器核进行设计的，本身具有低功耗、少门数、短中断延迟、低调试成本等优点，它为开发人员提供了极大的便利。具体包括快速中断处理性能；通过提高断点和跟踪能力来增强系统调试功能，高效的处理器内核、系统和内存，超低功耗的睡眠模式，以及集成的内存保护单元的安全平台。

在 Cortex-M4 处理器核中，采用了具有三级流水线的哈佛结构，因此非常适合要求苛刻的嵌入式应用。该处理器带有高效的指令集和优化的设计提高了的电源效率，并提供了包括各种单周期、SIMD 乘法、乘法与累加功能、饱和算法和专用的硬件除法等功能。

Cortex-M4 的指令集提供了 32 位架构，具有 8 位和 16 位的高代码密度形式，支持 Thumb/Thumb-2 指令集，其中所采用的 Thumb-2 指令集具有更高的指令效率和更强的性能。Thumb-2 指令集结合了 16 位指令的代码密度和 32 位指令的性能，其底层关键特性使得 C 语言代码的执行变得更加自然。

Cortex-M4 系列处理器核采用了 CoreSight 调试跟踪体系结构，支持 8 个断点和 4 个数据观察点。在支持传统的 JTAG 基础上，还支持更好的低成本串行线调试接口（Single Wire，SW）。处理器核内部的数据观测与跟踪单元（Data Watchpoint and Trace，DWT）、测量跟踪宏单元（Instrumentation Trace Macrocell，ITM）和可选的嵌入式跟踪宏单元（Embedded Trace Macrocell，ETM）能获取处理器的指令跟踪流，提供低成本的实时跟踪能力。

Cortex-M4 处理器核与 ARM7、ARM9 处理器相比，具有以下显著不同之处。

- 采用 ARM v7-M 体系结构。
- 不支持 ARM 指令集，仅支持 Thumb/Thumb-2 指令集。
- 没有 Cache，也没有 MMU。
- 具有 SW 跟踪调试接口。
- 中断控制器内建于 Cortex-M4 之中。
- 向量表内容为地址，而非指令。
- 中断时自动保存和恢复状态，不支持协处理器。

同时在 Cortex-M4F 系列中，还提供了浮点运算单元 FPU，采用 32 位指令单精度（C 语言的 float）数据处理操作，硬件支持转换、加法、减法、乘法，以及可选的累加、除法和平方根，同时硬件支持非格式化方式和所有的 IEEE 舍入模式。内部具有 32 个专用的 32 位单精度寄存器，可寻址用作 16 位双字寄存器。

（2）Cortex-M4 总体组织结构。Cortex-M4 微控制器内部基本结构主要包括 Cortex-M4 内核、嵌套矢量中断控制器 NVIC、总线阵列 BusMatrix、Flash 转换及断点单元 FPB、数据观测和跟踪单元 DWT、测量跟踪宏单元 ITM、存储器保护单元 MPU、嵌入式跟踪宏单元 ETM、跟踪接口单元 TPIU、存储器表 ROM Tab1e、串行线调试接口 SW/SWJ-DP 等模块，其中 MPU 和 ETM 单元是可选单元。本节将分别对其主要模块进行介绍，以帮助读者了解 Cortex-M4 的基本结构。Cortex-M4 内部结构图如图 2-9 所示。

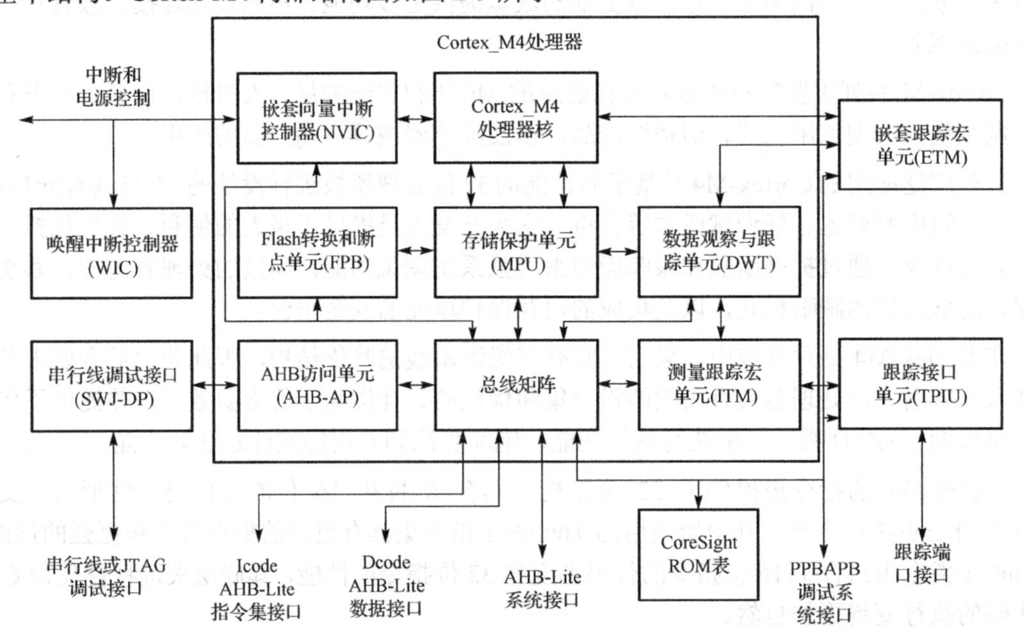

图 2-9 Cortex-M4 系统结构图

① Cortex-M4 内核。Cortex-M4 微控制器是采用 ARM v7-M 体系结构来实现的，使用 Thumb/Thumb-2 指令集。结构上采用哈佛结构、三级流水线，可在单周期内完成 32 位乘法和采用硬件除法；具有 Thumb（正常指令状态）、Debug（调试状态）两种操作状态，以及 Handler（异常处理）、Thread（普通应用）两种操作模式；能够快速进入和退出中断服务程序；支持 ARM v6 类型的 BE8/LE（大端/小端数据存放形式）；支持 ARM v6 非对齐访问方式。

Cortex-M4 核内部寄存器包括 13 个通用 32 位寄存器、链接寄存器 LR、程序计数器 PC、程序状态寄存器 xPSR 和 2 个堆栈指针寄存器。由于采用了哈佛结构，Cortex-M4 内核可同时存取指令和数据，其存储器访问接口由存取单元（Load Store Unit，LSU）和一个三字的预取单元（Prefetch Unit，PFU）组成。其中，LSU 用于分离来自 ALU 的存取操作；PFU 用于预取指令，每次取一个字，可以是两条 Thumb 指令、一条字对齐的 Thumb-2 指令、一条 Thumb 指令加半条半字对齐的 Thumb-2 指令、两个半条半字对齐的 Thumb-2 指令。PFU 的预取地址必须是字对齐的，如果一条 Thumb-2 指令是半字对齐的，预取这条指令需要两次预取操作。不过由于 PFU 具有三个字的缓存，可以确保预取第 1 条半字对齐的 Thumb-2 指令只需要 1 个延迟周期。

② 嵌套矢量中断控制器 NVIC。在 Cortex-M4 处理器核中集成了可配置的 NVIC，提供业界领先的中断性能。NVIC 内部包括一个不可屏蔽中断（NMI），高达 256 个中断优先级。处理器内核和 NVIC 的紧密集成，提供了快速执行的中断服务程序（ISR），大幅降低了中断延迟。通过寄存器的硬件堆叠，并暂停多负载能力，实现多存储操作。

NVIC 是 Cortex-M4 处理器核能实现快速异常处理的关键，具有可配置的外部中断数量为 1～240 个；可配置优先级位为 3～8 个；支持电平触发和脉冲触发中断；中断优先级可动态重置；支持优先权分组，这可以用来实现抢占中断和非抢占中断；支持尾链技术和中断延迟；进入和退出中断无须指令；可自动保存/恢复处理器状态；可选的唤醒中断控制器（WIC）；提供外部低功耗睡眠模式支持。

为了优化低功耗设计，NVIC 集成了睡眠模式，包括深睡眠功能，使整个装置可以在迅速断电的同时仍保留程序的状态。

③ 总线阵列 Bus Matrix。Cortex-M4 处理器核的总线阵列（Bus Matrix）将处理器核、调试接口与外部总线相连接，也就是把基于 32 位 AMBA AHB-Lite 的 I-Code 总线、D-Code 总线和系统总线连接到基于 32 位 AMBA APB 的专用外设总线（Private Peripheral Bus，PPB）上。同时总线矩阵还提供非对齐数据访问方式和位段（Bit Banding）技术，使处理器核对片上外围设备的访问速度有了很大的提高。

④ Flash 转换及断点单元 FPB。Cortex-M4 处理器核的 Flash 转换是指当 CPU 访问的某条指令匹配一个特定的 Flash 地址时，将该地址重映射到 SRAM 中指定的位置，从而取指后返回的是另外的值。此外，匹配的地址还能用来触发断点事件。

FPB 有 8 个比较器，用来实现从代码空间到系统空间的转换访问（Patches Accesses）硬件断点，用于调试。其中 6 个为可独立配置的指令比较器，用于转换从代码空间到系统空间的指令预取，或执行硬件断点，另外的 2 个常量比较器用于转换从代码空间到系统空间的常量访问。

⑤ 数据观测与跟踪单元DWT。Cortex-M4处理器核的DWT以及后面介绍的ETM、ITM、TPIU、SW/SW-DP单元都是属于ARM CoreSight跟踪调试体系结构的模块，它们可以灵活配置使用。其中，DWT可以设置数据观测点，参与实现调试功能。

DWT有4个比较器，可配置为硬件断点、ETM触发器、PC采样事件触发器或数据地址采样触发器。另外，DWT有计数器或数据匹配事件触发器可用于性能剖析。DWT可配置用于在设定的时间间隔发出PC采样信息，还可发出中断事件信息。

⑥ 测量跟踪宏单元ITM。Cortex-M4处理器核的ITM是一个应用驱动跟踪源，支持应用事件跟踪和printf类型的调试，它支持如下跟踪信息源。

- 软件跟踪：软件可直接写ITM单元内部的激励寄存器，使之向外发送相关信息包。
- 硬件跟踪：DWT产生信息包，由ITM向外发送。
- 时间戳：ITM可产生与所发送信息包相关的时间戳包，并向外发送。
- 全局系统时间戳：ITM产生一个全系统的48位计数值用作时间戳，并向外发送。

⑦ 串行线调试接口SW/SWJ-DP。Cortex-M4处理器的调试接口SW/SWJ-DP可以提供对处理器内所有寄存器和存储的访问。该调试接口通过处理器内部的AHB-AP（Advanced High-performance Bus Access Port）来实现调试访问。对于此调试接口而言，外部调试口有以下两种可能的实现方法。

一种是串行JTAG调试接口SWJ-DP（Serial Wire JTAG Debug Port），SWJ-DP是JTAG-DP和SW-DP（Serial Wire Debug Port）的结合；另一种是SW-DP调试口，该调试口通过两个引脚（clock、data）实现与处理器内部AHB-AP的接口。

⑧ 嵌入式跟踪宏单元ETM。Cortex-M4处理器核的ETM单元是一个仅支持指令跟踪的低成本高速跟踪宏单元，对于Cortex-M4而言是可选的。通过ETM发出的数据，可以重构程序执行过程。不过ETM的数据量非常大，对于外部硬件跟踪设备和工具软件的要求都比较高。

⑨ 跟踪接口单元TPIU。Cortex-M4处理器核的TPIU单元是ITM单元、ETM单元与片外跟踪分析器之间传递跟踪数据的桥梁。该TPIU单元兼容CoreSight调试体系结构，如果还需要添加额外功能，可用CoreSight TPIU替代它。TPIU可配置为仅支持ITM调试跟踪，由于ITM数据量不大，因此可采用低成本的串行跟踪形式。它也可配置为支持ITM和ETM的跟踪调试，这时须使用高带宽的跟踪接口及设备。

⑩ 存储器保护单元MPU。MPU是Cortex-M4处理器核中一个可选的模块，它通过定义和检查存储区域的属性来实现存储保护，以改善嵌入式系统的可靠性，实现安全操作。带有此单元的Cortex-M4处理器核，支持标准ARM v7保护存储系统结构模型。MPU可以提供以下支持。

- 存储保护，它包含8个存储区域和1个可选的后台区域。
- 保护区域重叠。
- 访问允许控制。
- 向系统传递存储器属性。

通过以上支持，MPU可以实现存储管理优先规则、分离存储过程和实现存储访问规则。

2. ARM Cortex-R 系列

ARM Cortex-R 系列是用于实时系统的嵌入式处理器，这些处理器支持 ARM、Thumb 和 Thumb-2 指令集。Cortex-R4 主频高达 600 MHz（具有 2.45 DMIPS/MHz），配有 8 级流水线，具有双发送、预取和分支预测功能，以及低延迟中断系统，可以中断多周期操作而快速进入中断服务程序。

Cortex-R 是针对高性能实时应用的微处理器，例如，硬盘控制器或固态驱动控制器、企业中的网络设备和打印机、消费电子设备（如蓝光播放器和媒体播放器），以及汽车中安全气囊、制动系统和发动机管理等的应用。在某些方面，Cortex-R 系列与高端微控制器（MCU）类似。ARM Cortex-R 系列实时处理器具有高可靠性、高可用性、支持容错功能、可维护性、经济实惠和实时响应强等特点。Cortex-R4 是成熟的处理器，于 2006 年 5 月投放市场，如今已在数百万的 ASIC、ASSP 和 MCU 设备中使用。Cortex-R4 可以实现以将近 1 GHz 的频率运行，此时它可提供 1500 Dhrystone MIPS 的性能。该处理器提供高度灵活且有效的双周期本地内存接口，使 SoC 设计者可以最大限度地降低系统成本和功耗。

Cortex-R4 还可以与另外一个 Cortex-R4 构成双内核配置，一同组成一个带有失效检测逻辑的冗余锁步（lock-step）配置，从而非常适合安全攸关的系统。

Cortex-R5 能够很好地服务于网络和数据存储应用，它扩展了 Cortex-R4 的功能集，从而提高了效率和可靠性，增强了可靠实时系统中的错误管理。其中的一个系统功能是低延迟外设端口（LLPP），可实现快速读取和写入外设（而不必对整个端口进行“读取-修改-写入”操作）。Cortex-R5 还可以实现处理器独立运行的“锁步”双核系统，每个处理器都能通过自己的“总线接口和中断”执行自己的程序。这种双核实现能够构建出非常强大和灵活的实时响应系统。

Cortex-R7 极大扩展了 R 系列内核的性能范围，时钟速度可超过 1 GHz，性能达到 3.77 DMIPS/MHz。Cortex-R7 上的 11 级流水线现在增强了错误管理功能，以及改进了分支预测功能。多核配置也有多种不同选项，如锁步、对称多重处理和不对称多重处理。Cortex-R7 还配有一个完全集成的通用中断控制器（GIC）来支持复杂的优先级中断处理。

Cortex-R8 在架构设计上基本延续了 Cortex-R7 的特点，仍然是 11 级乱序流水线，ARM v7-R 指令集，向下兼容，不过 Cortex-R8 支持最多四个核心，比上代翻了一番，而且各个核心可以非对称运行，有自己的电源管理系统，所以能单独关闭以省电。每个核心还可以搭配最多 2 MB 低延迟的紧耦合缓存（TCM），包括 1 MB 指令、1 MB 数据，整个处理器最多 8 MB。相比之下，Cortex-R7 每个核心最多只有 128 KB 指令/数据缓存。

Cortex-R8 可广泛用于智能手机、平板电脑、车联网、物联网等领域，尤其是能满足 4G LTE-A、4.5G LTE-A Pro、5G 通信基带和大容量存储器对低延迟、高性能和高能效的要求。目前，ARM 伙伴已经开始着手 Cortex-R8 相关设计，应用于大容量存储市场的 Cortex-R8 方案将会在 2016 年面世。

3. ARM Cortex-A 微处理器

ARM 公司的 Cortex-A 系列处理器适用于具有高计算要求、运行丰富的操作系统，以及提供交互媒体和图形体验的应用领域。从最新技术的移动 Internet 必备设备（如手机和超便携的上网本或智能本）到汽车信息娱乐系统和下一代数字电视系统，也可以用于其他移动便携式设备，还可以用于数字电视、机顶盒、企业网络、打印机和服务器解决方案。这一系列的处理器具有高效低耗等特点，比较适合配置于各种移动平台。

ARM v7 系列版本具有 NEON 单指令多数据（SIMD）单元、ARMtrustZone 安全扩展，以及 Thumb2 指令集，通过 16 位和 32 位混合长度指令以减小代码长度应用技术。Cortex-A 系列具有高性能、多核技术和高级扩展功能。其中，Cortex-A9 等处理器都支持 ARM 的第二代多核（四核）技术。除了具有与上一代经典 ARM 和 Thumb 体系结构的二进制兼容性外，Cortex-A 类处理器还通过提供了 Thumb-2 提供最佳代码大小和性能 TrustZone 安全扩展，提供了可信计算 Jazelle 技术，提高了执行环境（如 Java、Net、MSIL、Python 和 Perl）速度等功能扩展。

目前较为广泛应用的 Cortex-A9 处理器是 ARM 处理器系列中性能较高的一款产品，其处理器的设计基于推测型 8 级流水线，支持 16、32 或 64 KB 四路组相联一级缓存的配置，时钟频率超过 1 GHz，而且满足长时间电池供电工作的要求，同时还具有可扩展的多核处理器和单核处理器两种产品。其中：

（1）ARM Cortex-A9 MPCore 应用了新一代 ARM MPCore 技术的多核处理器，支持可扩展 1～4 个 CPU 核，性能扩展性更出色、功耗控制更有效，是高端手机、网络和车载信息娱乐设备的理想选择。

（2）ARM Cortex-A9 单核处理器为独立指令和数据传输提供两个 64 bit 接口，在复制数据时，每五个处理器周期能维持四次双字写入。这种单核处理器，适用于手机及其他嵌入式设备等高端、成本敏感设备市场的简化设计移植。

上述两款 ARM Cortex-A9 处理器都包含 ARM 特定应用架构扩展集，包括 DSP 和 SIMD 扩展集、Jazelle 技术、TrustZone 和智能功耗管理（IEM）技术。Cortex-A9 微体系结构可伸缩的多核处理器和单核处理器支持 16、32 或 64 KB 四路组相联的 L1 高速缓存配置，对于可选的 L2 高速缓存控制器，最多支持 8 MB 的 L2 高速缓存配置，它们具有极高的灵活性，均适用于特定应用领域和市场。

ARM RealView 开发套件（ARM RealView Development Suite）包括先进的代码生成工具，为 Cortex-A9 处理器提供卓越的性能和无以比拟的代码密度。这套工具还支持矢量编译，用于 NEON 媒体和信号处理扩展集，使得开发者无须使用独立的 DSP，从而降低产品和项目成本。包含先进的交叉触发在内的 Cortex-A9 MPCore 多核处理器调试得到 RealView ICE 和 Trace 产品的支持，同时也得到一系列硬件开发板的支持，用于 FPGA 系统原型设计和软件开发。

2011 年 11 月，ARM 公司发布了新一代处理器架构 ARM v8，其架构引入了 64 位处理技术，并扩展了虚拟寻址。v8 架构内部包含 AArh64 执行态，即针对 64 位处理技术引入了一个全新指令集 A64；还包含 AArh32 执行态，将支持现有的 ARM 指令集两种执行状态。

最新成员 Cortex-A50 系列将 Cortex-A 系列的应用范围扩大至低功耗服务器领域。这些处理器基于 ARM v8 架构，支持 AArch64——高效能 64 位运行态且可以与现行 32 位运行态共存，支持大于 4 GB 的物理内存。在 Cortex-A50 系列中，典型产品有 Cortex-A57 微处理器。

Cortex-A72 是目前 ARM 性能最出色、最先进的处理器。于 2015 年年初正式发布的 Cortex-A72 基于 ARM v8-A 架构、并构建于 Cortex-A57 处理器在移动和企业设备领域成功的基础之上。在相同的移动设备电池寿命限制下，Cortex-A72 展现优异的整体功耗效率。

Cortex-A72 的强大性能和功耗水平重新定义了 2016 年高端设备，为消费者带来的丰富连接和情境感知（Context-Aware）的体验，这些高端设备涵盖高阶的智能手机、中型平板电脑、大型平板电脑、翻盖式笔记本，一直到外形规格可变化的移动设备，未来的企业基站和服务器芯片也能受惠于 Cortex-A72 的性能，并在其优异的能效基础上，在有限的功耗范围内增加内核数量，提升工作负载量。

习题与思考题二

一、单项选择题

（1）ARM 微处理器中寄存器组有（　　）个寄存器。

A．7　　B．32　　C．6　　D．37

（2）CPSR 寄存器中标志位 V 代表（　　）。

A．零标志　　B．符号标志　　C．进位标志　　D．溢出标志

（3）在 ARM 处理器中，（　　）寄存器包括全局的中断禁止位，控制中断禁止位就可以打开或者关闭中断。

A．CPSR　　B．SPSR　　C．PC　　D．IR

（4）下列 CPSR 寄存器标志位的作用说法错误的是（　　）。

A．N：负数　　B．Z：零　　C．C：进位　　D．V：借位

（5）寄存器 R13 除了可以做通用寄存器外，还可以做（　　）。

A．程序计数器　　B．链接寄存器　　C．栈指针寄存器　　D．基址寄存器

（6）寄存器 R15 除可做通用寄存器外，还可以做（　　）

A．程序计数器　　B．链接寄存器　　C．栈指针寄存器　　D．基址寄存器

（7）ARM 工作状态下，每取出一条指令后程序计数器 PC 的值应该（　　）。

A．自动加 1　　B．自动加 4　　C．自动清 0　　D．自动置 1

（8）在 CPU 和物理内存之间进行地址转换时，通过（　　）将地址从虚拟（逻辑）地址空间映射到物理地址空间。

A．TCB　　B．MMU　　C．CACHE　　D．DMA

（9）ARM9TDMI 的工作状态包括（　　）。

A．测试状态和运行状态　　B．挂起状态和就绪状态

C．就绪状态和运行状态　　D．ARM 状态和 Thumb 状态

（10）下面哪一种工作模式不属于 ARM 特权模式（　　）。

A．用户模式　　B．管理模式　　C．软中断模式　　D．FIQ 模式

（11）在下列 ARM 处理器的各种模式中，只有（　　）模式不可以自由地改变处理器的工作模式。

A．用户模式（User）　　B．系统模式（System）

C．终止模式（Abort）　　D．中断模式（IRQ）

（12）IRQ 中断的入口地址是（　　）。

A．0x00000000　　B．0x00000008　　C．0x00000018　　D．0x00000014

（13）FIQ 中断的入口地址是（　　）。

A．0x0000001C　　B．0x00000008　　C．0x00000018　　D．0x00000014

（14）将一个 32 位的数 0x876165 存储到 2000H～2003H 四个字节单元中，若以小尾端模式存储，则 2000H 存储单位的内容为（　　）。

A．0x00　　B．0x87　　C．0x61　　D．0x65

（15）将一个 32 位的数 0x2168465 存储到 2000H～2003H 四个字节单元中，若以大尾端模式存储，则 2000H 存储单位的内容为（　　）。

A．0x21　　B．0x68　　C．0x65　　D．0x02

（16）ARM 系统中，字符串在内存中存放时，一般是以（　　）为存放单位的。

A．比特位　　B．字节　　C．字　　D．双字

（17）相对于 ARM 指令集，Thumb 指令集的特点是（　　）。

A．指令执行速度快

B．16 位指令集具有密度更高的代码，对于需要严格控制成本的设计非常有意义

C．Thumb 模式有自己独立的寄存器

D．16 位指令集，代码密度高，加密性能好

（18）下面关于 DMA 方式的描述，不正确的是（　　）。

A．DMA 方式使外设接口可直接与内存进行高速的数据传输

B．DMA 方式在外设与内存进行数据传输时不需要 CPU 干预

C．采用 DMA 方式进行数据传输时，首先需要进行现场保护

D．DMA 方式执行 I/O 交换要有专门的硬件电路

二、填空题

（1）ARM 内核命名有四个常用的变形功能，即________，可供生产厂商根据不同用户的要求来配置生产 ARM 芯片。

（2）小端模式是 S3C2440 微处理器的默认模式，一般通过硬件输入引脚________来配置工作模式。若要实现支持大端存储系统，该引脚接________电平。

（3）S3C2440 存储器有两种存储模式，即大端模式和小端模式。假设 Y=0x46134 存储在

2000H～2003H 四个内存单元中，若以小端模式存储，则(2000H)=(　　)、(2001H)=(　　)、(2002H) = (　　)、(2003H) = (　　)

（4）ARM 系列微处理器支持的边界对齐格式有：________。

（5）S3C2440 微处理器外部寻址空间是 1 GB，被分成________个存储块，每块________MB。

三、问答题

（1）基于 ARM 架构的微处理器有哪些特点？

（2）简述 ARM 体系架构命名规定的变种形式。

（3）简述 ARM 微处理器的两种工作状态。

（4）ARM 体系结构有哪几种运行模式？其中哪些为特权模式？哪些为异常模式？

（5）试分析 ARM 寄存器组织结构图，并说明寄存器分组与功能。

（6）简述 ARM 微处理器的寄存器组织及 R13、R14、R15、CPSR、SPSR 的特殊作用及使用场合。

（7）分析 CRSR 程序状态寄存器各位的功能描述。

（8）请描述 Thumb 状态下的寄存器与 ARM 状态下的寄存器有什么关系。

（9）简述异常处理模式和优先级状态，当一个异常出现以后会执行哪几步操作。

（10）指出处理器在什么情况下进入相应的异常模式。它们退出各采用什么指令？

（11）简述嵌入式存储系统的组成结构及特点。

（12）存储器格式定义 R0=0x12345678，假设使用存储指令将 R0 的值放在 0x4000 单元中。如果存储器格式为大端格式，请写出在执加载在指令将存储器 0x4000 单元的内容的取出存放到 R2 寄存器操作后所得 R2 的值。如果存储器格式改为小端格式，所得的 R2 的值又为多少？低地址 0x4000 单元的字节内容分别是多少？

（13）ARM 处理器支持的数据类型有哪些？

（14）存储管理单元 MMU 主要完成哪些工作？

（15）S3C2440 的电源管理模块具有哪几种工作模式？各有什么特点？

（16）简述 S3C2440 微处理器系统中的中断处理过程。

（17）简述 S3C2440 微处理器系统中采用 DMA 方式进行数据传输的过程。

（18）Cortex 处理器有那个几个系列？各系列都有哪些特点？

第 3 章

嵌入式系统开发环境与开发技术

PC 的软件开发过程从程序编辑、编译、链接、调试到程序运行等全过程都在同一个 PC 平台上完成，而嵌入式系统由于资源有限，系统本身不具备自主开发能力。即使嵌入式产品设计完成后，用户也不能对其中的软件进行修改和调试。所以嵌入式系统的开发必须借助于一套专用的开发环境，包括设计、编译、调试及下载等工具，并采用交叉开发的方式进行。嵌入式系统开发通常采用在宿主机（如 PC）上完成程序编写和编译，将高级语言程序编译成可以运行在目标机（如嵌入式产品）上的二进制程序，最后进行下载和联机调试。嵌入式系统采用这种交叉开发、交叉编译的开发模式，主要因为它是一种专用的计算机系统。总之，嵌入式产品是采用量体裁衣和量身定制的方法来进行开发制作的。在本章中，将介绍嵌入式系统开发环境与相关开发技术。

3.1 概　　述

在嵌入式系统开发应用中，基本流程包括系统定义与需求分析、系统设计方案的初步确立、初步设计方案性价比评估与方案评审论证、完善初步方案和方案实施、软/硬件集成测试、系统功能性能测试及可靠性测试六个阶段。

一个嵌入式系统的开发环境通常包括宿主机、嵌入式目标机、下载调试器和软件开发工具，它们之间通过串口、JTAG（并口）和网络接口等进行通信。首先利用宿主机上丰富的资源和良好的开发环境开发、仿真调试目标机上的软件，并通过物理连接将交叉编译生成目标代码传输并装载到目标机上；然后使用交叉调试器在监控程序或实时内核/操作系统的支持下进行实时分析和调度；最后在目标机的环境下运行。

嵌入式系统的编程与计算机编程工作的主要区别在于，每一个嵌入式系统的硬件平台都有可能不同，而往往只是其中的一个不同点，就会导致许多附加的软件复杂性，这也是嵌入式系统开发人员必须格外注意创建过程的原因。

用户把嵌入式软件的源代码表述为可执行的二进制映像的过程，具体包括下面三部分内容。首先，每一个源文件都必须编译到一个目标文件上。其次，将产生的所有目标文件链接成一个目标文件，称之为可重定位程序。最后，在一个称为重定址的过程中要把物理存储器地址指定给可重定位程序里的每一个相对偏移处，这一步的结果就是一个可以运行在嵌入式系统上的包含可执行二进制映像的文件。图 3-1 给出了嵌入式软件的开发流程。

综上所述，嵌入式软件的开发一般分为生成、调试和固化运行三个步骤。嵌入式软件系统的生成是在宿主机上进行的，利用软/硬件各种工具完成对应用程序的编辑、交叉编译和交叉链接工作，生成可供调试或固化的目标程序。其中通过交叉编译器和交叉链接器可以在宿主机上生成能在目标机上运行的代码，而交叉调试器和硬件仿真器等则用于完成在宿主机与目标机间的嵌入式软件的调试。调试成功后还要使用一定的工具将程序固化到目标机上，然后脱离与宿主机的连接，启动目标机。这样目标机就可以在没有任何干预的情况下，程序自动地启动运行。

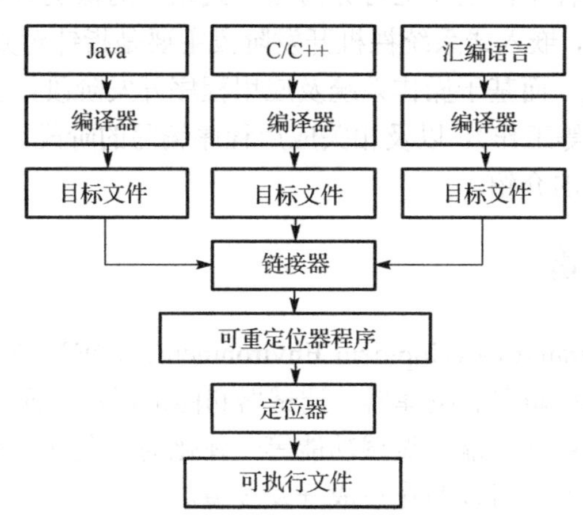

图 3-1 软件开发流程

建立交叉开发环境是进行嵌入式软件开发的第一步，目前常用的交叉环境主要有开源和商业两种类型。开源的交叉环境的典型代表是 GUN 工具链，可以支持 ARM、x86、MIPS、Power PC 等多种处理器；商业的主要有 ARM Software Development Toolkit、Microsoft Embedded Visual C++等。

经过开发及调试后要生成嵌入式映像文件，该文件是嵌入式系统上的一个可执行文件。在执行之前要将其下载到目标机的存储器中，才能启动执行。以 ARM 软件开发为例，ARM 集成开发环境中的各种源文件（汇编、C 及 C++程序）经过 ARM 编译器编译之后，生成 ELF 格式的目标文件。这些目标文件和相应的 C/C++运行库经过 ARM 链接器链接后，生成.axf 映像文件，然后下载到开发板上调试运行。最后使用 fromelf 工具将映像文件中的调试信息和注释过滤掉生成二进制的可加载文件（扩展名为.bin），将其文件固化写入嵌入式设备的 ROM 中。这样目标机加电后就可以开始自启动、执行程序进行工作了。

在嵌入式软件开发过程中，目标机上嵌入式软件的运行方式具有程序调试下载启动方式和程序固化自启动方式两种。在不同方式下，程序代码或数据在目标机内存中的定位也有所不同。宿主机上提供一定的工具或者手段对目标程序的运行方式和内存定位进行选择和配置，链接器再根据这些配置信息将目标模块和库文件中的模块链接成目标程序。

3.2 嵌入式系统开发技术

“工欲善其事，必先利其器”，嵌入式软件开发工具的集成度和可用性将直接关系到嵌入式系统的开发效率。ARM 的开发工具包括编译器、汇编器、链接器、调试器、操作系统、函数库、JTAG 调试器和在线仿真器等。目前世界上约有几十家公司提供不同类型的产品。用户在开发嵌入式系统时，针对不同的开发阶段及开发需求，需要选择不同的开发环境和工具，合理使用嵌入式开发工具可以加快开发进度，节省开发成本。因此，正确建立交叉开发环境是进行嵌入式软件开发的第一步，针对选择的嵌入式系统的不同，相应开发环境也是有所区别的。

嵌入式系统在开发过程中，主体上可分为嵌入式系统的裸机开发阶段和基于操作系统及应用程序开发阶段。其中，嵌入式系统裸机开发阶段主要是指针对开发 BootLoader 或者接口调试等系统底层开发阶段。而基于操作系统及应用程序开发阶段，主要是指在开发嵌入式操作系统（包括移植和裁剪等工作），以及相关应用程序编写的阶段。下面，针对不同开发阶段使用的开发工具进行简单的介绍。

3.2.1 集成开发环境

集成开发环境（Integrated Development Environment，IDE）是用于提供程序开发环境的应用程序，一般包括代码编辑器、编译器、调试器和图形用户界面工具。在 IDE 中集成了代码编写功能、分析功能、编译功能、调试功能等一体化的开发软件服务套。所有具备这一特性的软件或者软件套（组）都可以叫作集成开发环境。

目前，在嵌入式开发应用中存在很多 IDE，大多数的 IDE 可以完成开发过程中的源码编写、编译、调试、下载等工作。开发人员可以通过 IDE 来帮助自己完成很多编译、分析工作，IDE 提供了众多的图形界面来完成相应数据的显示和结果的展示。

这里，将分别对三种常见的 IDE 及相应的典型嵌入式应用开发创建过程来进行介绍。

1. ADS 集成开发环境

ARM ADS 的全称为 ARM Developer Suite，它是 ARM 公司推出的新一代集成开发环境，专门应用于 ARM 相关的应用开发和调试，普遍应用的 ADS 为 1.2 版本，它可以安装在大多数版本的 Windows 操作系统上面。

在 ADS 集成开发环境中包含了一系列的应用过程，并且有相关的文档和实例支持。ADS 支持编辑、编译、调试各种 C、C++和 ARM 汇编语言编写的程序，其主要由命令行开发工具、ARM 文件库、GUI 开发环境等支持软件组成。

ADS 集成开发环境的安装很简单，在下载安装包之后，按照默认设置安装即可使用。这里将介绍一下如何通过 ADS 集成开发环境来创建一个新的典型应用工程。

本节通过一个简单的具体实例，介绍如何使用 ADS 集成开发环境，包括如何创建一个新的工程、各个配置编译选项的具体含义，以及如何来编译生成可以直接烧写到 Flash 中的 bin 格式二进制可执行文件的方法。

在 ADS 集成开发环境中，选择“File”→“New”，打开如图 3-2 所示的窗口。

可以看到有七种工程类型可以选择。

（1）ARM Excuteable Image：用于由 ARM 指令的代码生成一个 ELF 格式的可以执行映像文件。

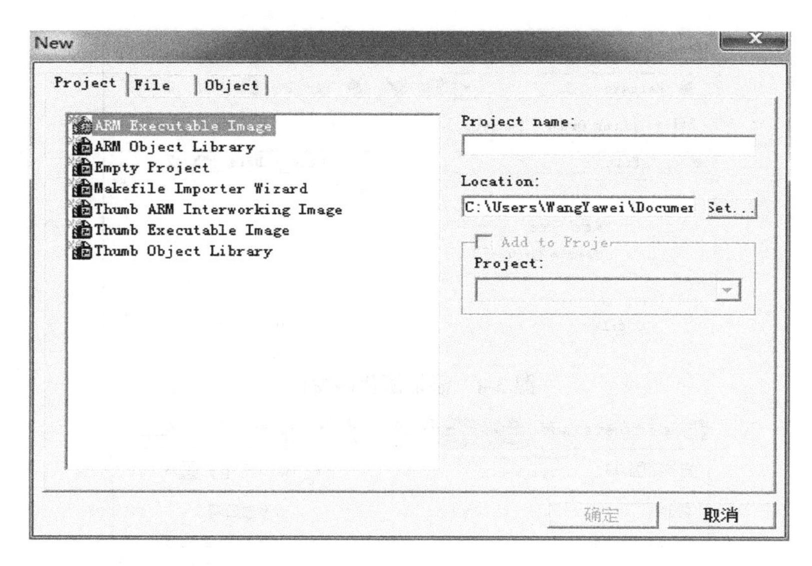

图 3-2　New 窗口

（2）ARM Object Library：用于由 ARM 指令的代码生成一个 armar 格式的目标文件库。

（3）Empty Project：用于创建一个不包含任何库或者源文件的工程。

（4）Makefile Importer Wizard：用于将 Visual C 的 nmake 或者 GNU make 文件转入到 CodeWarrior IDE 工程文件。

（5）Thumb ARM Interworking Image：用于由 ARM 指令和 Thumb 指令的混合代码生成一个可执行的 ELF 格式的映像文件。

（6）Thumb Excutable image：用于由 Thumb 指令创建一个可执行的 ELF 格式的映像文件。

（7）Thumb Object Library：用于由 Thumb 指令的代码生成一个 armar 格式的目标文件库。

通过在这里选择具体的工程类型，输入相应的工程名，然后完成相应的工程创建目录的设置后，单击“确定”按钮，即可创建一个新的工程。

这个时候会出现如图 3-3 所示的窗口。

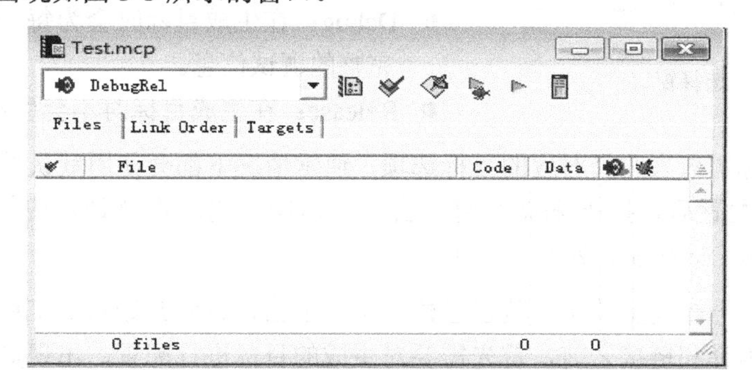

图 3-3　工程窗口

接下来需要完成的工作是在当前工程下添加相应的具体依赖性代码。通过在图 3-4 所示的 Test.mcp 项目窗口中，单击鼠标右键或者在 ADS 菜单选择“Project”→“Add Files…”，开始添加该项目需要的源代码，如图 3-5 所示。

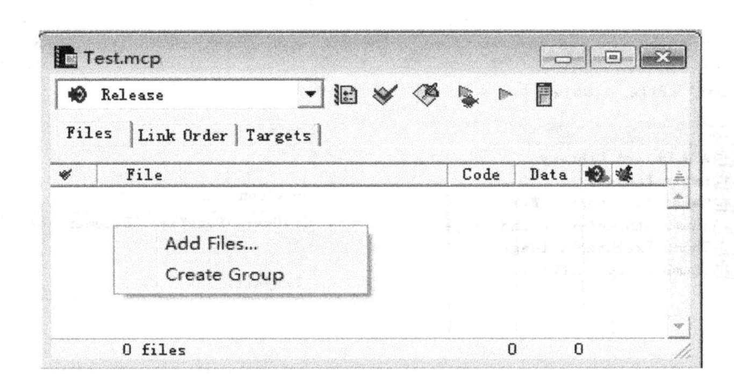

图 3-4　添加源代码窗口

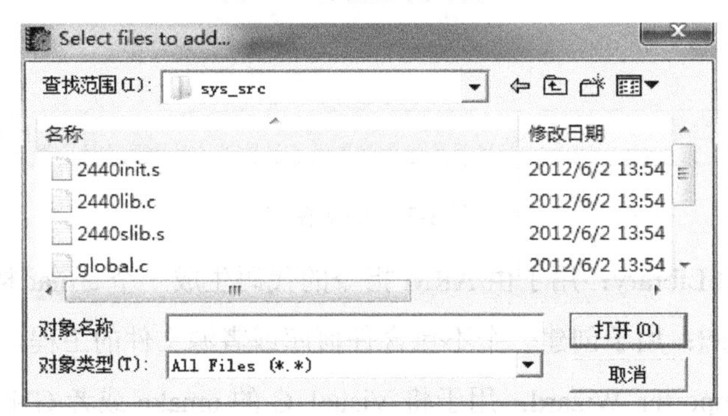

图 3-5　源文件

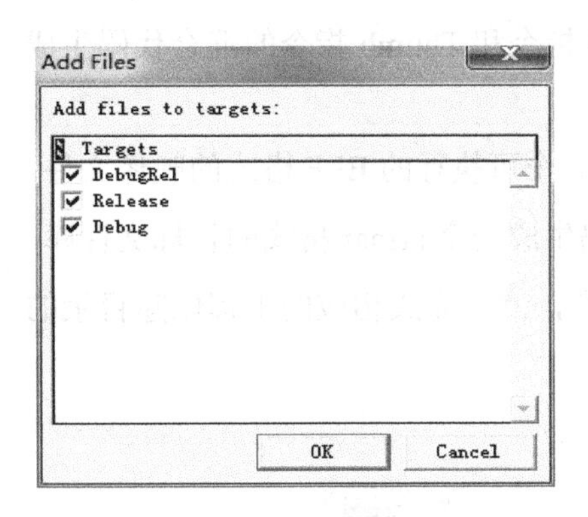

图 3-6　目标选择窗口

单击“打开”按钮，这时会跳出如图 3-6 所示的目标选择窗口。

这里请注意，在新建一个工程时，ADS 默认的 target 是 DebugRel，另外还有两个可用的 target，分别为 Realse 和 Debug，它们的含义分别为：

- DebugRel：在生成目标时会为每一个源文件生成调试信息。
- Debug：在生成目标时会为每一个源代码生成最完整的调试信息。
- Release：在生成目标时不会生成任何调试信息。

需要根据实际需求来选择对应的目标选项，通常情况下都会使用默认的 DebugRel 选项。完成目标选项的配置后，接下来需要建立自己的功能代码，也就是对应的 main.c 文件到 Test.mcp 项目工程，如图 3-7 所示。

到目前为止，一个完整的工程就已经建立了。下面，我们开始对该工程进行编译和链接的配置。在进行编译和链接之前，首先需要对生成的目标进行配置，出现如图 3-8 所示的设置窗口。

这里的设置有很多，我们主要介绍最常用的一些选项。

（1）Target Setting。

① Target Name 文本框显示了当前的目标设置。

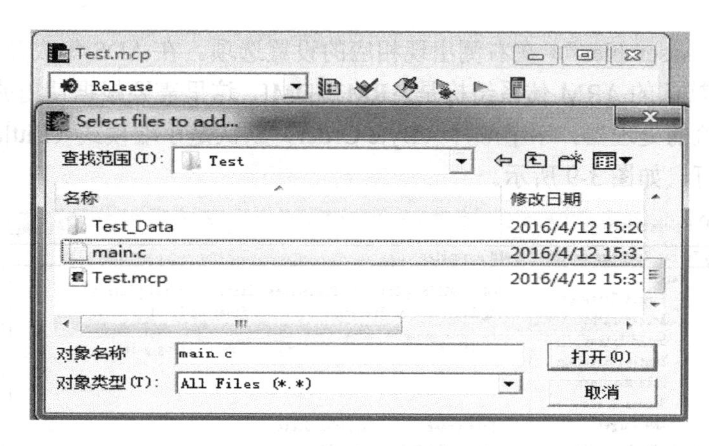

图 3-7　添加 main.c 文件示意图

② Linker 选项为用户提供了要使用的链接器，在这里选择默认的 ARM Linker，将 armlink 链接编译器和汇编器生成相应的工程目标文件。在 Linker 设置中，还有两个可选项：None 代表不对生成的各个源代码目标文件进行链接；ARM Librarian 表示将编译或者汇编得到的目标文件转换为 ARM 库文件。

③ Pre-Linker：目前 ADS 并不支持该选项。

④ Post-Linker：选择在链接完成后，还要对输出文件进行的操作。因为在本例中，希望生成一个可以烧写到 Flash 中去的二进制代码，所以在此选择 ARM fromELF，表示在链接生成映像文件后，再调用 fromELF 命令将含有调试信息的 ELF 格式的映像文件转换为其他格式的文件。

Target Setting 选择设置如图 3-8 所示。

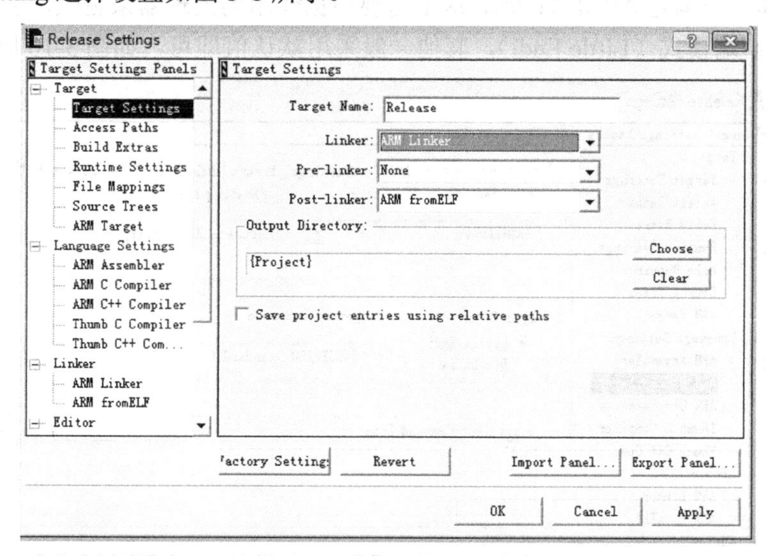

图 3-8　Target Setting 选项设置窗口

（2）Language Settings。这里是对当前工程中使用到的编程语言相关的设置，包括汇编语言、C 语言、C++语言等，需要根据具体的应用来进行相应的配置。这里以汇编语言和 C 语言为例，介绍其中可能会使用到的配置信息。

选择“ARM Assembler”，在右侧出现相应的设置选项。在 ADS 集成开发环境中用的汇编器是 armasm，默认的 ARM 体系结构是 ARM7TDMI。这里需要根据使用的处理器来更改，可选项包含了主流的处理器，字节顺序（Byte Order）默认是小端模式（Little Endi），其他一般采用默认值即可，如图 3-9 所示。

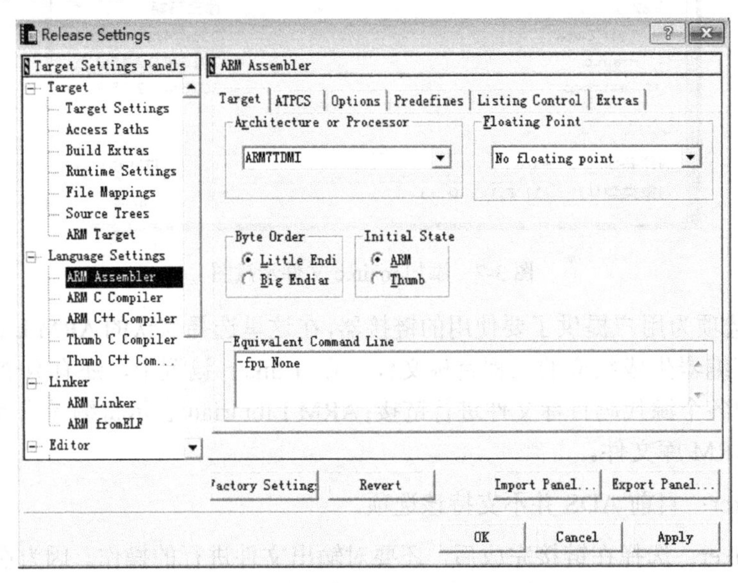

图 3-9 ARM Assembler 选项设置窗口

在嵌入式开发过程中使用的通常是 C 语言代码，因此这里将介绍 C 语言配置相关信息。选择“ARM C Compiler”，在右侧出现相应的设置选项。ADS 中使用到的汇编器是 armcc，默认的 ARM 体系结构是 ARM7TDMI，这里需要根据使用的处理器来更改，字节顺序（Byte Order）默认是小端模式（Little Endi），其他一般采用默认值即可，如图 3-10 所示。

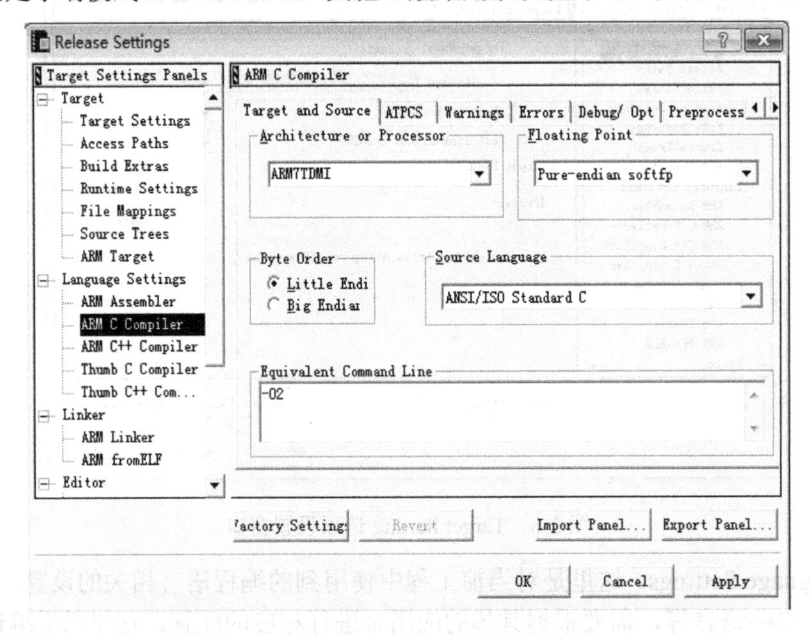

图 3-10 ARM C Compiler 选项设置窗口

在设置框的右下角，当对某项设置进行了修改，该行中的某个选项就会发生相应的改动。实际上，这行文字显示的就是相应的编译或者链接选项。由于有了CodeWarrior，开发人员可以不用再去产生繁多的命令行选项。只要在界面中选择或者撤销某个选项，软件就会自动生成相应的代码，该命令框为习惯在DOS下键入命令行的用户提供了极大的方便。

（3）Linker设置。选择“ARM Linker”，在右侧出现相应的设置选项，这些选项对最终生成的文件有直接的影响。

在标签“Output”中，Linktype中提供了三种链接方式，如图3-11所示，Partia表示链接器只进行部分链接，经过部分链接生成的目标文件，可以作为以后进一步链接时的输入文件；Simple是默认的链接方式，也是最为频繁使用的链接方式，它链接生成简单的ELF格式的目标文件，使用的是链接器中指定的地址映像方式；Scattered使得链接器要根据scatter格式文件指定的地址映像，生成复杂的ELF格式的映像文件，这个选项一般很少用到。

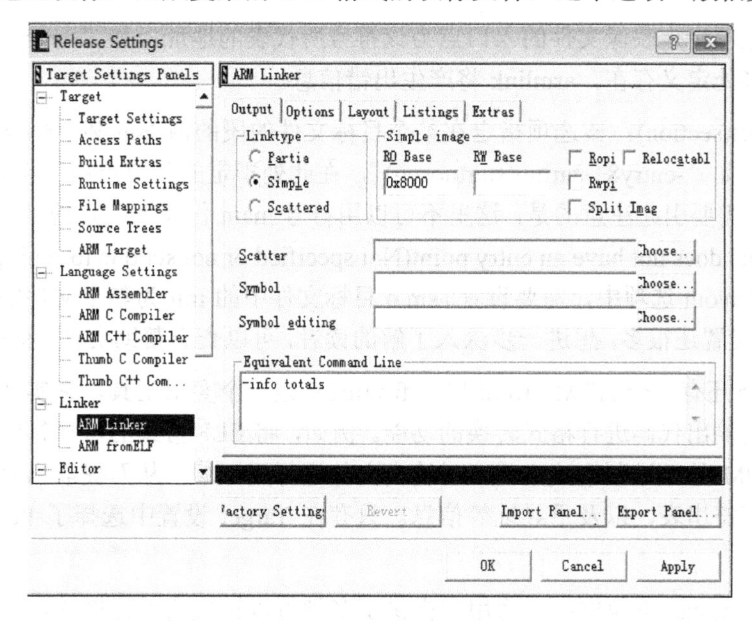

图3-11 ARM Linker窗口

通常嵌入式开发过程中使用的是Simple方式，这里还有以下其他一些设置。

RO Base：这个文本框设置包含RO段的加载域和运行域为同一个地址，默认是0x8000。用户要根据自己的硬件实际SDRAM地址空间来修改这个地址，保证这里填写的地址是程序运行时SDRAM地址空间所能到达的范围。

RW Base：这个文本框设置包含RW和ZI输出段的运行域地址。如果选中split选项，链接器生成的映像文件将包含两个加载域和两个运行域，此时在RW Base中所输入的地址为包含RW和ZI输出段的域设置了加载域和运行域地址。

Ropi：选中这个设置将告诉链接器使包含有RO输出段的运行域位置无关。使用这个选项，链接器将保证下面的操作：检查各段时间的重寻址是否有效，确保任何由armlink自身生成的代码是只读位置无关的。

Rwpi：选中该选项将会告诉链接器使包含RW和ZI输出段的运行域无关。如果这个选项没有被选中，域就标识为绝对。每一个可写的输入段必须是和读写位置无关的，如果这个选项被选中，链接器将进行下面的操作：检查可读/写属性的运行域的输入段是否设置了位置无关属性，检查在各段之间的重地址是否有效。

Split Image：选择这个选项把包含 RO 和 RW 的输出段的加载域分成两个加载域。一个是包含 RO 输出段的域，另一个是包含 RW 输出段的域。这个选项要求 RW Base 有值，如果没有给 RW Base 选项赋值，则默认是 0。

Relocatable：选择这个选项保留了映像文件的重寻址偏移量，这些偏移量为程序加载器提供了有用信息。在 Options 选项中，需要读者引起注意的是 Image entry point 文本框，它指定映像文件的初始入口点地址值。当映像文件被加载程序加载时，加载程序会跳转到该地址处执行。如果需要，用户可以在这个文本框中输入下面格式的入口点（这是一个数值），如“-entry 0x0”。

符号：该选项指定映像文件的入口点为该符号所代表的地址，如“-entry int_handler”。如果该符号有多处定义存在，armlink 将产生出错信息。

offset+object(section)：该选项指定在某个目标文件的段的内部的某个偏移量处为映像文件的入口地址，如“-entry8+startup(startuoseg)”，在此处指定的入口点用于设置 ELF 映像文件的入口地址。需要引起注意的是，这里不可以用符号 main 作为入口点地址符号，否则将会出现类似“Image does not have an entry point(Not specified or not set due to multiple choice)”的错误信息。在 Layout 选项中，需要设置 asm.o 目标文件中的 Init 为整个文件的入口点。关于 ARM Linker 的设置还很多，想进一步深入了解的读者，可以查看帮助文件，有很详细的介绍。

在 Linker 下还有一个 ARM fromELF：fromELF 是一个实用工具，它实现将链接器、编译器和汇编器的输出代码进行格式转换的功能。例如，将 ELF 格式的可执行映像文件转换成可以烧写到 ROM 的二进制格式文件；对输出文件进行反汇编，从而提取出有关目标文件的大小、符号、字符串表，以及重寻址等信息。只有在 Target 设置中选择了 Post-linker，才可以使用该选项。

在 Output format 下拉框中，为用户提供了多种可以转换的目标格式，通常开发会选择 Plainbinary。这是一个二进制格式的可执行文件，可以被烧写到目标板的 Flash 中。

在 Output file name 文本域输入期望生成的输出文件存放的路径，或通过单击“Choose...”按钮从文件对话框中选择输出文件，如图 3-12 所示。如果在这个文本域不输入路径名，则生成的二进制文件存放在工程所在的目录下。进行好这些相关的设置后，以后在对工程进行 make 时，CodeWarrior IDE 就会在链接完成后调用 fromELF 来处理生成的映像文件。

到此整个工程的相关配置基本完成，接下来需要做的就是相应的编译工作了。

2．Keil RealView MDK 集成开发环境

Keil 公司是 ARM 公司的一个子公司，该公司开发了微控制器开发工具 Keil RealView MDK（Microcontroller Development Kit）。其中，MDK 的设备数据库中有很多厂商的芯片，这是为满足基于 MCU 进行嵌入式软件开发的工程师需求而设计的，支持 ARM7、ARM9、Cortex 等 ARM 微控制器内核。

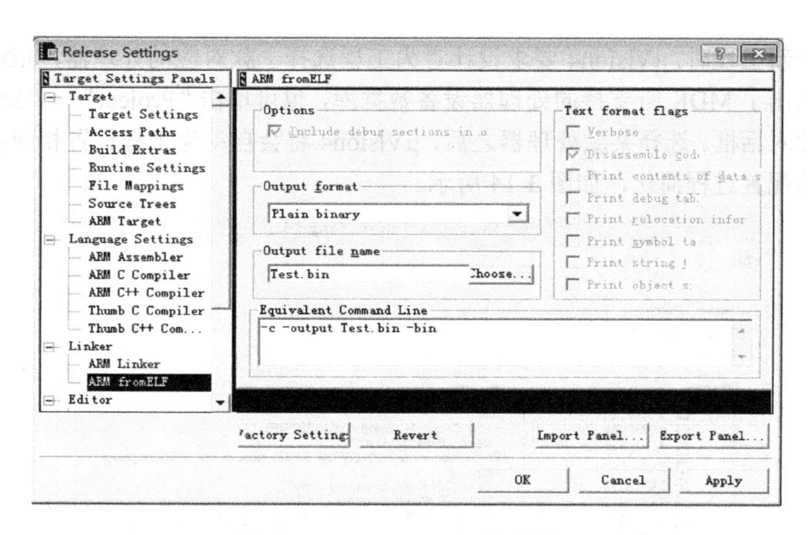

图 3-12　ARM fromELF 选项窗口

μVision 是 Keil 公司开发的一个集成开发环境（IDE），μVision IDE 是一个窗口化的软件开发平台，其内部集成了源代码编辑器、设备数据库、高速 CPU、片上外设模拟器、高级 GDI 接口、Flash 编程器、完善的开发工具手册、设备数据手册和用户向导等。μVision IDE 只提供一个环境，开发者易于操作，并不提供能具体的编译和下载功能。μVision 通常被应用在 Keil 的众多开发工具中，如 Keil RealView MDK。

MDK 的安装同大多数的 IDE 相似，只需要通过默认的安装指导来安装即可。这里，将讲述如何通过 MDK 来建立新工程。

这里，先建立一个新的文件夹 Blinky。单击“Project”→“New Project”菜单项，MDK 将打开一个标准对话框，输入希望新建工程的名字即可创建一个新的工程，建议对每个新建工程使用独立的文件夹。先把工程目录指定到 Blinky 文件夹，然后在图 3-13 所示的对话框中输入 Blinky，MDK 将会创建一个以 Blinky.uvproj 为名字的新工程文件，它包含了一个缺省的目标和文件组名。以上这些内容在 Project Workspace-Files 中可以看到。

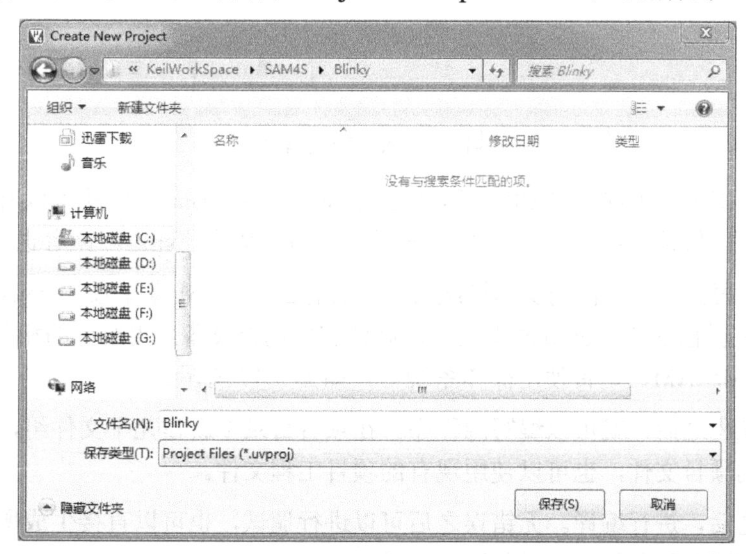

图 3-13　创建一个新工程

创建一个新工程时，μVision4 要求设计者为工程选择一款对应的处理器，如图 3-14 所示。该对话框中列出了 MDK 所支持的处理器设备数据库，也可单击“Project”→“Select Device”菜单项进入此对话框。选择某款处理器之后，μVision4 将会自动为工程设置相应的工具选项，这使得工具的配置过程简化，如图 3-14 所示。

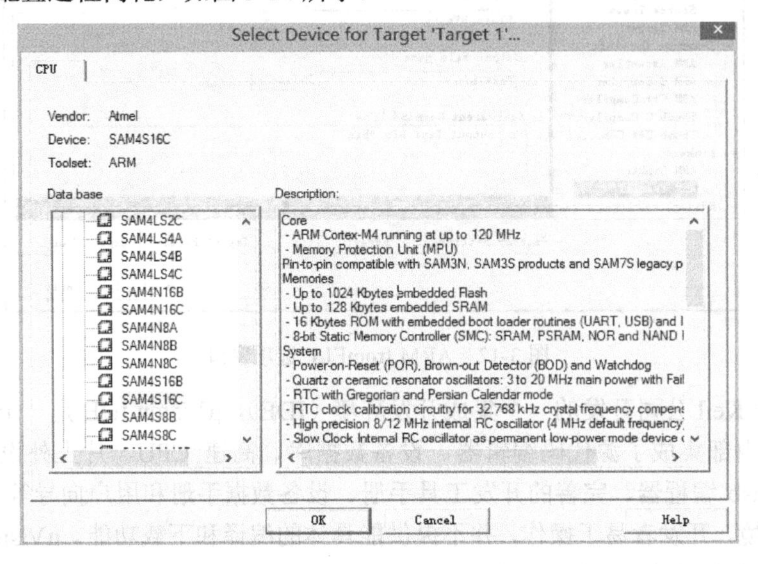

图 3-14 选择处理器类型

对于大部分处理器设备而言，MDK 会提示是否在目标工程里加入 CPU 的相关启动代码，如图 3-15 所示。启动代码是用来初始化目标设备的配置，完成系统的初始化工作，对于嵌入式系统开发而言是必不可少的，单击“是”便可将启动代码加入工程，这使得系统的启动代码编写工作量大大减少。

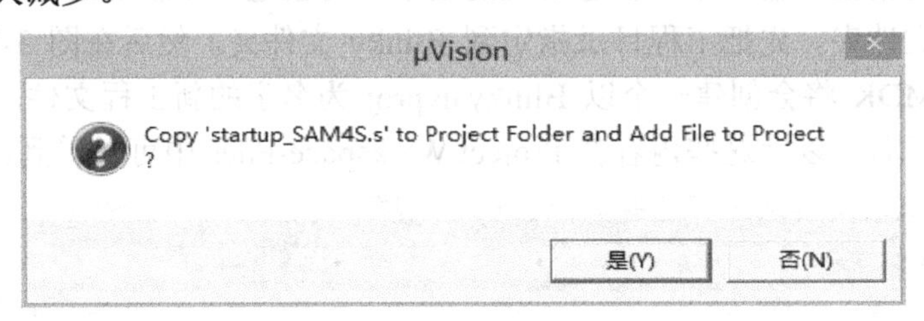

图 3-15 加入启动代码提示

在设备数据库中为工程选择 CPU 后，Project Workspace-Books 内就可以看到相应设备的用户数据手册，以供设计者参考，如图 3-16 所示。如无某些处理器，读者也可自行添加。

μVision4 可根据目标硬件的实际情况对工程进行配置。单击菜单项“Project”→“Options for Target”，可在弹出的 Target 页面指定目标硬件和所选择设备片内组件的相关参数，如外部晶振、片上 ROM/RAM、是否使用操作系统等，如图 3-17 所示。

创建一个工程之后，就可以编写源程序。在项目目录下新建几个文件组，用于存放源文件。编写自己的项目文件，也可以使用现有的项目工程文件。

编写完成之后，进行编译。无错误之后可以进行调试，也可以直接生成所需的 hex 或者 bin 文件，通过仿真器下载到开发板的 Flash 中去。

图 3-16　相应设备数据手册

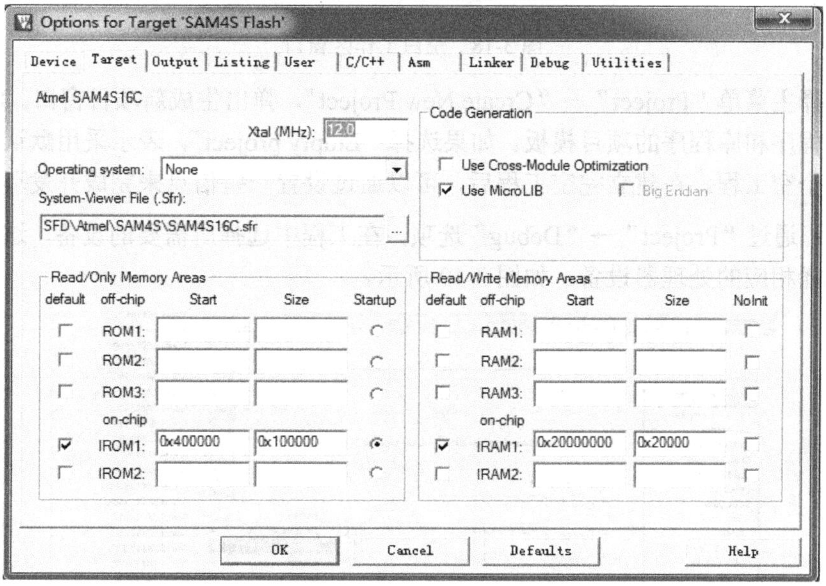

图 3-17　目标硬件选项配置

3. IAR EWARM 集成开发环境

IAR EmbeddedWorkbench for ARM 是一个针对 ARM 处理器的集成开发环境，它包含项目管理器、编辑器、C/C++编译器、ARM 汇编器、链接器 XLINK 和支持 RTOS 的调试工具 C-SPY。在 EWARM 环境下可以使用 C/C++和汇编语言方便地开发嵌入式应用程序，比较其他的 ARM 开发环境，IAR EWARM 具有入门容易、使用方便和代码紧凑等特点。

IAR 开发环境的安装同其他 IDE 相似，按照安装引导即可完成正常安装。这里将介绍如何通过 IAR 来建立一个新工程。

首先运行 IAR 集成开发环境，在主菜单中选择“File”→“New”→“Workspace”命令，这是将打开一个空白工作区窗口，如图 3-18 所示。

图 3-18 空白工作区窗口

然后选择主菜单“Project”→“Create New Project”，弹出生成新项目窗口。EWARM 提供几种应用程序和库程序的项目模板。如果选择“Empty project”，表示采用默认的项目选项设置，即一个空工程。在建立完空工程后，可以通过设置一些信息来完成开发环境的设置。

第一步：通过“Project”→“Debug”选项，在工程中选择所需要的设备，这里需要根据实际情况选择相应的处理器设备，如图 3-19 所示。

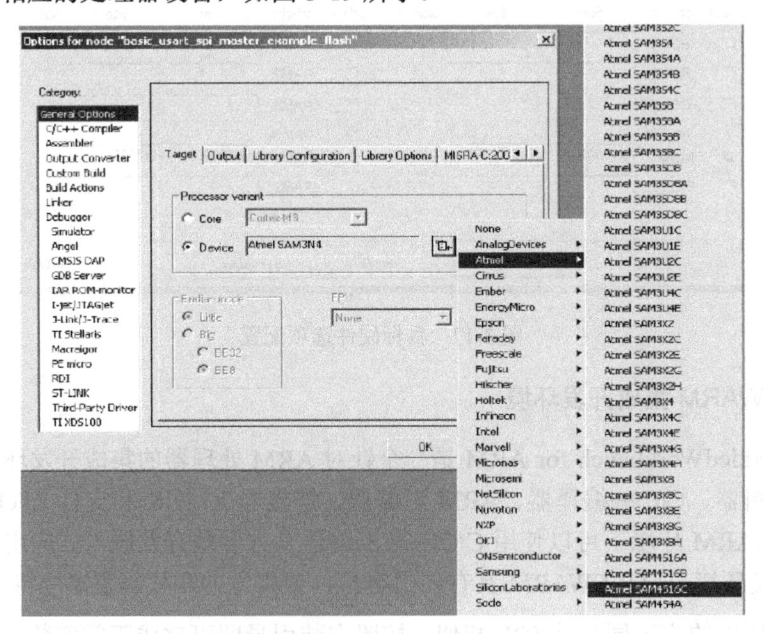

图 3-19 选择鼠标右键命令中的 Options

第二步：修改 C/C++编译器的类别，更新为所选择的处理器类型，如图 3-20 所示。更改编译器是为了更正所选处理器的相应配置文件，更方便开发使用，避免了手动添加相应的处理器相关的配置文件。

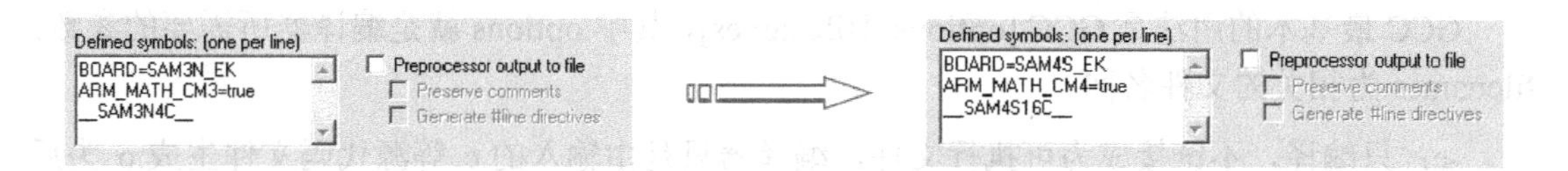

图 3-20 编译器的更改

第三步：更改链接模块中的链接文件，更改为所选择的相应处理器即可。

第四步：更新调试器模块中的启动宏文件，同样需要按照当前选择的处理器来选择。

第五步：将更改 services、boards、drivers 文件夹中的支持芯片，更改为支持相应选择的处理器。

第六步：完成这些更改后，即可编译工程。

3.2.2 系统软件开发工具

3.2.1 节讲解了嵌入式开发过程中使用到的 IDE 大多数情况下，这些 IDE 是针对无操作系统应用开发的。在嵌入式开发过程中很多情况下会使用嵌入式操作系统，如 Linux 操作系统，这时就需要另外一套开发工具集来完成相应的应用的开发了。

对于像嵌入式 Linux 操作系统的开发，需要用到的工具集包含了 C/C++编译器、调试器、交叉编译工具、相应的应用开发工具等，这里将分别介绍各个组件的使用。

1. 编译调试开发组件

（1）GCC 编译器。GCC 是 GNU（一个自由软件工程项目）中符合 ANSI C 标准的编译系统，能够编译用 C、C++和 Object C 等语言编写的程序。GCC 不仅功能非常强大，结构也异常灵活。GCC 能够在多种硬件平台上编译出可执行的程序，被称为超级编译器，其执行效率比一般编译器要高出 20%～30%。GCC 已经作为 Linux 系统中默认的源码编译器被内嵌在 Linux 系统中，所以一般安装的 Linux 各个版本中都会自带有 GCC。

嵌入式开发过程中，使用最多的就是 C/C++和汇编语言的源码。GCC 可以将这些源码编译、链接成可执行文件，开发者可以通过在系统中为这些生成的文件添加执行权限来运行。

GCC 的执行过程大体上分为四个步骤：预处理（也称为预编译，Preprocessing）、编译（Compilation）、汇编（Assembly）和链接（Linking）。首先通过 cpp 指令进行预处理，在这个过程中，主要是对源码中的文件包含（include）、预编译语句（如宏定义 define 等）进行分析处理。接着通过调用 ccl 进行编译，这个阶段会根据输入的文件来生成中间文件，以.o 后缀的目标文件。然后在汇编过程中针对汇编语言进行处理，GCC 会通过调用 as 指令来完成操作，一般说来编译和汇编阶段都会生成以.o 为后缀的二进制目标文件。最后当所有的目标文件完成编译和汇编处理后，GCC 会调用 ld 来完成最后的链接工作。在链接阶段，所有的目标文件被安排在可执行程序中的恰当的位置，同时该程序所调用到的库函数也从各自所在的档案库中链接到合适的地方。

使用 GCC 编译器时，必须给出一系列必要的调用参数和文件名称。GCC 编译器的调用参数链接有 100 多个，其中多数参数可能根本就用不到，这里只介绍其中最基本、最常用的参数。

GCC 最基本的用法是 GCC [options] [filenames]，其中 options 就是编译器所需要的参数，filenames 为相关的文件名称。

-c：只编译，不链接成为可执行文件。编译器只是由输入的.c 等源代码文件生成.o 为后缀的目标文件，通常用于编译不包含主程序的子程序文件。

-o output_filename：确定输出文件的名称为 output_filename，同时这个名称不能和源文件同名。如果不给出这个选项，GCC 就给出预设的可执行文件 a.out。

-g：产生符号调试工具（GNU 的 gdb）所必要的符号资讯，要想对源代码进行调试，就必须加入这个选项。

-O：对程序进行优化编译、链接。采用这个选项，整个源代码会在编译、链接过程中进行优化处理，这样产生的可执行文件的执行效率可以提高。但是，编译、链接的速度就相应地要慢一些。

-O2：比-O 更好的优化编译、链接，当然整个编译、链接过程会更慢。

-Idirname：是在预编译过程中使用的参数。将 dirname 所指出的目录加入到程序头文件目录列表中，C 程序中的头文件包含#include <myinc.h>和#include "myinc.h" 两种情况。对于使用尖括号的第一种形式，预处理程序 cpp 在系统预设包含文件目录（如/usr/include）中搜寻相应的文件。而对于使用双引号的第二种形式，cpp 在当前目录中搜寻头文件，这个选项的作用是告诉 cpp。如果在当前目录中没有找到需要的文件，就到指定的 dirname 目录中去寻找。在程序设计中，如果我们需要的这种包含文件分别分布在不同的目录中，就需要逐个使用-I 选项给出搜索路径。

-Ldirname：是在链接过程中使用的参数，将 dirname 所指出的目录加入到程序函数档案库文件的目录列表中。在预设状态下，链接程序 ld 在系统的预设路径中（如/usr/lib）寻找所需要的档案库文件。这个选项告诉链接程序，首先到-L 指定的目录中去寻找，然后到系统预设路径中寻找。如果函数库存放在多个目录下，就需要依次使用这个选项给出相应的存放目录。

-lname：在链接时，装载名字为"libname.a"的函数库，该函数库位于系统预设的目录或者由-L 选项确定的目录下。例如，-lm 表示连接名为"libm.a"的数学函数库。

上面简要介绍了 GCC 编译器最常用的功能和主要参数选项，更为详尽的资料可以参看 Linux 操作系统的联机帮助。假定有一个程序名为 test.c 的 C 语言源代码文件，要生成一个可执行文件，最简单的办法就是"gcc test.c"，这时预编译、编译、链接一次完成，生成一个系统预设的名为 a.out 的可执行文件。对于稍为复杂的情况，如有多个源代码文件，需要链接档案库或者有其他比较特别的要求，就要给定适当的调用选项参数。

（2）GDB 调试器。Linux 操作系统中包含了一个叫作 gdb 的 GNU 调试程序。gdb 是一个用来调试 C 和 C++程序的调试器，它使用户能在程序运行时观察程序的内部结构和内存的使用情况。gdb 的主要功能是可监视程序中变量的值、可设置断点以使程序在指定的代码行上停止执行、支持单步执行等。在命令行上键入 gdb，然后按回车键就可以运行 gdb 了。如果一切正常的话，gdb 将被启动，并且在屏幕上看到类似的内容：

```
GNU gdb Red Hat Linux 7.x (5.0rh-15) (MI_OUT)
Copyright 2001 Free Software Foundation, Inc.
```

```
    GDB is free software, covered by the GNU General Public License, andyou
arewelcome to change it and/or distribute copies of it under certainconditions.
    Type "show copying" to see the conditions.There is absolutely no warranty for
GDB. Type "show warranty" fordetails.
    This GDB was configured as "i386-redhat-linux".
    (gdb)
```

当启动gdb后，用户能在命令行上指定很多的选项，也可以以下面的方式来运行gdb。

```
gdb <fname>
```

当采用这种方式运行gdb时，用户就能直接指定想要调试的程序，也就是告诉gdb装入名为fname的可执行文件。操作人员也可以用gdb去检查一个因程序异常终止而产生的core文件，或者与一个正在运行的程序相连，也可以参考gdb指南页或在命令行上键入“gdb –h”得到一个有关这些选项的说明的简单列表。为了使gdb正常工作，用户必须使应用程序在编译时包含调试信息。调试信息包含应用程序里的每个变量的类型和在可执行文件里的地址映射，以及源代码的行号，gdb利用这些信息使源代码和机器码相关联。在编译时用-g选项打开调试选项，gdb 支持很多的命令使用户能实现不同的功能，这些命令从简单的文件装入到允许用户检查所调用的堆栈内容的复杂命令，下面列出了在用gdb调试时会用到的一些命令。

break NUM：在指定的行上设置断点。

bt：显示所有的调用栈帧，该命令可用来显示函数的调用顺序。

clear：删除设置在特定源文件、特定行上的断点，其用法为clearFILENAME:NUM。

continue：继续执行正在调试的程序，该命令用在程序由于处理信号或断点而导致停止运行时。

display EXPR：每次程序停止后显示表达式的值，表达式由程序定义的变量组成。

file FILE：装载指定的可执行文件进行调试。

help NAME：显示指定命令的帮助信息。

info break：显示当前断点清单，包括到达断点处的次数等。

print EXPR：显示表达式EXPR的值。

info files：显示被调试文件的详细信息。

info func：显示所有的函数名称。

info local：显示当前函数中的局部变量信息。

info prog：显示被调试程序的执行状态。

info var：显示所有的全局和静态变量名称。

kill：终止正被调试的程序。

list：显示源代码段。

make：在不退出gdb的情况下运行make工具。

next：在不单步执行进入其他函数的情况下，向前执行一行源代码。

gdb支持很多与UNIX操作系统shell程序一样的命令编辑特征，用户能像在bash或tcsh里那样按Tab键让gdb补齐一个唯一的命令，如果不唯一的话，gdb会列出所有匹配的命令。

（3）make 工具。UNIX/Linux 操作系统上的很多软件包都是使用 make 程序和 Makefile 文件来实现自动编译的，使用 make 程序的目的是自动确定一个软件包的哪些部分需要重新编译，并用特定的命令去编译它。准确地使用 make 可以大大减少编译程序所花费的时间，因为它可以消除不必要的重编译。

要正确使用 make，必须编写 Makefile 文件。Makefile 文件描述了软件包中各个文件之间的依赖关系，提供了更新每个文件的命令。通常，一个可执行文件的更新需要它所链接的目标文件的更新，而目标文件由编译源文件更新。如果一个适当的 Makefile 文件存在，当改变某些源文件后，只要在 shell 下使用 make 命令就可以完成所有必需的重新编译。make 程序利用 Makefile 文件中的数据和每个文件最近一次更改的时间来确定哪些文件需要更新，对于需要更新的文件，make 程序使用 Makefile 中定义的命令来更新。

至于使用哪个 Makefile 文件来更新，可以在 make 命令中用-f 选项来指定。如果不指定，make 程序将在当前目录下按下列顺序寻找如下文件：GUNMakeFile、Makefile 和 makefile。最好是使用 Makefile，因为它的第一个字母是大写的，通常被列在一个文件目录的所有文件列表的最前面，便于查找。

通常 Makefile 文件编写格式如下。

```
target ... : prerequisites ...
    command
    ...
```

target 可以是一个目标文件(Object File)，也可以是执行文件，还可以是一个标签(Label)。

prerequisites 是要生成那个 target 所需要的文件或是目标。

command 是 make 需要执行的命令（任意的 shell 命令）。

这是一个文件的依赖关系，也就是说，target 这一个或多个的目标文件依赖于 prerequisites 中的文件，其生成规则定义在 command 中。即 prerequisites 中如果有一个以上的文件比 target 文件新的话，command 所定义的命令就会被执行。这就是 Makefile 的规则，也是 Makefile 中最核心的内容。

正如前面所说的，如果一个工程有 3 个头文件和 2 个 C 文件，为了完成前面所述的那三个规则，Makefile 应该是下面的这个样子。

```
#EXEC = test
    OBJS = dotest test1.o
    CC = arm-linux-gcc
    all: $(OBJS)
    test1.o: test1.c
    $(CC) $(EXTRA_CFLAGS) -c test1.c -o test1.o
    dotest: dotest.c
    $(CC) -g dotest.c -o dotest
    clean:
    rm -rf test1.o
    rm -rf dotest
```

编程者可以把这个内容保存在文件为 Makefile 或 makefile 的文件中，然后在该目录下直接输入命令 make 就可以生成执行文件 test。如果要删除执行文件和所有的中间目标文件，那么只要简单地执行一下 make clean 就可以了。

在这个 Makefile 中，目标文件（target）包含执行文件 test 和中间目标文件（*.o），依赖文件（prerequisites）就是冒号后面的那些 .c 文件和 .h 文件。每一个 .o 文件都有一组依赖文件，而这些 .o 文件又是执行文件 test 的依赖文件。依赖关系的实质上就是说明了目标文件是由哪些文件生成的，换而言之，目标文件是那些被更新的文件。

在定义好依赖关系后，后续的那一行定义了如何生成目标文件的操作系统命令，一定要以一个 Tab 键作为开头。make 并不管命令是怎么工作的，只管执行所定义的命令。make 会比较 target 文件和 prerequisites 文件的修改日期，如果 prerequisites 文件的日期要比 target 文件的日期要新，或者 target 不存在的话，那么，make 就会执行后续定义的命令。

这里要说明一点的是 clean 不是一个文件，它只不过是一个动作名字。有点像 C 语言中的 label 一样，若其冒号后什么也没有，那么 make 就不会自动去找文件的依赖性，也就不会自动执行其后所定义的命令。要执行其后的命令，就要在 make 命令后明显地指出这个 lable 的名字。这样的方法非常有用，可以在一个 Makefile 中定义不用的编译或者和编译无关的命令，如程序的打包和程序的备份等。

2. 交叉编译工具

交叉编译就是在一个平台上生成另一个平台上的可执行代码，同一个体系结构可以运行不同的操作系统。同样，同一个操作系统也可以在不同的体系结构上运行。

用户通过在宿主机上搭建目标机的开发运行环境，再通过交叉编译工具链来完成目标代码的编写和编译工作，然后通过串口等连接工具将可执行的目标程序下载到目标机器上，即可完成嵌入式系统应用的开发和使用。

ARM 平台下使用最多的交叉编译工具链是 arm-linux-gcc，通过下载最新的 arm-linux-gcc 源码，配置相应的属性后，安装在当前系统中。修改添加相应的可执行路径到当前系统环境变量，同时使配置文件立即生效，这样就可以在系统中使用交叉编译工具链了。通过在终端中输入 arm-linux-gcc –v 来查看交叉编译工具链是否安装成功，安装成功后会输出如图 3-21 所示的信息。

3. 应用开发工具

嵌入式系统下的应用通常采用的是 Qt 类 GUI 应用，主要是 Qt 具有优良的跨平台特性、面向对象、丰富的 API、支持 2D/3D 图形渲染和支持 OpenGL、XML 等优点。Qt 能够运行在大多数平台上，包括 PC 端和 ARM 处理器的嵌入式系统中。通常使用在嵌入式 Linux 系统中的 Qt 为 Qt/Embedded 版本，这是专门用来开发 ARM 板上的 Qt 扩展版本。

通过在宿主机中安装配置相应的 Qt/Embedded 开发工具，同时在宿主机中安装项目开发需要使用到的 Qt Creator 组件，即可进行相应的 Qt 应用开发编写和编译工作。通过指定编译对象为 ARM 体系结构，来生成相应的嵌入式 Linux 下的 Qt 应用。通过串口等传输工具将可执行程序下载到目标机器上，这样就能完成相应的 Qt 应用开发工作。

```
root@ubuntu:~# arm-linux-gcc -v
Using built-in specs.
COLLECT_GCC=arm-linux-gcc
COLLECT_LTO_WRAPPER=/opt/FriendlyARM/toolschain/4.5.1/libexec/gcc/arm-none-linux
-gnueabi/4.5.1/lto-wrapper
Target: arm-none-linux-gnueabi
Configured with: /work/toolchain/build/src/gcc-4.5.1/configure --build=i686-buil
d_pc-linux-gnu --host=i686-build_pc-linux-gnu --target=arm-none-linux-gnueabi --
prefix=/opt/FriendlyARM/toolschain/4.5.1 --with-sysroot=/opt/FriendlyARM/toolsch
ain/4.5.1/arm-none-linux-gnueabi/sys-root --enable-languages=c,c++ --disable-mul
tilib --with-cpu=arm1176jzf-s --with-tune=arm1176jzf-s --with-fpu=vfp --with-flo
at=softfp --with-pkgversion=ctng-1.8.1-FA --with-bugurl=http://www.arm9.net/ --d
isable-sjlj-exceptions --enable-__cxa_atexit --disable-libmudflap --with-host-li
bstdcxx='-static-libgcc -Wl,-Bstatic,-lstdc++,-Bdynamic -lm' --with-gmp=/work/to
olchain/build/arm-none-linux-gnueabi/build/static --with-mpfr=/work/toolchain/bu
ild/arm-none-linux-gnueabi/build/static --with-ppl=/work/toolchain/build/arm-non
e-linux-gnueabi/build/static --with-cloog=/work/toolchain/build/arm-none-linux-g
nueabi/build/static --with-mpc=/work/toolchain/build/arm-none-linux-gnueabi/buil
d/static --with-libelf=/work/toolchain/build/arm-none-linux-gnueabi/build/static
 --enable-threads=posix --with-local-prefix=/opt/FriendlyARM/toolschain/4.5.1/ar
m-none-linux-gnueabi/sys-root --disable-nls --enable-symvers=gnu --enable-c99 --
enable-long-long
Thread model: posix
gcc version 4.5.1 (ctng-1.8.1-FA)
```

图 3-21　交叉编译工具链安装成功结果

3.3　嵌入式系统调试技术

在嵌入式软件开发过程中，进行程序调试时采用在宿主机和目标机之间进行的远程调试方式。调试器运行在宿主机的通用操作系统之上，但被调试的进程却是运行在基于特定硬件平台的嵌入式操作系统中，调试器和被调试进程通过串口或者网络进行通信。调试器可以控制、访问被调试的进程，读取被调试进程的当前状态，并能够改变被调试进程的运行状态。

远程调试允许调试器以串口、并口、网络、JTAG 或者专用的通信方式控制目标机上被调试进程的运行方式，并具有查看和修改目标机上内存单元、寄存器，以及被调试进程中的变量值等各种调试功能。

3.3.1　ARM 交叉调试及固化技术

目前，常见的 ARM 调试技术有以下 4 种方式。

1．基于指令集模拟器的调试技术

指令集模拟器是用来在一台计算机上模拟另一台计算机上目标程序运行的软件工具，有时也叫作软仿真器。它不仅应用在通用计算机上，而且对嵌入式开发也具有重要的意义，是嵌入式开发使用的一种工具。

指令集模拟器是一个纯软件系统，在内部有一个反映目标处理器硬件的数据结构。它以时序状态机的方式工作，可以根据目标机指令集定义执行目标指令。在运行时，指令集模拟器接收目标代码的机器指令输入，模仿目标机的取指令、译码和执行操作，并且将中间执行结果或者最终执行结果存入目标机映像数据结构中。调试人员可以在指令集模拟器界面的控制下，通过观察目标机映像寄存器或者映像存储器的单元了解目标代码的执行结果。

指令集模拟器一般应用在没有目标机硬件系统，或者被调试的程序模块不需要在实际目标机上执行（如在学习 ARM 汇编语言程序时）。使用指令集模拟器也可以对模块代码先行调试，以加快调试速度。在指令集模拟器调试结束之后，再连接目标机进行系统调试的场合。

对于 ARM 体系结构计算机，目前有 ARMulator 和 SkyEye 两种比较著名的指令集模拟器。但是，由于指令集模拟器与真实的硬件环境相差很大，因此即使用户使用指令集模拟器调试通过的程序也有可能无法在真实的硬件环境下运行，用户最终必须在硬件平台上完成整个应用的开发。

2. 基于驻留监控软件的调试技术

驻留监控软件（Resident Monitors）是一段运行在目标板上的监控程序，这段程序主要完成对宿主机传输过来的控制命令的解析，并在目标机上执行，然后将目标机的一些结果和状态反馈到宿主机。在集成开发环境中的调试软件通过以太网口、并行端口、串行端口等通信端口与驻留监控软件进行交互，由调试软件发布命令通知驻留监控软件控制程序的执行、读写存储器、读写寄存器、设置断点等。驻留监控软件是一种比较低廉、有效的调试方式，不需要任何其他的硬件调试和仿真设备。ARM 公司的 Angel 就是该类软件。大部分嵌入式实时操作系统也是采用该类软件进行调试的，不同的是在嵌入式实时操作系统中，驻留监控软件是作为操作系统的一个任务存在的。驻留监控软件的不便之处在于它对硬件设备的要求比较高，一般在硬件稳定之后才能进行应用软件的开发。同时，它占用目标板上的一部分资源，而且不能对程序的全速运行进行完全仿真，所以对一些要求有准确的实时性的情况就不是很适合。

3. 基于 JTAG 仿真器的调试技术

联合测试行动小组（Joint Test Action Group，JTAG）是一种国际标准测试协议（IEEE 1149.1 标准），主要用于芯片内部测试及对系统仿真、调试。JTAG 技术是一种嵌入式调试技术，它在芯片内部封装了专门的测试电路 TAP（Test Access Port，测试访问口），通过专用的 JTAG 测试工具对系统内部节点进行测试。目前 ARM、DSP 和 FPGA 等器件均带有 JTAG 接口，还有常用于实现在线编程（In-System Programmable，ISP）的功能。通过 JTAG 接口，可对芯片内部的所有部件进行访问，因而是开发调试嵌入式系统的一种简洁、高效的手段。目前 JTAG 接口形式有两种标准，即 14 针接口和 20 针接口。JTAG 的建立可以使得芯片固定在 PCB 板上，只通过边界扫描便可以被测试。可以通过 JTAG 可以直接控制 ARM 的内部总线和 I/O 口等信息，从而达到调试的目的。

JTAG 调试器（或仿真器）是一种简单的开发工具，其内部是一个从并口转换成 JTAG 接口的电路板。只要配合 PC 端的一个软件，它不仅可以通过 PC 的并口来下载固化在目标机上的 BootLoader 程序，而且还可以通过 ARM 芯片内部的 JTAG 边界扫描口对其进行简单的调试。由于 JTAG 调试器价格比较便宜，连接方便，通过现有的 JTAG 边界扫描口与 ARM CPU 核通信，属于完全非插入式（即不使用片上资源）的调试。它无须目标存储器，不占用目标系统的任何端口，而这些是驻留监控软件所必需的。另外由于 JTAG 调试的目标程序是在目标板上执行的，这样更接近于目标硬件。因此许多接口问题，如高频操作限制、AC 和 DC 参数不匹配，电线长度的限制等被最小化了。目前，使用集成开发环境配合 JTAG 调试器进行开发是应用最多的一种调试方式。

4．实时在线仿真器的调试技术

实时在线仿真器（In-Ciruit Emulator，ICE）是目前较为有效的调试嵌入式系统的设备。通过ICE，开发者可以对应用程序进行原理性检验，排除人们难以发现的隐藏在设计方案中的逻辑错误，发现和排除由于硬件干扰等引起的异常执行行为。

实时在线仿真器的硬件主体是在线仿真，它具有与所要开发的嵌入式应用系统相同的嵌入式处理器。当使用ICE进行调试时，用在线仿真器取代被测应用系统的处理器，即应用系统与ICE共用一个处理器。这样通过仿真器调试嵌入式系统时，如同在使用原先的处理器一样。此外，高级实时在线仿真器还具有完善的跟踪功能，可以以一种录像的方式连续记录被测试应用系统对变化参数输入的反应，以便进行优化分析。但这类仿真器为了能够全速仿真时钟速度高于100 MHz的处理器，通常必须采用极其复杂的设计和工艺，因而价格比较昂贵。

3.3.2 嵌入式软件的测试

通常嵌入式系统对可靠性的要求比较高，嵌入式系统安全性的失效可能会导致灾难性的后果。即使是非安全性系统，由于大批量生产也会导致严重的经济损失。这就要求对嵌入式系统，包括嵌入式软件进行严格的测试、确认和验证。随着越来越多的领域使用软件和微处理器控制各种嵌入式设备，对日益复杂的嵌入式软件进行快速有效的测试显得更加重要。在嵌入式系统设计中，软件正越来越多地取代硬件。以便降低系统的成本和获得更大的灵活性，这样就需要使用更好的测试方法和工具进行嵌入式系统和实时软件的测试。这里，将讨论可应用于嵌入式软件的测试方法和测试工具。

1．测试方法

一般来说，软件测试有7个基本阶段，即单元或模块测试、集成测试、外部功能测试、回归测试、系统测试、验收测试、安装测试。嵌入式软件测试在4个阶段上进行，即模块测试、集成测试、系统测试、硬件/软件集成测试。前3个阶段适用于任何软件的测试，硬件/软件集成测试阶段是嵌入式软件所特有的，目的是验证嵌入式软件与其所控制的硬件设备能否正确地交互。嵌入式软件开发和运行的环境是分开的，嵌入式软件开发环境往往是交叉开发环境，因此各个阶段测试的环境是不一样的。

（1）单元测试阶段。所有的单元测试都可以在宿主机环境下进行，只有在个别情况下会特别指定单元测试要直接在目标机环境下进行。测试人员应该最大化在宿主机环境下进行软件测试的比例，通过尽可能小的目标单元访问指定的目标单元界面，提高单元的有效性和针对性。

在宿主机平台上运行测试的速度比在目标机平台上快得多，在宿主机平台上完成测试后可以在目标机环境下重复做一次简单的确认测试，确认测试结果在宿主机和目标机上没有不同。在目标机环境下进行确认测试是确定一些未知的、未预料到的、未说明的宿主机与目标机的不同之处。例如，目标机编译器可能有缺陷，但在宿主机编译器上没有。

（2）集成测试阶段。软件集成也可在宿主机环境下完成，这样在宿主机平台上模拟目标环境运行，可以测试一些与环境有关的问题，如内存定位和分配方面的一些错误。

在宿主机环境上的集成测试的使用，依赖于目标系统的具体功能的多少。有些嵌入式系统与目标机环境耦合得非常紧密，这种情况下就不适合在宿主机环境下进行集成。对于一个大型的软件开发而言，集成可以分几个级别，低级别的软件集成在宿主机平台上完成有很大优势，级别越高，集成越依赖于目标环境。

（3）系统测试和验收测试。所有的系统测试和验收测试都必须在目标机环境下执行。当然在宿主机上开发和执行系统测试，然后移植到目标机环境重复执行是很方便的。验收测试最终必须在目标机环境中进行，因为系统的确认必须在真实系统下完成，而不能在宿主机环境下模拟，这关系到嵌入式软件的最终使用。

2. 测试工具

用于辅助嵌入式软件测试的工具很多，下面对几类经常使用的测试工具加以介绍和分析。

（1）内存分析工具。在嵌入式系统中，内存分析工具用来处理在动态内存分配中存在的缺陷。当动态内存被错误地分配后可能导致的失效难以追踪，使用内存分析工具可以避免这类缺陷进入功能测试阶段。目前，内存分析工具主要分为软件和硬件两大类。基于软件的内存分析工具缺点是可能会对代码的性能造成很大影响，从而严重影响实时操作；基于硬件的内存分析工具的不足之处是价格昂贵，而且只能在工具所限定的运行环境中使用。

（2）性能分析工具。在嵌入式系统中，程序的性能通常是非常重要的。性能分析工具会提供有关的数据、说明执行时间是如何消耗的、是什么时候消耗的，以及每个例程所用的时间。根据这些数据，可以确定哪些例程消耗大部分执行时间，从而可以决定如何优化软件，获得更好的时间性能。性能分析工具不仅能指出哪些例程花费时间，而且与调试工具联合使用可以引导开发人员查看需要优化的特定函数，性能分析工具还可以引导开发人员发现在系统调用中存在的错误，以及程序结构上的缺陷。

（3）GUI 测试工具。很多嵌入式应用带有某种形式的图形用户界面进行交互，有些系统性能测试是根据用户输入响应时间进行的。GUI 测试工具可以作为脚本工具在开发环境中运行测试用例，其功能包括对操作的记录和回放、抓取屏幕显示供以后分析和比较、设置和管理测试过程。很多嵌入式设备没有 GUI，但常常可以对嵌入式设备进行插装来运行 GUI 测试脚本。虽然这种方式可能要求对被测代码进行更改，但是可以节省功能测试和回归测试的时间。

（4）覆盖分析工具。在白盒测试过程中，可以使用代码覆盖分析工具追踪哪些代码被执行过。分析过程可以通过插装来完成，插装可以是在测试环境中嵌入硬件，也可以是在可执行代码中加入软件，还可以是二者的结合。测试人员对结果数据加以总结，以确定哪些代码被执行过，哪些代码被遗漏了。覆盖分析工具一般会提供有关功能覆盖、分支覆盖、条件覆盖的信息。对于嵌入式软件来说，代码覆盖分析工具可能侵入代码的执行，影响实时代码的运行过程。基于硬件的代码覆盖分析工具的侵入程度要小一些，但是价格一般比较昂贵，而且限制被测代码的数量。

3.4　嵌入式系统的引导程序

在嵌入式软件系统中，通常是由引导程序 BootLoader、操作系统、应用软件三部分组成的。而在 PC 中，引导程序是由基本输入输出系统 BIOS（Basic Input Output System）和位于硬盘主引导记录 MBR 中的 BootLoader 共同组成的。BIOS 在完成硬件检测和资源分配后，将 MBR 中的 BootLoader 引导到系统的 RAM 中，再跳转到内核入口地址去运行，即开始启动操作系统。在嵌入式系统中，没有像 BIOS 那样的固件程序，因此整个系统的移植、引导加载任务就完全由 BootLoader 完成，BootLoader 就是嵌入式系统加电运行的第一段代码。在 ARM 嵌入式系统开发过程中，BootLoader 的编写往往是设计的第一个难点。

用户可以自己编写系统引导程序，但是由于引导程序是最贴近硬件的软件，所以要求编写人员要非常熟悉相应的硬件平台。一般用户可以从网络上下载一些公开源代码的 BootLoader 程序，如 U-Boot 和 ARM-Boot 等。然后根据自己选用的处理器芯片进行移植修改，这也是目前最常用的方法。因为引导程序是应该最先被烧写到目标设备上的程序，所以一般是在宿主机 Windows 操作系统下通过 JTAG 并口简易仿真器，将引导程序烧写到 Flash 存储器芯片的对应分区中运行。嵌入式系统固态存储设备的典型空间分配结构如图 3-22 所示。

BootLoader 起始地址 0x0000	启动参数	内核	根文件系统

图 3-22 嵌入式系统固态存储设备的典型空间分配结构

3.4.1 BootLoader 的职能

BootLoader 是操作系统内核运行的一段小程序，主要完成初始化系统硬件设置的任务。其中，包括 CPU、SDRRAM、Flash、串口等初始化，时钟的设置，存储器的映射，还要设置堆栈指针，创建内核需要的信息等工作，最后调用操作系统内核。嵌入式系统在加电或复位时，通常从地址 0x00000000 处开始执行。而在这个地址处安排的就是系统的 BootLoader 程序，将系统的软/硬件环境带到一个合适的状态，以便为最终调用操作系统内核准备好正确的环境，这样就可以下载文件到目标板，系统的运行就在操作系统的控制下了。事实上，一个功能完善的 BootLoader 已经相当于一个微型的操作系统了。

在嵌入式系统中，BootLoader 是严重地依赖于硬件而实现的。不同的嵌入式体系结构，不同的嵌入式板级设备配置都会对 BootLoader 有不同的需求，因此每个系统所需要的 BootLoader 程序也是不一样的。从操作系统的角度来看，BootLoader 的任务就是如何正确地调用内核来执行运行程序和下载程序。BootLoader 在宿主机和目标板之间一般通过串口或者以太网建立通信连接，下面分别介绍这两种通信下载方式。

1．串口通信

在嵌入式系统中串口是目标板与宿主机之间文件传输的通道，同时也是 BootLoader 开发过程中最重要的程序运行观察窗口，在嵌入式开发板上进行的移植一般首先使串口开始工作。

BootLoader 调试过程中采取向串口终端打印信息的方法非常有效。但是，一开始往往会碰到串口终端显示乱码或者根本没有显示的问题。造成这个问题主要有两种原因，其一是 BootLoader 对串口设置的不正确；其二是运行在宿主机端的终端仿真程序对串口的设置不正确，这包括波特率、奇偶校验、数据位和停止位等方面的设置，为此需要通过反复调试来找出故障原因并加以排除。

BootLoader 与宿主机通信如采用串口传输，传输协议通常是 xmodem、ymodem、zmodem。

其中 xmodem 协议是最普遍使用的文件传输协议之一，它是两台计算机间通过 RS-232 异步串口进行文件传输的通信协议标准。数据发送时，发送方将文件分解成 128 B 的定长数据块，每发送一个数据块，就等待对方应答，等到应答后才发送下一个数据块。数据校验可以采用垂直累加和校验方式，也可以采用 16 位的 CRC 码校验方式。串口通信这种方式操作程序简单，但传输的速度比较慢，传输速率最快为 11.5 kbps。

2．网口通信

由于串口传输速度有限，因此在许多开发场合下通过以太网连接并借助简单文件传输协议（Trivial File Transfer Protocol，TFTP）来下载文件。在通过以太网连接和 TFTP 来下载文件时，主机方必须有一个软件提供 TFTP 服务。Linux 和 Window CE 都可以作为主机操作系统提供 TFTP 服务。

3.4.2　BootLoader 的操作模式

当在开发机（宿主机）上完成用户程序的编译并要将其下载到目标机（产品设备）上进行调试运行时，总是要首先进行存储器映射，然后通过 ADS 等开发调试环境和相应接口进行下载。显然，这个过程对普通用户来说显得比较繁琐。在实际中可以采用通过 JTAG 接口在嵌入式目标系统板上的 Flash 存储器中下载写入一段 BootLoader 程序的方式，就可以将上述较复杂的过程屏蔽起来。然后通过串口或网络接口就可以快速地将用户所需要的系统程序和应用程序下载传输到目标机中，在目标机上完成程序的调试等工作。

大多数 BootLoader 都包含程序调试下载启动方式和程序固化自启动加载两种不同的操作模式。嵌入式系统开发人员在工作中经常使用下载启动模式进行程序的调试和运行，确认调试结果正确无误才将程序写入到闪存，所以对这两种操作模式的区别要十分了解。

1．程序调试下载启动模式

在程序调试下载模式下，目标机上的 BootLoader 首先通过串口连接或网络连接等通信手段从宿主机下载文件，如下载内核映像和根文件系统映像等。从宿主机下载的文件通常首先被 BootLoader 保存到目标机的 RAM 中，然后被 BootLoader 写到目标机上的 Flash 类固态存储设备中。BootLoader 的这种模式通常在第一次安装内核与根文件系统时被使用。此外，以后的系统更新也会使用 BootLoader 的这种工作模式。工作于这种模式下的 BootLoader 通常都会向它的终端用户提供一个简单的命令行接口。

采用程序调试下载启动模式时，BootLoader 在完成系统硬件的初始化工作后，把内核和文件系统的映像从存储设备拷贝到 SDRAM 中，再从 SDRAM 中执行内核的引导程序，自行加载内核和根文件系统。这种方法一般会占用更多的内存。但是，它有如下好处。

（1）由于代码和文件系统均放在内存中，访问速度快、代码执行快。

（2）这种方式允许采用自解压的内核和压缩的文件系统，压缩算法一般是 ZIP 算法，压缩率接近 50%，即可以节省大约一半的存储空间。

（3）这种启动方式还可以将系统文件存放在硬盘等 I/O 设备中，具有更大的灵活性。

2．程序固化自启动加载模式

程序固化自启动加载模式是指 BootLoader 从目标机上的某个固态存储设备上将操作系统加载到 RAM 中运行，整个过程并没有用户的介入。如果固态存储设备为 NOR Flash，则 BootLoader 完成系统初始化工作后，将跳到 NOR Flash 中的首地址处，将控制权交给操作系统内核。开始在 Flash 中逐句执行内核自带的引导程序，由该引导程序完成内核的加载工作。这种方式的优点是启动过程简单、占用内存少。缺点是代码和根文件存放在 Flash 中，访问速度慢，影响系统执行程序的性能。该模式是 BootLoader 的正常工作模式，因此在嵌入式产品研制成果进行发布时，BootLoader 必须工作在这种模式下。

BootLoader 同时支持这两种工作模式，而且允许用户在这两种工作模式之间进行切换。通常启动开始时工作在正常的自启动加载模式，但是它会延时几秒等待用户按下任意键而切换到程序调试下载模式。如果在几秒内没有用户按键，则继续启动操作系统内核或者应用程序。

3.4.3 BootLoader 的程序结构与调试

目前，大多数系统的 BootLoader 都分为阶段 1 和阶段 2 两部分。一般将依赖于 CPU 的体系结构的代码，比如设备初始化代码等通常都放在阶段 1 中，并且通常用汇编语言来实现以达到短小精悍的目的。而在阶段 2 中，通常用 C 语言来实现，这样可以实现一些复杂的功能，而且代码会具有更好的可读性和移植性。下面，介绍一下 BootLoader 的两个阶段。

1．BootLoader 阶段 1（Stage1）

BootLoader 阶段 1 的主要步骤有硬件系统自检、对系统硬件进行初始化（设置处理器时钟和运行速度）。例如，S3C44B0 的 Bank0 是通过外部的一个引脚提供的上拉、下拉电阻来进行配置的，还有主要设置的参数包括数据位数（8 位、16 位、32 位）和数据存放格式（大端序、小端序）。而其他的 Bank 的配置及读写周期等信息是靠 Bank0 内部的代码配置相应的寄存器来实现的。同时系统的引导 ROM 也负责配置系统的其他的一些寄存器，如系统的 PLL（锁频环）配置、系统的 I/O 口等一些端口功能的配置等。引导 ROM 负责检测系统的启动所必需的外设是否正常，对系统的 SDRAM 进行检测。

阶段 1 还为加载 BootLoader 的阶段 2 准备 RAM 空间，并复制 BootLoader 的阶段 2 到 RAM 空间中。配置相关寄存器、存储器或者端口、外设等地址、工作模式和堆栈等工作，还有处理系统的中断。微处理器的中断是从 0x0 地址开始，引导 ROM 负责把这一部分的中断映射到另一个区域，以便系统处理。

2．BootLoader 阶段 2（Stage2）

通常，采用 C 语言来编写 BootLoader 阶段 2 的程序，其主要工作有实现更复杂的初始化操作和本阶段要使用到的硬件设备，还要检测系统内核映射、将系统下载到 RAM 空间中、对内核进行参数和数据的设置、启动参数，以及跳转到内核映像入口并执行内核程序、系统的软件设置和更新系统（system.bin）等工作。

用户可以在系统启动时按任意键进入系统的软件设置状态，通过引导 ROM 设置或者查看系统的一些软件信息，包括通过开启 USB 端口、更新系统文件 system.bin、LCD 显示测试，还有演示程序的装载测试、键盘测试、触摸屏的坐标校准、触摸屏测试，以及以太网地址的设置等。

在 BootLoader 开发过程中，通常采用交叉调试（或者称为远程调试）技术。主机与目标板之间可以通过串口、网络接口、USB 口或特殊的硬件调试接口等方式进行连接。

从交叉调试的技术实现途径及其应用场合的角度看，通常可以分为硬件调试和源码软件调试。常见的硬件调试工具是在线仿真器和 JTAG 调试器，而 Linux 操作系统的 GDB（包括运行在目标板上的 gdbserver 或 gdbstub 程序）则属于源码软件调试工具。硬件调试工具适用于嵌入式系统软件环境的搭建阶段，如 BootLoader、操作系统移植。

如果使用硬件调试方式，则必须配备硬件调试器，其特点是调试方便，但价格较贵。从节省成本的角度考虑，也可以采用软件调试方法。软件调试 BootLoader 的最基本做法是采用指示灯和串口输出。编程过程中，一般在 Stage1 中使用指示灯方式，即在汇编程序设计中添加使电路板上的 LED 发光的语句。在 Stage1 阶段，串口还没有连通。通过点灯操作，观察 LED 是否发光及其发光的时序，调试者就能够了解 BootLoader 的执行进度。点灯控制简单，因而在软件调试中常被适用。

在 Stage1 阶段，除了点灯控制外，还可以通过 LED 数码管输出的方式进行调试。相对点灯方式，LED 数码管控制编程稍微复杂些，但是能够显示成百上千的具体数字代码信息，有助于开发者了解 BootLoader 的运行状况。

一旦完成 BootLoader 的串口通信调试，应尽早使串口开始工作，这样开发者就可以从 BootLoader 执行的早期阶段开始，通过串口通信信息了解 BootLoader 执行情况。

3.4.4 BootLoader 的应用实例

BootLoader 作为系统引导加载程序，需要完成对系统的配置和引导工作，对于不同的目标机器需要做不同的修改。这里将以 U-Boot 引导程序应用为例，来详细描述正常 BootLoader 引导程序的修改制作过程。

1. U-Boot 概述

U-Boot 能够支持多种不同的架构和操作系统，具有很好的移植性，并且 U-boot 代码完全开源，网络上有很多嵌入式爱好者对其进行过修改完善，使其代码结构越来越合理，对于新功能的添加也变得十分容易。

从 U-Boot 官网上可以获取 U-Boot 的源码，将源码解压后会得到很多文件夹和文件。其中，CPU 这个文件夹包含了与处理器相关的源文件，该文件夹下包含的处理器种类繁多，但每个子目录中都会包含 start.S、interrupt.c、cpu.c 和 u-boot.lds 这几个文件。系统上电时，U-Boot 首先执行的就是 start.S 这个文件，该文件采用汇编语言编写，主要进行最早期的系统初始化、设置系统堆栈和重定向代码片段，为进入 U-Boot 第二阶段的 C 程序奠定基础。interrupt.c 文件则采用 C 语言实现系统中断和异常的设置。cpu.c 这个文件也是采用 C 语言编写的，用于对 CPU 的初始化，以及数据 Cache 和指令 Cache 的设置等。u-boot.lds 是链接脚本，用于整个工程的组装。

board 这个文件夹下包含了当前版本 U-Boot 已经支持的所有开发板相关文件，包括板级初始化文件、Flash 底层驱动和 SDRAM 初始化代码等。其中，config.mk 文件定义了代码在内存中的实际物理地址。

common 这个文件夹下包含的是与处理器体系结构无关的通用代码，U-Boot 的命令解析代码 command.c、所有命令的上层代码 cmd_*.c 和 U-boot 环境变量处理代码 env_*.c 等都位于该目录下。

drivers 几乎囊括了所有外围芯片的驱动，如 USB、网卡、LCD、串口、NAND Flash 等等。

disk、fs 和 net 这三个文件夹下的代码主要是用于支持 CPU 无关的重要子系统，分别为磁盘驱动的分区处理、文件系统（FAT、JFFS2、EXT2 等）和网络协议（NFS、TFTP、RARP、DHCP 等）。

include 文件夹下存放的是各种头文件，包括各类 CPU 的寄存器定义、文件系统、网络等，并且其 configs 子目录下的文件是与目标板相关的配置头文件。

以 lib_开头的几个文件夹下存放的是与处理器体系相关的初始化文件，其中就包括实现了 U-boot 第二阶段代码入口函数和相关初始化函数的 board.c 源文件。

doc、api 和 examples 这三个文件夹下存放的是关于 U-Boot 的说明文档、外部扩展应用程序的 API 和范例。

nand_spl、onenand_ipl 和 post 文件夹下存放的是一些特殊构架需要的启动代码和上电自检程序代码。

libfdt 存放的是用于支持平坦设备树的库文件，而 tools 文件夹下存放的为编译 S-Record 或 U-Boot 映像的相关工具。

剩下的 Makefile、MAKEALL、config.mk、rules.mk、mkconfig 这几个文件是控制 U-Boot 整个编译过程的主 Makefile 文件和规则文件。CHANGELOG、CHANGELOG -before -U-Boot-1.1.5、COPYING、CREDITS、MAINTAINERS 和 README 等文件是一些介绍性文档和版权说明。

了解完整个 U-Boot 的源码结构后，接下来需要做的是针对某个具体的目标机器处理器进行引导程序的修改制作，这其中会涉及具体的代码和配置方面的修改工作。

2. U-Boot 引导程序的修改和移植

这里用来演示的是三星公司提供的 ARM 处理器 S3C2440，将以这个为目标机器来详细讲解 U-Boot 引导程序的修改和移植工作。

下面采用补丁的形式介绍 U-Boot 在 S3C2440 上的移植过程。

（1）修改顶层 Makefile。因为只是针对 S3C2440 的移植，所以编译器应该是固定选用 arm-linux-gcc，因此将 U-Boot 源码包顶层 Makefile 中对于编译器选择部分的代码删掉。即从“ifndef CROSS_COMPILE”这一行一直到“export CROSS_COMPILE”这一行删掉，然后在“export ARCH CPU BOARD VENDOR SOC”这行后添加语句“CROSS_COMPILE=arm-linux-”。

编译器修改完之后需要添加开发板配置选项，在顶层 Makefile 中 smdk2410_config 这一组后添加 S3C2440 的配置选项。

```
micro2440_config : unconfig
@$[MKCONFIG] $[@:_config=] arm arm920t micro2440 ssdut s3c24x0
```

对于配置中的选项，arm 表示 CPU 的架构（ARCH）；arm920t 表示类型（CPU），对应于“cpu/arm920t”子目录；micro2440 表示开发板的型号（BOARD），对应于“board/ssdut/micro2440”目录；ssdut 表示开发者或经销商（vender），对应于“board/ssdut”目录；s3c24x0 表示片上系统（SOC）定义。

（2）建立平台相关目录。在“/board”目录中建立平台相关的目录“micro2440”，并且将 sbc2410x 的文件复制到该目录下，以备做适当的修改。由于在修改顶层 Makefile 时将 vender 设置为 ssdut，所以平台相关的目录需要创建在“/board”下的子目录 ssdut 下，否则在编译过程中会报错。在复制完文件后，还需将 sbc2410x.c 文件更名为 micro2440.c，将 micro2440 目录下的 Makefile 中的 sbc2410x 字样全部替换为 micro2440。

（3）建立开发板配置文件。微处理器 S3C2410 与 S3C2440 很接近，而 sbc2410x.h 头文件的内容只是定义了一些与处理器相关的宏，因此可以将该文件的内容经过简单修改后用作 S3C2440 的相应配置文件。sbc2410x.h 位于“include/configs”目录下，将其原地复制并更名为 micro2440.h，然后修改即可。

以上修改都只是完成 U-Boot 中 S3C2440 框架的添加，要让 U-Boot 支持 S3C2440，还需在建立起的 S3C2440 框架之内做进一步的修改。

（4）修改 CPU 频率。S3C2440 与 S3C2410 主频不一样，在 U-Boot 源码中的体现就是 PLL 的初始化参数不一样。SBC2410 中，与 CPU 相关的设置文件是位于“/cpu/arm920t”目录下的 start.S 文件，对该文件做的修改为：在所有含有 S3C2410 的代码行都添加对应的 S3C2440 的语句，然后根据数据手册修改 CPU 的初始化频率，以及修正对应的中断掩码。

（5）修改 lowlevel_init.S 文件。需要修改的 lowlevel_init.S 文件位于“/board/ssdut/micro2440”目录下，微处理器总线上连接的 NOR Flash 和 SDRAM 等存储器的配置就在该文件中。对该文件的修改为，删去宏定义“#define Trp 0x0　/* 2clk */”，然后在“_TEXT_BASE:”之前添加下面的代码。

```
#if defined(CONFIG_S3C2440)
#define   Trp 0x2                          /* 4clk */
#define   REFCNT   1012
#else
#define   Trp  0x0                         /* 2clk */
#define   REFCNT   0x0459
#endif
```

（6）修改重定向代码。在前面介绍 U-Boot 的启动流程中说过，U-Boot 会检测自身是否在 SDRAM 中。为了让 U-Boot 更智能，在此添加了对芯片类型的检测，以决定代码重定向是从 NOR Flash 中拷贝程序还是从 NAND Flash 中拷贝程序，从而能使编译出的 bin 文件同时烧写进 NAND Flash 和 NOR Flash。修改“/cpu/arm920t”目录下的 start.S 文件，删除原文件中以下两行代码。

```
#ifndef CONFIG_SKIP_RELOCATE_UBOOT
relocate:                              /*relocate U-boot to RAM */
```

然后依次添加检测 U-boot 启动存储器的类型、从 NAND Flash 中复制 U-Boot 到内存中运行，以及从 NOR Flash 中复制 U-Boot 到内存中运行的代码。

在添加的代码中涉及“bl nand_read_ll”这行代码，它的意思是跳转到 nand_read_ll 这个函数中，执行从 NAND Flash 读取数据的操作。nand_read_ll 这个函数位于新增加的 C 语言文件“board/ssdut/micro2440/nand_read.c”，这个文件是嵌入式爱好者为了让 U-Boot 支持对多种 NAND Flash 芯片的读写而从 vivi 源码中借鉴来的。为了让 U-Boot 也支持对 NAND Flash 芯片读写，在此文件中添加几个芯片的 ID。在 K9F1G08U0B 的芯片 ID 这一行添加 K9F2G08U0B 的芯片 ID，即“nand_id == 0xecda”。

在添加了 nand_read.c 这个文件后，还需在“board/ssdut/micro2440”目录下的 Makefile 中修改生成文件参数“COBJS :=nand_read.o micro2440.o flash.o”。

由于需要将前面修改的几步生成的 4 KB 代码放在 bin 文件的最前面，因此还需要在链接文件“cpu/arm920t/u-boot.lds”的 text 区进行以下修改。

```
.text:
{
    cpu/arm920t/start.o   (.text)
    board/ssdut/micro2440/lowlevel_init.o   (.text)
    board/ssdut/micro2440/nand_read.o      (.text)
    *(.text)
}
```

（7）修改 micro2440.c 文件。micro2440.c 文件位于“board/ssdut/micro2440”目录下，其功能是负责板级初始化。对此文件的修改是增加 LCD 初始化函数、修改 GPIO 设置（如 LCD 和 LED）、屏蔽已不使用的 NAND 控制器初始化代码，还有添加网卡芯片 DM9000 的初始化函数。此处代码修改比较长，因为篇幅限制就不一一列出。

前面所做的几步工作其实已经完成了 U-Boot 启动第 1 阶段和第 2 阶段的移植，接下来的几步主要是对外设驱动和配置文件的修改。

（8）修改外部存储器的相关代码。在存储方面，S3C2440 和 S3C2410 对 NAND Flash 的支持不能兼容，S3C2410 的 NAND Flash 控制器只支持 512 B+16 B 的 NAND Flash，而 S3C2440 在此基础上还支持 2 KB+64 B 的大容量 NAND Flash。因此，二者在 NAND Flash 控制器的寄存器上和控制流程上有很明显的差别，从而导致底层驱动代码也不相同。对比两款芯片的数据手册，对 NAND Flash 底层驱动代码源文件“drivers/mtd/nand/s3c2410_nand.c”的修改主要为：在 S3C2410 的基础上添加与之对应的 S3C2440 对 NAND Flash 的操作。

（9）添加 YAFFS 烧写。由于现在很多使用 NAND Flash 作为主存储器的系统，在 Linux 下都用 YAFFS 格式的文件系统存储数据，并且 YAFFS 文件系统在嵌入式方面存在着很大的优势而深受人们的欢迎。所以让 U-Boot 支持 YAFFS 格式文件系统的烧写变得很必要。

在 U-Boot 中添加对 YAFFS 映像烧写的支持其实就是在烧写时，在写入数据的同时将映像文件中的 oob 数据也写入到 NAND Flash 的 Spare 区。另外，要完成 U-Boot 移植过程中添加 YAFFS 烧写功能，还需熟悉 YAFFS 格式文件系统的原理及 NAND Flash 的具体结构。在此步中需要修改的文件有四个，分别为“common/cmd_nand.c”、“drivers/mtd/nand/nand_base.c”、“drivers/mtd/nand/nand_util.c”、“include/linux/mtd/mtd.h”。对于 cmd_nand.c 文件的修改主要为：增加对 nand write.yaffs 和 nand write.yaffs1 这两个 U-boot 命令的判断以及初步处理。对 nand_base.c 这个文件的修改是最核心的，主要是在 nand_write 函数中添加以下两块代码。

代码一：

```
#if defined(CONFIG_MTD_NAND_YAFFS2)
    int oldopsmode = 0;
    if(mtd->rw_oob==1) {
        size_t oobsize = mtd->oobsize;
        size_t datasize = mtd->writesize;
        int i = 0;
        uint8_t oobtemp[oobsize];
        int datapages = 0;
        datapages = len/(datasize);
        for(i=0;i<(datapages);i++) {
            memcpy((void*)oobtemp,(void *)(buf+datasize*(i+1)),oobsize);
            memmove((void*)(buf+datasize*(i+1)),(void*)(buf+datasize*
                (i+1)+oobsize), (datapages-(i+1))*(datasize)+
                (datapages-1)*oobsize);
            memcpy((void*)(buf+(datapages)*(datasize+oobsize)-oobsize),
                                    (void*)(oobtemp),oobsize);
        }
    }
#endif
```

代码二：

```
#if defined(CONFIG_MTD_NAND_YAFFS2)
    if(mtd->rw_oob!=1) {
      chip->ops.oobbuf = NULL;
    } else {
        chip->ops.oobbuf = (uint8_t *)(buf+len);
        chip->ops.ooblen = mtd->oobsize;
        oldopsmode = chip->ops.mode;
        chip->ops.mode = MTD_OOB_RAW;
    }
#else
    chip->ops.oobbuf = NULL;
#endif
```

这两块代码主要是调整内存中 YAFFS 映像的格式，以及设置 oob 区的大小和位置。对 nand_util.c 的修改则是添加对 YAFFS 映像大小的检测、页数和文件有效内容大小的计算。对 mtd.h 文件的修改，仅需添加两个全局变量用作映像烧写过程中的标签。

（10）NOR Flash 驱动修改。因为 NOR Flash 具体型号不同，写入时所使用的块大小、时序和指令代码都有差别，所以需要根据数据手册修改 U-Boot 中 NOR Flash 的底层驱动。所需修改的文件为 flash.c，位于“board/ssdut/micro2440”目录下。对其所做的修改主要为：添加几个 Flash 地址、型号检测，以及 Flash 状态的检测。

（11）网卡驱动和 LCD 显示的修改。U-Boot 已经支持当前市场上面大部分的网卡芯片，因此，对网卡驱动的支持需要根据实际情况来修改，大多数情况下无须做大幅度修改。对于 LCD 显示，需要修改的文件包含“drivers/video/cfb_console.c”、“drivers/video/Makefile”、“drivers/video/videomodes.c”、“drivers/video/videomodes.h”和“drivers/video/s3c2410_fb.c”这五个文件。其中对前四个文件的修改不是很大，只是做了一些宏定义、编译设置及显示内容上的修改。最后一个文件是“drivers/video”目录下新建的驱动文件，为 LCD 在系统中的详细配置，这个需要针对具体的 LCD 设备来进行更改。

（12）添加条件定义。对于 U-Boot 的移植，很多代码都是借鉴 S3C2410 的，因此需要在所有条件编译中含有 CONFIG_S3C2410 语句的地方都添加条件 CONFIG_S3C2440，经过修改的代码才会编译到最后的 U-Boot 映像中。此外还需对比两款芯片的数据手册，根据芯片硬件资源的不同在适当的位置做出修改。仅需添加编译条件的文件有“common/serial.c”、“cpu/arm920t/s3c24x0/interrupts.c”、“cpu/arm920t/s3c24x0/timer.c”、“cpu/arm920t/s3c24x0/usb.c”、“cpu/arm920t/s3c24x0/usb_ohci.c”、“drivers/i2c/s3c24x0_i2c.c”、“drivers/rtc/s3c24x0_rtc.c”、“drivers/serial/serial_s3c24x0.c”、“drivers/usb/host/ohci-hcd.c”、“include/common.h”、“include/serial.h”。对于“cpu/arm920t/s3c24x0/speed.c”这个文件，除了需要添加编译条件之外，还需在 get_PLLCLK 这个函数快结束的地方添加以下代码。

```
#if defined(CONFIG_S3C2440)
   if (pllreg == MPLL)
      return ((CONFIG_SYS_CLK_FREQ * m * 2) /(p << s));
   else if (pllreg == UPLL)
#endif
```

另外，还需将函数 get_HCLK 的 return 语句删掉，然后添加以下代码。

```
#if defined(CONFIG_S3C2440)
   if (readl(&clk_power->CLKDIVN) & 0x6){
      if ((readl(&clk_power->CLKDIVN) & 0x6)==2)
         return(get_FCLK()/2);
      if((readl(&clk_power->CLKDIVN) & 0x6)==6)
         return((readl(&clk_power->CAMDIVN) & 0x100) ? get_FCLK()/
                                      6 : get_FCLK()/3);
     if ((readl(&clk_power->CLKDIVN) & 0x6)==4)
         return((readl(&clk_power->CAMDIVN) & 0x200) ? get_FCLK()/
                                      8 : get_FCLK()/4);
         return(get_FCLK());
   }else
   return(get_FCLK());
#else
   return((readl(&clk_power->CLKDIVN) & 0x2) ? get_FCLK()/2 : get_FCLK());
#endif
```

此外，还需对“include/s3c24x0.h”文件进行修改。因为该文件主要是对芯片寄存器的定义，所以只需根据两款芯片的不同在 NAND Flash 和 USB 接口等方面做相应的修改即可。

（13）配置文件 micro2440.h 的修改。micro2440.h 这个文件位于“include/configs”目录下，它是与具体硬件平台关系最紧密的配置文件之一，也是 U-Boot 移植过程中需要修改的最后一个文件。前面修改的很多功能只有在该配置文件中进行相应的设置，才会被编译进 U-Boot 的执行映像中。对该文件的修改主要是以下几点。

- 去除 CS8900 网卡的定义，添加 DM9000；
- 使能 JFFS2、FAT 文件系统；
- 使能 USB、SD 卡功能；
- 使能 I2C、EEPROM 功能；
- 使能 LCD 功能，以及字符 console 和 BMP 图片显示功能；
- 去除 AMD 的 NOR Flash 芯片定义，添加 SST 的 NOR Flash 定义。

在对该文件的修改过程中，有几个地方需要说明一下。

CONFIG_BOOTARGS 宏的定义应该为

```
#define CONFIG_BOOTARGS "noinitrd root=/dev/mtdblock3 init=
                                        /linuxrc console=ttySAC0"
```

mtdblock3 表示从存储器的第 3 个分区挂载文件系统（前两个分区分别存放着 U-Boot 和 Linux kernel)，这个宏定义是用于 U-Boot 向内核传递的参数，告诉内核文件系统存放的位置，以便由内核启动文件系统。

宏定义 CONFIG_BOOTCOMMAND 的内容应该为

```
#define CONFIG_BOOTCOMMAND  "nand read 0x30008000 0x60000 0x500000;
                                          bootm 0x30008000"
```

这个宏是用于 U-Boot 默认的启动命令，即在 U-Boot 启动时，若没有进入 U-Boot 的命令行则直接执行 CONFIG_ BOOTCOMMAND 这个宏包含的命令。这个宏包含的命令解释为，从 NAND Flash 的 0x60000 地址开始，读取 0x500000 这么大的内容存放到内存中以 0x30008000 起始的一段连续空间，然后从内存的 0x30008000 处开始执行。NAND Flash 的 0x60000 地址处存放的是 Linux 内核的起始地址，而 0x30008000 是内存使用的起始地址，因此，这个命令的另一个解释为，将 NAND Flash 中存放的 Linux 内核拷贝到内存中，然后在内存中运行 Linux 内核。

与 NAND Flash 上存储结构息息相关的另一个宏定义为

```
#define MTDPARTS_DEFAULT "mtdparts=nandflash0:256k@0(boot),128k(env),
                                          5m(kernel),-(root)"
```

这个宏定义是 U-boot 向 Linux 内核传递的 NAND Flash 分区信息，这个分区信息必须与内核源码中的分区信息一致，否则会导致文件系统挂载失败。这个宏定义表示的 NAND Flash 的存储布局如图 3-23 所示。

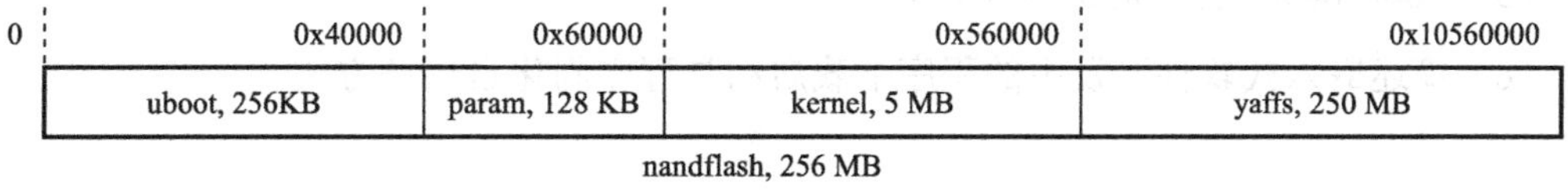

0 … 0x40000	0x40000 … 0x60000	0x60000 … 0x560000	0x560000 … 0x10560000
uboot, 256KB	param, 128 KB	kernel, 5 MB	yaffs, 250 MB

nandflash, 256 MB

图 3-23　NAND Flash 存储布局

图中的十六进制数表示NAND Flash的实际物理地址，param是宏定义中的env环境变量，用于存放U-Boot向内核传递的参数。

（14）重新编译。经过以上步骤的修改，U-Boot的移植工作基本上算是结束，接下来需要将修改后的U-Boot源码进行编译，生成可放到实训平台上直接运行的映像文件。编译U-Boot源码，需要依次运行以下命令。

```
make distclean
make micro2440_config
make
```

经过以上三个命令之后，就会在U-Boot源码的顶层目录下生成一个映像文件u-boot.bin，此文件就是所需的U-Boot映像。

习题与思考题三

一、单项选择题

（1）嵌入式系统应用软件一般在宿主机上开发，在目标机上运行，因此需要一个（　　）环境。

A．交互操作系统　　B．交叉编译　　C．交互平台　　D．分布式计算

（2）以下（　　）不是Boot Loader的阶段1所完成的步骤。

A．硬件设备初始化

B．拷贝BootLoader第2阶段的代码到RAM空间中

C．将kernel映像和根文件系统映像从Flash读到RAM空间中

D．设置堆栈

（3）嵌入式系统加电或复位后，CPU通常都从由CPU制造商预先安排的地址上取指令。例如，对于S3C2440来说，Boot Loader会映射到（　　）地址处。

A．0x0c000000　　B．0x00000000　　C．0xFFFFFF00　　D．0x40000018

二、问答题

（1）进行嵌入式系统开发时，主要包括哪些基本流程?

（2）简述嵌入式系统的开发环境和开发工具。

（3）嵌入式系统的调试技术有哪几种方式?

（4）简述嵌入式软件的测试方法和测试工具。

（5）BootLoader主要完成哪些工作?

（6）简述嵌入式软件开发中的程序下载启动与程序固化自启动方式。

第 4 章

ARM 指令集系统与程序设计

 4.1 ARM 指令集及应用

4.1.1 ARM 指令概述

ARM 处理器支持 32 位的 ARM 指令集、16 位的 Thumb 指令集和 8 位的 Jazelle 三个指令集。ARM 指令集是主指令集，所有的异常中断都自动转换为 ARM 指令集状态；Thumb 指令集是 ARM 指令集的压缩指令集，在读取指令之后先动态解压缩，然后作为标准的 ARM 指令执行；Jazelle 是 Java 字节码指令集，它能加快 Java 代码的执行速度，用于在处理器指令层次对 Java 加速。目前，首颗具备 Jazelle 技术的处理器是 ARM926EJ-S。

ARM 指令集和 Thumb 指令集具有两个共同点：其一是它们都有较多的寄存器，可用于多种用途；其二是对存储器的访问只能通过 Load/Store 指令。指令集仅能处理寄存器中的数据，而且处理的结果都要放回寄存器中。对系统存储器的访问，则需要通过专门的加载/存储指令来完成。ARM 基本指令及功能描述如表 4-1 所示。

表 4-1　ARM 指令及功能描述

助记符	指令功能描述	助记符	指令功能描述
ADC	带进位加法指令	MRC	从协处理器到寄存器的数据传输指令
ADD	加法指令	MRS	传输 CPSR 或 SPSR 的内容到通用寄存器指令
AND	逻辑与指令	MSR	传输通用寄存器到 CPSR 或 SPSR 的指令
B	跳转指令	MUL	32 位乘法指令
BIC	位清零指令	MLA	32 位乘加指令
BL	带返回的跳转指令	MVN	数据取反传输指令
BLX	带返回和状态切换的跳转指令	ORR	逻辑或指令
BX	带状态切换的跳转指令	RSB	逆向减法指令
CDP	协处理器数据操作指令	RSC	带错位的逆向减法指令
CMN	比较反值指令	SBC	带错位减法指令
CMP	比较指令	STC	协处理器寄存器写入存储器指令
EOR	异或指令	STM	批量内存字写入指令
LDC	存储器到协处理器的数据传输指令	STR	寄存器到存储器的数据传输指令
LDM	加载多个寄存器指令	SUB	减法指令
LDR	存储器到寄存器的数据传输指令	SWI	软件中断指令
MCR	从寄存器到协处理器数据传输指令	SWP	交换指令
MLA	乘加运算指令	TEQ	相等测试指令
MOV	数据传输指令	TST	位测试指令

4.1.2 ARM 指令集的编码格式

1. ARM 指令集的编码格式

ARM 指令集采用 32 位二进制编码方式，大部分指令编码中定义了第 1 操作数、第 2 操作数、目的操作数、条件影响位，以及每条指令所对应的不同功能实现的二进制位。每条指令不同的编码方式与不同的指令功能相对应，典型的 ARM 指令编码格式如图 4-1 所示。

31 28	27 26	25	24 21	20	19 16	15 12	11 0
cond	type	I	opcode	S	Rn	Rd	operand2

图 4-1 典型的 ARM 指令编码格式

其中各个标示所代表的含义如下：cond 为指令执行的条件编码；type 是指令类型码，根据其编码的不同，所代表各类型如表 4-2 所示；I 为第 2 操作数类型标志码，在数据处理指令中 I=0 表示是寄存器或寄存器移位形式，I=1 表示第 2 操作数是立即数；opcode 为指令操作符编码；S 决定指令的操作结果是否影响 CPSR 的值；Rd 目标寄存器编码；Rn 包含第 1 个操作数的寄存器编码；operand2 表示第 2 个操作数。

表 4-2 指令类型码描述

Type(bit[27:26])	描 述
00	数据处理指令及杂类 Load/Store 指令
01	Load/Store 指令
10	批量 Load/Store 指令及分支指令
11	协处理指令与软中断指令

ARM 汇编指令语法格式为

```
<Opcode>{<cond>}{S}<Rd>,<Rn>,< operand2>
```

其中，<>内的项是必需的，{}内的项是可选的。

2. ARM 指令的条件码域

大多数 ARM 指令都可以条件执行，也就是根据 CPSR 中的条件标志位决定是否执行该指令。当条件满足时执行该指令；条件不满足时该指令被当作一条 NOP 指令，这时处理器进行判断中断请求等操作，然后转向下一条指令。

在 ARM v5 之前的版本中，所有的指令都是条件执行的。从 ARM v5 版本开始，引入了一些指令必须无条件执行。每一条 ARM 指令包含 4 位的条件码，共有 16 个条件码。各条件码的含义和助记符，如表 4-3 所示。可条件执行的指令可以在其助记符的扩展域加上条件码助记符，从而在特定的条件下执行。

表 4-3 指令的条件码

条件码<cond>	条件码助记符	描 述	CPSR 中条件标志位值
0000	EQ	相等	Z=1
0001	NE	不相等	Z=0

续表

条件码<cond>	条件码助记符	描　述	CPSR 中条件标志位值
0010	CS/HS	无符号数大于/等于	C=1
0011	CC/LO	无符号数小于	C=0
0100	MI	负数	N=1
0101	PL	非负数	N=0
0110	VS	上溢出	V=1
0111	VC	没有上溢出	V=0
1000	HI	无符号数大于（higher）	C=1 或 Z=0
1001	LS	无符号数小于等于	C=0 或 Z=1
1010	GE	带符号数大于等于	N=1 且 V=1 或 N=0 且 V=0
1011	LT	带符号数小于	N=1 且 V=0 或 N=0 且 V=1
1100	GT	带符号数大于	Z=0 且 N=V
1101	LE	带符号数小于/等于	Z=1 或 N!=V
1110	AL	无条件执行	ARM v5 及以上版本
1111	NV	该指令从不执行	ARM v3 之前

4.1.3　ARM 指令的数据寻址方式

ARM 指令的数据寻址方式是根据指令中给出的地址码字段来寻找实际操作数的，操作数可分为立即数、寄存器类型、存储器类型三大类。不同种类的操作数对应着不同的读取操作方式，所以对应于各指令也会有不同的寻址方式。

ARM 处理器数据寻址有 9 种方式，即立即数寻址、寄存器寻址、寄存器移位寻址、寄存器间接寻址、基址寻址、相对寻址、多寄存器寻址、块拷贝寻址、堆栈寻址，以下将对各种寻址方式进行简明的介绍。

（1）立即寻址（立即数寻址）。在立即寻址方式下，指令地址码段存放的是操作数本身。立即数寻址的特点是速度快，但缺点是取值会受到限制。通常，指令中使用的立即数是 12 位或者 8 位。例如：

```
ADD  R0, R0, #1   ; R0←R0+1。
```

（2）寄存器寻址。在寄存器寻址方式指令中，地址码给出的是寄存器编号。该寄存器中存放的是操作数，可以直接用于运算。由于寄存器寻址执行效率高，因此 ARM 指令普遍采用此种寻址方式。例如：

```
ADD  R0, R1, R2; R0←R1+R2。
```

（3）寄存器间接寻址。在寄存器间接寻址方式下，指令的地址码段给出某一通用寄存器编号。在该寄存器中存放的是操作数的有效地址，而实际的操作数存放在存储单元中，即寄存器的内容为操作数的地址指针（或称为二次寻址）。例如：

```
ADD  R0,R1,[R2]   ;R0←R1+[R2]。
```

（4）寄存器移位寻址。寄存器移位寻址方式是 ARM 指令集特有的方式。在参与第 1 个操作数运算之前，第 2 个寄存器操作数可以有选择地进行移位操作。例如：

```
ADD  R3, R2, R1, LSL #3  ; R3←R2+R1×8
```

这条指令表示R1的内容逻辑左移3位，再与R2内容相加，结果放入R3中。

（5）基址寻址。基址寻址将基址寄存器的值与指令中给出的位移量相加后形成操作数的有效地址(或称为二次寻址)，具体又分为有基址加偏移量和基址加索引寻址两种方式。例如：

```
LDR  R0,[R1,#4]      ;R0←[R1+4]。
```

（6）多寄存器寻址。在多寄存器寻址方式下，一次可以将多个存储器内容传输给几个寄存器（或称为二次寻址），允许一条指令传输16个寄存器的任何子集。例如：

```
LDMIA R1,{R0,R2,R5};R0 ←[R1]  R2 ←[R1+4]  R5 ←[R1+8] 32位字对准。
```

（7）相对寻址。在相对寻址方式下，把程序计数器PC的当前值为基地址，指令中的地址标号作为偏移量，将两者相加之后得到操作数的有效地址（或称为二次寻址）。

（8）块拷贝寻址。块拷贝寻址是把一块数据从存储器的某一位置拷贝到另一位置的寻址方式。由于块拷贝操作借助多寄存器传输指令LDM/STM完成，因此块拷贝寻址就是多寄存器寻址。例如，下面两条指令是把寄存器R2～R9中的8个字从R0指向的位置拷贝到R1指向的位置。

```
LDMIA  R0!, {R2-R9}
STMIA  R1,  {R2-R9}
```

（9）堆栈寻址。栈寻址是隐含的，它使用一个专门的寄存器（栈指针）指向一块存储区域。其中，栈指针所指定的存储单元就是栈的栈顶。ARM微处理器支持四种类型的堆栈工作方式。

- 满递增堆栈：堆栈指针指向最后压入的数据，且由低地址向高地址生成。
- 满递减堆栈：堆栈指针指向最后压入的数据，且由高地址向低地址生成。
- 空递增堆栈：堆栈指针指向下一个将要放入数据的空位置，由低地址向高地址生成。
- 空递减堆栈：堆栈指针指向下一个将要放入数据的空位置，由高地址向低地址生成。

4.1.4 ARM指令的分类说明及应用

ARM指令集可以分为跳转指令、数据处理指令、程序状态寄存器（PSR）访问指令、Load/Store指令、协处理器指令和异常中断产生指令，共六大类。为了更清楚地描述这些指令，将大类的指令进一步分为几小类分别讲述。

（1）跳转指令。在ARM指令中有两种方式可以实现程序的分支跳转：一种是跳转指令，另一种是直接向程序计数器PC（R15）中写入目标地址值。通过直接向PC寄存器中写入目标地址值可以实现在4 GB的地址空间中任意跳转，这种跳转指令又称为长跳转。如果在长跳转指令之前使用“MOV LR，PC”等指令，可以保存将来返回的地址值。这样就实现了在4 GB的地址空间中的子程序调用。

在ARM版本v5及以上的体系中，实现了ARM指令集和Thumb指令集的混合使用。例如，指令使用目标地址值的bit[0]来确定目标程序的类型。当bit[0]值为1时，执行目标程序是Thumb指令；当bit[0]值为0时，目标程序为ARM指令。

在ARM版本v5以前的体系中，传输到PC寄存器中的目标地址值的低两位bits[1：0]被忽略，跳转指令只在ARM指令集中执行，即程序不能从ARM状态切换到Thumb状态。

非 T 系列版本 v5 的 ARM 体系不含 Thumb 指令，当程序试图切换到 Thumb 状态时将产生未定义指令异常中断。

ARM 的跳转指令可以从当前指令向前或向后的 32 MB 的地址空间跳转，这类跳转指令有以下 4 种。

- B 为跳转指令；
- BL 带返回的跳转指令；
- BLX 带返回和状态切换的跳转指令；
- BX 带状态切换的跳转指令。

（2）数据处理指令。数据处理指令可分为以下三种。

① 算术逻辑运算指令。算术逻辑运算指令能够完成寄存器中数据的算术和逻辑操作。在执行中需要两个操作数，并且只产生单个结果。这类指令只能使用和改变寄存器中的值，每一个操作数寄存器和结果寄存器都在指令中独立的指定，即使用三地址模式。

在算术逻辑运算指令中，通常包括一个目标寄存器和两个源操作数。其中，一个源操作数为寄存器的值。算术逻辑运算指令将运算结果存入目标寄存器，同时更新 CPSR 中相应的条件标志位。其中，算术操作指令有 ADD、ADC、SUB、SBC、RSB（逆向减法）、RSC（带位逆向减法指令）。例如：

```
ADD  R0,R1,R2                    ;R0=R1+R2
RSB  R0,R1,R2                    ;R0=R2-R1
```

ARM 微处理器内嵌的桶形移位寄存器，支持数据的各种移位操作，移位操作在 ARM 指令集中不作为单独的指令使用，它只能作为指令格式中的一个字段。在汇编语言中，表示为指令的选项。具体有六种类型：LSL（逻辑左移）、ASL（算术左移）、LSR（逻辑右移）、ASR（算术右移）、ROR（循环右移）、RRX（带扩展的循环右移）。例如：

```
MOV  R0,R1,LSL#2                 ;将 R1 中的内容左移两位后传输到 R0 中
ADD  R0,R2,R3,LSL #1             ;R0=R2+(R3<<1 ),其中 R3 先左移 1 位
```

另外，还有在比较指令中不保存运算结果，只更新 CPSR 中相应的条件标志位，比较操作有 CMP、CMN。按位逻辑操作，如 AND、ORR、EOR、BIC（清除位操作），以及 TST 位测试指令（按位与）和 TEQ 相等测试指令（按位异或）。

② 乘法指令。ARM 有两类乘法指令：一类为 32 位的乘法指令，即乘法操作的结果为 32 位；另一类为 64 位的乘法指令，即乘法操作的结果为 64 位。两类指令共有以下 6 条。

- MUL 表示 32 位乘法指令；
- MLA 表示 32 位带加数的乘法指令；
- SMULL 表示 64 位有符号数乘法指令；
- SMLAL 表示 64 位带加数的有符号数乘法指令；
- UMULL 表示 64 位无符号数乘法指令；
- UMLAL 表示 64 位带加数的无符号数乘法指令。

③ 数据传输指令。数据传输指令用于向寄存器中传入一个常数，该指令包括一个目标寄存器和一个源操作数。这类指令还可把存储器中的值拷贝到寄存器（Load），或把寄存器的

值拷贝到存储器中（Store）。例如，MOV 表示数据传输指令，MVN 表示数据求反传输指令。其中：

（a）加载/存储指令：用于在寄存器和存储器之间传输数据，加载指令用于将存储器中的数据传输到寄存器，存储指令则完成相反的操作。常用的指令有 DR（字加载）、LDRB（字节加载）、LDRH（半字加载）、STR（字节存储）、STRH（半字存储）。

（b）批量数据加载/存储指令：批量加载可以一次将一片连续的存储器中的数据传输到多个存储器，批量存储则完成相反的操作。常用的指令有 M（批量数据加载）、STM（批量数据存储）。

（c）数据交换指令：在存储器和寄存器之间交换数据，常用的指令有 SWP（字数据交换）和 SWPB（字节数据交换）。

（3）程序状态寄存器访问指令。关于状态寄存器的详细知识这里不再重复，仅强调以下几点。

① 程序状态寄存器中有些位是没有使用的，但在 ARM 将来的版本中有可能使用这些位，因此用户程序不要使用这些位。

② 程序不能通过直接修改 CPSR 中的 T 控制位来直接将程序状态切换到 Thumb 状态，必须通过 BX 等指令完成程序状态的切换。

③ 通常修改程序状态寄存器是通过“读取-修改-写回”的操作序列来实现的。

程序状态寄存器访问指令包括 MRS 表示状态寄存器到通用寄存器的传输指令，MSR 表示通用寄存器到程序状态寄存器的传输指令。MSR 指令通常用于恢复程序状态寄存器的内容，或者改变程序状态寄存器的内容。当执行异常中断处理程序时，如果事先保存了程序状态寄存器的内容（如在嵌套的异常中断处理中）可以通过 MSR 指令将事先保存的程序状态寄存器内容恢复到程序状态寄存器中。

当需要修改程序状态寄存器的内容时，通过“读出-修改-写回”指令序列完成。写回操作也是通过 MSR 指令完成的。考虑到指令执行的效率，通常在 MSR 指令中指定指令将要修改的位域。例如，下面的指令序列将处理器模式切换到特权模式，这里只修改程序状态寄存器的控制位域，所以在指令中指定该位域。

```
MRS R0,CPSR                        ;读取 CPSR
BIC R0,R0,#0x1F                    ;修改,去除当前处理器模式
ORR R0,R0,#0x13                    ;修改,设置特权模式
MSR CPSR_c,R0                      ;写回,仅仅修改 CPSR 中的控制位域
```

但是，当进程切换到应用场合，应指定 SPSR_fsxc。这样将来 ARM 扩展了当前未用的一些位后，程序还可以正常运行。

当欲修改的程序状态寄存器位域中包含未分配的位时，最好不要使用立即数方式的 MSR 指令。还有，可以使用立即数方式的 MSR 指令修改程序状态寄存器中的条件标志位位域。

（4）Load/Store 指令。Load 指令用于从内存中读取数据放入寄存器中，Store 指令用于将寄存器中的数据保存到内存。ARM 的 Load/Store 指令可分为两大类：一类用于操作 32 位的

字类型数据及 8 位无符号的字节类型数据；另一类用于操作 16 位半字类型的数据及 8 位的有符号字节类型的数据。

Load/Store 内存访问指令的一个操作数放在寄存器中，另一个操作数的寻址方式可为多种形式。用于操作 32 位的字类型数据及 8 位无符号的字节类型数据的 Load/Store 指令有以下指令。

- LDR：字数据读取指令。
- LDRB：字节数据读取指令。
- LDRBT：用户模式的字节数据读取指令。
- LDRH：半字数据读取指令。
- LDRSB：有符号的字节数据读取指令。
- LDRSH：有符号的半字数据读取指令。
- LDRT：用户模式的字数据读取指令。
- STR：字数据写入指令。
- STRB：字节数据写入指令。
- STRBT：用户模式字节数据写入指令。
- STRH：半字数据写入指令。
- STRT：用户模式字数据写入指令。

还有批量 Load/Store 内存访问指令，批量 Load 内存访问指令可以一次从连续的内存单元中读取数据，传输到指令中的内存列表中的各个寄存器中。批量 Store 内存访问指令可以将指令中寄存器列表中的各个寄存器值写入到内存中，内存的地址由指令中的寻址模式确定。批量 Load/Store 内存访问指令的语法格式为

```
LDMI{<cond>}<addressing_mode>Rn{!},<registers>{^}
STM{<cond>}<addressing_mode>Rn{!},<registers>{^}
```

（5）异常中断产生指令。ARM 有两条异常中断产生指令：其中软中断指令 SWI 用于产生 SWI 异常中断，ARM 正是通过这种机制实现在用户模式对操作系统中特权模式的程序的调用；还有断点中断指令 BKPT 在 ARM v5 及以上的版本中引入，主要用于产生软件断点供调试程序使用。

（6）协处理器指令。ARM 支持 16 个协处理器。在程序执行过程中，每个协处理器忽略属于 ARM 处理器和其他协处理器的指令。当一个协处理器硬件不能执行属于它的协处理器指令时，将产生未定义指令异常中断。在该异常中断处理程序中，可以通过软件模拟该硬件操作。例如，如果系统中不包含向量浮点运算器，则可以选择浮点运算软件模拟包来支持向量浮点运算。

ARM 协处理器可以部分地执行一条指令，然后产生异常中断。例如，除法运算中除数为 0 的情况。这些所有操作均由 ARM 协处理器决定，ARM 处理器并不参与这些操作。同样 ARM 协处理器指令中协处理器的寄存器标识符，以及操作类型助记符也由各种不同的实现定义，程序员可以通过宏定义这些指令的语法格式。

ARM 协处理器指令包括有用于 ARM 处理器初始化和 ARM 协处理器的数据处理操作；

用于 ARM 处理器的寄存器和 ARM 协处理器的寄存器间的数据传输操作；用于在 ARM 协处理器的寄存器和内存单元之间传输数据三种类型操作。

这些指令包括 CDP（协处理器数据操作指令）、LDC（协处理器数据读取指令）、STC（协处理器数据写入指令）、MCR（ARM 寄存器到协处理器寄存器的数据传输指令）、MRC（协处理器寄存器到 ARM 寄存器的数据传输指令）五条指令。

处理器执行 Thumb 指令时可以使用的寄存器通常为 R0～R7，有些指令还使用到了程序计数器寄存器 PC（R15）、程序返回寄存器 LR（R14）及栈指针寄存器 SP（R13）。在 Thumb 状态下，读取 R15 寄存器时，位[0]值为 0，位[31：1]包含了程序计数器的值；在向 R15 寄存器写入数据时，位[0]被忽略，位[31：1]被设置成当前程序计数器的值。

4.2 Thumb 指令集及应用

4.2.1 Thumb 指令简介

Thumb 是 ARM 指令集的子集，即从标准 32 位 ARM 指令集 58 条指令集抽出来的 36 条指令格式重新编成 16 位的操作码，它具有代码密度高的特点，非常适合存储器带宽和空间都受限制的场合。在具体运行时，这些 16 位的 Thumb 指令又由处理器解压成 32 位的 ARM 指令。所有的 Thumb 指令都有对应的 ARM 指令，在应用程序的编写过程中，只要遵循一定调用的规则，Thumb 子程序就可以相互调用。显然若对系统的性能有较高要求时，应采用 32 位的存储系统和 ARM 指令集。若对系统的成本及功耗有较高的要求，则应使用 16 位的存储系统和 Thumb 指令集。当然若两者结合使用，充分发挥其各自的特点，则会取得更好的效果。

Thumb 状态下的寄存器集是 ARM 状态下寄存器集的一个子集，程序可以直接访问 8 个通用寄存器（R0～R7）、程序计数器（PC）、堆栈指针（SP）、连接寄存器（LR）和当前程序状态寄存器（CPSR）。同时，在每一种特权模式下都有一组 SP、LR 和 SPSR 寄存器组。在 Thumb 状态下，高位寄存器 R8～R15 并不是标准寄存器集的一部分，但是可以使用汇编语言受限制地访问这些寄存器，将它们用作快速的暂存器。使用带特殊变量的 MOV 指令，数据可以在低位寄存器和高位寄存器之间进行传输。高位寄存器的值可以使用 CMP 和 ADD 指令进行比较或者加上低位寄存器中的值。

在 Thumb 指令集中，没有提供访问 CPSR/SPSR 寄存器的指令。处理器根据 CPSR 寄存器中的 T 位来确定指令类型，当 T 位为 0 时，指令为 ARM 指令；当 T 位为 1 时，指令为 Thumb 指令。Thumb 指令长度为 16 位，但 Thumb 指令集中的数据处理指令仍然是 32 位的，指令寻址地址也是 32 位的。Thumb 指令系统优化代码密度高，如对 C 代码的编译结果仅是 ARM 的 65%。处理器的工作执行状态有 ARM 和 Thumb，可使用 BX 指令进行切换。Thumb 指令集由四大类构成：数据处理指令、跳转指令、Load/Store 指令和软件中断指令。

目前 Thumb 指令集具有以下两个版本：Thumb 指令集版本 v1，用于 ARM 体系版本 v4 及之前的 T 变种；Thumb-2 指令集版本 v2，用于 ARM 体系版本 v5 以上的 T 变种。

ARM 指令集和 Thumb 指令集的差异如表 4-4 所示。

表 4-4　ARM 指令和 Thumb 指令的差异

项　　目	ARM 指令	Thumb 指令
指令工作标志	CPSR 的 T 位=0	CPSR 的 T 位=1
操作数寻址方式	大多数指令为 3 地址	大多数指令为 2 地址
指令长度	32 位	16 位
内核指令	58 条	30 条
条件执行	大多数指令	只有分支指令
数据处理指令	访问桶形移位器和 ALU	独立的桶形移位器和 ALU 指令
寄存器使用	15 个通用寄存器+PC（R15）	8 个通用低寄存器+7 个高寄存器+PC(R15)
程序状态寄存器	特权模式下可读可写	不能直接访问
异常处理	能够全盘处理	不能处理

4.2.2　Thumb-2 指令集简介

Thumb-2 指令集主要是对 Thumb 指令集架构的扩展，其设计目标是以 Thumb 的指令密度达到 ARM 的性能，具有如下特性。

- 增加了 32 位的指令，因而实现了几乎 ARM 指令集架构的所有功能。
- 完整保留了 16 位的 Thumb 指令集。
- 编译器可以自动地选择 16 位和 32 位指令的混合。
- 具有 ARM 态的行为，包括可以直接处理异常、访问协处理器，以及完成 v5TE 的高级数据处理功能。
- 通过 If_Then(IT)指令，1～4 条紧邻的指令可以条件执行。

在 ARM 系列的微处理器核中，ARM 11 和 Cortex 系列支持 Thumb-2 指令集。由于 Thumb 指令体系不完整，只支持通用功能。其指令的格式和使用方式与 ARM 指令集的类似，而且使用并不是很频繁，本书不多介绍。

4.3　ARM 汇编语言及程序设计

4.3.1　ARM 汇编语言

1．概述

嵌入式应用程序中通常使用 C 语言编程，但是若要获得更快的速度和更高的效率，有时还需要采用汇编语言程序编写。另外，用汇编语言编程还可便于嵌入式操作系统的移植和有助于优化算法时空效率。

在 ARM 汇编语言源程序中，程序语句由机器指令、伪指令、宏指令和伪操作组成。在实践运行中，机器指令能被处理器直接执行。伪指令并不是真正的指令，是 ARM 汇编语言程序里的特殊指令助记符。伪指令在源程序汇编期间，由汇编编译器处理，其作用是为汇编程序完成准备工作，汇编编译器对源程序进行汇编处理时被替换成对应的 ARM 或者 Thumb 指令（序列），ARM 伪指令包括 ADR、ADRL、LDR 和 NOP。宏指令是通过伪操作定义的，宏是一段独立的程序代码，当程序被汇编时，汇编程序将对每个宏调用作展开，用宏定义体取代源程序中的宏指令。

伪操作主要是为完成汇编程序做各种准备工作，在汇编过程中起作用，一旦汇编结束，伪操作也就随之消失。ARM 汇编伪操作有符号定义伪操作、数据定义伪操作、汇编控制伪操作、框架描述伪操作、信息报告伪操作、其他伪操作共6种。

2. ARM 汇编语言语句格式

ARM 汇编语言程序主要有基于 ARM 公司 ADS 集成开发环境汇编器格式和基于 Linux 的 GNU 汇编器两种格式，本章将主要介绍 ADS 集成开发环境汇编器的汇编语言程序设计。ARM 汇编语言语句格式为：

```
{symbol} {instruction | directive | pseudo-instruction} {;comment}
```

其中，symbol 表示符号。在 ARM 汇编语言中，符号必须从一行的行头开始，并且符号中不能包含空格。在指令和伪指令中符号用作地址标号；在有些伪操作中，符号也会作为变量或者常量。

instruction 表示 ARM/Thumb 指令；directive 表示伪操作；pseudo-instruction 表示 ARM 或 Thumb 伪指令；comment 为程序语句的注释。在 ARM 汇编语言中注释以分号“；”开头。注释的结尾为一行的结尾，注释也可以单独占用一行。

在 ARM 汇编语言中，各个指令、伪指令及伪操作的助记符必须全部用大写字母或者全部用小写字母，不能在一个伪操作助记符中既有大写字母又有小写字母。源程序中语句之间可以插入空行，使源代码的可读性更好。如果一条语句很长，为了提高可读性可以将该长语句分成若干行来写。这时在一行的末尾用“\”表示下一行将续在本行之后。注意，在“\”之后不能再有其他字符、空格和制表符。

3. ARM 编译环境下汇编语句中符号规定

（1）符合命名规则。在 ARM 汇编语言中，符号可以代表地址、变量和数字常量。当符号代表地址时，符号又称为标号，如标号以数字开头时，其作用范围为当前段（当没有使用 ROUT 伪操作时），这种标号又称为局部标号。符号的命名规则如下。

① 符号由大小写字母、数字及下画线组成，且符号是区分大小写的。

② 局部标号以数字开头，其他的符号都不能以数字开头。

③ 符号在其作用范围内必须唯一，即在其作用范围内不可有同名的符号。

④ 符号中的所有字符都是有意义的，程序中的符号不能与系统内部变量或者系统预定义的符号同名。

⑤ 程序中的符号通常不要与指令助记符或者伪操作同名。当程序中的符号与指令助记符或者伪操作同名时，用双竖线将符号括起来，如||require||，这时双竖线并不是符号的组成部分。

（2）常量。ARM 汇编语言中使用到的常量有数字常量、字符常量、字符串常量和布尔常量。

① 数字常量有三种表示形式，如十进制数 535、246；十六进制数 0x645、0xff00；*n* 进制数 *n*_XXX。其中 *n* 表示 *n* 进制数，从 2～9，XXX 是具体的数字。例如，表示八进制数 8_3777。

② 字符常量用一对单引号括起来，包括一个单字符或者标准 C 中的转义字符，如 'A'、'\n'。

③ 字符串常量由一对双引号以及由它括住的一组字符串组成，包括标准 C 语言中的转义字符。如果需要使用双引号或字符$，则必须用""和$$代替。

④ 布尔常量 TRUE 和 FALSE 在表达式中写为{TRUE}、{FALSE}。

（3）变量。汇编语言中的变量包括数字变量、字符串变量和逻辑变量。

（4）字符串表达式操作。ARM 汇编语言中有专门对字符串操作的运算符，包括取字符串的长度 LEN、数字转化为字符 CHR 和字符串 STRR、提取字符串中的子串，以及连接两个字符串 CC 操作，具体实现如下所示。

```
LEN                 ;字符串的长度
CHR: A              ;将 A(A 为某一字符的 ASCII 值)转换为单个字符。
STRR: A             ;将 A(A 为数字量或逻辑表达式)转换成字符串。
A :LEFT: B          ;返回字符串 A 最左端 B(B 为返回长度)长度的字符串。
A :RIGHT: B         ;返回字符串 A 最右端 B(B 为返回长度)长度的字符串。
CC                  ;用于连接两个字符串,B 串接到 A 串后面:A :CC: B
```

（5）地址标号。当符号作为程序标号时其内容为程序语句的地址，标号可分为 PC 相关标号、寄存器相关标号和绝对地址三种类型。

（6）局部标号。局部标号提供分支指令在汇编程序的局部范围内跳转，主要用途是汇编子程序中的循环和条件编码。它是一个 0～99 之间的数字，后面可以有选择地附带一个符号名称。

局部标号的语法格式为：

```
n {routname}
```

被引用的局部标号语法规则是：

```
% {F|B} {A|T} n {routname}
```

其中，%表示引用操作；F 指示汇编器只向前搜索；B 指示汇编器只向后搜索；A 指示汇编器搜索宏的所有嵌套层次；T 指示汇编器搜索宏的当前层次；n 是局部标号的数字号；routname 是当前局部范围的名称。

4．ARM 汇编语言中的表达式

在 ARM 汇编语言中，表达式是由符号、数值、单目或多目操作符以及括号组成的。在一个表达式中各种元素的优先级如下所示：括号内的表达式优先级最高；各种操作符有一定的优先级；相邻的单目操作符的执行顺序为由右到左，单目操作符优先级高于其他操作符；优先级相同的双目操作符执行顺序为由左到右。具体包括字符串表达式、数字表达式和逻辑表达式。

4.3.2 ARM汇编语言程序设计

1．概述

在现代嵌入式系统的软件开发过程中，采用性能优秀的编译器能够将高级语言的程序很好地编译成机器指令。目前，常用的汇编编译环境有如下两种。

（1）ADS/SDT、RealView MDK开发工具。ADS由ARM公司推出，使用了CodeWarrior公司的编译器，针对ARM资源配置为用户提供了在CodeWarrior IDE集成环境下配置各种ARM开发工具的能力。以ARM为目标平台的工程创建向导，可以使用户以此为基础，快速创建ARM和Thumb工程。

ARM将Keil公司收购之后，正式推出了针对ARM微控制器的开发工具RealView Microcontroller Development Kit（简称Real View MDK或者MDK），它将ARM开发工具RealView Development Suite（简称RVDS）的编译器RVCT与Keil的工程管理、调试仿真工具集成在一起，是一款非常强大的ARM微控制器开发工具。

（2）GNU开发工具。GNU是在1983年9月27日由Richard Stallman公开发起GNU计划，它的目标是创建一套完全自由的操作系统。GNU格式ARM汇编语言程序主要是面对在ARM平台上移植嵌入式Linux操作系统，GNU组织开发的基于ARM平台的编译工具主要由GNU的汇编器as、交叉汇编器gcc和链接器ld组成。

2．ARM汇编语言程序设计规范

（1）汇编器预定义的寄存器名称。为增加程序的可读性，ARM汇编器自定义了寄存器的别名，这些别名与通用寄存器的对应关系和用途如表4-5所示。

表4-5 ARM汇编器预定义寄存器名称

预定义寄存器名	描　述
R0～R15	ARM处理器的通用寄存器
A1～A4	入口参数、处理结果、暂存寄存器；是R0～R3的同义词
v1～v8	变量寄存器，R4～R11
SB	静态基址寄存器，R9
SL	栈界限寄存器，R10
FP	帧指针寄存器，R11
IP	内部过程调用暂存寄存器，R12
SP	栈指针寄存器，R13
LR	链接寄存器，R14
PC	程序计数器，R15
CPSR	当前程序状态寄存器
SPSR	程序状态备份寄存器
F0～F7	浮点数运算加速寄存器
S0～S31	单精度向量浮点数运算寄存器
D0～D15	D0～D15
P0～P15	协处理器0～15
C0～C15	协处理器寄存器0～15

在进行程序设计时，程序员可以直接使用这些寄存器名，也可以使用相对应的通用寄存器。一般情况下，对于不同用途，编程时尽量用相应用途的寄存器存放参数。例如，A1～A4 作为子程序入口参数、处理结果的暂存寄存器，书写程序时尽可能不要用 R0～R3 作为其他用途。

3. 程序设计要求

在汇编语言程序设计中，养成良好的编程习惯，形成良好的编码风格是非常重要的。对各种情况的分析表明，在编码阶段产生的错误中语法错误大概占 20%；而由于未严格检查软件逻辑导致的错误、函数之间接口错误，以及由于代码可理解度低导致优化维护阶段对代码的错误修改引起的错误则占了 50%以上。因此要提高软件质量必须降低编码阶段的错误率，这需要制定详细的软件编程规范把编码阶段的错误降到最低，这样也会缩短测试时间。

为了使程序清晰又具有可维护性，ARM 汇编语言程序设计中对符号和程序设计格式要做到统一规范，建议在程序设计时尽量符合以下要求。

（1）符号命名规则。

① 对于变量的命名，要考虑简单、直观、不易混淆，标识符的长度一般不超过 12 个字符。可多个单词（或缩写）合在一起，每个单词首字母大写，其余部分小写。

② 对于常量的命名，单词的字母全部大写，各单词之间用下划线隔开。

③ 对于函数的命名，单词首字母为大写，其余均为小写。函数名一般应包含一个动词，即函数名应类似一个动词短语形式，如 TestUART、InitMemory。

（2）注释。

① 注释的原则是有助于对程序的阅读理解，注释不宜太多也不能太少，太少不利于代码理解，太多则会对阅读产生干扰。因此只在必要的地方才加注释，而且注释要准确、易懂，尽可能简洁，注释量一般控制在 30%～50%。

② 注释应与其描述的代码相近，对代码的注释应放在其上方或右方（对单条语句的注释）相邻位置。不可放在下面，如放于上方则需与其上面的代码用空行隔开。

③ 头文件、源文件的头部应进行注释，注释必须列出文件名、作者、目的、功能、修改日志等。

④ 函数头部应进行注释，列出函数的功能、输入参数、输出参数、涉及的通用变量和寄存器、调用的其他函数和模块、修改日志等。

⑤ 维护代码时，要更新相应的注释，删除不再有用的注释。保持代码、注释的一致性，避免产生误解。

（3）程序设计的其他要求。

① 太长的语句可以用“\”分成几行来写。

② 语句嵌套层次不得超过 5 层，嵌套层次太多会增加代码的复杂度和测试的难度，且容易出错。

③ 避免相同的代码段在多个地方出现。当某段代码需在不同的地方重复使用时，应根据

代码段的规模大小使用函数调用或宏调用的方式代替。这样对该代码段的修改就可在一处完成，增强代码的可维护性。

④ 对于汇编语言的指令关键字和寄存器名，一般用大写表示。

4. 汇编语言程序编写规则

（1）基本规则。ARM 汇编语言以段为单位组织源文件。段是相对独立的、具有特定名称的、不可分割的指令或者数据序列，段分为代码段和数据段，其中代码段存放执行代码，数据段存放代码运行时需要用到的数据。一般情况下，一个 ARM 源程序至少需要一个代码段，大的程序可以包含多个代码段和数据段。

ARM 汇编语言源程序经过汇编处理后，会生成一个可执行的映像文件（类似于 Windows 系统下的 EXE 文件），该可执行的映像文件通常包括下面三部分。

① 一个或多个代码段，代码段通常是只读的。

② 零个或多个包含初始值的数据段，这些数据段通常是可读写的。

③ 零个或多个不包含初始值的数据段，这些数据段被初始化为 0，通常是可读写的。

链接器根据一定的规则将各个段安排到内存中的相应位置，源程序中段之间的相邻关素与执行的映像文件中段之间的相邻关系并不一定相同。

（2）汇编语言子程序调用。在 ARM 汇编语言中，子程序调用是通过 BL 指令完成的。BL 指令的语法格式为：

```
BL subname
```

BL 指令将子程序的返回地址放在 LR 寄存器中，同时将 PC 寄存器值设置成目标子程序的第一条指令地址，共两个操作功能。其中，subname 是调用的子程序的名称。

在子程序返回时，可以通过将 LR 寄存器的值传输到 PC 寄存器中来实现。子程序调用时，通常使用寄存器 R0～R3 来传递参数和返回结果。

（3）ARM 源程序文件。用户编程时，可以使用任何一种文本编译器来编辑 ARM 的源文件。在 ARM 程序设计中，常用的源文件的扩展名规定如下：.s 表示汇编语言源文件；.c 表示 C 语言源文件；.cpp 表示 C++源文件；.INC 表示引入文件；.h 表示头文件。其中头文件的作用是程序员把程序中常用的常量的命名、宏定义、数据结构定义等单独放在一个文件，主要为了简化编程。

5. 汇编语言上机过程

首先用 ARM 汇编语言编写的源程序，要使之运行必须经过编辑汇编源程序，保存为文件名后缀是.s 的文件；然后调用汇编程序对源程序进行汇编，生成目标文件；再链接目标文件，生成可以放进 ARM 软件仿真器进行调试的映像文件，或者可下载到 ARM 的目标板执行的二进制文件；最后对生成的最终文件进行调试，共四个上机步骤。

6. ARM 汇编语言程序设计实例

在嵌入式系统编程中，与硬件直接相关的最底层代码要用汇编语言来编写。本实例意在帮助读者对嵌入式汇编语言程序设计打下坚实的基础，同时也为嵌入式硬件底层编程做准备。

设计实例：对数据区进行 64 位结果累加操作。先对内存地址 0x3000 开始的 100 个字内存单元填入 0xl0000001～0x10000064 字数据，然后将每个字单元进行 64 位累加结果保存于[R9：R8]（R9 中存放高 32 位）。

程序设计思路：先采用循环对各内存单元进行赋值，64 位累加通过低位 32 位采用 ADDS 指令，高 32 位使用 ADC 指令来配合实现，程序设计流程如图 4-2 所示。

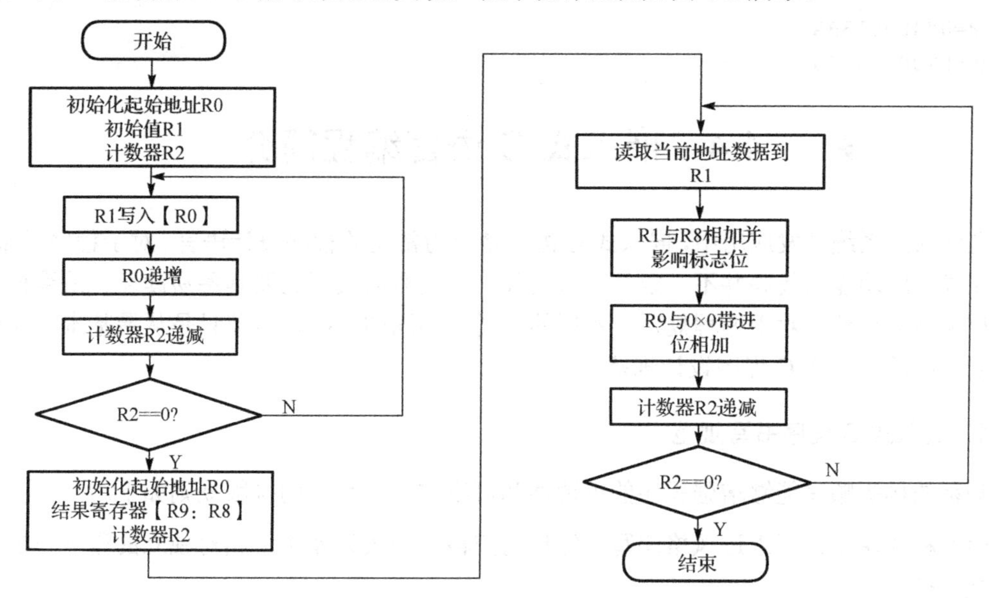

图 4-2　程序设计流程图

在 ARM 集成开发环境下编程：

```
AREA  Fctrl, CODE, READONLY             ;声明代码 Fctrl
ENTRY                                   ;标识程序入口
CODE32                                  ;声明 32 位 ARM 指令
START
    MOV  R0 , #0X3000                   ;初始化寄存器，R0 存放地址值
    MOV  R1 , #0X10000001               ;初始赋值
    MOV  R2 , #100                      ;R2 递减计数器，初始 100
loop_1                                  ;第一次循环赋值
    STR  R1 , [R0],#4
    ADD  R1 , R1,#1
    SUBS R2 , R2,#1
    BNE  loop_1
    MOV  R0 , #0X3000
    MOV  R2 , #100
    MOV  R9 , #0
    MOV  R8 , #0
loop_2                                  ;第二次循环累加
    LDR  R1 , [R0],#4
    ADDS R8 , R1,R8                     ;R8=R8+R1,进位影响标志位
```

```
    ADC  R9 , R9 , #0                          ;R9=R9+C,C 为进位
    SUBS  R2 , R2 , #1
    BNE  loop_2……
Stop
    B  Stop
    END                                        ;文件结束
```

程序执行后输出结果如下。

```
R8=0X400013BA
R9=0X00000006
```

4.4 嵌入式C语言编程简介

在嵌入式系统开发应用中，嵌入式C语言是最为常见的程序设计语言。对于程序员来说，能够完成相应功能的代码并不一定是优秀的代码。优秀的代码还要具备易读性、易维护性、可移植和高可靠性。对于编程规范，不同的公司有不同的标准，本节只是从最基本的几个方面说明一般的嵌入式C程序设计规范。

1. 嵌入式C程序书写规范

规范的排版顺序能够增强程序的可读性和可维护性，具体的排版规则如下。

（1）程序块要采用缩进风格编写，缩进的空格数一般为4个，相对独立的程序块之间一般要加一空行。

（2）较长的语句（如超过80个字符）要分成多行书写，长表达式要在低优先级操作符处划分新行，操作符放在新行之首，划分出的新行要进行适当的缩进，使排版整齐、语句可读。

（3）循环、判断等语句中若有较长的表达式或语句，则要进行适当的划分。长表达式要在低优先级操作符处划分新行，操作符放在新行之首。

（4）若函数或过程中参数较长，也要进行适当的划分。

（5）一般不要把多个短语句写在一行中，即每行一般只写一条语句。

（6）程序块的分界符语句的大括号“{”与“}”一般独占一行并且在同一列（也就是列对齐），与引用它们的语句左对齐。

书写规范示例：

```
if(((ptcb->OSTCBStat&OSSTATSUSPEND)==OSSTATRDY)
                    &((ptcb->OSTCBStat&OSSTATSUSPENDX)== OS_STATRDYX))
{
    ……                                  //程序代码A
}
else
{
    ……                                  //程序代码B
}
```

2. 命名规则

在一个项目开发中，所有代码书写要有统一的命名格式。这样会使程序的可读性好，便于软件维护。常用的规则如下。

（1）标识符的名称要简明，能够表达出确切的含义，通常可以使用完整的单词或可以理解的缩写。缩写规则：较短的单词一般去掉“元音”形成缩写，较长的单词可取单词的前几个字母形成缩写；另外，某些单词有常用的缩写如表 4-6 所示。

表 4-6　常用标识符的缩写

单　词	缩　写	单　词	缩　写
temp	tmp	variable	var
flag	flg	increment	inc
message	msg	library	lib

（2）如果在命名中使用特殊约定或缩写，则要进行注释说明。应该在源文件的开始之处，对文件中的缩写或约定进行说明注释。

（3）对于变量命名，一般不取单个字符。例如，i、j、k、…，但 i、j、k 作为局部循环变量是可以的。

（4）函数名一般以大写字母开头，所有常量名字母统一用大写。

3. 注释说明

嵌入式 C 程序设计中，注释是程序文件中不可缺少的一部分。注释有助于程序员理解程序的整体结构，也便于以后程序代码的维护与升级。常用的规则如下。

（1）注释的原则是有助于对程序代码的阅读理解，注释不要太多也不能太少，注释语言必须准确、简洁且容易理解。

（2）程序代码源文件头部应进行注释说明，一般应列出版本号、创建日期、作者、硬件描述（如果与硬件相关）、主要函数及其功能、修改日志等。

（3）函数头部应进行注释，列出函数的功能、输入参数、输出参数、返回值、调用关系等信息。

（4）程序中所用到的特定含义的常量、变量在声明时都要加以注释，说明其特定含义，常量、变量的注释一般放在声明语句的右方。

（5）对于宏定义、数据结构声明（包括数组、结构、类、枚举等），如果其命名不是充分自注释的也要加以注释。对于单行的宏定义，注释可以放在其右方；对于数据结构的注释一般放在其上方相邻位置；对结构中的每个域的注释放在该域的右方。

（6）如果注释单独占用一行，与其被注释的内容进行相同的缩进方式，一般将注释与其上面的代码用空行隔开。

（7）程序代码修改时，其注释也要及时修改，一定要保证代码与注释保持一致。

命名规则示例：下面是一个程序代码的源文件头部所进行的注释说明，示例中列出了文件名、版本号、创建日期、作者、硬件描述（如果与硬件相关）、主要函数及其功能、修改日志等信息。

```
/************************************************************************
文 件 名：TestLED.c
版 本 号：v1.0
创建日期：YYYY-MM-DD
作    者：###
硬件描述：S3C2410 GPF4 连接 LED1，S3C2410 GPF5 连接 LED2
主要函数描述：TestLED1()函数实现 LED1 进行闪烁；TestLED2()函数实现 LED2 进行闪烁
修改日志：YYYY-MM-DD by www 将 LED1 的闪烁间隔时间改为 100 ms。
************************************************************************/
```

4.5 嵌入式 C 与 ARM 汇编语言混合编程

在应用系统的程序设计中，若所有的编程任务均用汇编语言来完成，其工作量大且不利于系统升级或应用软件移植。事实上 ARM 体系结构支持 C 语言与汇编语言的混合编程。在一个完整的程序设计中，除了初始化部分用汇编语言完成以外，其主要的编程任务一般都用 C 语言完成。在汇编语言与 C 语言的混合编程中，通常采用在 C 语言代码中内嵌汇编来混合编程；在汇编程序和 C/C++的程序之间进行变量的互访方式；汇编程序和 C/C++程序之间的相互调用这三种方式。

在以上的三种混合编程技术中，必须遵守一定的调用规则。例如，物理寄存器的使用和参数的传递等。在实际的使用中，采用较多的方式是程序初始化部分使用汇编语言完成，然后用 C/C++语言完成主要的编程任务。程序在执行时首先完成初始化过程，然后跳转到 C/C++程序代码中。汇编程序和 C/C++程序之间一般没有参数传递，也没有频繁的相互调用。因此，这个程序结构显得相对简单和容易理解。

4.5.1 内嵌汇编

在嵌入式程序设计中，如对具体的硬件资源进行访问必须用汇编语言来实现，或者汇编代码比较简单，这种情况可以采用在嵌入式 C 语言程序中内嵌汇编语言方式来完成。

内嵌的汇编指令与通常的 ARM 指令有所区别，是在嵌入式 C 程序中嵌入一段汇编代码。这段汇编代码在形式上表现为独立定义的函数体，遵循过程调用标准。

1. 语法格式

在嵌入式 C 程序中，内嵌汇编使用关键字“__asm”。在 ARM 开发工具编译环境下与 GNU ARM 编译环境下的内嵌汇编在格式上略有差别。下面，以 ARM 标准开发工具编译环境下内嵌汇编语法格式为例进行介绍。

在 ARM 标准开发工具编译环境下的内嵌汇编语言等程序段，可以直接引用 C 语言中的变量定义，具体的语法格式为

```
__asm
```

```
{
    指令; [指令]
    指令; [指令]                                          //注释
    ……
     [指令]
}
```

例如：

```
/*  main.C    */
void_ _main(void)
{
    Intvar=0xAA;
    _ _ asm                                              //内嵌汇编标识
    {
       MOV  R1, var
       CMP  R1, 0xAA
    }
    while(1);
}
```

2. 内嵌汇编的局限性

（1）操作数。ARM 开发工具编译环境下内嵌汇编语言，指令操作数可以是寄存器、常量或 C 语言表达式，也可以是 char、short 或 int 类型，而且是作为无符号数进行操作的。如果是有符号数，则需要自己添加相应的处理操作。当在内嵌汇编指令中同时用到了物理寄存器和 C 语言表达式时，表达式不要过于复杂。当表达式过于复杂时需要使用较多的物理寄存器，有可能产生冲突。

（2）物理寄存器。在内嵌汇编指令中，使用物理寄存器有如下的限制。

① 不要直接向程序计数器 PC 赋值，程序的跳转只能通过 B 或 BL 指令实现。

② 一般将寄存器 R0～R3、R12 及 R14 用于子程序调用存放中间结果，因此在内嵌汇编指令中，一般不要将这些寄存器同时指定为指令中的物理寄存器。

③ 在内嵌的汇编指令中使用物理寄存器时，如果有 C 语言变量使用了该物理寄存器，则编译器将在合适的时候保存并恢复该变量的值。注意当寄存器 SP、SL、FP 及 SB 用于特定的用途时，编译器不能恢复这些寄存器的值。

④ 通常在内嵌汇编指令中不要指定物理寄存器，因为有可能会影响编译器分配寄存器，进而可能影响代码的效率。

（3）标号、常量及指令展开。C 语言程序中的标号可以被内嵌的汇编指令所使用，但是只有 B 指令可以使用 C 语言程序中的标号，BL 指令不能使用 C 语言程序中的标号。

在 ARM 开发工具编译环境汇编指令中，常量前的符号“#”可以省略。如果内嵌的汇编指令中包含常量操作数，则该指令可能会被汇编器展开成几条指令。例如，乘法指令 MUL 可能会被展开成一系列的加法操作和移位操作，这样各个展开的指令对 CPSR 寄存器中的各个条件标志位可能会产生影响。

（4）内存单元的分配。内嵌汇编器不支持汇编语言中用于内存分配的伪操作，所用的内存单元的分配都是通过C语言程序完成的，分配的内存单元通过变量以供内嵌的汇编器使用。

（5）SWI和BL指令。SWI和BL指令用于内嵌汇编时，除了正常的操作数域外，还必须增加如下3个可选的寄存器列表。

- 用于存放输入的参数的寄存器列表。
- 用于存放返回结果的寄存器列表。
- 用于保存被调用的子程序工作寄存器的寄存器列表。

3. 内嵌汇编器与armasm汇编器的区别

与armasm汇编器相比，使用内嵌的汇编器要注意以下几点。

（1）内嵌汇编器不支持“LDR Rn，= expression”伪指令，使用“MOV Rn，expression”代替，不支持ADR、ADRL伪指令。

（2）十六进制数前要使用前缀0x，不能使用&。当使用8位移位常量导致CPSR中的ALU标志位需要更新时，N、Z、C、V标志中的C不具有实际意义。

（3）指令中使用的C变量不能与任何物理寄存器同名，否则会造成混乱。

（4）不支持BX和BLX指令。

（5）使用内嵌汇编器，不能通过对程序计数器PC赋值实现程序返回或跳转。

（6）编译器可能使用寄存器R0～R3、R12及R14存放中间结果，如果使用这些寄存器时要特别注意。

4.5.2 汇编程序中访问C程序变量

下面，主要介绍从汇编程序中访问C程序变量方法。在C程序中声明的全局变量可以被汇编程序通过地址间接访问，访问方法如下。

（1）使用IMPORT伪操作声明该全局变量。

（2）使用LDR指令读取该全局变量的内存地址，通常该全局变量的内存地址值存放在程序的数据缓冲池中。

（3）根据数据的类型，使用相应的LDR指令读取全局变量的值，使用相应的STR指令修改全局变量的值。

- 对于不同的数据类型要采用不同的LDR/STR指令。
- 对于unsigned char类型，使用LDRBPSTRB访问。
- 对于unsigned short类型，使用LDRH/STRH访问。
- 对于unsigned int类型，使用LDR/STR访问。
- 对于char类型，使用LDRSBPSTRSB访问。
- 对于short类型，使用LDRSH/STRSH访问。
- 小于8个字的结构型变量，可以通过一条“LDM/STM”指令来读/写整个变量。
- 结构型变量的数据成员，可以使用相应的“LDR/STR“指令来访问，这时必须知道该数据成员相对于结构型变量开始地址的偏移。

下面是一个在汇编程序中访问 C 程序全局变量的例子。程序中的变量 globvar 是在 C 语言程序中声明的全局变量。在汇编程序中访问全局变量 globvar，并将其加上 2 之后再写回。程序如下。

```
AREA globals,CODE,READONLY
EXPORT asmsubroutine          ;用 EXPORT 伪操作声明该变量可被其他文件引用，相当于声
                              ;明了一个全局变量
IMPORT globvar                ;用 IMPORT 伪操作声明该变量是在其他文件中定义的，
                              ;在本文件中 asmsubroutine
LDR R1,=globvar               ;读取 globvar 的地址，并将其保存在 R1 中
LDR R0,[R1]                   ;将其值读入到寄存器 R0 中
ADD R0,R0,#2
STR R0,[R1]                   ;修改后将寄存器 R0 中的值赋予变量 globvar
MOV PC,LR
END
```

4.5.3　C 程序和汇编程序之间的相互调用

为了充分发挥硬件和软件性能，通常将汇编语言与嵌入式 C 语言同时使用进行混合编程，这就需要了解嵌入式 C 语言与汇编语言之间的相互调用标准。过程调用标准 ATPCS（ARM Thumb Produce Call Standard）规定了子程序间相互调用的基本规则。ATPCS 规定子程序调用过程中寄存器的使用规则、数据栈的使用规则及参数的传递规则，这些规则为嵌入式 C 语言程序和汇编程序之间相互调用提供了依据。2007 年 ARM 公司推出了新的过程调用标准 AAPCS（ARM Archltecture Produce Call Standard），它只是改进了原有的 ATPCS 的二进制代码的兼容性。目前，这两个标准都在被使用。下面所描述的规则，对于 ATPCS 和 AAPCS 都是相同的。在调用的过程中，首先应注意相关各寄存器的使用规则及其名称的对应关系。

1. 寄存器使用规则

（1）子程序通过寄存器 R0～R3 传递参数，寄存器 R0～R3 可记作 A1～A4，被调用的子程序在返回前无须恢复寄存器 R0～R3 的内容。

（2）在子程序中，ARM 状态下使用寄存器 R4～R11 来保存局部变量，寄存器 R4～R11 可记作 v1～v8。如果在子程序中使用了寄存器 v1～v8 中的某些寄存器，则子程序进入时必须保存这甚寄存器的值，在返回时必须恢复这些寄存器的值。在 Thumb 状态下，只能使用 R4～R7 来保存局部变量。

（3）寄存器 R12 用作子程序调用时临时保存栈指针 IP，函数返回时使用该寄存器进行出栈。在子程序间的链接代码中，常有这种使用规则。

（4）通用寄存器 R13 用作数据栈指引，记作 SP。在子程序中，R13 不能用于其他用途，寄存器 SP 在进入子程序时的值和退出子程序时的值必须相等。

（5）通用寄存器 R14 用作链接寄存器，记作 LR。R14 用于保存子程序的返回地址。如果在子程序中保存了返回地址，则寄存器 R14 可以用于其他用途。

（6）通用寄存器 R15 用作程序计数器，记作 PC，不能用于其他用途。

2. C 程序调用汇编程序

汇编语言的设计要遵守 ATPCS 规则，以保证程序调用时能够正确地传递参数。C 语言程序调用 ARM 汇编语言子程序，要做的主要工作有两个：其一是在 C 语言程序中用关键字 extern 声明 ARM 汇编语言子程序的函数原型，声明该函数的实现代码在其他文件中。另一个是在 ARM 汇编子程序中用伪指令 EXPORT 导出子程序名，并且用该子程序名作为 ARM 汇编代码段的标识，最后用“MOV PC，LR”指令返回。这样，在 C 语言程序中就可以像调用 C 语言函数一样调用该 ARM 汇编语言子程序了。

无论是 C 语言中的函数名还是 ARM 汇编语言中的标号，其作用都一样，都只是起到表明该函数名或标号存储单元起始地址的作用。具体操作步骤如下。

（1）ARM 汇编程序中，用该子程序名作为 ARM 汇编代码段的标识，定义程序代码，最后用“MOV PC，LR”指令返回。

（2）ARM 汇编程序中用伪指令 EXPORT 导出子程序名。

（3）C 语言程序中用关键字 extern 声明该 ARM 汇编子程序的函数原型，然后就可在 C 语言程序中访问该函数。

（4）函数调用时的参数传递规则：寄存器组中的 R0～R3 作为参数传递而返回值用寄存器 R0 返回，如果参数数目超过 4 个，则使用堆栈进行传递。

下面，介绍一个 C 语言程序调用汇编程序的例子。汇编语言程序 strcopy 完成字符串复制功能，C 语言程序调用 strcopy 完成字符串的复制工作，程序如下。

```
//C 语言程序
#include <stdio.h>
extern void strcpy (const char *d,char *s) //用 extern 声明一个函数为外部函数
                                           //可以被其他文件中的函数调用
int main()
{
    const char *srcstr = "First string-source";
    const char *dststr = "Second string-destination";
    printf("Before copying:\n");
    printf("%s\n%s\n", srcstr,dststr);
    strcpy(dsrstr,srcstr);                 //调用汇编语言程序
    char temp[32] = {0};
    my_strcpy(strsrc,temp);
    printf("After copying:\n");
    printf("%s\n%s\n", srcstr,dststr);
    return 0;
}
//汇编语言程序
AREA SCopy,CODE,READONLY
EXPORT strcopy         ;用 EXPORT 伪操作声明该变量可以被其他文件引用,相当于声
                       ;明了一个全局变量
strcopy                ;R0 指向目标字符串,R1 指向源字符串
```

```
LDRB R2,[R1],#1            ;字节加载并更新地址
LDRB R2,[R0],#1            ;字节保存并更新地址
CMP R2,#0                  ;判断 R2 是否为 0
BNE strcopy                ;条件不成立那么继续执行
MOV PC,LR                  ;从子程序返回
END
```

3．汇编程序调用 C 程序

汇编语言程序的设计要遵守 ATPCS 规则，以保证程序调用时能够正确地传递参数。在汇编语言程序中使用 IMPORT 伪操作声明将要调用的 C 语言程序，但是在 C 语言中不需要使用任何关键字来声明将要被汇编语言调用的 C 语言程序。在汇编语言程序中，通过 BL 指令来调用子程序。下面这个例子中有 5 个参数，分别使用寄存器 R0～R3，其中 R0 存放第 1 个参数，R1 存放第 2 个参数，R2 存放第 3 个参数，R3 存放第 4 个参数，第 5 个参数利用数据栈传输。由于利用数据栈传递参数，在程序调用结束后要调用整体数据栈指针。本例程序如下：

```
//C 语言程序
intg(int a, int b, int c, int d, int e)
{
   returna+b+c+d+e;
}
//汇编语言程序，该程序调用 C 语言程序中的函数 g()来计算 5 个整数 i,2*i,3*i,4*i,5*i 之和
EXPORT f
AREA f,CODE,READONLY
IMPORT g                   ;用 IMPORT 伪操作声明 C 程序 g()
STR LR,[SP,#-4]            ;保存返回地址
ADD R1,R0,R0               ;R0 中的值为 i,R1 中的值为 2*i
ADD R2,R1,R0               ;R2 的值为 3*i
ADD R3,R1,R2               ;R3 的值为 5*i
STR R3,[SP,#-4]            ;第 5 个参数通过数据栈传递,压入堆栈
ADD R3,R1,R1               ;计算第 4 个参数为 4*i
BL g                       ;调用 C 语言程序 g()
ADD SP,SP,#4               ;调整数据栈指针,准备返回
LDR PC,[SP],#4             ;返回
END
```

习题与思考题四

一、单项选择题

（1）指令“LDMIA R0!, {R1, R2, R3, R4}”的寻址方式为（　　）。

A．立即寻址　　B．寄存器间接寻址

C．多寄存器寻址　　D．堆栈寻址

（2）对寄存器R1的内容乘以4的正确指令是（　　）。

A．LSR R1，#2　　B．LSL R1，#2

C．MOV R1，R1, LSL #2　　D．MOV R1，R1, LSR #2

（3）下面指令执行后，改变R1寄存器内容的指令是（　　）。

A．TST R1，#2　　B．ORR　R1，R1,R1

C．CMP R1，#2　　D．EOR　R1，R1,R1

（4）在指令系统的各种寻址方式中，获取操作数最快的方式是（　　）。

A．直接寻址　　B．立即寻址　　C．寄存器寻址　　D．间接寻址

（5）指令系统采用不同寻址方式的目的主要是（　　）。

A．实现存储程序和程序控制

B．缩短指令长度，扩大寻址空间，提高编程灵活性

C．可以直接访问外存

D．提供扩展操作码的可能并降低指令译码难度

（6）以下ARM指令中，（　　）的源操作数采用了寄存器间接寻址方式。

A．MOV R0,#2　　B．LDR R0,[R1]

C．BL SUB1　　D．ADD R0,R1,R2,LSL #1

（7）ARM处理器比较无符号数大小时是根据（　　）标志位来判断的。

A．C和N　　B．C和V　　C．C和Z　　D．Z和V

（8）在软件开发过程中，“汇编”通常是指（　　）。

A．将汇编语言转换成机器语言的过程　　B．将机器语言转换成汇编语言的过程

C．将高级语言转换成机器语言的过程　　D．将高级语言转换成汇编语言的过程

（9）在汇编过程中不会产生指令码，只用来指示汇编程序如何汇编的指令是（　　）。

A．汇编指令　　B．伪指令　　C．机器指令　　D．宏指令

（10）宏与子程序的相同之处为（　　）。

A．目标代码都是唯一的　　B．都需要先定义后调用

C．执行时需要保护现场/恢复现场　　D．目标代码都不是唯一的

（11）关于汇编语言，下面描述不正确的是（　　）。

A．用汇编语言编写的程序称为汇编语言源程序

B．将汇编语言源程序转换成目标程序的过程称为连接过程

C．用汇编语言写成的语句，必须按照严格的语法规则

D．汇编程序是把汇编语言源程序翻译成机器语言目标程序的一种系统软件

二、问答题

（1）简述 ARM 指令集的基本寻址方式和分类形式。

（2）ARM 指令集和 Thumb 指令集的主要差异有哪些？

（3）ARM 指令集中数据的寻址方式有哪些？

（4）写出下列指令的执行结果。

```
DATA1     DCB  0xE,0xE,0xD,0xC,0xB,0xA,0x9,0x8
DATA2     EQU  0x8020
   LDR  R0,=DATA1
   LDR  R1,[R0]
   LDRB R2,[R0]
   LDR  R3,=DATA2
   STR  R1,[R3]
```

执行后，R0=?　　R1=?　　R2=?　　R3=?　　?=R1

（5）请指出 MOV 指令与 LDR 加载指令的区别及用途。

（6）调用子程序是用 B 指令还是用 BL 指令？请写出返回子程序的指令。

（7）简述汇编语言上机过程。

（8）简述嵌入式 C 与汇编语言混合编程的三种形式。

（9）简述汇编和 C 语言的相互调用方法。

第 5 章

嵌入式系统设计与应用

5.1 系统设计原则与设计步骤

随着半导体技术的发展，越来越多的设备开始具备“智能化功能”，而嵌入式系统就是各种设备里“智能化”的实现手段。目前，ARM 公司是把 ARM 作为知识产权 IP 推向市场的，因此，ARM 架构在市场上出现处理器内核、处理器核、多核处理器等多种形式。半导体厂商或片上系统 SoC 设计厂商采用 ARM 架构的内核或处理器核来生产相应的 MCU/MPU 或 SoC 芯片。嵌入式系统设计开发人员在 MCU/MPU 或 SoC 芯片的基础上根据实际需求再进行硬件系统板一级的设计，以及完成软件系统的裁剪和应用程序的编写工作。

嵌入式系统设计的重要特点是技术多样化，即实现同一个嵌入式系统可以有许多不同的设计方案选择，而不同的设计方案就意味使用不同的设计和生产技术。所以，嵌入式系统设计时需要考虑整个系统价格、性能、加速产品上市进程、功耗、可维护性、安全性、存储容量等多种问题。

嵌入式系统设计步骤一般由五个阶段构成，它们分别是需求分析、体系结构设计、软/硬件设计、系统集成和系统测试。各个阶段之间往往要求不断地反复和修改，直至完成最终的设计目标为止。设计的详细步骤如图 5-1 所示。

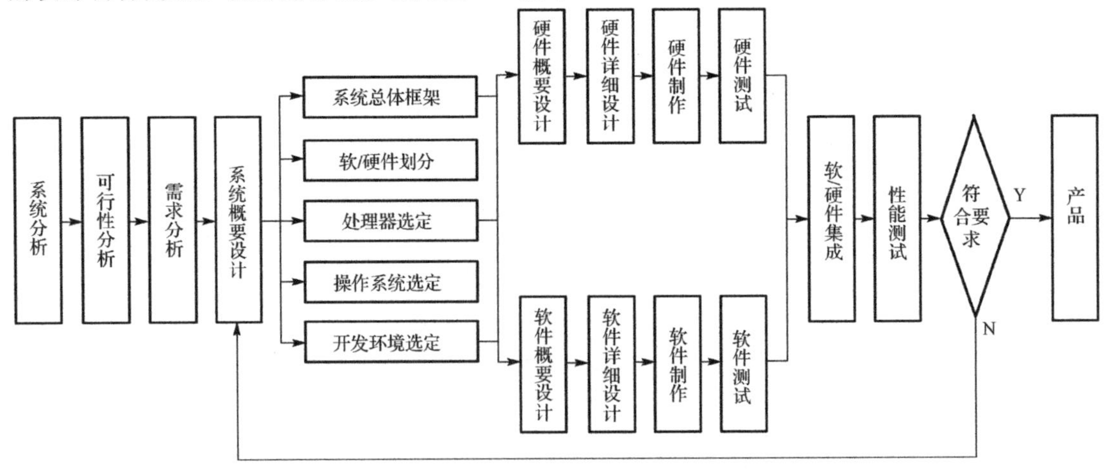

图 5-1　嵌入式系统设计步骤图

1. 需求分析阶段

嵌入式系统的典型特征是面向用户、面向产品、面向应用的，市场应用是嵌入式系统开发的导向和前提。因此，一个嵌入式系统的设计首先取决于系统的需求。

在需求分析阶段，首先要做的工作是罗列出用户的需求。

（1）系统用于什么任务？用户想要如何同系统打交道？系统连接何种外设？系统从用户或其他源接收什么输入？系统向用户或其他源输出什么？

（2）系统在什么样的环境下运行？系统的响应时间是多少？需要什么安全措施？系统如何向用户通报故障？是否需要任何手动或机械代用装置？

（3）系统在功耗、重量和体积等方面的要求如何？

（4）系统是否需要运行某些现存的软件？系统处理哪种类型的数据？外部存储媒介和内存需要多大存储空间？

（5）系统是否要与别的系统通信？系统是单机还是网络系统？系统是否将具有远程诊断或更正问题的功能？

（6）系统的可拆装性、可靠性和牢固性的期望值是什么？如何给系统供电？

（7）其他问题。

2．体系结构设计阶段

系统的功能如何实现是体系结构设计的目的，其主要决定因素包括：确定该系统是否将操作系统嵌入到系统之中；采用硬实时系统还是软实时系统；物理系统的成本、尺寸和耗电量是否是产品成功的关键因素；选择微处理器及相关硬件和一些其他因素。一般而言，在选择嵌入式操作系统时，可以遵循以下原则。

（1）市场进入时间。制定产品时间表与选择操作系统有关系，实际产品和一般演示是不同的。最好选用成熟的软/硬件来设计，否则会影响开发进度和延长开发时间。

（2）可移植性。当进行嵌入式软件开发时，可移植性是要重点考虑的问题。良好的软件移植性应该可以在不同平台、不同系统上运行，而跟操作系统无关。

（3）可利用资源。产品开发不同于学术课题研究，它以快速、低成本、高质量的推出适合用户需求的产品为目的。集中精力研发出产品的特色，其他功能尽量由操作系统附加或采用第三方产品，因此操作系统的可利用资源对于选型是一个重要参考条件。现在越来越多的嵌入式系统均要求提供全功能的 Web 浏览器，同时要求有一个高性能、高可靠的图形用户接口 GUI 的支持。

（4）系统定制能力。信息产品不同于传统 PC 结构的单纯性，用户的需求千差万别，硬件平台也都不一样。所以对系统的定制能力提出了要求，要分析产品是否对系统底层有改动的需求。Linux 由于其源代码开放的天生魅力，在定制能力方面具有优势。

（5）成本。成本是所有产品不得不考虑的问题，操作系统的选择会对成本有什么影响呢？Linux 免费，WinCE 等商业系统需要支付许可证使用费，但这都不是问题的答案，成本是需要综合权衡以后进行考虑的选择。某一系统可能会对其他一系列的因素产生影响，如对硬件设备的选型、人员投入以及公司管理和与其他合作伙伴的共同开发之间的沟通等许多方面的影响。

嵌入式系统是面向用户、面向产品、面向应用的，嵌入式处理器的功耗、体积、成本、可靠性、速度、处理能力、电磁兼容性等方面均受到应用要求的制约，这些也是各个半导体厂商之间竞争的热点。嵌入式软件要求固化存储，软件代码要求高质量、高可靠性、高实时性，嵌入式处理器的应用软件是实现嵌入式系统功能的关键。嵌入式操作系统选择的同时还应注意到操作系统的硬件支持，开发工具的支持程度，能否满足应用要求。

3．软/硬件设计阶段

嵌入式系统设计所面临的某些挑战是源于基础技术的改变，以及系统各部件如何能全部正确地混合和集成在一起。另一些挑战是源于新兴的、多样的系统需求。要求设计者能够采用适当的、快速的设计来应对市场呈现出的各项需求。但是，目前还没有有效的设计方法和相关的设计工具足以迅速应付这些挑战。在现阶段，嵌入式系统设计仍处于一种手工阶段。虽然有关硬件结构和软件子系统的知识是很清楚的，但是还没有协调整个设计过程的通用系统设计方法，在大多数项目中嵌入式系统的设计仍然采用某种特定方法。

嵌入式系统包含硬件和软件两部分。硬件部分以嵌入式处理器为中心，配置存储器、I/O设备、通信模块等必要的外设。软件部分以软件开发平台为核心，向上提供应用编程接口（API），向下屏蔽具体硬件特性的板级支持包（BSP）。嵌入式系统中，软件和硬件紧密配合、协调工作，共同完成系统预定的功能。

（1）硬件系统的设计步骤。在具体的硬件设计中，应注意设计硬件子系统时一般采用Top-Down方法，即将被设计系统的硬件先分成若干个模块，再设计系统全部的框图。

在嵌入式系统设计中，其核心就是嵌入式微处理器。嵌入式微处理器设计中，应该具备对实时多任务的响应能力，具有很强的存储保护功能，具有可扩展性，降低嵌入式微处理器功耗。

在总线设计部分，由于总线是进行互连以及传输信息、指令、数据的桥梁，因此在设计中应该特别注意。在嵌入式系统中，可以采用片内总线与片外总线的方式，确保CPU与片内部件的连接，也可以确保与外部设备的准确连接。

在对嵌入式系统的存储器设计中，存储系统内可以分为高速缓存Cache、主存和外存三种形式的存储器。在设计中对这三个存储器也应该有明确的设计，以便提高系统的运行速度。

在嵌入式系统的I/O设计中，由于嵌入式系统是面向应用的，因此在输入/输出接口设计中，应该具备多任务、多平台的特点，确保嵌入式系统的适用性。

（2）软件系统的设计步骤。首先应该清楚嵌入式软件是与系统硬件密不可分的，因此对于嵌入式系统的软件设计中应该具备一定的优势。嵌入式操作系统中包括驱动软件、系统内核，以及通信协议、图形界面、标准化浏览器等程序，以满足嵌入式系统开发设计的需求。在软件设计中还需要设置一些任务扩展部分，以此来实现对新任务的创建、切换及删除工作，提高嵌入式系统的使用效率。

（3）系统的审定。在检查设计中，针对于较小的项目，一般需要自己审查设计文档。对于中等的项目需要拿给同事朋友并向他们解释你的设计，协助检查。对于大型项目则要召开审查会，设计者应做出一个更加正式的报告。由于这是一个设计审查会，要召集一群人，主要由工程师组成，还要尽可能包括一些对项目有不同看法角度的成员，如做市场的人员、最终使用用户。

4．系统集成和系统测试

把系统的软件、硬件和执行装置集成在一起进行调试，发现并改进在设计过程中的错误，对设计好的系统进行测试，看其是否满足给定的要求。测试工具主要用来支持测试人员的工作，本身不能直接用来进行测试，测试人员应该根据实际情况对它们进行适当的调整。嵌入式软件的测试工具有内存分析工具、性能分析工具、GUI（图形用户界面）测试工具、覆盖分析工具。在软件测试中，常用的有白盒测试和黑盒测试两种方法。

在白盒测试中，是采用基于代码的测试来检查程序的内部设计的。如果把 100%的代码都测试一遍是不可能的，所以要选择最重要的代码进行白盒测试。在进行测试时要把系统和用途作为重要依据，根据实际中对负载、定时、性能的要求，判断软件是否满足这些需求规范。白盒测试一般在目标硬件上进行，通过硬件仿真进行。所以选取的测试工具应该支持在宿主环境中进行，这种方法一般是开发方的内部测试方法。

黑盒测试也称为功能测试，它不依赖于代码，而是从使用的角度进行测试的。黑盒只能限制在需求的范围内进行，第三方通常采用这种方法进行验证和确认测试。

5.2　系统核心电路设计

嵌入式系统的硬件核心板一般包括有微处理器、电源管理和存储器等部分，这些部件整合要根据不同的应用场合来进行有针对性的选型和设计。

5.2.1　处理器芯片的选型

首先，要根据设计需求来合理地选择高、中、低不同档次的处理器。由于处理器类型的不同，其功能、速度、价格等方面都有所不同，如果在设计嵌入式系统中使用 WinCE 或 Linux 等操作系统以减少软件开发时间，就需要选择 ARM7T 以上带有 MMU 功能的 ARM 芯片。其次，系统时钟决定了 ARM 芯片的处理速度，常见的 ARM9 的系统时钟为 200～400 MHz，目前 ARM 公司 Cortex 系列最高可以达到 2 GHz。在为嵌入式系统选择处理器时需要考虑以下几个方面。

（1）性能：处理器必须有足够的性能执行任务和支持产品生命周期。

（2）工具支持：支持软件创建、调试、系统集成、代码调整和优化工具对整体项目成功与否非常关键。

（3）操作系统支持：嵌入式系统应用需要使用有帮助的抽象来减少其复杂性。

（4）开发人员过去的处理器经验：拥有处理器或处理器系列产品的开发经验可以减少学习新处理器、工具和技术的时间。

（5）成本、功耗、产品上市时间、技术支持等。

5.2.2　电源管理设计

在嵌入式系统中是通过电源管理器来对系统的电源进行管理的，这样可提高整个系统的电源效率，并且可以为系统中的每一个外围设备模块提供相应的电源管理。通过电源管理不仅可以减少目标设备上的电源损耗，而且可以使系统在重新启动、正常运行、空闲和挂起工作模式的电源状态下保存 RAM 中的文件系统。电源管理器会同三种不同的客户端程序发生作用，并提供了不同的编程接口。这三种不同的客户端程序分别是：

（1）与电源管理器相关的设备驱动程序。

（2）改变系统电源状态或者改变设备性能的应用程序。

（3）在电源相关事件发生时，需要得到通知的应用程序或者影响系统的电源状态发生改变的应用程序，如电池电量低时发出警告的程序。

操作系统通过电源管理器来进行系统的电源管理，提高整个系统的电源效率，并为每一个外围设备模块提供电源管理。电源管理模块通过软件来控制系统时钟，以降低微处理器的耗电量。这些方案与锁相环电路 PLL、时钟控制逻辑、外设的时钟控制，以及唤醒信号有关。电源管理可控制处理器的几种不同耗电的工作方式，例如，基于 S3C2440 的嵌入式系统中需要 1.25 V（处理器内核）、3.3 V（内存和处理器外部接口）和 5.0 V（外部设备）三种电压，通常可以采用 5 V 电源电压经 LM1117-33 电源芯片和 MAX8860EUA18 分别得到 3.3 V 和 1.25 V 的工作电压。电源管理模块可以通过如下 4 种模式对处理器功耗进行控制。

（1）运行（Normal）模式：为 CPU 和所有的外设提供时钟，该模式下功耗最大。

（2）低速（Slow）模式：慢速模式采用外部时钟生成 FCLK 的方式，此时电源的功耗取决于外部时钟。

（3）空闲（Idle）模式：断开 FCLK 与 CPU 核的连接，保持外设正常工作，该模式下的任何中断都可以唤醒 CPU。

（4）掉电（Power-off）模式：掉电模式断开处理器内部电源，只给内部的唤醒逻辑供电，该模式可以通过处理器外部中断端口 EINT[15:0]和 RTC 唤醒。

5.2.3 存储系统设计

存储器是构成嵌入式系统硬件的重要组成部分。出于成本和体积的限制，嵌入式系统的存储器通常采用高度集成的存储芯片以节省电路板的面积、减少设计的复杂性和提高系统的可靠性。嵌入式系统常用的存储器包括用于高速缓存的嵌入式静态存储器 SRAM、高密度内部存储器 SDRAM 或 DDR SDRAM，以及程序存储器 Flash。嵌入式系统存储器系统与通用计算机系统的设计方法有所不同，主要体现在以下几个方面。

（1）由于体积的限制，尽量使用存储密度比较大的存储芯片。

（2）在设计嵌入式系统的存储系统时，需要考虑功耗问题。

（3）出于成本考虑，大多数嵌入式系统的存储器容量与软件的大小相匹配。

（4）在嵌入式处理器中通常需要扩充 Flash 存储器用于存储程序和常数，SDRAM 用于存储中间数据和正在运行的程序。

1．存储系统的组织

嵌入式系统的存储器通常与系统核心板设计在一起，而不像 PC 那样设计成内存条形式。其原因一方面是嵌入式系统的内存通常是固定大小的，另一方面是可以提高系统的可靠性。

ARM 体系存储系统采用存储器与 I/O 口统一编址形式，该地址空间的大小为 2^{32} 个字节。这些字节单元的地址是一个无符号的 32 位数值，其取值范围从 0 地址到 2^{32-1} 地址。ARM 的地址空间也可以被看作 2^{30} 个 32 位的字单元，这些字单元的地址可以被 4 整除，也就是说该地址的低两位为 0b00。地址为 A 的字数据包括地址为 A、A+1、A+2、A+3 四个字节单元的内容。在 ARM v4 及以上的版本中，ARM 的地址空间也可以看作 2^{31} 个 16 位的半字单元，这些半字单元的地址可以被 2 整除，也就是说该地址的最低位为 0b0。地址为 A 的半字数据包括地址为 A、A+1 两个字节单元的内容。各存储单元的地址作为 32 位的无符号数，可以进行常规的整数运算。

ARM 架构处理器的存储器最大寻址空间为 4 GB，ARM 架构的处理器内部一般都带有指令高速缓冲区（I-Cache）和数据高速缓冲区（D-Cache）。系统的 RAM 和 ROM 都是通过总线连接的，由于系统的地址范围较大，所以部分微处理器内部还带有存储器管理单元 MMU。在嵌入式系统中，还可以扩展 U 盘、SD 卡等作为外部存储器。

（1）主存储体的分配。嵌入式主系统中的主存储体一般是由 8 个 Bank 存储区来组成的。例如，基于 ARM9 系列 S3C2440 微处理器存储系统中各个 Bank 的构成、作用和功能如下所示。

Bank0：可以放置系统引导程序。在系统上电复位后，PC 指针自动指向 Bank0 的第一个单元进行系统自举，然后把事先已存储在 NAND Flash 中的操作系统文件和用户应用程序的代码复制到 SDRAM 内存中并执行。在 Bank0 中存放的程序，也就是系统的引导程序 BootLoader。

Bank1：可以当作系统辅助存储器（电子硬盘）使用，也可以构造文件系统，存储海量数据。在当系统激活 USB 时，该芯片可当成 U 盘使用。

Bank2、Bank3、Bank4、Bank5：可以供扩展外部设备使用。例如，Bank2 可以扩展为 USB 接口，Bank3 可以扩展为 LCD 显示模块接口和以太网接口等。

Bank6：SDRAM，起始地址为 0xC000000。在 SDRAM 中，前 512 KB 的空间划分出来，作为系统的 LCD 显示缓冲区使用（更新其中的数据，就可以更新 LCD 的显示）。系统的程序存储空间从 0xC080000 开始，也就是，引导系统时，需要把 system.bin 文件复制到 0xC080000 开始的地址空间，把 PC 指针指向 0xC080000。

Bank7：可以扩展另一片 SDRAM。

用 SDRAM 当作系统内存，只有 Bank6 和 Bank7 能支持 SDRAM，所以将 SDRAM 接在 Bank6 上。如果同时使用 Bank6 和 Bank7，则要求连接相同容量的存储器，而且其地址空间在物理上是连续的。

（2）存储器接口。嵌入式系统的总线接口信号分成为如下 4 类（以 ARM7TDMI 为例说明）。

- 时钟和时钟控制信号：MCLK、ECLK、nRESET、nWAIT。
- 地址类信号：A[31..0]、nRW、MAS[1..0]、nOPC、nTRANS、LOCK、TBIT。
- 存储器请求信号：nMREQ、SEQ。
- 数据时序信号：D[31..0]、DIN[31..0]、DOUT[31..0]、ABORT、BL[3..0]。

2. 存储器系统的设计

在目前的嵌入式应用系统中，通常使用 NAND Flash 和 SDRAM 存储器这两种接口电路。引导程序一般存储在 NAND Flash 中，而 SDRAM 中存储的是程序执行中的程序和产生的数据。存储在 NAND Flash 中的程序，需要复制到 RAM 中执行。

（1）S3C2440 与 NAND Flash 的接口电路设计。NAND Flash 能提供极高的单元密度，可以达到高存储密度，并且写入和擦除的速度也很快。S3C2440 微处理器提供了 NAND Flash 的接口，使其在嵌入式应用系统中的接口大大简便。K9F1208UDM 存储器是 64 MB×8 位的 NAND Flash 存储器，数据总线宽度为 8 位，工作电压为 3.3 V，48 脚 TSOP 封装。K9F1208UDM 引脚功能有：I/O0～I/O7 是数据输入/输出；$\overline{\text{WP}}$ 写保护信号；CLE 命令锁存信号；R/$\overline{\text{B}}$ 就绪/忙信号；ALE 地址锁存信号；$\overline{\text{CE}}$ 片选信号；$\overline{\text{RE}}$ 读有效信号；$\overline{\text{WE}}$ 写使能信号；VCC 电源为 3.3 V；VSS 为地；NC 为空引脚。连接电路设计式如图 5-2 所示，其中，K9F1208UDM 的 ALE 与 CLE 引脚与分别与 S3C2440 的 ALE 和 CLE 引脚相连；$\overline{\text{WE}}$、$\overline{\text{RE}}$、$\overline{\text{CE}}$ 和 R/$\overline{\text{B}}$ 引脚分别与 S3C2440 的 Nfwe、Nfre、CLE 和 R/nB 引脚相连；数据输入/输出线[IO7～IO0]分别与 S3C2440X 的[DATA7-DATA0]引脚相连。

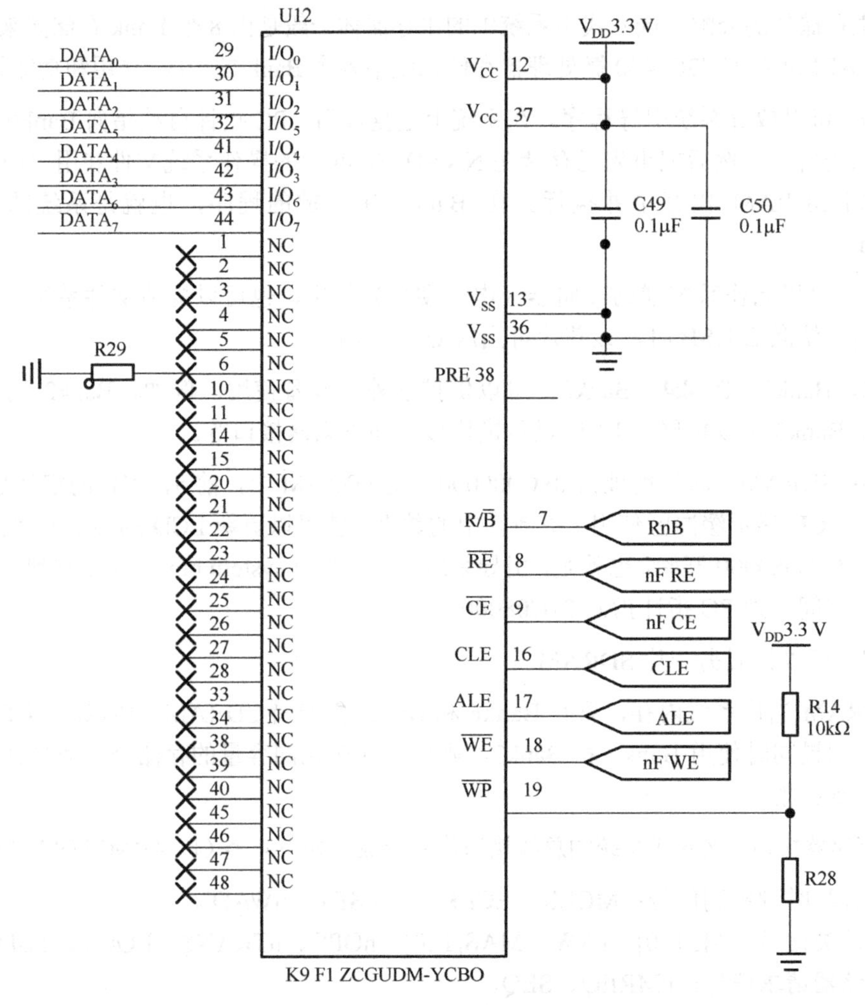

图 5-2 S3C2440 与 K9F1208UDM 的接口电路

（2）SDRAM 存储器的接口设计。SDRAM 主要用于程序的运行空间、数据及堆栈区。当系统启动时，CPU 首先从复位地址 0x0 处读取启动程序代码，完成系统的初始化后，为提高系统的运行的速度，程序代码通常装入 SDRAM 中运行。在 S3C2440 片内具有独立的 SDRAM 刷新控制逻辑电路，可方便地与 SDRAM 接口。目前常用的 SDRAM 芯片有 8 位和 16 位的数据宽度、工作电压一般为 1.8～3.3 V 不等，主要生产厂商有 Hyundai、Winbond 等。

下面以 K4S561632C-TC75 为例说明它与 S3C2440 的接口方法，并构成 16 MB×32 位的存储系统。K4S561632C-TC75 存储器是 4 组×4 MB×16 位的动态存储器，工作电压为 3.3 V，其封装形式为 54 脚 TSOP，兼容 LVTTL 接口，数据宽度为 16 位，支持自动刷新（Auto-Refresh）。其各引脚功能表示为：CLK 表示 CKE 时钟使能；$\overline{\text{CS}}$ 是片选；BA0、BA1 为组地址选择；A12～A0 为地址总线；$\overline{\text{RAS}}$ 为行地址锁存；$\overline{\text{CAS}}$ 为列地址锁存；$\overline{\text{WE}}$ 为写使能；LDQM、UDQM 为数据 I/O 屏蔽；DQ15～DQ0 为数据总线；VDD/VSS 为电源/地；VDDQ/VSSQ 为电源/地；NC 为空。

采用两片 K4S561632C-TC75 存储器芯片可组成 16 MB×32 位 SDRAM 存储器系统，其片选信号 CS 连接 S3C2440 的 nGCS6 引脚，具体连线如图 5-3 所示。由于 SDRAM 的运行频率往往比较高，因此在进行电路设计时需注意所有的地址线和控制信号线长度最好相当，所有的数据线走线长度最好相当，地址线和控制线在输出端上可串入小电阻以使系统更稳定。串入小阻值的电阻，通常采用 22～33 Ω的电阻。这些输出端串联小电阻能减慢上升/下降时间并能使过冲及下冲信号变得较平滑，从而减小输出波形的高频谐波幅度，达到有效地抑制电磁干扰的目的。

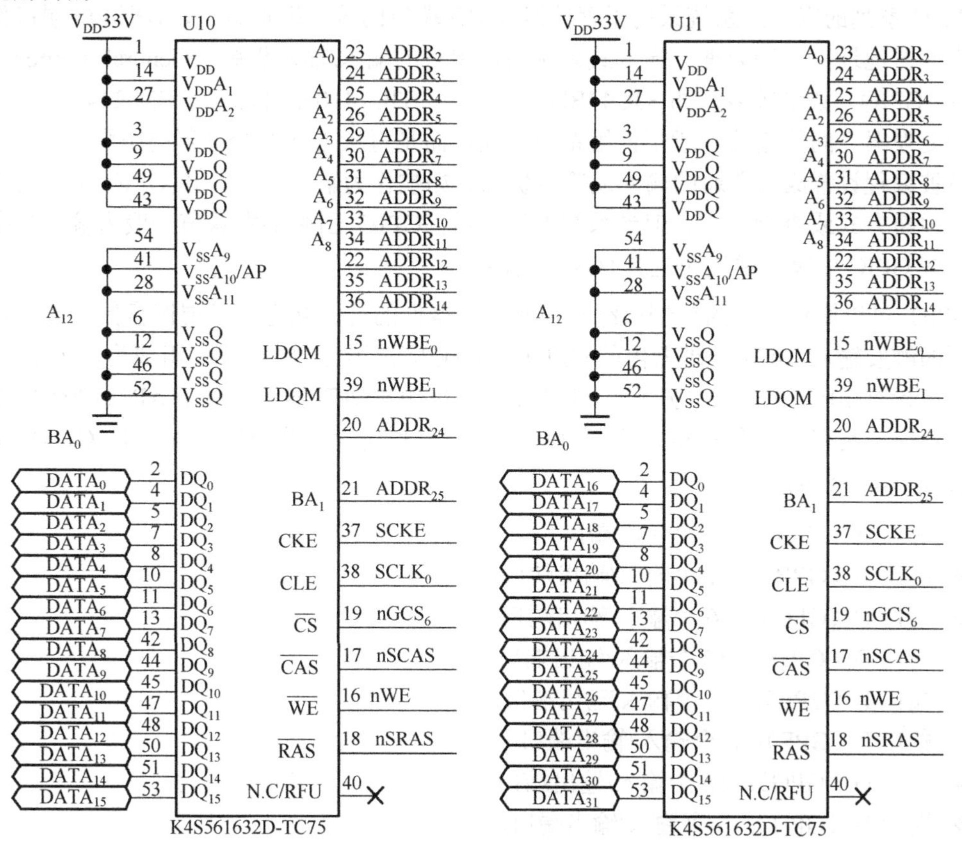

图 5-3　32 位 SDRAM 存储器系统设计

5.3 系统接口电路设计与应用

在本节中主要介绍微处理器通用接口、异常中断处理、A/D接口和数字音频设备接口的设计与工作原理。

5.3.1 通用接口GPIO

如果微处理器将多位数据在同一时间从一个设备传输到另一个设备，这就是并行传输。在并行传输中，数据总线是由多条数据导线构成的，每条数据导线传输一个数据位。另外还应有状态线、控制线和电源线等。在并行传输中，要求数据总线长度要尽量短，这样数据通过能力强；如果导线较长，则会在导线中产生较高的附加电容量，这样在具有较高电容值的并行线上传输数据需要更多时间来充/放电，故影响了传输的可靠性。此外，在并行数据传输中，如各导线长度上出现的小差异，也可能会导致所接收的数据字各位的抵达时间不同，随着并行线长度的增加，这种数据不齐的现象将更为严重，易造成传输数据的错误。

ARM架构中的微处理器内核和微处理器核一般都没有I/O部件或模块，但可以通过先进微控制总线架构AMBA来扩展宏单元和I/O部件，为它们提供了32位地址信号、32位数据信号和一些读/写、时钟、外围复位、选通等控制信号。

ARM系列的嵌入式系统采用了存储器与I/O端口的统一编址方式，即把I/O端口作为特殊的存储器地址来对待处理。嵌入式系统的通用目的输入/输出引脚（General Purpose Input Output，GPIO）数量较多，如S3C44BO有71个、S3C2410有117个、S3C2440有130个。它们与处理器之间的连接一般不使用系统总线，而是直接连接在处理器的引脚上。每个I/O引脚可被编程设置成为普通的输入或输出状态。如被作为输入端时，该GPIO引脚可被设置工作在中断方式或查询方式。但当系统被复位后，GPIO引脚的默认值一般为输入状态。注意，有些GPIO引脚还通过设置具有第二功能。

GPIO可以用作一般的控制口线来控制外部器件的开关状态、扩展键盘接口或者作为外部中断的触发输入。每个处理器内的GPIO又分成若干个组（端口），每组成为一个I/O接口，每个接口含有10～20多个引脚不等。例如，S3C2440微处理器芯片基于ARM920T的体系结构，芯片内部具有130个GPIO，这些I/O口线被分别包含在分为以下A、B、C、D、E、F、G、H、J，共九组端口。

- 端口A（GPA）：25个输出端口。
- 端口B（GPB）：11个输入/输出端口。
- 端口C（GPC）：16个输入/输出端口。
- 端口D（GPD）：16个输入/输出端口。
- 端口E（GPE）：16个输入/输出端口。
- 端口F（GPF）：8个输入/输出端口。
- 端口G（GPG）：16个输入/输出端口。
- 端口H（GPH）：9个输入/输出端口。
- 端口J（GPJ）：13个输入/输出端口。

在系统开发中，需要用到三组特殊功能寄存器来定义这九组端口的具体功能。

（1）端口控制寄存器（GPACON-GPJCON）。S3C2440 中的大多数引脚是复合式的，所以需要端口控制寄存器决定每个引脚的功能；如果 GPF0～GPF7 和 GPG0～GPG7 用于断电模式下的唤醒信号，这些端口必须配置成中断模式。

（2）端口数据寄存器（GPADAT-GPJDAT）。如果这些端口被配置成输出端口，数据可以从相应的位被写入。如果端口被配置成输入端口，数据可以从相应的位读出。

（3）端口上拉电阻设置寄存器（GPAUP-GPJUP）。通俗地说，若微处理器的某个引脚通过一个电阻接到电源（Vcc）上，这个电阻称为上拉电阻，通过上拉电阻，使得悬空的芯片引脚被上拉电阻初始化为高电平。GPIO 端口上拉寄存器控制每个端口组的上拉电阻使能/禁止。当相应的位置为 0 时，引脚的上拉电阻被使能。若使能位为 1 时，上拉电阻被禁止。

以 S3C2440 的 GPIO 端口 B 为例，它是 8 位输入输出端口。GPB 口相关寄存器描述如表 5-1 所示，使用前需要对 GPBCON 寄存器写入控制字，以决定这 8 位中的每一位执行的是输入还是输出操作。

表 5-1　GPB 口的相关寄存器

寄存器	地　址	读　写	描　述	复 位 值
GPBCON	0x56000010	R/W	端口 B 的配置寄存器	0x0
GPBDAT	0x56000014	R/W	端口 B 的数据寄存器	未定义
GPBUP	0x56000018	R/W	端口 B 的上位寄存器	0x0
Reserved	0x5600001c			

GPBCON 寄存器的各位定义如表 5-2 所示。

表 5-2　GPB 口的位功能

PBCON	位	描　述
GPB10	[21：20]	00 表示输入；10 表示 nXDREQ0；01 表示输出；11 表示保留
GPB9	[19：18]	00 表示输入；10 表示 nXDACK0；01 表示输出；11 表示保留
GPB8	[17：16]	00 表示输入；10 表示 nXDREQ1；01 表示输出；11 表示保留
GPB7	[15：14]	00 表示输入；10 表示 nXDACK1；01 表示输出；11 表示保留
GPB6	[13：12]	00 表示输入；10 表示 nXBREQ；01 表示输出；11 表示保留
GPB5	[11：10]	00 表示输入；10 表示 nXBACK；01 表示输出；11 表示保留
GPB4	[9：8]	00 表示输入；01 表示输出；10 表示 TCLK[0]；11 表示保留
GPB3	[7：6]	00 表示输入；10 表示 TOUT3；01 表示输出；11 表示保留
GPB2	[5：4]	00 表示输入；10 表示 TOUT2；01 表示输出；11 表示保留
GPB1	[3：2]	00 表示输入；10 表示 TOUTI；01 表示输出；11 表示保留
GPB0	[1：0]	00 表示输入；10 表示 TOUTO；01 表示输出；11 表示保留

操作时，GPBDAT 寄存器的[7：0]引脚按输入或输出的定义进行接收或发送数据。GPBUP 寄存器的每一位值决定该位在使能情况下是否接入上拉电阻，其寄存器各位定义如表 5-3 所示。

表 5-3　GPB 口上拉寄存器

GPBUP	位	描　述
GPB[10：0]	[10：0]	0：使能附加上拉功能到相应端口引脚。1：禁止附加上拉功能到相应端口引脚

在嵌入式系统中使用C语言程序对通用I/O的控制寄存器进行读写时，需要在.H文件中对控制器对应的内存单元用预处理指令define加以定义。此后就可以将这些寄存器作为变量直接写入C语言程序的计算表达式中，从而进行程序控制。下面三条指令属于特殊功能寄存器SFR地址定义的.H文件，它们给出了GPB端口的控制寄存器地址映射。

```
#define rGPBCON(* (volatile unsigned *)0x56000010)
#define rGPBDAT(* (volatile unsigned *)0x56000014)
#define Rgpbup(* (volatile unsigned *)0x56000018)
```

使用GPIO引脚相关专用寄存器可以配置这些GPIO引脚的方向（进或出）、功能、状态（输出）、引脚的高低电平检测（输入），另外，GPIO引脚还有配置一些能够进一步选择一些候选功能寄存器。GPIO跑马灯应用实例硬件如图5-4所示，LED1～LED4四个LED指示灯分别连接在GPB5～GPB8端线。

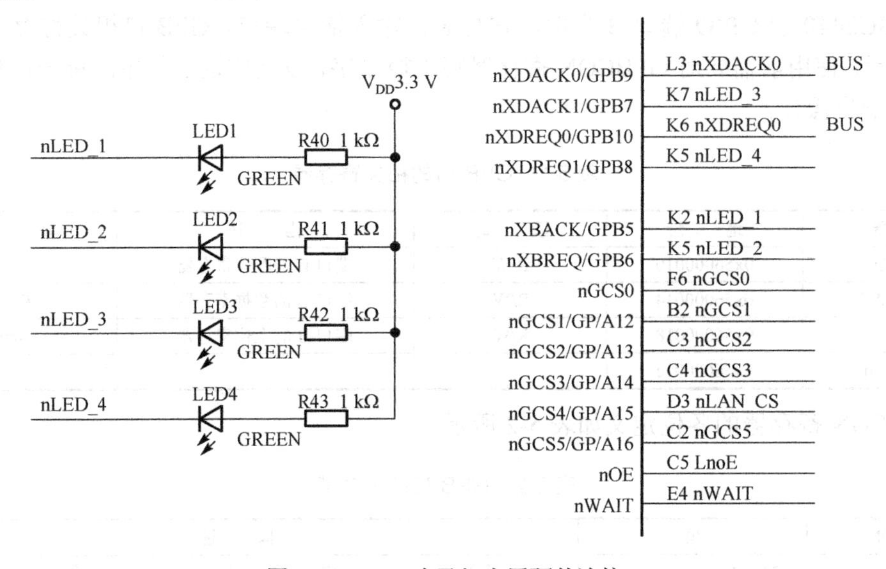

图5-4 GPIO跑马灯应用硬件连接

GPIO跑马灯应用程序如下。

```
#define rGPBCON  (*(volatile unsigned*)0x56000010)    //Port B control
#define rGPBDAT  (*(volatile unsigned*)0x56000014)    //Port B data
#define rGBPUP   (*(volatile unsigned*)0x56000018)    //Pull-up control B
int main(void)
{
   int i,j,dat;
   //0000 0000 0000 0001 0101 01000000 0000 配置成输出 GPB5~GPB8
   rGPBCON&=(~((3<<16)|(3<<14)|(3<<12)|(3<<10)));
   rGPBCON|=((1<<16)|(1<<14)|(1<<12)|(1<<10));
   rGBPUP  =0x7ff;                               //GPB0~GPB10 禁止上拉
   while(1)
   {
      dat=0x1df;
      for(j=0;j<4;j++)
```

```
            {
                for(i=0;i<300000;i++);
                rGPBDAT=dat;
                dat=dat<<1;
            }
        }
    }
```

5.3.2　系统异常中断处理方式

嵌入式系统中具有与软/硬件相关的中断源、软件错误相关的中断源、为调试程序而设置的中断源，以及系统分时所用的中断源。此外，还有具有快速中断源 FIQ 和一般 I/O 中断源 IRQ。执行中断时，要经过中断响应、中断处理和中断返回三个环节。

中断控制器可管理处理器内所有可用的中断源，它决定 IRQ 和 FIQ 中断的发生和屏蔽中断。控制中断相关的寄存器有中断控制寄存器、中断请求寄存器、中断模式寄存器、中断屏蔽寄存器、IRQ 矢量模式寄存器、IRQ/FIQ 中断服务寄存器、外部中断控制寄存器和外部中断请求寄存器。系统异常中断种类有复位中断（Reset）、未定义的指令中断、软件中断、指令预取中止、数据访问中止、外部中断请求、快速中断请求七种类型。异常中断是由内部或外部源产生的，需要处理器处理的一个事件。

S3C2440 微处理器中断控制器可以接收来自 60 个中断源（1 个看门狗定时器、5 个定时器、9 个 UART、24 个外部中断、4 个 DMA、2 个 RTC、2 个 ADC、1 个 I2C、2 个 SPI、1 个 SDI、2 个 USB、1 个 LCD、1 个电池故障、1 个 NAND、2 个 Camera、1 个 AC97 音频），也可以接收来自 GPIO、DMA、UART、I2C 等片内、片外的中断。支持并具有电平/边沿触发模式的外部中断源；可编程的边沿/电平触发极性；支持为紧急中断请求提供快速中断服务等功能。与 S3C2440 异常中断相关的控制寄存器如下。

（1）SUBSRCPND 寄存器。它用来表示 INT_RXD0、INT_TXD0 等中断是否发生，每位对应一个中断，当这些中断发生并且没有被 INTSUBMSK 寄存器屏蔽时，则它们中的若干位将汇集出现在 SRCPND 寄存器的某一位上。要清除中断，往此寄存器中某位写 1。

（2）INTSUBMSK 寄存器。它用来屏蔽 SUBSRCPND 寄存器所标识的中断，INTSUBMSK 寄存器中某位设置 1 时，对应的中断被屏蔽。

（3）SRCPND 寄存器。它每一位用来表示一个或一类中断是否发生，要清除某一位，往此位写 1 即可。

（4）INTMSK 寄存器。用来屏蔽 SRCPND 寄存器所标识的中断，INTMSK 寄存器中某位被设为 1 时，对应的中断被屏蔽，它只能屏蔽 IRQ 中断，不能屏蔽 FIQ。

（5）INTMOD 寄存器。它某位被设为 1 时，对应的中断被设为 FIQ。同一时间，INTMOD 只能有一位被设为 1。

（6）PRIORITY 寄存器。当有多个中断请求 IRQ 同时发生时，中断控制器选出最高优先级的中断，首先处理它。

（7）INTPND 寄存器。经过中断优先级选出优先级最高的中断后，这个中断在 INTPND 寄存器中的相应位被置 1，随后 CPU 进入中断模式处理它。同一时间，此寄存器只有一位被置 1。在 ISR 中，可以根据这个位确定是哪个中断，清除中断时，往此位写入 1。

（8）INTOFFSET 寄存器。用来表示 INTPND 寄存器中哪位被置 1 了，即 INTPND 寄存器中位[x]为 1 时，INTOFFSET 寄存器的值为 x（$x = 0 \sim 31$）。清除 SRCPND、INTPND 寄存器时，INTOFFSET 寄存器被自动清除。

外部中断的应用过程是首先对端口的工作模式进行设置，例如要让 S3C2440 的 GPIO 中 G 口的 PG4～PG7 位工作在外部中断输入状态。因此，就要将 PG 口设置在功能 3（输入）模式下，采用语句

```
rGPGCON= 11 11 11 11 xx xxxxxxB;
```

如果希望采用内部上拉，则语句为

```
rGPGUP= 0000xxxxB;
```

另外，还可以利用外部中断控制寄存器来设置外部中断的触发模式。由于采用电平触发容易引起重复触发，因此建议采用下降沿或上升沿触发，不同触发方式的语句如下。

```
//用下降沿触发时
rEXTINT=01x 01x 01x 01x xxx xxxxxxxxxB;
//用上升沿触发时
rEXTINT=10x 10x 10x 10x xxx xxxxxxxxxB;
//采用边沿触发时
rEXTINT=11x 11x 11x 11x xxx xxxxxxxxxB;
//用低电平触发时
rEXTINT=000 000 000 000 xxx xxxxxxxxxB。
```

S3C2440 微处理器异常中断的响应流程模式为：保存当前状态寄存器 CPSR→进入特定模式、屏蔽中断→设置连接寄存器 LR→设置程序计数器 PC。

当微处理器执行完以上流程之后，微处理器已经自中断向量进入异常中断的处理状态。在异常中断处理完毕之后，微处理器进入异常中断的返回状态，其中断返回流程如下。

（1）恢复状态寄存器，将保存在中断模式中的 SPSR 值赋给 CPSR。

（2）将返回地址赋值到程序计数器，这样程序将返回到异常中断产生的下一条指令，或者在出现问题的指令处执行。

注意：针对于不同的异常中断，其返回地址的计算方法是不同的。在 IRQ 和 FIQ 异常中断产生时，程序计数器 PC 已经更新。而 SWI 中断和未定义指令中断是由当前指令自身产生的，程序计数器 PC 尚未更新，所以要计算出下一条指令的地址来执行返回操作。指令预取指中止异常中断和数据访问中断要求，返回到出现异常的执行现场，重新执行操作。

S3C2440 系统通过在异常向量表保存各异常中断处理程序的相应入口地址，从而实现面向不同异常中断服务程序的跳转。异常向量中断的入口地址是固定的（0x00～0x1C），系统运行到满足异常中断时，系统将自动跳入相应的异常中断向量表中。而在异常向量表中保存的正是利用跳转指令或 LDR 指令指向该中断的异常中断处理程序入口地址，这就可以实现各异常中断处理程序的执行。

（1）利用跳转指令实现异常中断的安装：将 BL 指令放置到中断向量表的特定位置，跳转目标地址为中断处理程序的首地址，便可直接实现异常中断的安装。其优点是 BL 指令可以直接保存地址，缺点是 BL 的跳转范围只有 32 MB 的地址空间。

（2）利用 LDR 指令实现异常中断的安装：利用 LDR 直接向程序计数器 PC 中赋值也可以实现中断处理程序的安装，首要将异常中断处理程序首地址的绝对地址放在邻近的一个存储单元中，然后用 LDR 命令将该内存单元中的地址读取到程序计数器 PC 中。注意，这种方式的优点是可调用程序的范围不受限制。

例如，实现按键中断的测试与响应程序。通过__irq 标识中断处理函数，在中断处理函数中编写自己的响应程序，实例的响应流程如下。

- 进入中断临界区。
- 判断中断类型，若是外部中断，则处理；否则舍弃。
- 向终端输出信息，并清空中断标志。
- 退出中断临界区。

同时需要编写相应的中断测试函数，本实例中实现了除 ESC 按键外所有按键响应中断的功能，在测试函数中，主要完成以下功能。

- 设置按键响应的中断类型。
- 设置中断触发类型，本实例中实现的是下降沿触发。
- 清空中断标志，并设置对应的中断处理函数。
- 循环检测按键。

这样完成中断对应的处理和测试程序后，就可以在 ADS 工程中完成主函数的编写，以测试按键中断响应的功能，具体的编程代码如下。

```
#include "def.h"
#include "option.h"
#include "2440addr.h"
#include "2440lib.h"
#include "2440slib.h"
#include "key.h"
//按键中断程序
static void __irq Key_ISR(void)
{
    U32 r;                                  //互斥量
    EnterCritical(&r);                      //进入临界区
    Uart_Printf("enter the irq\n");
    if(rINTPND==BIT_EINT0) {                //判断是否为外中断 EINT0
        ClearPending(BIT_EINT0);            //清除中断相关标志
        Uart_Printf("interrupt key had been pressed!\n");
        rEINTPEND |= BIT_EINT0;             //清除外中断标志位
    }
    ExitCritical(&r);                       //退出临界区
}
void Key_Int_Test(void)
```

```
{
    Uart_Printf("\nKey Scan Test, press ESC key to exit !\n");
    rGPFCON = rGPFCON & (~(3)) |(2) ;  //GPF0，设置为 EINT0
    //中断模式为下降沿触发
    rEXTINT0 &= ~(7<<0);
    rEXTINT0 |= (1<<1);
    ClearPending(BIT_EINT0|BIT_EINT2|BIT_EINT8_23);  //清除相关中断位
    pISR_EINT0 = (U32)Key_ISR;                       //设置中断程序位置
    EnableIrq(BIT_EINT0);                            //使能 EINT0 中断
    while( Uart_GetKey() != ESC_KEY ) ;
    DisableIrq(BIT_EINT0|BIT_EINT2|BIT_EINT8_23);
}
```

5.3.3 A/D 转换接口

模/数转换器（A/D）可将模拟信号转为数字信号，而数/模转换器正好相反。这些转换对嵌入式系统应用而言是非常必要的，因为嵌入式系统要处理数字值，而系统所处环境中一般有很多模拟信号。模拟信号是具有连续值的信号，数字信号是具有离散值的信号。在计算机系统中，数字信号可以用二进制编码表示。有了模拟信号和数字信号之间的转换，就可以将数字处理器用于模拟环境中。

S3C2440 微处理器芯片与 A/D 功能相关的引脚是 AIN[7:0]为 8 路模拟采集通道，ADC 的模拟输入。AREFT 为参考正电压，AREFB 为参考负电压，AVCOM 为模拟公共参考电压。与 A/D 相关的寄存器主要有采样比例寄存器 ADCPSR、采样控制寄存器 ADCCON 和转换结果数据寄存器 ADCDAT。S3C2440 芯片内部 A/D 内部结构图如图 5-5 所示。

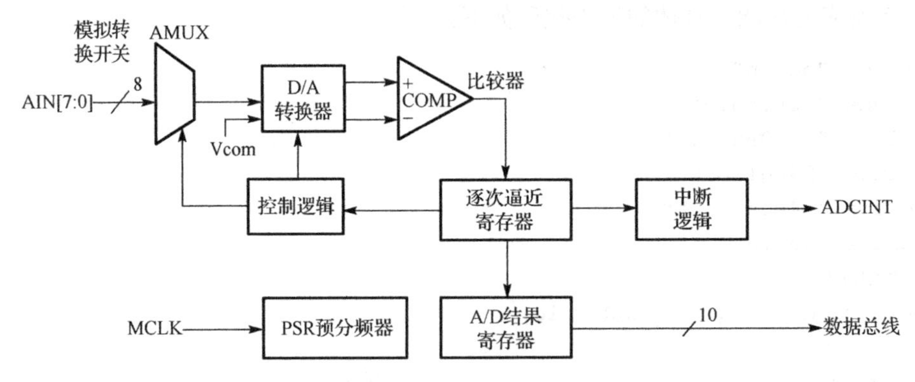

图 5-5　A/D 内部结构图

S3C2440 微处理器中带有逐次逼近型（也称为逐位比较式）的 A/D 转换器，其内部结构主要由逐次逼近寄存器（SAR）、D/A 转换器、比较器，以及时序和控制逻辑等部分组成。它的实质是逐次把设定的 SAR 寄存器中的数字量经 D/A 转换后得到电压 V_c，与待转换模拟电压 V_0 进行比较。在内部进行比较时，先从 SAR 的最高位开始，逐次确定各位的数码应是“1”还是“0”，其工作过程如下。

转换前，先将 SAR 寄存器各位清零。转换开始时，控制逻辑电路先设定 SAR 寄存器的最高位为“1”，其余位为“0”，此试探值经 D/A 转换成电压 V_c，然后将 V_c 与模拟输入电压

V_x比较，如果$V_x \geqslant V_c$，说明 SAR 最高位的“1”应予保留；如果$V_x < V_c$，说明 SAR 该位应予清零。接着对 SAR 寄存器的次高位置“1”，依上述方法进行 D/A 转换和比较。如此重复上述过程，直至确定 SAR 寄存器的最低位为止。此过程结束后，状态线改变状态，表明已完成一次转换。最后，逐次逼近寄存器 SAR 中的内容就是与输入模拟量 V 相对应的二进制数字量。显然 A/D 转换器的位数 N 决定于 SAR 的位数和 D/A 的位数。转换结果能否准确逼近模拟信号，主要取决于 SAR 和 D/A 的位数。位数越多，越能准确逼近模拟量，但转换所需的时间也越长。

S3C2440 微处理器中集成了一个 8 通道 10 位 A/D 转换器，A/D 转换器自身具有采样保持功能，并且，S3C2440 的 A/D 转换器支持触摸屏接口。A/D 转换器的主要特性如下。

（1）分辨率：10 位；精度：±1 LSB。

（2）线性度误差：±1.5～2.0 LSB。

（3）最大转换速率：500 KSPS。

（4）输入电压范围：0～3.3 V。

（5）系统具有采样保持功能；常规转换和低能源消耗功能；独立/自动的 X/Y 坐标转换模式。

AD 转换时间 当 CLK 频率为 50 MHz 和预分频器（预定标器）值为 49，10 位转换时间为

AD 转换器频率=50 MHz/(49+1)=1 MHz

转换时间=1/(1 MHz/5 个周期)=1/200 kHz=5 μs

注：AD 转换器设计在最大 2.5 MHz 时钟下工作，所以转换率最高达到 500 KSPS。

S3C2440 微处理器内部 ADC 控制寄存器 ADCCON 的功能描述，如表 5-4 所示。

表 5-4 ADCCON 的功能描述

寄存器	地址	读写	描述	复位值
ADCCON	0x58000000	R/W	ADC 控制寄存器	0x3FC4

ADCCON 寄存器各位定义如表 5-5 所示。

表 5-5 ADCCON 各位定义

ADCCON	位	描　述	初始值
ECFLG	[15]	转换标志结束（只读：0—A/D 转换在过程中；1—A/D 转换结束）	0
PRSCEN	[14]	A/D 转换器预分频器使能：0—无效；1—有效。恒定设置 1	0
PRSCVL	[13:6]	A/D 转换器预分频器值，数值为 0～255。注意：ADC 的频率应该设置为至少小于 PCLK 的 1/5（如 PCLK = 10 MHz, ADC Freq < 2 MHz）	0xFF
SEL_MUX	[5:3]	模拟输入通道选择：000—AIN0；001—AIN1；010—AIN2；011—AIN3；100—YM；101—YP；110—XM；111—XP	0
STDBM	[2]	操作模式输入通道选择：0—普通操作模式（可以连续采样）；1—备份模式（Standby mode，只有在中断时采样）。一般设置成普通模式	1
READ_START	[1]	A/D 转换通过读取开始：0—通过读取操作开始无效；1—通过读取操作开始有效	0
START	[0]	A/D 转换开始有效，如果 READ-START 有效，该值无效。0—无操作；1—A/D 转换开始且该位在开始后清零	0

注：当触摸屏触点（YM、YP、XM、XP）无效时，这些引脚应该用于作为 ADC 的模拟输入引脚（AIN4、AIN5、AIN6、AIN7）。

ADC 测试实例硬件连接如图 5-6 所示，编写程序流程如图 5-7 所示。

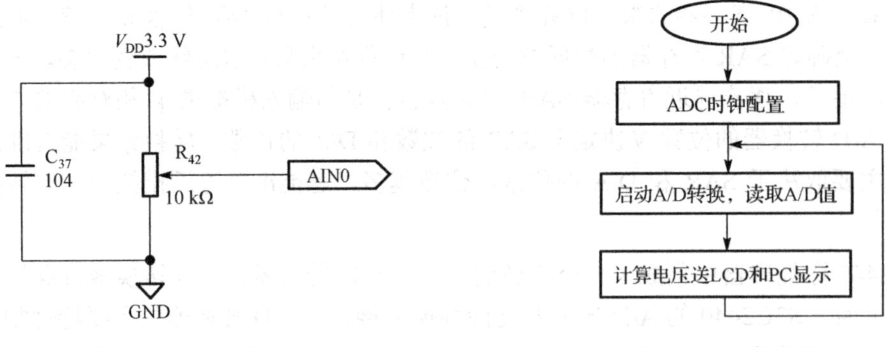

图 5-6　实验电路　　　　图 5-7　程序流程

编程注意事项如下：

（1）A/D 转换的数据可以通过中断或查询的方式来访问。使用中断方式时，整个转换时间（从 A/D 转换器开始到转换数据读取）可能会因为中断服务程序的返回时间和数据访问时间而延长；使用查询方式时，通过查看 ADCCON[15]位（转换标志结束位），ADCDAT 寄存器的读取时间可以确定。

（2）提供另外的开启 A/D 转换的方法。在 ADCCON[1]置 1（A/D 转换开始读取模式），只要转换数据被读取，A/D 转换同时开始。

ADC 测试程序编写如下。

```
void Test_Adc(void)
{
    unsigned short a0=0;                    //保存转换的二进制转换结果
    float Vi;                               //输入的模拟电压
    /*保存浮点数转换成字符串的数组*/
    char adc_value[]={'0','.','0','0','0','0','V','\0'};
    /*保存 rADCCON 的配置，测试后还原，当使用到多路测试时有用*/
    U32 rADCCON_save=rADCCON;
    /*打印串口提示信息*/
    Uart_Printf("ADC INPUT Test,press ESC key to exit! \n");
    /*设置时钟分频化*/
    preScaler=ADC_FREQ;
    /*打印 ADC 转换频率*/
    Uart_Printf("ADC conv.freq.=%dHz\n",preScaler);
    /*设置分频系数*/
    preScaler=50000000/ADC_FREQ-1;        //PCLK:50.7MHz
    /*打印分频值*/
    Uart_Printf("PCLK/ADC_FREQ-1=%d\n",preScaler);
    /*不按下 ESC 键，则循环转换电压*/
    while(Uart_GetKey()!=ESC_KEY)
    {
        /*电压采集*/
        a0=ReadAdc(0);
        /*计算电压*/
```

```
        Vi=(a0*3.3)/1024;
        /*串口打印电压值*/
        Uart_Printf("AIN0:%0.4fV\n",Vi);
        /*电压转换成字符串*/
        sprinft(adc_value,"%0.4f",Vi,);
        /*LCD 显示电压值*/
        Draw_Text_8_16(10,200,0x0,0xffff,"voltage:");
        Draw_Text_8_16(10+8*8,200,0x0,0xffff,(const unsigned char*)
                                                     adc_value);
        Delay(300000);                               //延时
    }
    rADCCON=rADCCON_save;                            //测试完成恢复 rADCCON 值
    Uart_Printf("\nrADCCON=0x%x\n",rADCCON);         //打印 rADCCON 值
}

/*利用冒泡排序法排序取中值*/
#define N 11
unsigned short filter(void)
{
    unsigned short value_buf[N];
    unsigned short temp;
    char count,i,j;
    for(count=0;count<N;count++)
    {
        value_buf[count]=ReadAdc(0);
        Delay(1);
    }
    for(j=0;j<N-1;j++)
    {
        for(i=0;i<N-1;i++)
        {
            if(value_buf[i]>value_buf[i+1])
            {
                temp=value_buf[i];
                value_buf[i]=value_buf[i+1];
                value_buf[i+1]=temp;
            }
        }
    }
    return value_buf[(N-1)/2];
}

/*读取指定 ADC 模拟通道,返回精度为 10 位的 AD 值*/
unsigned short ReadAdc(int ch)
{
    /*预分频技能，设置分频值 preScaler,选择读取通道 ch*/
    rADCCON=(1<<14)|(preScaler<<6)|(ch<<3);                  //设置通道
```

```
    /*启动 A/D 转换*/
    rADCCON|=0x1;
    /*等待 A/D 启动完成*/
    while(rADCCON&0x1);
    /*等待 A/D 转换结束*/
    while(!(rADCCON&0x8000));
    /*返回 10 位二进制 A/D 转换结果*/
    return((int)rADCDAT0&0x3ff);
}
```

5.3.4 数字音频设备接口

目前，越来越多的消费电子产品都引入了数字音频系统。这些数字化的声音信号都是由一系列超大规模集成电路处理的，常用的数字声音处理需要的集成电路包括 A/D 和 D/A 转换器、数字信号处理器 DSP、数字滤波器和数字音频输入/输出接口等。在嵌入式系统中，经常采用的有 IIS 音频设备接口和 AC 97 数字音频接口。

1. IIS 音频设备接口

IIS（也称为 I2C）总线是飞利浦公司提出的音频总线协议，其全称是数字音频集成电路通信总线（Intel IC Sound Bus），它是一种串行的数字音频总线协议。IIS 总线只处理声音数据，其他信号必须单独传输。该总线只使用了提供分时复用功能的数据线 SD；字段选择（声道选择）WS 线；时钟信号线 SCK 共 3 根串行总线。

目前，S3C2440 等处理器中内置 IIS 总线接口电路，能够和其他厂商提供的多媒体编/解码芯片配合使用，读取 IIS 总线上面的数据。微处理器上的 IIS 接口电路有三种工作模式，即正常传输模式、DMA 模式和传输/接收模式，通过 4 或 5 个引脚与外部的编/解码器连接起来，在回放数字化声音或合成声音时，IIS 控制器从 IIS LINK 端发送至编/解码器，编/解码器中的 D/A 转换器把声音数据转换成模拟声音波形。为记录数字化声音，IIS 控制器从编/解码器（通过 IIS LINK）接收数字化采样值，存放在微处理器系统的存储器中。

2. AC 97 数字音频接口

AC 97（Audio Codec 97 的缩写）是 Intel 公司架构实验室在 1997 年开发出来的一个标准。它所定义的是一种在主流 PC 中实现音频特性的方法，后来又扩展了实现 Modem 的功能。Intel 使用 Audio Codec 来概括数字到模拟，以及模拟到数字的编/解码等这一类的问题，这样 Audio Codec 经常和 A/D、D/A 结合在一起。

在 Intel Xscale 系列微处理器中都带有 AC 97 控制单元，它被集成到 Intel 芯片组中的音频器件包括两个芯片，一个是 AC 97 Digital Controller，另一个是 AC 97 Codec。AC97 控制器支持点到点的全双工同步互连，利用核心芯片组的功能和外围的模拟设备共同实现音频卡/Modem 的功能。目前 AC 97 的规范有 2.0、2.2、2.3 等版本。AC 97 规范实现了 DSP 芯片与 CODEC 芯片分离，模拟与数字电路完全分离；固定采样率；使用标准引脚的 CODEC 芯片等三方面优点。保证了音频质量，使声卡电路标准化，提高了兼容性能。

S3C2440 具有 AC 97 接口，使用该接口进行语音信号的处理，AC 97 控制单元支持音频控制器，支持 AC 97 2.0 修正版，通过串口来传输数字音频信号。注意：在嵌入式系统中，AC97 数字音频控制单元和 IIS 音频设备控制器不能同时使用。

5.4　人机交互设备接口设计与应用

在进行人机交互时，需要配有如键盘、显示器、触摸屏等输入/输出装置，使用户可以对嵌入式系统发出命令或输入必要的参数。

5.4.1　键盘接口

键盘是最常用的人机输入设备。嵌入式系统中所需键盘的按键个数及功能是根据具体应用来确定的，在进行嵌入式系统的键盘接口设计时，通常要根据应用的具体要求来设计键盘接口的硬件电路，同时还需要完成识别按键动作、生成按键键码和按键具体功能的程序设计。

在嵌入式系统中，当所需按键的数量较多时，如果采用独立式按键方式则需要使用大量的 I/O 接口，导致 I/O 接口数量不足。为了减少对 I/O 接口资源的占用，通常采用矩阵式键盘方式。这种方式首先将微处理器的 I/O 接口设置成两组不相交的行线和列线，在每个行线与列线的交叉点设置一个按键开关。例如，图 5-8 是一个含有 16 个按键的矩阵式键盘，它们排列成为 4×4 的阵列形式。无按键按下时，其行线和列线不能相连接；如有某一个按键被按下的时候，其相应的行线和列线就会被连接。对这种键盘的识别，通常采用软件键盘行扫描的方法来实现。

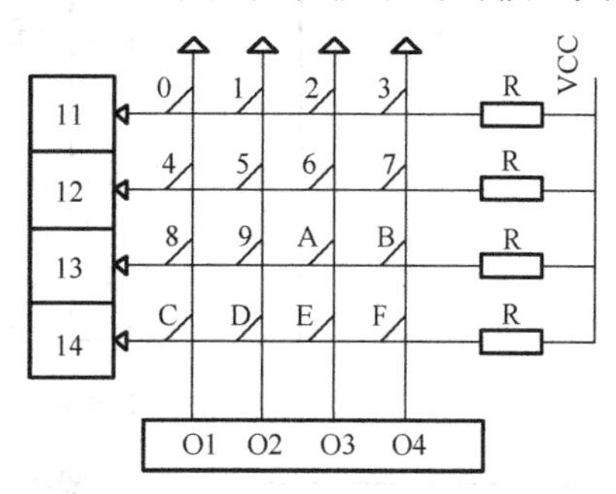

图 5-8　矩阵式行扫描法连接方式

在图 5-8 所示的键盘接口中，键盘的行信号线和列信号线均由微处理器通过 I/O 引脚加以控制。微处理器首先通过输出引脚向列信号线上输出全 0 信号，然后通过输入引脚读取行信号值。若键盘阵列中无任何键按下，则读到的行信号必然是全 1 信号。如有按键按下时就会产生非全 1 信号。若是非全 1 信号时，微处理器将记住为 0 的行号值。然后微处理器再逐列输出 0 信号，来判断被按下的键具体在哪一列上。这样，根据被按键所对应的行和列的位置（键码）就可以判断出键盘的某一按键被按下。这种键盘处理的方法被称为“行扫描法”。

5.4.2　显示器接口

为了使嵌入式系统具有友好的人机接口，需要给嵌入式系统配置如 LED、LCD 显示器等显示装置。

1. 点阵式 LED 显示器

LED 显示器由发光二极管构成，具有工作电压低、体积小、寿命长（约 10 万小时）、响应速度快（小于 1 μs）、颜色丰富（红、黄、绿等）等特点，是智能设备中常用的显示器。目前，LED 显示器的形式主要有单个 LED 指示灯、8 段数码显示器、点阵式 LED 显示器三种形式。

单个 LED 指示灯实际上就是一个发光二极管，实际中可以通过微处理器 I/O 接口的某一位来控制 LED 的亮与灭。8 段 LED 数码管显示器显示的数码和符号比较简单，显示字形逼真的字符则比较困难。点阵式 LED 显示器是以点阵格式进行显示的，能够显示符号和简单汉字，不足之处是接口电路及控制程序比较复杂，点阵式 LED 显示器一般有 5×7、8×8、16×16 点阵等形式模块。

下面以 5×7 点阵显示模块进行介绍，其他形式工作原理类似。5×7 点阵显示模块是由 35 个发光二极管组成 5 列×7 行的矩阵。使用多个点阵式 LED 显示器可以组成大屏幕 LED 显示屏，用来显示汉字、图形和表格，而且能产生各种动画效果。这是新闻媒介和广告宣传的有力工具，应用已越来越普遍。点阵式 LED 显示器常采用动态扫描方式显示，图 5-9 所示为按列扫描的 5 列×7 行点阵式共阴极 LED 显示器驱动接口电路。

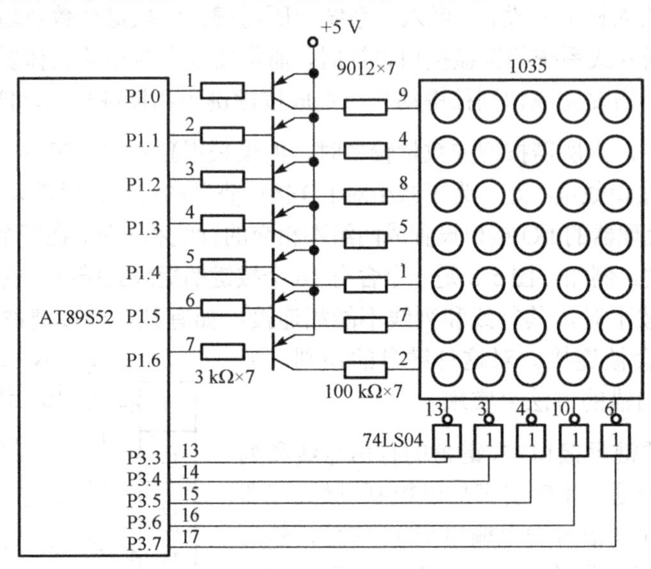

图 5-9　点阵式 LED 显示器驱动接口电路

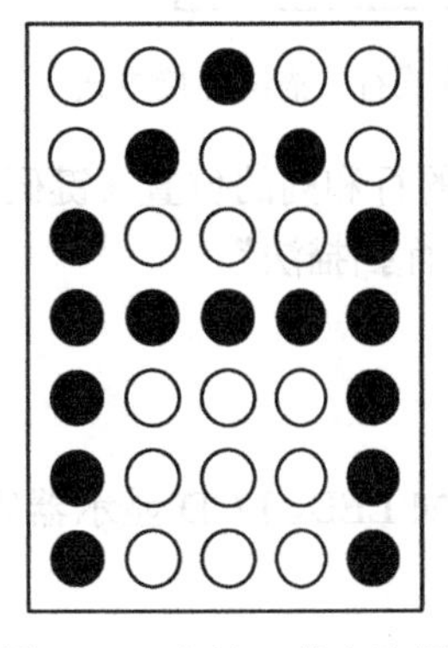

图 5-10　字母 A 的点阵图

图中 LED 显示器行驱动电路由 7 只小功率晶体管（或由集成芯片的驱动器）组成，列驱动电路由 1 片 6 反相驱动器 74LS04 组成。AT89S52 单片机通过 P1 口的 P1.0～P1.6 口输出行信号，通过 P3.3～P3.7 输出列扫描信号。LED 点阵显示器在某一瞬间只有一列 LED 能够发光。当扫描到某一列时，P1 口按这一列显示状态的需要输出相应的一组行信号。这样每显示一个数字或符号，就需要 5 组数据（行数据 7 位）。所以在显示缓冲区中由于每个字符有 5 组行数据，那么就要占用 5 个字节。图 5-10 所示为字母 A 的点阵图，字母 A 的点阵数据如表 5-6 所示。注意，表中 P1 口输出行信号的每个字节最高位是无用信号，这里设置为“1”。

图 5-10 中采用的是共阴极 LED 显示器，所以列扫描信号依次为“0”，同时按照列号需要相应的输出一组行信号（字型码）。在这一列 LED 中，如 P1.0～P1.6 输出行信号中为“0”则其对应的 LED 亮，P1.0～P1.6 输出行信号为“1”的则对应 LED 不亮。现假设要显示的字符为“A”，则有 P3.3 输出“1”，经过 74LS04 反相至 LED 显示器第 1 列为“0”。AT89S52

单片机在显示缓冲区中取出对应该列的行字型码 10000011（左边最高位 1 在电路中是无用信号），并从 P1 口输出至 LED 行信号线（低 7 位有效）。延时约 2 ms 时间后，再使 P3.4 输出“1”，选中第 2 列，再送出第 2 列所对应的行字型码。由于 P3.3～P3.7 轮流输出“1”，于是就能依次选中点阵显示器的所有列，并从 P1 口输出相应列的行字型码，从而可以动态显示出一个完整的字符。

表 5-6　字母 A 的点阵数据

行信号（字型码）	列　号				
	1	2	3	4	5
D_0	1	1	0	1	1
D_1	1	0	1	0	1
D_2	0	1	1	1	0
D_3	0	0	0	0	0
D_4	0	1	1	1	0
D_5	0	1	1	1	0
D_6	0	1	1	1	0
D_7	1	1	1	1	1

2. LCD 显示器

液晶显示屏（Liquid Crystal Display，LCD）主要用于显示文本及图形信息，它具有轻薄、体积小、耗电量低、无辐射危险和平面直角显示等特点。在许多电子应用系统中，常使用 LCD 显示屏作为人机界面。

（1）LCD 显示器分类形式。LCD 显示器从选型角度来看，分为段式和图形点阵式 LCD 显示器两种类型。常见段式液晶的每字为 8 段组成，一般只能显示数字和部分字母。

在图形点阵式液晶显示器中，一般分为 TN、STN、TFT 三种类型。其中，TN 类液晶显示器由于它的局限性只用于生产字符型液晶模块。字符型液晶是用于显示字符和数字的，其分辨率一般有 8×1、16×1、16×2、16×4、20×2、20×4、40×2、40×4 等，其中前面的数字表示显示器上每行显示字符的个数，后边的数字表示显示字符的行数。例如，16×2 表示显示屏能够显示每行 16 个字符，共 2 行。STN 类一般为中小型显示器，既有单色的，也有伪彩色的。TFT 类液晶显示器的尺寸则从小到大都有，而且是真彩色显示模块。

从 LCD 液晶显示器的颜色上来分，一般分为单色与彩色两种类型显示器。在单色液晶显示屏中，一个液晶就是一个像素。在彩色液晶屏中则每个像素由 R 红、G 绿和 B 蓝三个液晶共同组成。同时也可以认为每个像素背后都有一个 8 位的属性寄存器，寄存器的值决定着三个液晶单元各自的亮度。有些情况下寄存器的值并不直接驱动 RGB 三个液晶单元的亮度，而是通过一个调色板技术来访问，发出真彩色的效果。为每个像素都配备寄存器是不现实的，实际上只配备了一组寄存器，而这些寄存器依次轮流连接到每一行像素并装入该行的内容，使每一行像素都暂短的受到驱动，这样周而复始地将所有的像素行都驱动一遍，从而显示一个完整的画面。一般为了使人感觉不到闪烁，每秒要重复显示数十帧。在嵌入式系统应用中，微处理器与 LCD 一般采用 DMA 并行传输方式。

从 LCD 的驱动控制方式上区分，目前流行的有两种模块形式：一种是在 LCD 显示屏后边的印刷板上带有独立的控制及驱动芯片模块，这种形式适用于各种 MCU，使用总线方式来进行编程驱动，例如，MCS-51 系列单片机的显示形式就属于这种；另一种在嵌入式微处理器中内嵌 LCD 控制器来驱动 LCD 显示器，例如，ARM 微处理器内嵌的 LCD 控制器一般都可以支持彩色、灰度、单色三种模式的 LCD 显示屏。

（2）LCD 液晶显示器组成结构与工作原理。LCD 显示器核心结构是在由两块玻璃基板中间充斥着运动的液晶分子，信号电压直接控制薄膜晶体的开关状态。再利用晶体管控制液晶分子，液晶分子具有明显的光学各向异性，能够调制来自背光灯管发射的光线，实现图像的显示。而一个完整的显示屏则由众多像素点构成，每个像素好像一个可以开关的晶体管。这样就可以控制显示屏的分辨率。如果一台 LCD 的分辨率可以达到 320×240，表示它有 320×240 个像素点可供显示，所以说一部正在显示图像的 LCD，其液晶分子一直是处在开关的工作状态的。当然，液晶分子的开关次数也是有寿命的，到了寿命 LCD 就会出现老化现象。

点阵式 LCD 由矩阵构成，常见的点阵 LCD 用 5 行 8 列的点表示一个字符，使用 16 行 16 列的点表示一个汉字。LCD 液晶在不同电压的作用下会有不同的光特性,因此从液晶显示构造原理上可分为无源阵列彩显 STN-LCD（俗称伪彩显）和薄膜晶体管有源阵列彩显 TFT-LCD（俗称真彩显）。

STN（Super Twisted Nematic）屏幕，又称为超扭曲向列型液晶显示屏幕。在传统单色液晶显示器上加入了彩色滤光片，并将单色显示矩阵中的每一像素分成三个像素，分别通过彩色滤光片显示红、绿、蓝三原色，以此达到显示彩色的作用，颜色以淡绿色和橘色为主。STN 屏幕属于反射式 LCD，它的好处是功耗小，但在比较暗的环境中清晰度较差。STN 显示屏不能算是真正的彩色显示器，因为屏幕上每个像素的亮度和对比度不能独立地控制，它只能显示颜色的深度，与传统的 CRT 显示器的颜色相比相距甚远，因而也被叫作伪彩显。

TFT（Thin Film Transistor）即薄膜场效应晶体管显示屏，它的每个液晶像素点都是由集成在像素点后面的薄膜晶体管来控制的，使每个像素都能保持一定电压，从而可以大大提高反应时间，一般 TFT 屏可视角度大，一般可达到 130° 左右，主要应用于高端显示产品。TFT 显示屏是真正的彩色调色器，也称为真彩显。TFT 液晶为每个像素都设有一个半导体开关，每个像素都可以通过节点脉冲直接控制，因而每个节点都相对独立，并可以连续控制，不仅可提高显示屏的反应速度，同时还可以精确控制显示色阶，所以 TFT 液晶的色彩更真。TFT 液晶显示屏的特点是亮度和对比度高、层次感较强，但功耗和成本较高。新一代的彩屏手机中一般都是真彩显示，TFT 显示屏也是目前嵌入式设备中最好的 LCD 彩色显示器。

在常用的嵌入式 LCD 显示屏幕上实现图像和字符的显示具体步骤如下：首先在程序中对与显示相关的部件进行初始化，例如配置微处理器中 GPIO 相关的专用寄存器，将与 LCD 连接的引脚定义为所需的功能；将帧描述符定义在 SDRAM 里，初始化 DMAC 供 DMA 通道传输显示信息；配置 LCD 控制器中的各种寄存器；最后建立 LCD 屏幕上的每一像素与帧缓冲区对应位置的映射关系，将字符位图转换成字符矩阵数据，并且写入到帧缓冲器（也称为显存）里。

由于显存中的每一个单元对应 LCD 上的一个点，只要显存中的内容改变，显示结果便进行刷新。显示屏可以以单色或彩色显示，单色用 1 位来表示，彩色可以用 8 位（256 色）或 16 位、24 位表示其颜色。屏幕的大小和显示模式这些因素会影响显存的大小，显存通常从内存空间分配所得，并且由连续的字节空间组成。而屏幕的显示操作总是从左到右逐点像素扫描、从上到下逐行扫描的，直到右下角，然后再折返到左上角。而显存里的数据则按地址递增的顺序被提取，当显存里的最后一个字节被提取后，再返回显存的首地址。

彩色 LCD 显示器反映自然界的颜色是通过 R、G、B 值来表示的。如果要在屏幕某一点显示某种颜色则必须在显存里给出相应每一个像素的 R、G、B 值，其实现方法有直接从显存中得到和间接得到两种方式。直接得到方式是指在显存里存放有像素对应的 R、G、B 值，通过将该 R、G、B 值传输到显示屏上而令屏幕显示。间接得到方式是指显存中存放的并不是 R、G、B 值，而是调色板的索引值，调色板里存放的才是 R、G、B 值，然后再发送到显示屏上。在显存与显示器之间还需要有 LCD 控制器完成从显存提取数据，进行处理并传输到屏幕上。

3. S3C2440 微处理器中 LCD 显示原理

要使一块 LCD 能够正常地显示文字或图像，不仅需要 LCD 驱动器，而且还需要相应的 LCD 控制器。在通常情况下，生产厂商把 LCD 驱动器和 LCD 玻璃基板制作在一起，而 LCD 控制器则是由外部的电路来实现的。现在很多的 MPU 内部都集成了 LCD 控制器，如 S3C2440 等。通过 LCD 控制器就可以产生 LCD 驱动器所需要的控制信号来控制 STN/TFT 了。S3C2440 内部 LCD 控制器结构，如图 5-11 所示。

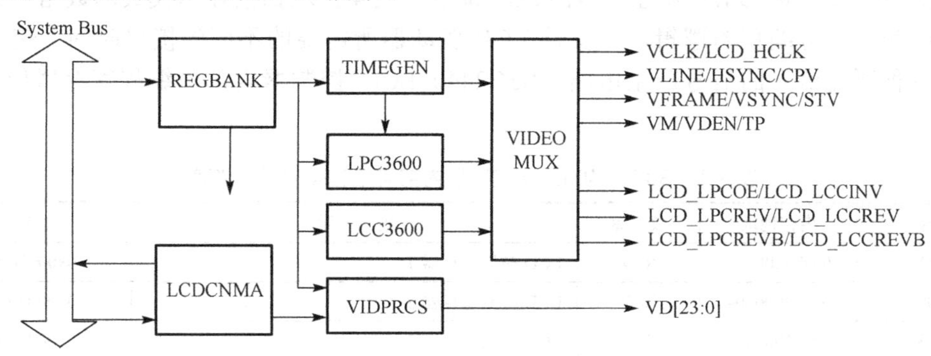

图 5-11　S3C2440 内部 LCD 控制器结构

S3C2440 内部的 LCD 控制器主要有如下五部分组成。

（1）LCD 控制器由 REGBANK、LCDCDMA、TIMEGEN、VIDPRCS 寄存器组成。

（2）REGBANK 由 17 个可编程的寄存器组和一块 256×16 的调色板内存组成，它们是用来配置 LCD 控制器的。

（3）LCDCDMA 是一个专用的 DMA 控制器，它能自动地把在帧内存中的视频数据传输到 LCD 驱动器。通过使用这个 DMA 通道，视频数据可以在不需要 CPU 的干预的情况下显示在 LCD 屏上。

（4）VIDPRCS 接收来自 LCDCDMA 的数据，将数据转换为合适的数据格式，例如，4/8 位单扫、4 位双扫显示模式，然后通过数据端口 VD[23:0]传输视频数据到 LCD 驱动器。

（5）TIMEGEN 由可编程的逻辑组成，它生成 LCD 驱动器需要的控制信号，如 VSYNC、HSYNC、VCLK 和 LEND 等，而这些控制信号又与 REGBANK 寄存器组中的

LCDCON1/2/3/4/5 寄存器的配置密切相关，通过不同的配置，TIMEGEN 就能产生这些信号的不同形态，从而支持不同的 LCD 驱动器（不同的 STN/TFT 屏）。

S3C2440 的 LCD 控制器由一个逻辑单元组成，其作用是把 LCD 图像数据从一个位于系统内存的 Video Buffer 传输到一个外部的 LCD 驱动器。LCD 控制器使用一个基于时间的像素抖动算法和帧速率控制思想，可以支持单色、2 bit Per Pixel（4 级灰度）或者 4 bit Pixel（16 级灰度）屏，并且可以与 256 色（8BPP）和 4096 色（12BPP）的彩色 STN LCD 连接，它支持 1BPP、2BPP、4BPP、8BPP 的调色板 TFT 彩色屏，并且支持 64K 色（16BPP）和 16M 色（24BPP）非调色板真彩显示。LCD 控制器可以编程满足不同的需求，如关于水平、垂直方向的像素数目，数据接口的数据线宽度，接口时序和刷新速率。

S3C2440 微处理器中的 LCD 控制器能够产生各种信号、传输显示数据到 LCD 驱动器。微处理器内部具有专用 DMA 控制器，用于向 LCD 驱动器传输数据，带有中断（INT_LCD）方式。系统存储器可以作为显示缓存用，支持多屏滚动显示，同时能够使用显示缓存支持硬件水平、垂直滚屏，支持多种时序 LCD 屏。编程人员通过对 LCD 控制器编程，产生适合不同 LCD 显示屏的扫描信号、数据宽度、刷新率信号。

S3C2440 微处理器 LCD 控制器主要由时序发生器、LCD 主控制器、DMA、视频信号混合器、数据格式转换器和控制逻辑部分组成，分别是 17 个可编程的寄存器组及控制电路、LCD 数据传输专用的 DMA 及控制电路、4/8 位单一或 4 位双扫描显示模式的数据格式输出控制电路和包含可编程的逻辑，以支持 LCD 驱动器所需要的不同的接口时间、速率要求及相应各种所需信号的信号产生电路。S3C2440 LCD 控制器内部可编程寄存器如表 5-7 所示。

表 5-7 S3C2440 LCD 控制器内部可编程寄存器一览表

寄存器名	内存地址	读 写	说 明	复位值
LCDCON1	0X4D000000	R/W	LCD 控制寄存器 1	0x00000000
LCDCON2	0X4D000004	R/W	LCD 控制寄存器 2	0x00000000
LCDCON3	0X4D000008	R/W	LCD 控制寄存器 3	0x00000000
LCDCON4	0X4D00000C	R/W	LCD 控制寄存器 4	0x00000000
LCDCON5	0X4D000010	R/W	LCD 控制寄存器 5	0x00000000
LCDSADDR1	0X4D000014	R/W	STN/TFT：高位帧缓存地址寄存器 1	0x00000000
LCDSADDR2	0X4D000018	R/W	STN/TFT：低位帧缓存地址寄存器 2	0x00000000
LCDSADDR3	0X4D00001C	R/W	STN/TFT：虚屏地址寄存器	0x00000000
REDLUT	0X4D000020	R/W	STN：红色定义寄存器	0x00000000
CREENLUT	0X4D000024	R/W	STN：绿色定义寄存器	0x00000000
BLUELUT	0X4D000028	R/W	STN：蓝色定义寄存器	0x0000
DITHMODE	0X4D00004C	R/W	STN：抖动模式寄存器	0x00000
TPAL	0X4D000050	R/W	TFT：临时调色板寄存器	0x00000000
LCDINIPND	0X4D000054	R/W	指示 LCD 中断 pending 寄存器	0x0
LCDSRCPND	0X4D000058	R/W	指示 LCD 中断源 pending 寄存器	0x0
LCDINIMSK	0X4D00005C	R/W	中断屏蔽寄存器（屏蔽哪个中断源）	0x3
TCONSEL	0X4D000060	R/W	LPC3600 模式控制寄存器	0xF84

5.4.3　触摸屏接口

触摸屏是一种简单、方便的输入设备，应用越来越广泛。人们用触摸屏代替鼠标或键盘，根据触笔单击的位置来定位选择信息输入，它广泛应用在自助取款机、PDA 设备、媒体播放器、汽车导航器、智能手机和医疗电子设备等诸多领域。

触摸屏是一种透明的绝对定位系统，不像电脑中的鼠标是相对定位系统。绝对定位系统的特点是每一次定位坐标与上一次定位坐标没有关系，每次触摸的信息都通过校准转为屏幕上的坐标。目前，触摸屏有电阻式、电容式、红外线式和表面声波式四种不同技术构成的类型。在实际中应该采用基于何种技术的触摸屏，关键要看应用环境的要求。总之，对触摸屏的要求主要有以下几点。

（1）触摸屏在恶劣环境中能够长期正常工作，工作稳定性是对触摸屏的一项基本要求。

（2）作为一种方便的输入设备，触摸屏能够对手写文字和图像等信息进行识别和处理，这样才能在更大的程度上方便使用。

（3）触摸屏应用于以个人、家庭为消费对象的产品，必须在价格上具有足够的吸引力。

（4）触摸屏用于便携和手持产品时需要保证极低的功耗。

触摸屏和 LCD 不是同一个物理设备，触摸屏是覆盖在 LCD 表面的输入设备，它可以记录触摸的位置，检测用户单击的位置。触摸屏的输入是一个模拟信号，通过触摸屏控制器将模拟信号转换为数字信号，再送给处理器进行处理，这样使用者可对其位置的信息做出反应。目前，常见的和使用较多的是电阻式和电容式触摸屏。

1. 电阻式触摸屏概述

电阻式触摸屏的屏体部分是一块与显示屏表面非常配合的多层复合薄膜，由一层玻璃或有机玻璃作为基层。表面涂有一层透明的导电层，上面再盖有一层外表面硬化处理、光滑、防刮的塑料层。它的内表面也涂一层透明导电层，在两个导电层之间有许多细小（小于千分之一英寸）的透明隔离点把它们隔离绝缘。触摸屏负责将受压的位置转换成模拟电信号，再经过 A/D 转换成为数字量表示的 x、y 坐标，送入 CPU 处理。

电阻式触摸屏工作时，上下导体层相当于二维精密电阻网络，即等效为沿 x 方向的电阻 R_x 和沿 y 方向的电阻 R_y。当某一层电极加上电压时，会在该网络上形成电压梯度。如有外力使得上下两层在某一点接触，则在另一层未加电压的电极上可以测的接触点处的电压。然后用模/数转换器来测量电压，以此得出位置。触摸屏通过交替使用水平 X 和垂直 Y 电压梯度来获得 x 和 y 的位置，在便携式仪器中经常用四线电阻式触摸屏。电阻式触摸屏具有对外界完全隔离的工作环境，故不怕灰尘、水汽和油污，可以用任何物体来触摸，比较适合工业控制领域及办公室内的使用。四线电阻触摸屏原理如图 5-12 所示。

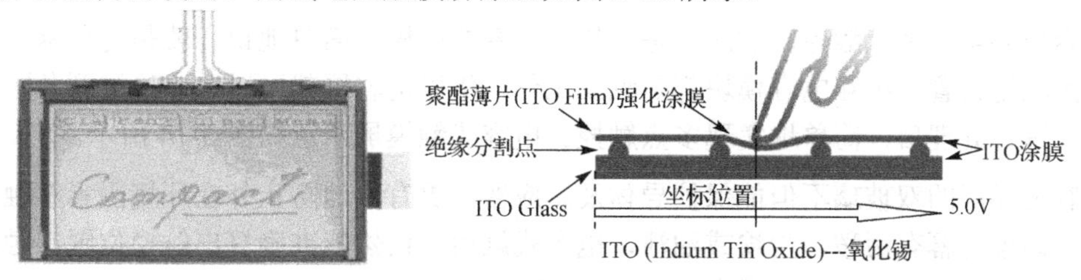

图 5-12　四线电阻触摸屏结构与原理

在触摸点 X、Y 坐标的测量过程中，测量电压与测量点的等效电路如图 5-13 所示，图中 P 为测量点。

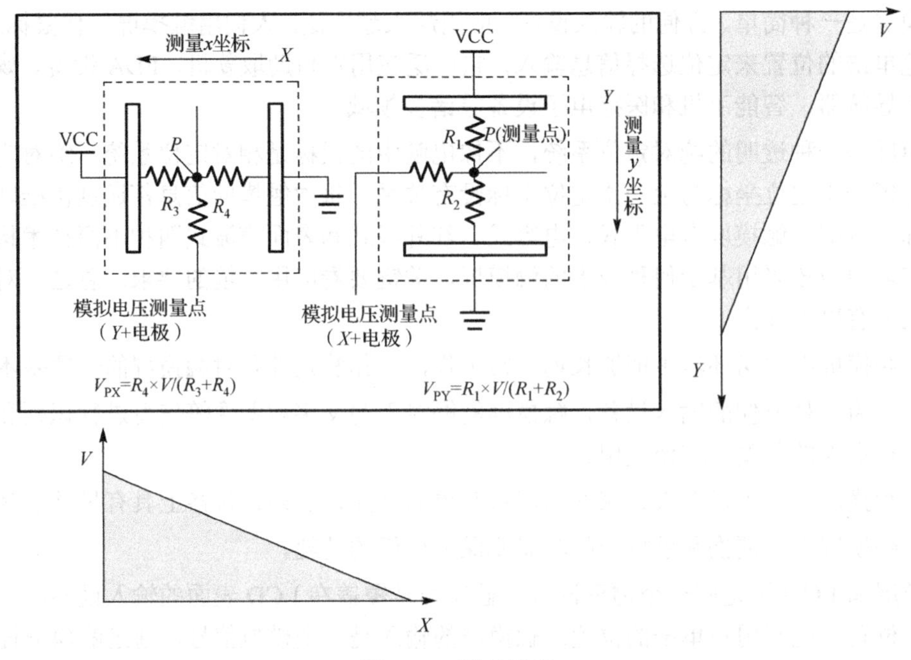

图 5-13　测量原理

电阻式触摸屏的缺点是：因为复合薄膜的外层采用塑胶材料，太用力或使用锐器触摸可能划伤整个触摸屏而导致报废。不过，在限度之内划伤只会伤及外导电层，外导电层的划伤对于五线电阻触摸屏来说没有关系，而对四线电阻触摸屏来说则是致命的。

电阻式触摸屏具有结构简单、不占额外的空间、成本低、透光效果好、工作高速传输反应、一次校正、稳定性高、不漂移等特点，因而被广泛用于工业控制领域。

2. 电容式触摸屏

电容式触摸屏是利用人体的电流感应进行工作的，其内部是一块四层复合玻璃屏，玻璃屏的内表面和夹层各涂有一层 ITO，最外层是一薄层矽土玻璃保护层，夹层 ITO 涂层作为工作面。在触摸屏的四个角上引出四个电极，内层 ITO 为屏蔽层以保证良好的工作环境。当用户触摸电容屏时，由于人体电场，用户手指和工作面形成一个耦合电容。因为工作面上接有高频信号，于是手指吸收走一个很小的电流，这个电流分别从屏的四个角上的电极中流出。由于理论上流经四个电极的电流与手指头到四角的距离成比例，控制器通过对四个电流比例的精密计算，就得出相关位置。电容式触摸屏可以达到 99%的精确度，具备小于 3 ms 的响应速度。

电容屏要实现多点触控，靠的就是增加互电容的电极。简单地说，就是将屏幕分块，在每一个区域里设置一组互电容模块都是独立工作，所以电容屏就可以独立检测到各区域的触控情况并进行处理后，简单地实现多点触控。电容式触摸屏示意如图 5-14 所示。

电容触摸屏的双玻璃不但能保护导体及感应器，更有效地防止外在环境因素对触摸屏造成影响，即使屏幕有污秽、尘埃或油渍，电容式触摸屏依然能准确算出触摸位置。触摸屏的触摸寿命较长，任何一点可承受大于 5000 万次的触摸。

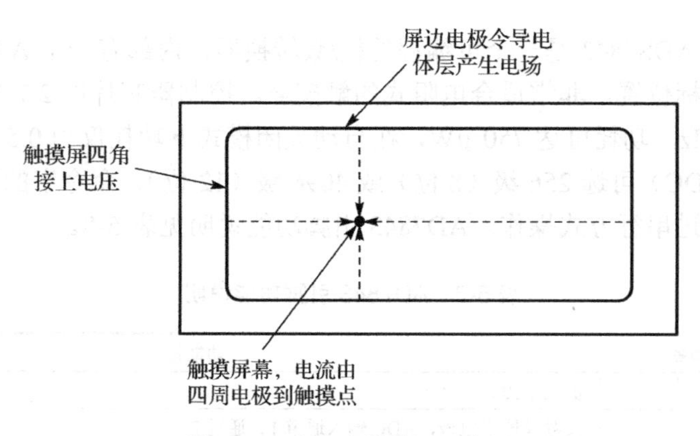

图 5-14　电容式触摸屏示意图

电容触摸屏的透光率和清晰度优于四线电阻屏，但电容屏反光较严重。而且电容技术的四层复合触摸屏对各波长光的透光率不均匀，存在一定的色彩失真的问题。当较大面积的手掌或手持的导体物靠近电容屏而不是触摸时，也会引起电容屏的误动作。另外，用戴手套的手或手持不导电的物体触摸时有可能没有反应，这是因为增加了更为绝缘的介质。目前电容式触摸屏广泛用于手机、游戏机、公共信息查询及零售点等系统中。

3. 触摸屏接口技术

针对触摸屏接口的设计，首先确定触摸屏的类型及外形尺寸，然后进行触摸屏所配套的驱动芯片的选型和连接电路的设计。对于电阻式触摸屏的控制电路，通常采用专用的集成电路芯片（如 ADS7843），专门处理是否有笔或手指按下触摸屏，并在按下时分别给两组电极通电，然后将其对应位置的模拟电压信号经过 A/D 转换送回处理器。ADS7843 芯片连接示意图如图 5-15 所示。

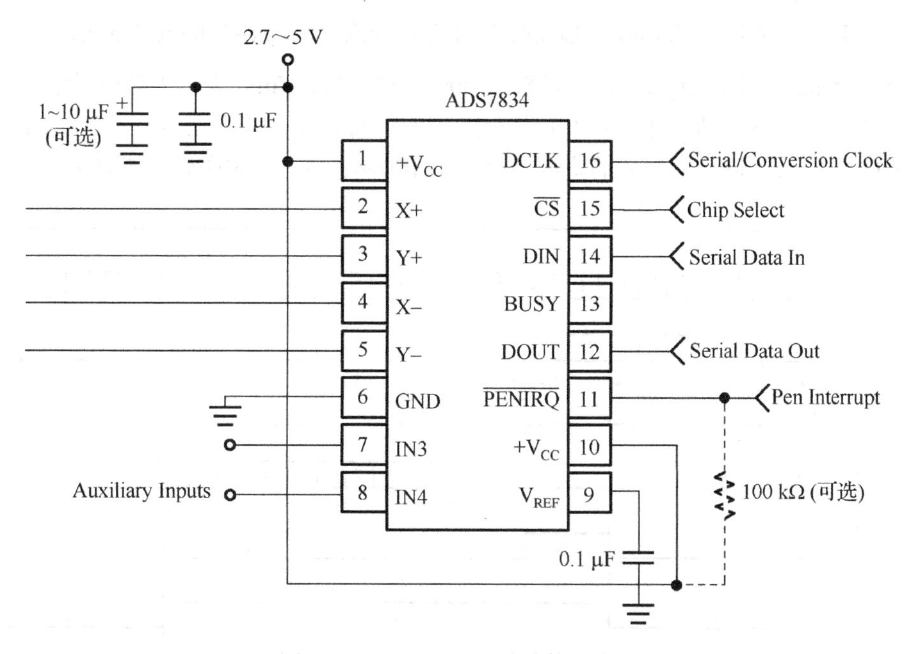

图 5-15　ADS7843 芯片连接示意图

触摸屏控制器ADS7843是一个可编程的模/数转换器，内部有一个A/D转换器，可以准确判断出触点的坐标位置，非常适合电阻式的触摸屏。控制器芯片以2.7 V到5 V间供电，转换率高达125 kHz，功耗可达750 μW，在自动关闭模式下功耗仅为0.5 μW。模/数转换精度（逐次比较式ADC）可选256级（8位）或4096级（12位），命令字的写入以及转换后的数字量的读取可通过串行方式操作。AD7843引脚功能说明见表5-8。

表5-8 AD7843引脚功能说明

引脚号	引脚名	功能描述
1、10	$+V_{CC}$	供电电源2.5～5 V
2、3	X+、Y+	接触摸屏正电极，ADC输入通道1、通道2
4、5	X−、Y−	接触摸屏负电极
6	GND	电源地
7、8	IN3、IN4	两个附属A/D输入通道，ADC输入通道3、通道4
9	V_{REF}	A/D转换参考电压输入
11	$\overline{\text{PENIRQ}}$	终端输出，需接外接电阻（10 kΩ或100 Ω）
12、14	DOUT、DIN	串行数据输出、输入，在时钟下降沿数据移出，上升沿数据移入
16	DCLK	串行时钟
13	BUSY	忙信号
15	$\overline{\text{CS}}$	片选

在实际中，具有实用价值的参数数据不仅仅是ADS7843采集到的对当前触摸点电压值的A/D转换值，而且还与触摸屏与LCD贴合的位置情况有关。由于LCD分辨率与触摸屏的分辨率通常不一样，其坐标也不相同。因此，如果想得到体现LCD坐标的触摸屏位置，还需要在程序中进行转换。转换公式为

$$X = (x - \text{TchScr\_Xmin}) \times \text{LCDWIDTH}/(\text{TchScr\_Xmax} - \text{TchScr\_Xmin})$$

$$Y = (y - \text{TchScr\_Ymin}) \times \text{LCDHEIGHT}/(\text{TchScr\_Ymax} - \text{TchScr\_Ymin})$$

其中，TchScr_Xmin 、TchScr_Xmax、TchScr_Ymax和TchScr_Ymin表示了触摸屏宽度X轴、高度Y轴方向电压的最小值、最大值，X和Y表示触摸点的具体电压值。在上述公式中，LCDWIDTH、LCDHEIGHT分别表示液晶屏尺寸的宽度与高度。AD7843的工作时序如图5-16所示。

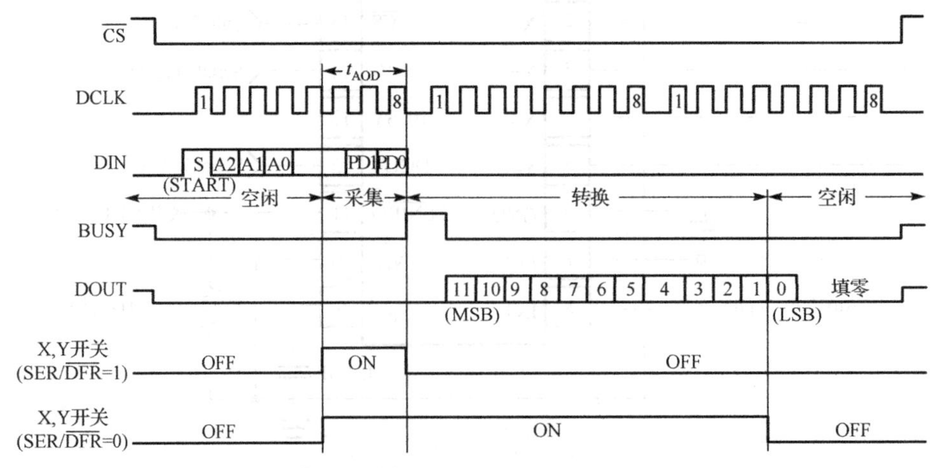

图5-16 ADS7843的工作时序

嵌入式微处理器一般采用外设接口 SPI 与 ADS7843 芯片连接，有关 SPI 通信相关知识，详见 5.5.2 节。微处理器通过 SPI 接口向 ADS7843 发送控制字，待转换完成后就可从 ADS7843 串口读出电压转换值进行相应处理。触摸屏驱动程序结构如图 5-17 所示。

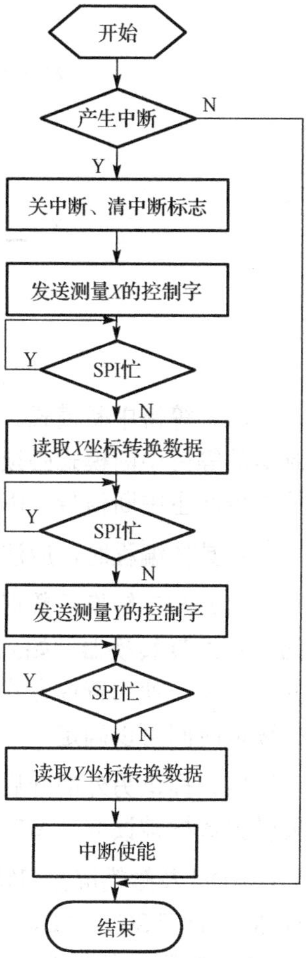

图 5-17　触摸屏驱动程序结构

4. S3C2440 与触摸屏接口设计

S3C2440 微处理器内部具有触摸屏接口，可以控制或选择触摸屏触点用于 *X*、*Y* 坐标的转换。触摸屏接口包括触摸触点控制逻辑和有中断产生逻辑的 ADC 接口逻辑。A/D 转换器和触摸屏接口的功能模块如图 5-18 所示，ADC 与触摸屏操作时序如图 5-19 所示。

注意：由于 A/D 转换器设备工作方式是一个循环类型，当 ADC 作为触摸屏接口使用时，XM 或 PM 应该接触摸屏接口的地。当触摸屏设备不使用时，XM 或 PM 应该连接模拟输入信号作为普通 ADC 转换用。

触摸屏接口模式如下。

（1）正常转换模式。单个转换模式可能多数是使用在通用目的的 A/D 转换，该模式可以通过设置 ADCCON（ADC 控制寄存器）来初始化并且完成对 ADCDAT0 的读写操作（ADC 数据寄存器 0）。

（2）分离 *X*、*Y* 坐标转换模式。触摸屏控制器可以在两种转换模式中的一种模式下操作，分离的 *X*、*Y* 坐标转换模式由以下方法操作。*X* 坐标模式写 *X* 坐标转换数据到 ADCDAT0，触摸屏接口产生中断源到中断控制器；*Y* 坐标模式写 *Y* 坐标转换数据到 ADCDAT1，触摸屏接口产生中断源到中断控制器。

（3）自动（连续）*X*、*Y* 坐标转换模式。触摸屏控制器连续地转换触摸 *X* 坐标和 *Y* 坐标，在触摸控制器写 *X* 测量数据到 ADCDAT0 且写 *Y* 测量数据到 ADCDAT1 后，触摸屏接口产生中断源到自动坐标转换模式下的中断控制器。

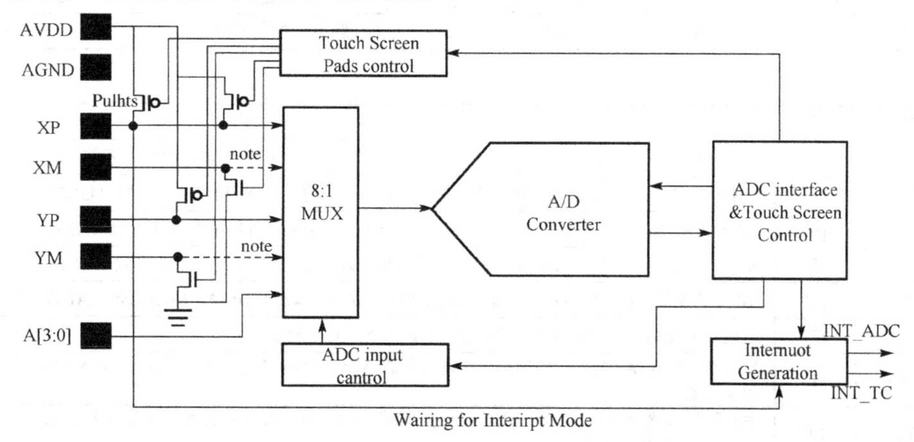

图 5-18　内部 ADC 与触摸屏接口功能图

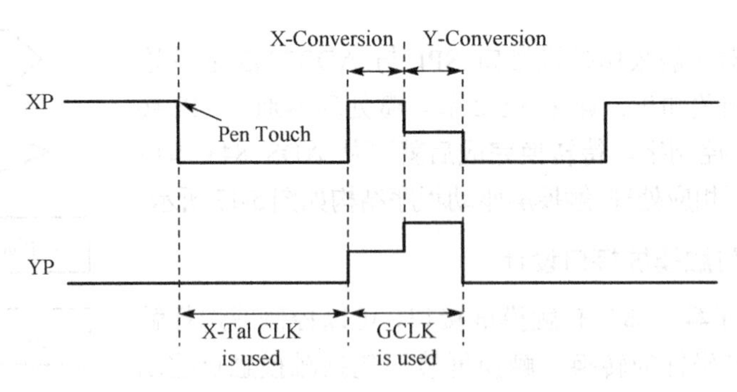

图 5-19 内部 ADC 与触摸屏操作时序

（4）等待中断模式。当光标按下时，触摸屏控制器产生中断信号（INT_TC），触摸屏控制器的等待中断模式必须设定为触摸屏接口中触点的状态（XP、XM、YP、YM）。在触摸屏控制器产生中断信号（INT_TC），等待中断模式必须被清除（XY_PST 设置到无操作模式）。

在具体编程时，应注意以下事项。

（1）A/D 转换的数据可以通过中断方式或查询方式来访问。使用中断方式，整个转换时间（从 A/D 转换器开始到转换数据读取）可能会因为中断服务程序的返回时间和数据访问时间而延长；使用查询方式，通过查看 ADCCON[15]位（转换标志结束位），ADCDAT 寄存器的读取时间可以确定。

（2）提供另外的开启 A/D 转换的方法。ADCCON[1]置 1（A/D 转换开始读取模式），只要转换数据被读取，A/D 转换将同时开始。

ADC 及触摸屏接口特殊寄存器包括 ADC 控制寄存器（ADCCON）、ADC 触摸屏控制寄存器（ADCTSC）、ADC 开始延时寄存器（ADCDLY）、ADC 转换数据寄存器 0（ADCDAT0）、ADC 转换数据寄存器 1（ADCDAT1）、ADC 触摸屏指针上下中断检测寄存器（ADCUPDN）。

ADC 控制寄存器（ADCCON）内部结构描述如表 5-4 和表 5-5 所示，ADC 触摸屏控制寄存器（ADCTSC）内部功能描述，如表 5-9 所示，其他寄存器介绍及编程应用，详见相关 S3C2440 技术资料。

表 5-9 ADC 触摸屏控制寄存器（ADCTSC）功能描述

寄存器	地址	读写	描述	复位值
ADCTSC	0x58000004	R/W	ADC 触摸屏控制寄存器	0x58

ADCTSC	位	描述	初始值
UD_SEN	[8]	检测光标上下状态：0 表示检测光标按下中断信号；1 表示检测光标抬起中断信号	0
YM_SEN	[7]	YM 开关使能：0 表示 YM 输出驱动无效（Hi-z）；1 表示 YM 输出驱动有效（GND）	0
YP_SEN	[6]	YP 开关使能：0 表示 YP 输出驱动有效（Ext-vol）；1 表示 YP 输出驱动无效（AIN5）	1
XM_SEN	[5]	XM 开关使能：0 表示 XM 输出驱动无效（Hi-z）；1 表示 XM 输出驱动有效（GND）	0
XP_SEN	[4]	XP 开关使能：0 表示 XP 输出驱动有效（Ext-vol）；1 表示 XP 输出驱动无效（AIN7）	1
PULL_UP	[3]	上拉开关使能：0 表示 XP 上拉有效；1 表示 XP 上拉无效	1
AUTO_PST	[2]	自动连续转换 X 坐标和 Y 坐标：0 表示普通 ADC 转换；1 表示自动连续测量 X 坐标和 Y 坐标	0
XY_PST	[1:0]	手动测量 X 坐标和 Y 坐标：00 表示无操作模式；01 表示 X 坐标测量；10 Y 坐标测量；11 表示等待中断模式	0

注意，当触摸屏触点（YM、YP、XM、XP）无效时，这些引脚应该用于作为 ADC 的模拟输入引脚（AIN4、AIN5、AIN6、AIN7）。

5.5 串行数据通信接口设计与应用

在嵌入式系统应用中，系统与系统、处理器与设备之间的信息交换方式、规则和实施措施等统称为通信技术。在其通信的过程中，如果交换的信息是以字节或字为单位且各位同时进行传输的，则称为并行通信方式。并行通信传输速率高，一般应用在芯片内部和板内部件级的通信中。如果通信双方交换的信息是以位为单位且各位数据依次按一定格式逐位传输的，则称为串行通信方式。串行通信方式所占用系统的资源少，通过有线或无线方式非常适于远距离通信。所以在嵌入式系统远程通信中，通常采用串行通信方式。

5.5.1 串行通信原理

在串行通信中，需要将传输的数据分解成二进制位，然后采用一条信号线将多个二进制数据位按一定的时间和顺序，逐位地由信息发送端传到信息的接收端。根据数据的传输方向和发送/接收是否能同时进行，数据传输的工作方式分为单工方式、半双工方式和全双工方式。

单工通信是指消息只能单方向传输的工作方式，发送端和接收端的身份是固定的。数据信号仅从一端传输到另一端，即信息的传输是单向的。例如，数据只能从 A 方传输到 B 方，而不能从 B 方传输到 A 方，但 B 方可以把监控信息传输到 A 方。单工通信方式的连接线路一般采用两线制，其中的一条线路用于传输数据，另一条线路用于传输监控信息。

半双工通信方式可以实现双向的通信，不能在两个方向上同时进行工作，但可以轮流交替地进行通信，即通信信道的任意端既可以是发送端也可以是接收端。但是在同一时刻里信息只能在一个传输方向通信，半双工方式的通信线路一般也采用两线制。

全双工通信方式是指在通信的任意时刻，允许数据同时在两个方向上传输，即通信双方可以同时发送和接收数据。全双工方式既可以采用四线制，也可以用两线制。一般在用四线制时，收、发双方都要使用一根数据线和一根监控线。但是当在一条线路上用两种不同的频率范围代替两个信道时，全双工的四条线也可以用两条线代替。例如，调制解调器就是用两根线提供全双工的通信信道。

在串行通信中，通信双方为保证串行通信顺利进行，而在数据传输方式、编码方式、同步方式、差错检验方式，以及信息的格式和数据传输速率等方面做出的规定称为通信规程，也称为通信协议。通信双方必须遵从统一通信协议，否则无法进行正常的通信。

根据串行通信的时钟控制的不同方式，可以分为同步和异步两种通信类型方式，因而目前采用的通信协议也分为异步串行通信协议和同步串行通信协议两类。

1．异步通信协议方式

异步串行通信协议规定字符数据的传输规范如下。

（1）起始位。通信线上没有数据被传输时，处于逻辑“1”状态，当发送设备要发送一个字符数据时，首选发送一个逻辑“0”信号，这个逻辑低电平就是起始位。起始位通过通信线传向接收机，接收设备检测到这个低电平后，就开始准备接收数据位信号。起始位所起的作用就是使发送和接收两个设备同步，才能保障通信双方传输数据位一致。

（2）数据位。当接收设备收到起始位后，开始接收数据位。数据位的个数可以是 5～9 位，PC 中经常采用 7～8 位数据传输。在字符传输过程中，数据位从发送机传输字节的最低有效位开始传输，依次在接收设备中被接收并转换为并行数据存储。

（3）奇偶校验位。数据位发送完毕后，常采用奇偶校验位方式保证数据传输的可靠性。注意，奇偶校验方式用于有限差错的检测。如果选择偶校验，则数据位和奇偶位的逻辑“1”的个数必须为偶数；相反，如果是奇校验，则逻辑“1”的个数为奇数。具体实施过程中，由发送方生成校验码，连同数据位一起被传输。接收方接收到数据位和校验位后进行奇偶校验，判断接收到的信息对错。

（4）停止位。在奇偶位或者数据位（当无奇偶校验时）之后发送停止位。停止位表示传输一个字符数据的结束。停止位可以在事先由通信协议设定，是 1 或者 2 位的高电平。接收设备收到停止位后，通信线路便恢复逻辑“1”状态，直到下一个字符数据的起始位到来。

（5）波特率设置。通信线路上传输的所有位信号都保持一致的信号持续时间，每一位的宽度都是由数据的码元传输速率确定的，而码元速率是单位时间内传输码元的多少，称为波特率。

异步通信方式收、发的双方都使用独立的时钟，在信息传输过程中双方以字符为单位，如图 5-20 所示。因此，传输一个字符一般由 10 位或 11 位组成，这样的一组字符称为一帧，字符一帧一帧地传输。每帧数据的传输依靠起始位来同步，发送方发送完一个字符的停止位后，可立即发送下一个字符的起始位，继续发送下一个字符。也可发送空闲位（逻辑 1 电平），表示通信双方不进行数据通信。当需要发送字符时，再用起始位进行同步。在通信中，为保证传输正确，线路上传输的所有位信号都保持一致的信号持续时间，收、发双方必须保持相同的传输速率。异步串行通信方式对硬件要求较低，实现起来比较简单、灵活，但信息的传输速率较低。

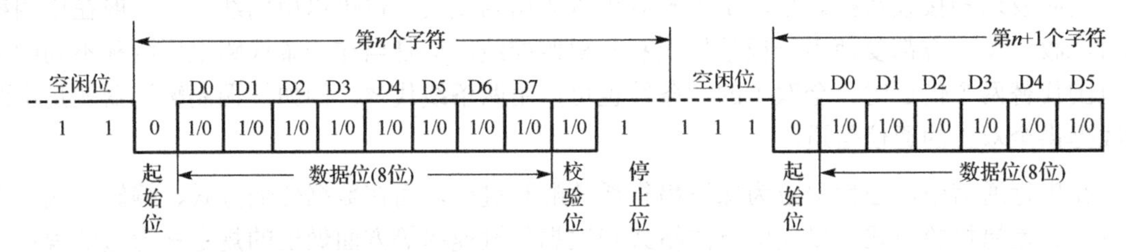

图 5-20 串行异步传输通信格式

例如，要求对 ASCII 码字符“C”（ASCII 码为 43H）加上奇校验位后进行传输，其异步串行通信的数据传输格式为 0110000101。其中，最前一位“0”为起始位；最后一位“1”为停止位；倒数第二位 0 为奇校验位。其余中间数据位 1100001 为字符“C”的 ASCII 编码 43H，低位在前、高位在后，即先发最低位，依次类推，最后发的是最高位。

异步串行通信的波特率一般在 50～19200 波特，如果某设备每秒传输 120 个字符，每一个字符的格式为 1 个起始位、7 个 ASCII 码数据位、1 个奇偶校验位、1 个停止位，共 10 位

组成，这时传输速率为

10 位/字符×120 字符/秒=1200 位/秒=1200 波特

可见，异步串行通信对每个字符至少要传输 20%的附加控制信息，因而传输速率较低。典型的异步通信接口为 RS-232 通信方式等。

2. 同步通信协议方式

在异步串行通信方式中，每传输一个字符都要用到起始位和停止位作为其传输开始和传输结束的标志，故占用了 CPU 时间。在同步串行通信方式中，为了提高传输速率，则去掉了这些标志，而采用同步字符信号方式作为数据传输开始的统一标志。

同步串行通信格式如图 5-21 所示。数据块开始有一个或两个同步字符（SYN）信号，作为传输数据信息开始的标志。中间部分是需要被传输的数据块（或者称为数据包），其内部的信息可包含事先约定的若干个字符信息，具体可由用户在通信协议中设置。最后部分为一个或两个校验码字段。接收方接收到数据后，采用校验码对接收到的数据进行校验，以判断传输是否正确。在同步协议中，一般采用循环冗余码（即 CRC 码）进行错误检测，其具有较高的纠错率。

图 5-21　串行同步传输通信格式

同步串行通信方式在信息发送端和信息接收端之间需要使用同步时钟，以便确保发送和接收双方在工作时保持同步。一般情况下，收、发设备要使用公共的时钟，避免出现时间上的误差。在实际操作时，可在传输线中增加一根时钟信号线，用同一时钟发生器驱动收、发设备。但是当信息传输距离太远时，也可以将时钟信息包含在信息块中，然后通过调制解调器从数据流中提取同步信号，采用锁相技术得到与发送时钟频率相同的接收时钟频率。

由于在同步通信数据块内，数据与数据之间不需要插入同步字符，没有间隙，因而传输速度较快。但要求有准确的时钟来实现收、发双方的严格同步，对硬件要求较高，适用于传输成批数据，一般用于高速通信方式。在嵌入式系统中，典型的串行同步通信接口为串行外部同步通信接口（SPI）。

3. 通用异步收发器（UART）

目前，嵌入式处理器中均支持异步通信方式，并具有专用的通用异步收发器（Universal Asynchronous Receiver and Transmitter，UART）。UART 是用于处理器与串口设备的通信接口，其数据通信方式可以分为全双工、半双工和单工通信方式。UART 输出的是 TTL 电平信号，经过专用转换电路，可以方便地与 RS-232、RS-422 和 RS-485 等接口进行通信。UART 的基本任务有：

- 实现数据格式化。在异步方式下接口自动生成起、止位的帧数据格式，在面向字符的同步方式下，接口要在待发送的数据块前加上同步字符。
- 进行串/并转换。处理器内部具有并入串出和串入并出的移位寄存器，完成此功能。
- 控制数据传输速度。即对波特率进行选择确认。

- 进行错误检测。在发送时自动生成奇偶校验或其他校验码，在接收时，检查字符的奇偶校验或其他校验码，确定是否发生传输错误。

例如，S3C2440 微处理器有三个独立的异步串行 UART，分别是 UART0、UART1 和 UART2。每个串口都可以在中断和 DMA 两种模式下进行收发，UART 支持的最高波特率达 230.4 kbps。每个 UART 通道对于接收器和发送器都各包括了 1 个 64 位的先进先出缓冲区 FIFO，负责数据的接收和发送。UART 还支持可编程波特率选择；红外传输接收方式；一个或两个停止位；5～8 位数据长度和奇偶校验位。每个 UART 包含一个波特率发生器、接收器、发送器、计数器和一个控制单元，其波特率发生器可由 PCLK、FCLK/n 或 UEXTCLK（外部输入时钟）来锁定。UART 内部主要结构，如图 5-22 所示。

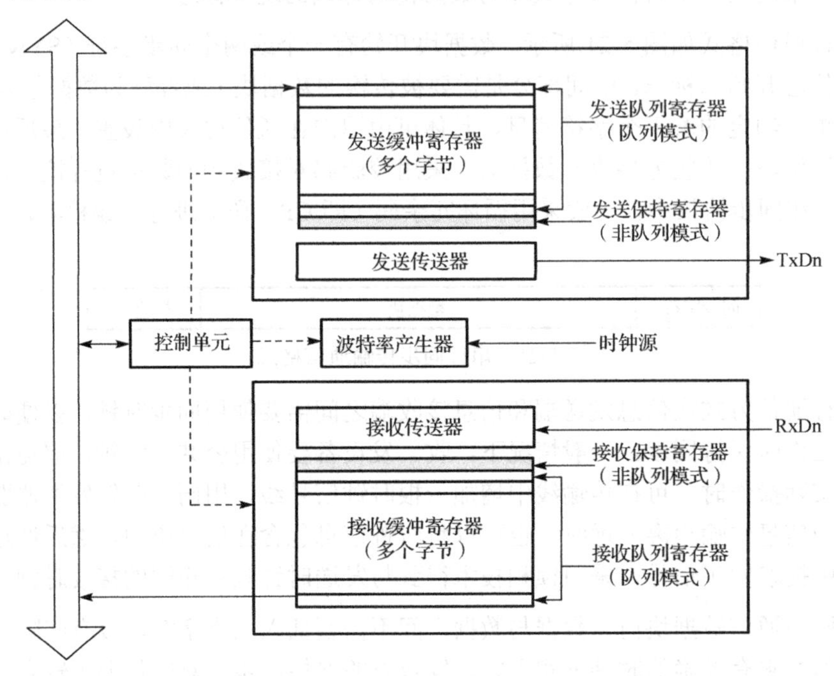

图 5-22 S3C2440 UART 内部主要结构框图

S3C2440 的 UART0、UART1 都遵从 1.0 规范的红外传输功能，并有完整的握手信号，可以连接 Modem。当发送数据时，数据先写到 FIFO 然后拷贝到发送移位寄存器，然后从数据输出端口（TxDn）依次被移位输出，被接收的数据也同样从接收端口（RxDn）移位输入到移位寄存器，最后拷贝到 FIFO 中。

UART 数据接收/发送的数据帧是可编程的，其包括 1 个开始位、5～8 个数据位、1 个可选的奇偶校验位和 1～2 个停止位，可由线性控制寄存器 ULCONn 来设置。UART 特殊寄存器包括 UART 线性控制寄存器（ULCONn）、UART 控制寄存器（UCONn）、UARTFIFO 控制寄存器（UFCONn）、UARTMODEM 控制寄存器（UMCONn）、UART 接收发送状态寄存器（UTRSTATn）、UART 错误状态寄存器（UERSTATn）、UARTFIFO 缓冲区状态寄存器（UFSTATn）、UARTMODEM 状态寄存器（UMSTATn）、UART 发送缓存寄存器（UTXHn）、UART 接收缓存寄存器（URXHn）和 UART 波特率除数寄存器（UBRDIVn），共 11 个寄存器。有关各寄存器的应用，详见 S3C2440 技术手册。

5.5.2　串行通信接口设计与应用

串行接口的本质功能是作为 CPU 和串行设备间的编码转换器。当数据从 CPU 经过串口发送出去时，字节数据转换为串行的位。在接收数据时，串行的位被转换为字节数据。串口是系统资源的一部分，应用程序要使用串口进行通信，必须在使用之前向操作系统提出资源申请要求（打开串口），通信完成后必须释放资源（关闭串口）。

1. RS-232 串行接口

RS-232 是目前 PC 与通信工业中应用广泛的一种串行接口，被定义为一种在低速率串行通信中的一种标准，也是一种用于连接 DTE（数据终端设备）和 DCE（数据通信设备）两种设备硬件协议。RS-232 定义包括接口机械特性（一般为 9 针）；电气信号特性（负载电容不超过 2500 pF，负载电阻在 3～7 kΩ 之间，电压在–3～–15 V 和 3～15 V）；交换特性（允许单工、半双工和全双工方式）三个方面的要求。

在实际的应用中，利用 RS-232 串行接口进行通信最少可使用其中的三根通信线，即 TxD（发送线）、RxD（接收线）和 GND（公共地线），通信距离一般在几十米内。RS-232 支持串行数据单工、半双工和全双工三种传输形式，在串行通信方式上支持同步通信和异步通信两种方式。

检错是接收端检测在数据字或包传输过程中可能发生错误的能力，最常见的错误类型是位错误（Bit Error）和突发位错误（Burst of Bit Error）。位错误是指数据字或包中某一个位接收的不正确，即 1 变为 0 或 0 变为 1；突发位错误是指数据字或包中连续多个位接收不正确。如果检测到错误，纠错（Error Correction）就是通过接收器和发送器合作以更正错误的能力。检错和纠错能力通常是总线协议的一部分。

校验和方式是经常用于对数据包进行检查的一种检错方式。一个数据包内含有多个数据字，在使用奇偶校验时，每个要被传输的字都要增加一位校验位用以帮助检错。在采用校验和方式校验时，每个包都要增加一个校验字，目的也是帮助检错。例如，可以计算数据包中所有数据字的异或和，并将该值与数据包一起发送。当接收器在接收到被传输过来的数据包及校验字后，立刻计算所接收到的所有数据字的异或和。如果经过计算所得到的和与所接收到的校验和相同时，则认为所接收到的数据包是正确的，否则认为是错误的。当然不是所有的错误组合都可以用这种方式检测到。更可靠的方法是可以同时使用奇偶校验与校验和两种检错方式或者采用 CRC 循环冗余校验码方式，以得到更强的检错能力。

通常在嵌入式处理器中都集成了 3.3 V 的 LVTTL 电平的串行接口，其中 LVTTL 的标准所定义逻辑 1 对应 2～3.3 V 电平，逻辑 0 对应 0～0.4 V 电平，可以直接使用。为了和标准 RS-232C 串行设备通信，通常采用 SP3243 或 MAX3223 芯片用于电平的转换，即将微处理器中的逻辑 1 信号变成–3～–15 V，将微处理器中的逻辑 0 信号变成 3～15 V 电平进行通信。RS-232C 串口 9 线接口定义，如表 5-10 所示。RS-232C 串口电路的设计（3 线方式），如图 5-23 所示。

在嵌入式开发板或目标机与 PC 进行串行通信中，RS-232C 标准通常采用的接口是 9 芯 D 型插头。RS-232C 接口信号引脚如表 5-10 所示。

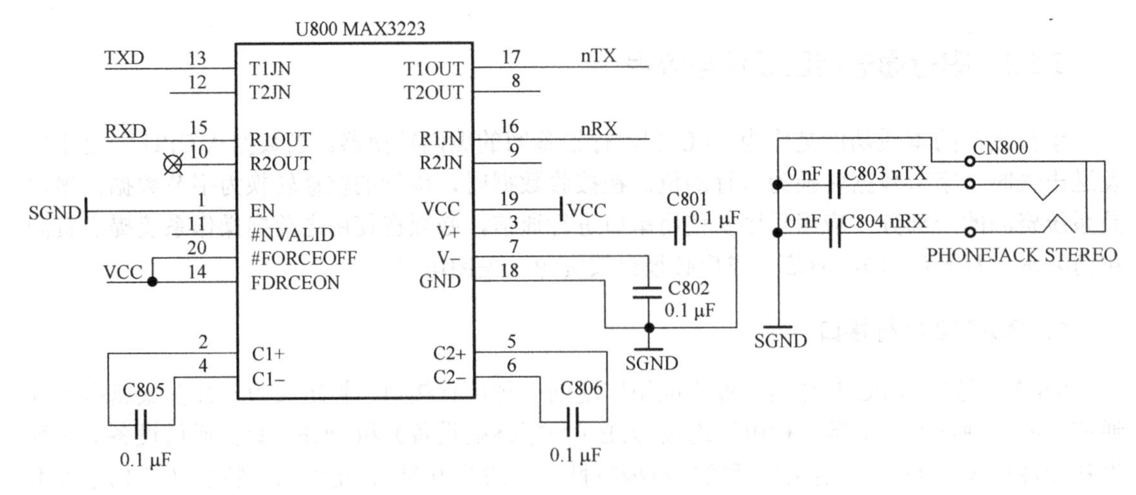

图 5-23　RS-232C 串口电路的设计（3 线方式）

表 5-10　RS-232C 接口信号引脚分配一览表

9 芯引脚	符　号	功　　能	方　　向	9 芯引脚	符　号	功　　能	方　　向
3	TXD	发送数据	输出	5	GND	信号地线	
2	RXD	接收数据	输入	1	DCD	数据载波检测	输入
7	RTS	请求发送	输出	4	DTR	数据终端就绪	输出
8	CTS	清除发送	输入	9	RI	振铃信号指示	输入
6	DSR	数据设备就绪	输入				

2．通用串行通信总线（USB）

通用串行通信总线（Universal Serial Bus，USB）协议是由 Intel、Compaq 及 Microsoft 等多家公司联合提出的一种新的同步串行总线标准，主要用于 PC 与外围设备的互连。1996 年发布第一个规范版本 1.0，传输速率为 1.5 Mbps 和 12 Mbps。2000 年发布 2.0 模式版本，传输速率为 480 Mbps。2008 年发布 3.0 版本，最大传输速率为 5 Gbps。USB 规范中将 USB 分为控制器、控制器驱动程序、USB 芯片驱动程序、USB 设备，以及针对不同 USB 设备的驱动程序五个部分。日常生活中常见的与 USB 有关的东西很多，比如 U 盘、移动硬盘、MP3、键盘和鼠标、打印机，以及数码相机等设备。USB 主要有以下优点：

（1）热插拔（即插即用）。设备不需重新启动便可以工作，因为 USB 协议规定在主机启动或 USB 设备插入系统时都要对设备进行配置，无须手动设置地址、中断地址等参数。

（2）传输速率高。支持三种设备传输速率：USB1.1 的速度为 1.5 Mbps 和 12 Mbps，USB2.0 实现高达 480 Mbps 的传输率。USB 接口标准统一，使用一个 4 针插头作为标准。

（3）连接方便、易于扩展。可通过串行连接或者使用集线器 Hub 连接 127 个 USB 设备，从而以一个串行通道取代 PC 上一些类似串行口和并行口等 I/O 端口。使嵌入式系统与外设之间的连接更容易实现，让所有的外设通过协议来共享 USB 的带宽。另外，USB 接口提供了内置电源，不同设备之间基本可以共享接口电缆。在每个端口都可检测终端是否连接或分离，并能区分出高速或低速设备。

按照 USB 协议，在 USB 主机与 USB 设备之间进行一系列“问答”过程。从而主机知道了设备的情况，以及该如何与设备通信，并为设备设置一个唯一的地址。在配置阶段主机也了解到设备端点的使用情况，便可以通过这些端点来进行特定传输方式的通信。

在嵌入式应用系统中可以扩展出主 USB 接口和从 USB 接口两个接口。其中 HOST（主）USB 接口可连接诸如 U 盘的外部设备进行通信和存储，在设计主 USB 接口时可选用 Cypress 公司的 SL811 芯片。Device（从）USB 接口可与 PC 上的 USB 连接进行完成程序下载、通信等功能，设计从 USB 接口时可选用 Philips 公司的 PDIUSBD12 芯片。USB 主、从接口电路如图 5-24 所示。

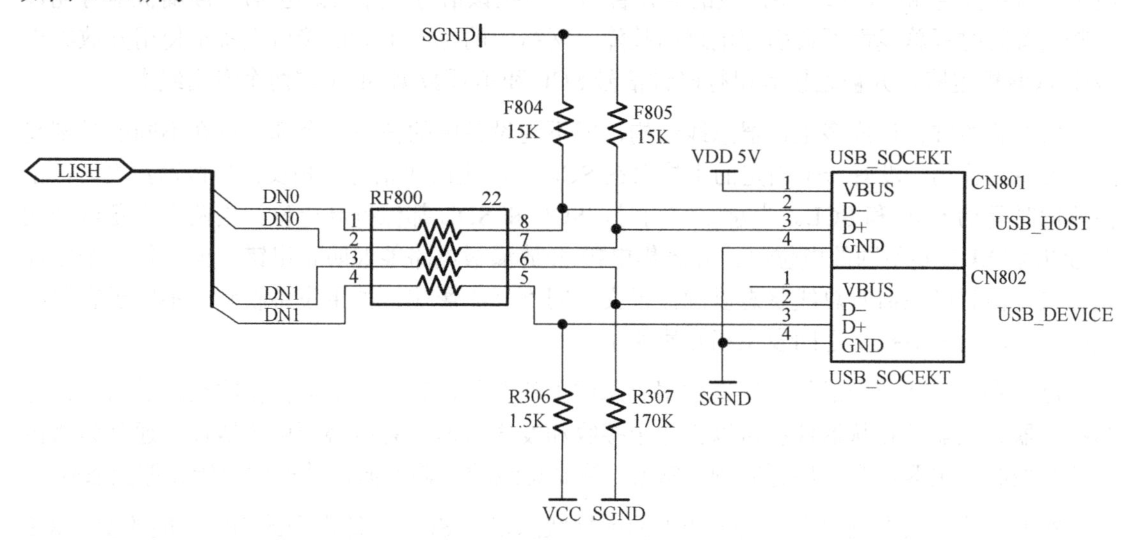

图 5-24　USB 主、从接口电路

3. I2C 总线

I2C 总线（内部集成电路总线）是飞利浦公司开发的一种常用于将微处理器连接到系统的一种双向 8 位二进制异步/同步串行总线，一般可用于连接串行存储器和 LCD 控制器，也可以作为 MPEG-2 视频片的命令接口。I2C 总线多应用消费电子、通信和工控领域。

I2C 总线的工作原理类似于电话网络，各种被控制电路均并联在这条总线上，只有拨通各自的号码被控电路才能工作，所以每个电路和模块都有唯一的地址。在信息的传输过程中，I2C 总线上并联的每一模块电路既是主控器（或被控器），又是发送器（或接收器），这取决于它所要完成的功能。使用 I2C 总线接口有主传输模式、主接收模式、从传输模式和从接收模式共四种操作模式。I2C 主要特点总结如下。

（1）在硬件上使用二线传输方式。其中串行数据线（SDL）用于数据传输，串行时钟线（SCL）用于指示什么时候数据线上是有效数据。二线制的 I2C 串行总线使得各 IC 只需最简单的连接，而且总线接口都集成在 IC 中，不需另加总线接口电路。电路的简化省去了电路板上的大量走线，减少了电路板的面积，提高了可靠性，降低了成本。

（2）I2C 总线支持多主控（Multi-Mastering）方式。如果存在两个或更多主机同时初始化数据传输，可以通过冲突检测和仲裁防止数据被破坏。其中，任何能够进行发送和接收的设备都可以成为主机，一个主机能够控制信号的传输和时钟频率，当然在任何时间点上只能有一个主机。

（3）I2C 总线可以工作在全双工通信形式，串行的 8 位双向数据传输位速率在标准模式下可达 100 kbps，快速模式下可达 400 kbps，高速模式下可达 3.4 Mbps。

（4）连接到相同总线的 IC 数量只受到总线最大电容（400 pF）的限制，但如果在总线中加上 82B715 总线远程驱动器，则可以把总线电容限制扩大 10 倍，传输距离可增加到 15 m。

总线不规定使用电压的高低，以便双极型 TTL 器件或单极型 MOS 器件都能够连接到总线上。所有的总线信号均使用开放集电极/开放漏极电路，上拉电阻保持信号的默认状态为高电平。当 0 被传输时，每一条总线的晶体管用于下拉该信号。开放集电极/开放漏极信号允许一些设备同时写总线而不会引起电路的故障。网络中的每一个 I2C 接口设备都使用开放集电极/开放漏极电路，并被连接到串行时钟信号 SCL 和串行数据 SDA 这两个专用线上。

I2C 总线被设计成多主控器总线结构，即不同设备中的任何一个都可以在不同的时刻起主控设备的作用，没有一个固定的主控器在 SCL 上产生时钟信号。相反，当传输数据时，主控器同时驱动 SDL 和 SCL。当总线空闲时，SCL 和 SDL 都保持高电位。当两个设备试图改变 SCL 和 SDL 到不同的电位时，开放集电极/开放漏极电路能够防止出错。但是每一个主控设备在传输时必须监听总线状态以确保报文之间不互相影响，如果设备收到了不同于它要传输的值时，它知道报文之间发生相互影响了。

I2C 采用主/从双向通信。发送数据到总线上的器件，称为发送器；接收数据的器件则称为接收器。主器件和从器件都可以工作于接收和发送状态。总线必须由主器件（通常为微控制器）控制，主器件产生串行时钟（SCL）控制总线的传输方向，并产生起始和停止条件。

在 I2C 传输数据过程中，SDA 线上的数据状态仅在 SCL 为低电平的期间才能改变，SCL 为高电平的期间，SDA 状态的改变被用来表示起始和停止条件。下面介绍 I2C 总线上发送的数据的格式。

① 控制字节在起始条件之后，必须是器件的控制字节，其中高 4 位为器件类型识别符（不同的芯片类型有不同的定义），接着 3 位为片选，最后 1 位为读写位，当为 1 时为读操作，为 0 时为写操作。

② 写操作分为字节写和页面写两种操作。对于页面写，根据芯片的一次装载的字节不同有所不同。

③ 读操作有三种基本操作：当前地址读、随机读和顺序读三种。需要注意的是，最后一个读操作的第 9 个时钟周期不是无意义的，为了结束读操作，主控组件必须在第 9 个周期间发出停止条件，或者在第 9 个时钟周期内保持 SDA 为高电平，然后发出停止条件。开始条件和停止条件如图 5-25 所示。

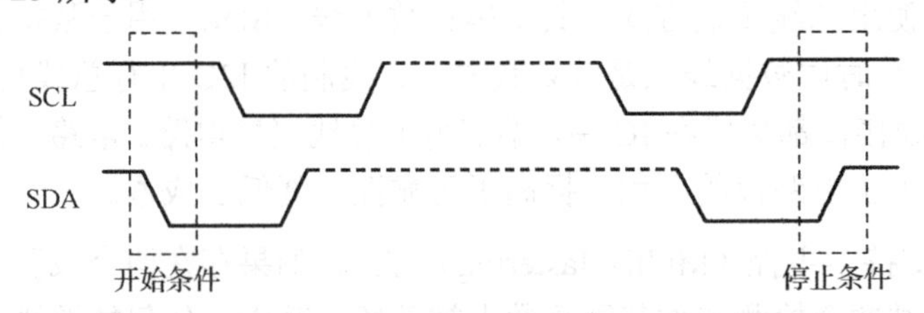

图 5-25　开始条件和停止条件

每一个 I2C 设备都有自己的地址，设备的地址是由系统设计者决定的，通常是 I2C 总线驱动程序的一部分，这个地址的选择必须保证任何两个设备之间的地址都不相同。在标准的 I2C 定义中，设备地址是 7 位（扩展的 I2C 允许 10 位地址）。地址 0000000 一般是用于发出通用呼叫或总线广播，总线广播可以同时给所有的设备发出命令信号。I2C 总线 7 位地址数据传输格式如图 5-26 所示，I2C 总线的系统结构连接如图 5-27 所示。

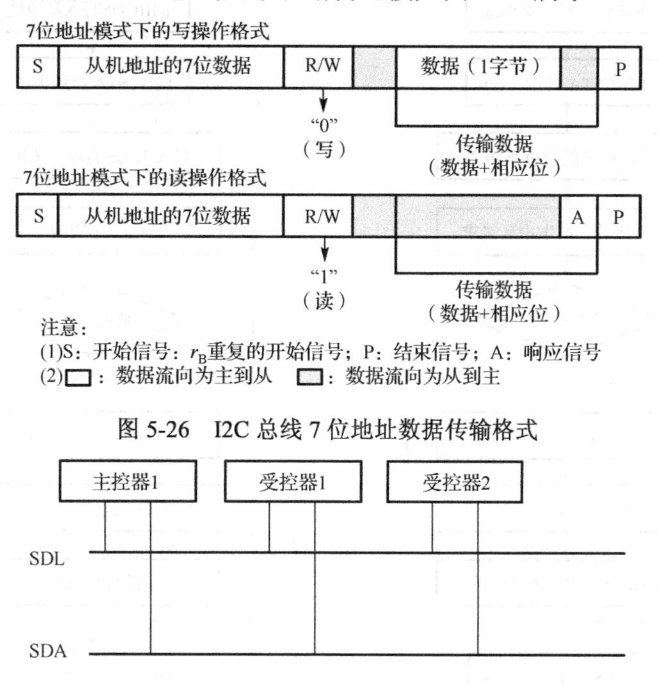

图 5-26　I2C 总线 7 位地址数据传输格式

图 5-27　I2C 总线的系统结构连接

例如，S3C2440 的 I2C 主要由五部分构成：数据收发寄存器、数据移位寄存器、地址寄存器、时钟发生器、控制逻辑等部分，如图 5-28 所示。

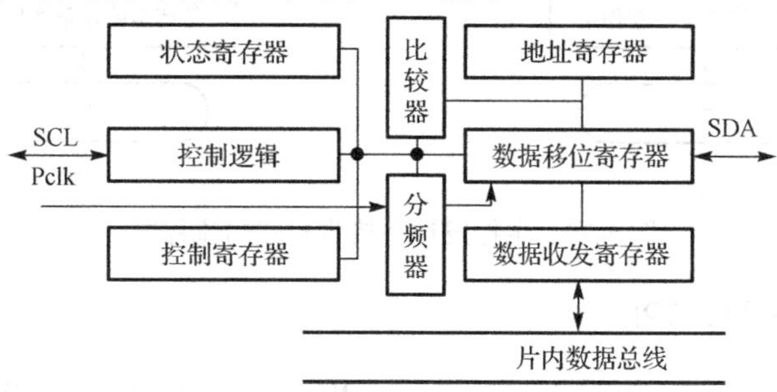

图 5-28　S3C2440 的 I2C 总线的内部结构

在开始接收和发送数据之前，必须执行下面的流程。

- 如果需要，将从地址写入 IICADD 寄存器。
- 设置 IICCON 寄存器，允许中断，设置 SCL 周期。
- 设置 IICSTAT 寄存器，开始传输数据。

图 5-29 和图 5-30 给出了各种模式下数据传输的流程，其中，图 5-29（a）为主控发送模式的流程图，图 5-29（b）为主控接收模式的流程图，图 5-30（a）为从组件发送模式的流程图，图 5-30（b）为从组件接收模式的流程图。

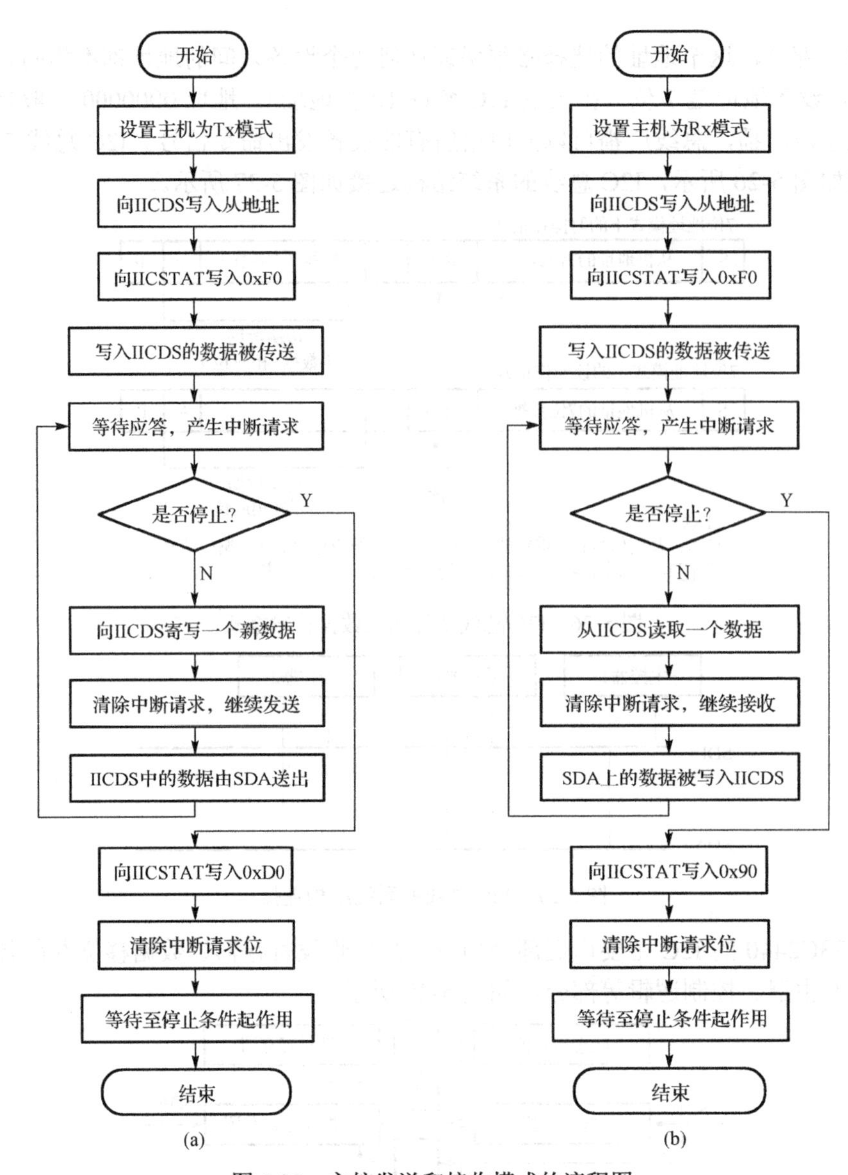

图 5-29　主控发送和接收模式的流程图

4．串行外围设备接口 SPI

串行外设接口（Serial Peripheral Interface，SPI）是 Motorola 公司推出的一种同步串行总线接口，主要用于主从分布式的通信网络，用 4 根接口线（时钟线 SCLK、数据输入线 SDI、数据输出线 SDO、片选线 CS）即可完成主从之间的数据通信。在时钟信号的作用下，发送数据的同时接收对方发来的数据，也可以只发送或者只接收，SPI 的波特率可以达到 20 Mbps 以上。

SPI 内部结构主要由 8 位时钟预分频器、8 位发送移位寄存器、8 位接收移位寄存器及控制逻辑电路构成。SPI 数据的传输格式是最高有效位（MSB）在前、最低有效位（LSB）在后。从设备只有在主控制器发出命令后才能接收或者发送数据。其中，片选使能信号 CS 的有效与否完全由主控制器来决定，时钟信号也由主控制器发出。

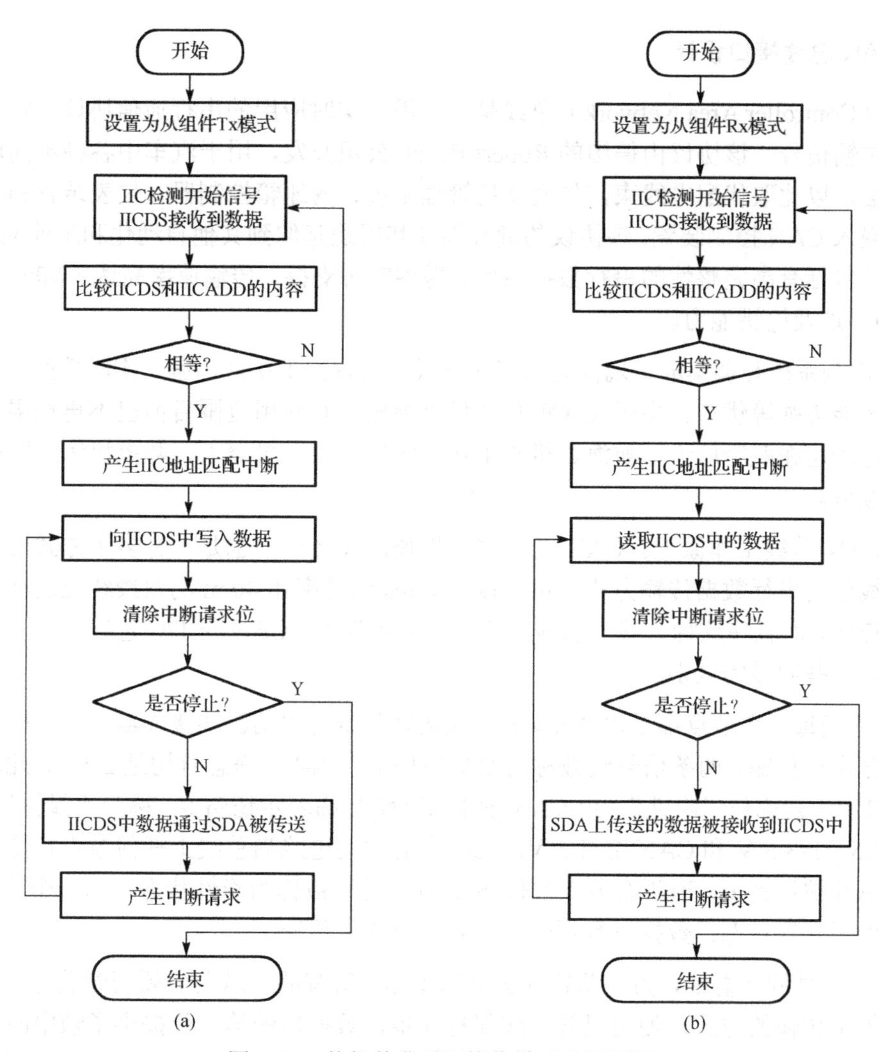

图 5-30　从组件发送和接收模式的流程图

SPI 经过专用转换电路，可以方便连接一些标准的同步串行通信设备。例如，可以连接触摸屏控制芯片 ADS7843、CAN 总线控制芯片 MCP2510、D/A 转换器 Max504 芯片、键盘和 LED 扫描芯片 ZLG7289 等。还有，常用的 USB 和 I2C 通信接口也都工作在同步串行方式。例如，S3C2440 微处理器有 2 个 SPI 接口，既可以作为主 SPI 使用，也可以作为从 SPI 使用。SPI 设备系统可以由多个 SPI 设备组成，任何一个设备都可以为主 SPI，但是任一时刻只能有一个主 SPI，如图 5-31 所示。

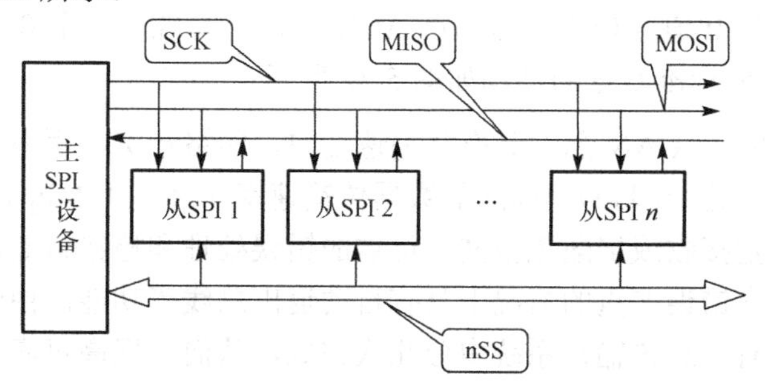

图 5-31　SPI 设备系统连接图

5．CAN总线接口设计

CAN（Controller Area Network）总线是一种用于实时应用的串行通信协议，它可以使用双绞线来传输信号。该协议由德国的Robert Bosch公司开发，用于汽车中各种不同电子元件之间的通信，以此取代配电线束，如发动机管理系统、变速箱控制器、仪表装置和电子主干系统中均嵌入CAN控制装置。该协议的健壮性使其用途延伸到其他自动化和工业应用。CAN协议的特性包括有高完整性的串行数据通信、提供实时支持、传输速率高达1 Mbps、同时具有11位的寻址及检错能力。

CAN控制系统强调集成、规模化的工作方式，具有抗干扰能力强、实时性好、系统错误检测和隔离能力强等优点。由于CAN总线优点突出，其应用范围目前已不再局限于汽车行业，也广泛应用在航空航天、航海、机械工业、农用工业、机器人、数控机床、医疗器械及传感器等领域。

（1）CAN总线工作原理。CAN总线属于现场总线之一，也是一种多主方式的串行通信总线。总线使用串行数据传输方式，可以以1 Mbps的速率在40 m的双绞线上运行，也可以使用光缆连接，而且在这种总线上总线协议支持多主控器。CAN与I2C总线的许多细节很类似，但也有一些明显的区别。

CAN总线每一个节点都是以AND方式连接到总线的驱动器和接收器的。CAN总线的信号使用差分电压传输，两条信号线被称为CAN-H和CAN-L，静态时均是2.5 V，此时状态被称为逻辑1，也被称作“隐性”，用CAN_H比CAN_L高表示逻辑0，称为“显性”，此时的电压值CAN_H=3.5 V和CAN_L=1.5 V。总线上的驱动电路当总线上任何节点拉低总线电位时会引起总线被拉到0。当所有节点都传输1时，总线被称为隐性状态。当一个节点传输0时，总线处于显性状态；数据以数据帧的形式在网络上传输。

CAN是一种同步总线，为了总线仲裁能够工作，所有的发送器必须同时发送。节点通过监听总线上位传输的方式，使自己与总线保持同步，数据帧的第一位提供了帧中的第一个同步机会。数据帧以1个1开始，以7个0结束（在两个数据帧之间至少有3个位的域）。分组中的第一个域包含目标地址，该域被称为仲裁域，目标标识符长度是11位。如果数据帧被用来从标识符指定的设备请求数据时，后面的远程传输请求（RTR）位被设置为0。当RTR=1时，分组被用来向目标标识符写入数据。控制域提供一个标识符扩展和4位的数据域长度，但在它们之间要有一个1。数据域的范围为0～64 B，这取决于控制域中给定的值。数据域后发送一个循环冗余校验（CRC）用于错误检测。确认域被用于发出一个是否帧被正确接收的标识信号，发送端把一个隐性位（1）放到确认域的ACK插槽中，如果接收端检测到了错误，它强制该位变为显性的0值。如果发送端在ACK插槽中发现了一个0在总线上，它就知道必须重发。CAN总线的标准数据帧结构如图5-32所示。

（2）CAN总线特点。CAN总线具有传输速度快、网络带宽利用率高、纠错能力强、低成本、远距离传输（长达10 km）、高速的数据传输速率（高达1 Mbps）等特点，还具有可以根据报文的ID决定接收或屏蔽该报文、可靠的错误处理和检错机制、发送的信息遭到破坏后自动重发、节点在错误严重的情况下具有自动退出总线等功能。由于CAN协议执行非集中化总线控制，所有信息传输在系统中分几次完成，从而实现高可靠性通信。

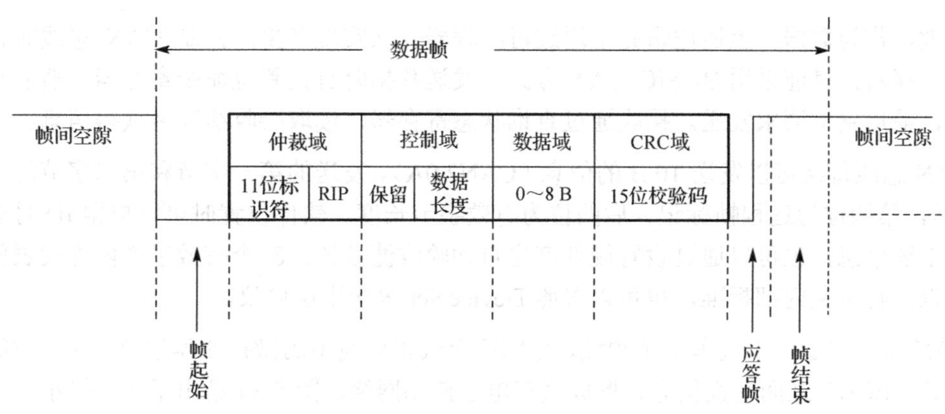

图 5-32 CAN 总线的标准数据帧结构

CAN 总线也存在 CAN 总线的时延不确定的现象，由于每一帧信息包括有 0～8 B 的有效数据，这样只有在具有最高优先权传输帧的延时是确定的，其他帧只能根据一定的模型估算。另外，由于 CAN 的数据传输方式单一，从而限制了它的功能。例如，CAN 总线通过网上下载程序就比较困难，CAN 总线的网络规模比较小，一般在 50 个节点以下。CAN 总线控制器体系结构如图 5-33 所示。

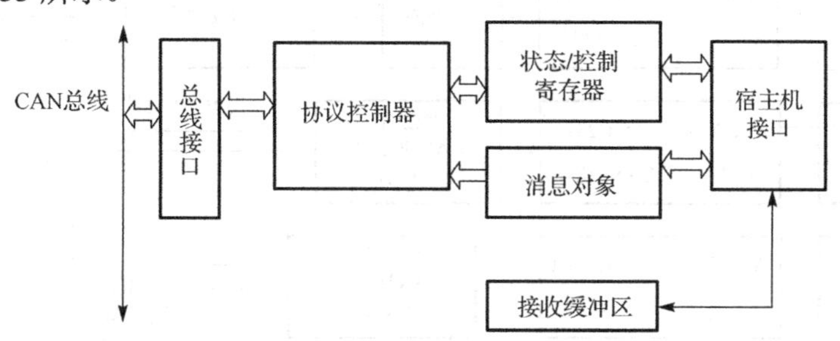

图 5-33 CAN 总线控制器的体系结构

（3）CAN 总线接口的设计。无论是在微处理器中内嵌 CAN 控制器（如 LPC2294 微处理器），还是在系统中采用独立的 CAN 控制器，都需要通过 CAN 总线收发器（也叫作 CAN 驱动器）连接到 CAN 物理总线。国内常用的 CAN 总线收发器是 82C250（全称为 PCA82C250），它是 Philips 公司的 CAN 总线收发器产品，其作用是增加通信距离、提高系统的瞬间抗干扰能力、保护总线、降低射频干扰和实现热防护，该收发器至少可挂 110 个节点。另外还有 TJA1050、1040 可以替代 82C250 产品，电磁辐射更低，无待机模式。在 CAN 控制器和 CAN 收发器之间为了进一步提高系统的抗干扰能力，往往还要增加一个光电隔离器件。

可以使用独立的 CAN 总线控制器芯片 SJA1000 由 Philips 公司生产，可以替代 82C200，支持 CAN2.0A/B，同时支持 11 位和 29 位 ID，位速率可达 1 Mbps，具有总线仲裁功能，扩展的接收缓冲器（64 B 的 FIFO），增强的环境温度范围（–40～+125 ℃）。还有 MCP2510/5，由 MicroChip 公司生产，支持 CAN2.0A/B，同时支持 11 位和 29 位 ID，位速率可达 1 Mbps，具有总线仲裁功能、2 个接收缓冲区、3 个发送缓冲区、高速 SPI 接口。

ARM 微处理器和 SJA1000 以总线方式连接，SJA1000 的复用总线和 ARM 微处理器的数据总线连接。SJA1000 的片选、读写信号均采用 ARM 微处理器总线信号，地址锁存 ALE 信号由读写信号和地址信号通过 GAL 产生。在写 SJA1000 寄存器时，首先往总线的一个地址写数据，作为地址。此时读写信号无效，ALE 变化产生锁存信号。然后写另一个数据，读写信号有效，作为数据。上述逻辑完全通过可编程器件来实现产生。控制 CAN 总线时首先初始化各寄存器，目前采用 BASIC CAN 方式。发送数据时首先置位命令寄存器，然后写发送缓冲区，最后置位请求发送。接收通过查询状态寄存器，读取接收缓冲区获得信息。

CAN 总线每次可以发送 10 B 的信息（CAN2.0A）。发送的第一字节和第二字节的前 3 位为 ID 号，第四位为远程帧标记，后四位为有效字节长度。软件设置时可以根据 ID 号选择是否屏蔽上述信息，也可以通过设置硬件产生自动验收滤波器。8 个有效字节内部代表何种参数，可以自行定义内部标准，也可以参照 DeviceNet 等应用层协议。

CAN 总线主要用于汽车电子领域，特别适合汽车环境中的微控制器通信，在车载的各个电子装置（ECU）之间交换信息，形成汽车电子控制网络。图 5-34 给出了在一辆小汽车内的基于 CAN 总线的汽车电子应用系统架构示意图，图中含有 4 条 CAN 总线，并且含有 4 种 MPU 与 CAN 总线控制器的配置方法。

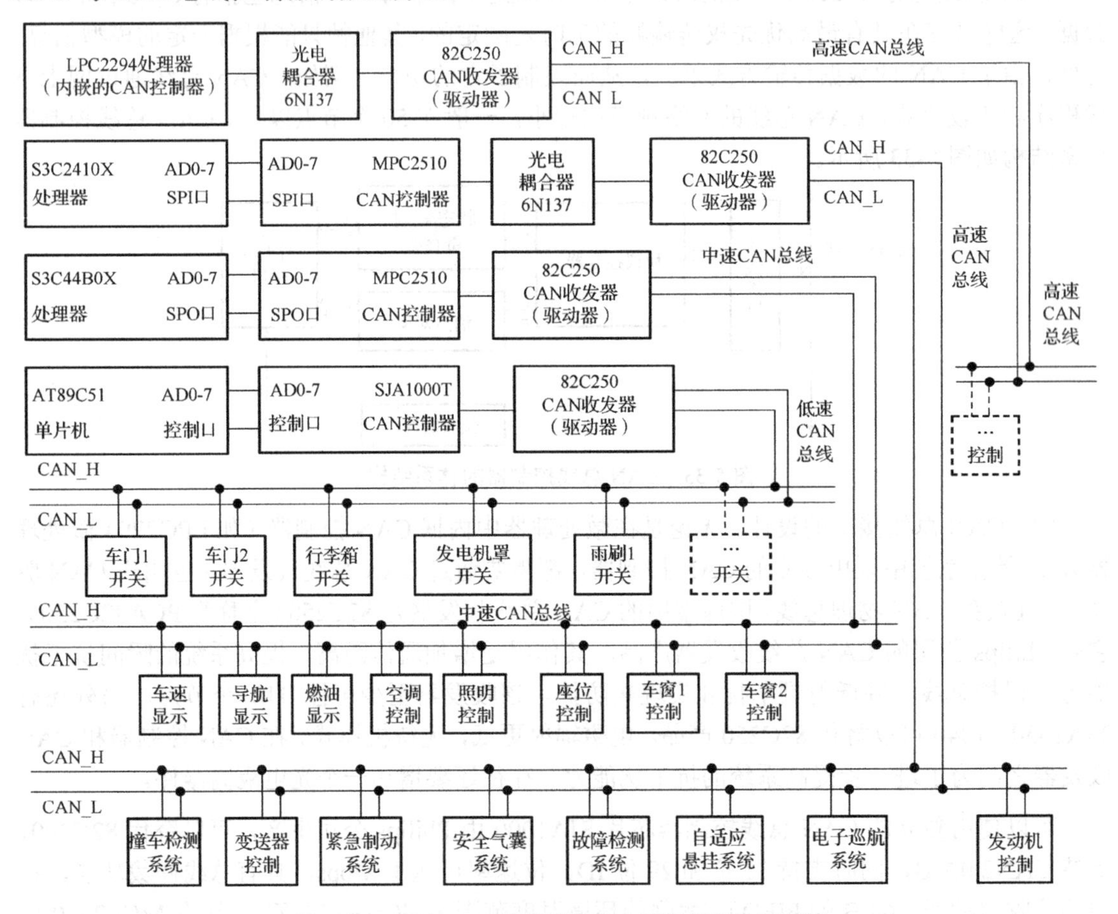

图 5-34 基于 CAN 总线的汽车电子应用架构示意图

 5.6 无线通信接口设计与应用

嵌入式系统之间的数据交换除了可以利用总线和联网方式完成外，还可以采用无线方式完成，无线通信避免了设备必须有物理连接才能通信的要求。无线通信方式有红外线、蓝牙、

ZigBee、WiFi 和移动通信等方式，它们通常以功能独立的模块形式存在，内含编/解码的射频信号发送/接收芯片。可以内置和外置在电路上，通过网口、串口或 USB 接口与嵌入式系统的数据总线连接，或者通过总线的专用适配卡接入。

5.6.1 蓝牙通信技术

瑞典的爱立信公司首先构想以无线电波来连接计算机与电话等各种周边装置，建立一套室内的短距离无线通信的开放标准，并以中世纪丹麦国王 Harold 的外号“蓝牙”（Bluetooth）为其命名。1998 年爱立信、诺基亚、英特尔、东芝和 IBM 公司共同发表声明组成一个特别利益集团小组（Special Interest Group，SIG），共同推动蓝牙技术的发展。

蓝牙协议是一个新的无线连接全球标准，建立在低成本、短距离的无线射频连接上。蓝牙协议所使用的频带是全球通用的，如果配备蓝牙协议的两个设备之间的距离在 10 m 以内，则可以建立连接。由于蓝牙协议使用基于无线射频的连接，不需要实际连接就能通信。例如，掌上电脑（Laptop）可以向隔壁房间的打印机发送数据，微波炉也可以向无绳电话发送一个信息，告诉用户饭已准备好。将来，蓝牙协议可能成为数以万计的移动电话、PC、掌上电脑以及其他种类繁多的电子设备的通信标准。蓝牙无线通信技术的主要有如下特点。

（1）适用设备多。蓝牙技术最大的优点是使众多电信和计算机设备无须电缆就能连接通信。例如，将蓝牙技术引入到移动电话和笔记本电脑中，就可以去掉连接电缆而通过无线建立通信，打印机、平板电脑、PC、传真机、键盘、游戏手柄以及手机等其他的数字设备都可以成为蓝牙系统的一部分。

（2）工作频段全球通用。工作在 2.4 GHz ISM（Industry Science Medicine）频段，该频段用户不必经过任何组织机构允许，在世界范围内都可以自由使用。这样可以消除国界的障碍，有效地避免无线通信领域的频段申请问题。

（3）使用方便。蓝牙技术规范中采用了一种“Plonk and Play”的概念，该技术类似于计算机系统的“即插即用”。在使用蓝牙时，用户不必再学习如何安装和设置。凡是嵌入蓝牙技术的设备一旦搜寻到另一个蓝牙设备，在允许的情况下可以立刻建立联系，利用相关的控制软件无须用户干预即可传输数据。

（4）安全加密、抗干扰能力强。ISM 频带是对所有无线电系统都开放的频带，因此使用其中的某个频带都会遇到不可预测的干扰源，如某些家电、无绳电话、汽车房开门器、微波炉等。为了避免干扰，蓝牙技术特别设计了快速确认和跳频方案，每隔一段时间就从一个频率跳到另一个频率，不断搜寻干扰比较小的信道。在无线电环境非常嘈杂的情况下，蓝牙技术的优势极为明显。蓝牙标准有效的传输距离为 10 m，通过添加放大器可将传输距离增加到 100 m。

（5）兼容性好。由于蓝牙技术独立于操作系统，所以在各种操作系统中均有良好的兼容特性。目前主流的各种操作系统都提供了对蓝牙技术的完整支持。

（6）尺寸小、功耗低。所有的技术和软件集成于微芯片内部，从而可以集成到各种小型设备中，如蜂窝电话、传呼机、平板电脑、数码相机及各种家用电器中，与集成的设备相比，可忽略其功耗和成本。大部分厂商已经将蓝牙技术与 Wi-Fi 技术整合到同一个芯片的内部，进一步减小了系统的体积和功耗，并且已经在笔记本电脑和手机中得到了广泛的应用。

（7）多路方向链接。蓝牙无线收发器的连接距离可达10 m，不限制在直线范围内，甚至设备不在同一房间内也能相互连接，而且可以连接多个设备，最多可达7个。这就可以把用户身边的设备都连接起来，形成一个个体网，在个人数字设备之间实现数据的传输。

（8）蓝牙芯片是蓝牙系统的关键技术。1999年年底，朗讯公司宣布了它的第一个蓝牙集成芯片W7020，该产品由一个单芯片无线发送子系统、一个基带控制器和蓝牙协议软件组成。

蓝牙系统模块如图5-35所示。

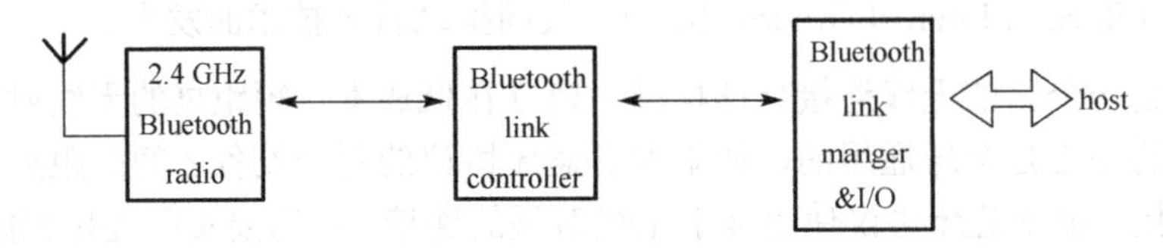

图5-35 蓝牙系统模块

伴随手机、笔记本电脑等移动通信设备的迅速发展，蓝牙设备和蓝牙版本也不断得到迅猛的发展。截止到2011年年末，蓝牙技术已经经历了六个主要版本，分别是V1.1、1.2、2.0、2.1、3.0和最新的4.0。版本V1.1为最早期的蓝牙版本，传输速率为748～810 kbps，容易受到同频率产品干扰，影响通信质量。V1.2版本在相同的传输速率下增加了抗干扰跳频功能。V2.0版本的蓝牙技术将传输速率提高至1.8～2.1 Mbps，同时支持双重传输方式，即传输语音的同时也可以传输文件等其他数据，在语音传输方面也支持了A2DP技术。2009年颁发的蓝牙V3.0版本在蓝牙设备的功耗上做出了较大的改进。2010年4月颁发的蓝牙V4.0标准是目前最新的蓝牙标准，该标准在电池续航时间、节能和设备种类等多方面做出了改进，使得蓝牙成为一种拥有低成本、跨厂商互操作性、低延迟性（3 ms）、100 m以上超长距离、AES-128加密等诸多优良特性的无线通信方式。

蓝牙网络的基本单元是微微网，微微网由主设备单元和从设备单元构成。蓝牙组网技术属于无线连接的自主网技术，它免去了通常网络连接所需要的电缆插拔和软/硬件系统同步配置操作，给用户带来了极大的方便。

在蓝牙网络中，所有的设备都是对等的，各设备通过其自身唯一的48位地址来标识。可以通过程序或用户的干预将其中某个设备指定为主设备，主设备可以连接多个从设备形成一个微微网。同时，蓝牙设备间的数据传输也支持点对点通信方式。硬币大小的USB蓝牙收发器和蓝牙耳机如图5-36所示。

图5-36 USB蓝牙收发器和蓝牙耳机

5.6.2 ZigBee通信技术

ZigBee是基于IEEE802.15.4标准的低功耗网络协议，根据这个协议规定的技术是一种短距离、低功耗的无线通信技术。ZigBee一词源自蜜蜂通过跳ZigZag形状的舞蹈来通知其他蜜蜂有关花粉位置等信息，以此达到彼此传递信息的目的。

ZigBee技术作为一种双向无线通信技术的商业化命名，具备近距离、低复杂度、自组织、低功耗、低数据速率、低成本等优点，也常被嵌入式产品应用。2004年年底ZigBee联盟发布了1.0版本规范，2005年4月已有Chipcon、CompXs、Freescale、Ember四家公司通过了ZigBee联盟对其产品所做的测试和兼容性验证。从2006年开始，基于ZigBee的无线通信产品和应用迅速得到普及和高速发展。

ZigBee工作在2.4 GHz或868/915 MHz无线频带，ZigBee协议的整体框架包括物理层、MAC层、数据链接层、网络层和应用会话层。其中物理层、MAC层和链路层采用了IEEE 802.15.4（无线个人区域网）协议标准，并在此基础上进行了完善和扩展。而网络层及应用设备层是由ZigBee联盟制定的，用户只需编写自己需求的最高层应用协议即可实现节点之间的通信。IEEE 802.15.4协议标准如表5-11所示。

表5-11 IEEE802.15.4（无线个人区域网）协议标准

工作频率	频段属性	使用区域	使用频道数	传输速率（理论）
2.4 GHz	ISM	Worldwide	16	250 kbps
915 MHz	ISM	US	10	40 kbps
868 MHz	—	Europe	1	20 kbps

ZigBee可实现点对点、一点对多点、多点对多点之间的设备间数据的透明传输，支持三种主要的自组织无线网络类型，即星状结构、网状结构（Mesh）和簇状结构（Cluster）。其中星状网络是一个辐射状系统，数据和网络命令都是通过中心节点传输的，而网状结构具有很强的网络健壮性和系统可靠性。

在传感器节点组网方面，ZigBee网络中的节点可以分为协调器、路由器和终端节点三种不同的类型。其中协调器是ZigBee网络中的第一个设备，负责选择信道和网络标识，并组建网络；路由器主要负责允许其他设备加入网络、多跳路由的实现；终端节点处在网络的最边缘，负责数据的采集、设备的控制等外围功能。以目前广泛应用的TI公司的CC2530 ZigBee芯片为例，其具备以下的基本特性。

- 优化的51内核，达到标准8051的8倍性能；
- 支持硬件AES加密和解密；
- 内置DMA控制器、看门狗定时器、ADC、实时时钟、UART/SPI、8位和16位定时器，多达21个GPIO；
- 支持16 MHz或32 MHz外部晶体振荡器；
- 可扩展高达32 KB、64 KB、128 KB或256 KB系统可编程闪存，8 KB的RAM内存；
- 支持无线IEEE 802.15.4通信协议的硬件结构；
- 集成2.4 GHz DSSS数字射频；

- 宽电压供电，工作电压为2.0～3.6 V。

在应用领域，TI公司的片上系统CC2530将MCU与RF集成封装，一方面减小了系统的体积，同时也降低了系统功耗，提高了系统的稳定性。宽电压的设计使得CC2530更适合于移动应用设备的使用，如智能家居、矿井安全定位等。目前主要流行的基于ZigBee通信的专用集成芯片有Jennic的JN5148、TI的CC2530、Freescale的MC13192、Atmel的LINK-23X和LINK-212等。

基于ZigBee通信成品模块的数据接口主要有TTL电平收发接口、标准串口RS-232数据接口两种形式。另外，通信功能方面可以实现数据的广播方式发送、按照目标地址发送模式。ZigBee通信除了可实现一般的点对点数据通信功能外，还可实现多点之间的数据通信。串口通信使用方法简单便利，可以大大缩短模块的嵌入匹配时间进程。

例如，顺舟公司的SZ05系列无线通信模块，该模块分为中心协调器、路由器和终端节点三类，这三种类型节点与ZigBee网络的三种节点功能相对应，并且硬件结构上完全一致，只是设备嵌入软件不同，只需通过跳线设置或软件配置即可实现不同的设备功能。SZ05无线传感器模块外部接口如图5-37所示。

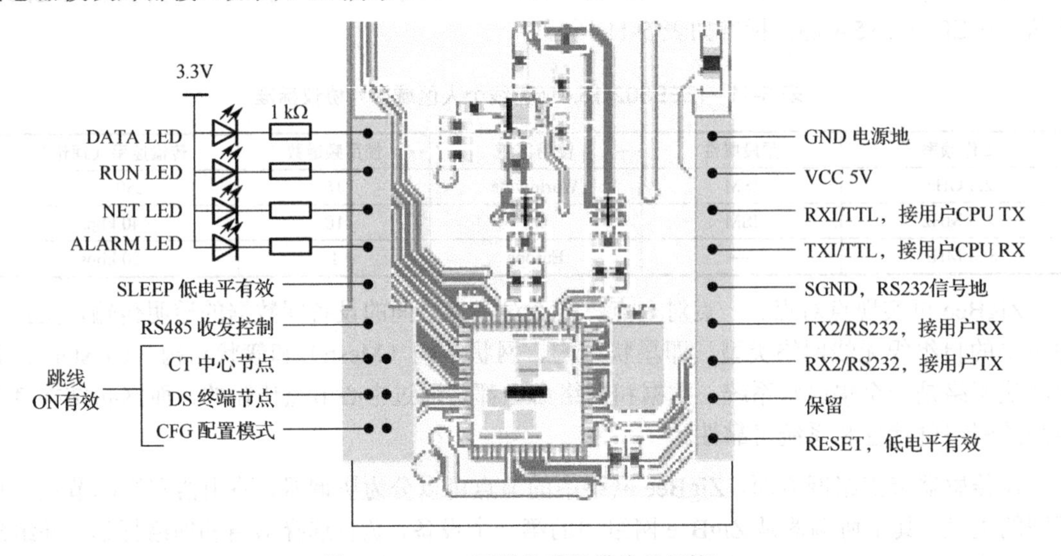

图5-37 SZ05无线传感器模块外部接口

SZ05系列无线通信模块技术指标如下。

- 传输距离为100～2000 m；
- 网络拓扑类型为星状、树状、链状、网状网；
- 寻址方式：IEEE 802.15.4/ZigBee标准地址；
- 最大数据包为256 B；
- 数据接口可以是TTL电平收发或标准RS-232串口；串口信号：TxD，RxD，GND；串口速率为1200～38400 bps；串口校验：None、Even、Odd；数据位：7或8位，校验位1位；
- 频率范围为2.405～2.480 GHz，无线信道16个；
- 发射功率为–27～25 dBm；

- 天线连接为外置 SMA 天线或 PCB 天线；
- 输入电压为 DC 5 V，工作电流为 70 mA，最大接收电流为 55 mA，待机电流为 10 mA，节电模式为 110 μA，睡眠模式为 30 μA；
- 工作温度为–40°C～85°C，工作环境存储温度为–55°C～125°C。

5.6.3　无线局域网 Wi-Fi 技术

如今无线保真技术（Wireless Fidelity，Wi-Fi）是人们日常生活中访问互联网的重要手段之一。它可以通过一个或多个体积很小的接入点，为一定区域的（家庭、校园、机场）众多用户提供互联网访问服务。

1. 概述

Wi-Fi 是一种允许电子设备连接到一个无线局域网（WLAN）的技术，通常使用 2.4 GHz 的 UHF 或 5 GHz 的 SHF ISM 射频频段。连接到无线局域网通常是有密码保护的，但也可以是开放的，这样就允许任何在 WLAN 范围内的设备可以连接上。Wi-Fi 是一个无线网络通信技术的品牌，由 Wi-Fi 联盟所持有。有人把使用 IEEE 802.11 系列协议的局域网就称为无线保真，甚至把 Wi-Fi 等同于无线网际网路（Wi-Fi 是无线局域网 WLAN 的重要组成部分）。

Wi-Fi 与蓝牙类似，同属于短距离无限通信技术。不过，Wi-Fi 传输距离可达数百米、传输速度可达数百 Mbps，甚至 Gbps 的无线传输，能够提供 WLAN 的接入能力。

Wi-Fi 协议经历了十几年的发展，如今 IEEE 802.11a/b/g/n 已经成为主流 Wi-Fi 协议（2.4 GHz、3.6 GHz、5 GHz）。对于网络服务运营商而言，Wi-Fi 载波的频率属于免费的公共频段。Wi-Fi 技术具有以下四个特点：

（1）Wi-Fi 覆盖范围半径可达 100 m 左右，可以在普通大楼中使用。

（2）Wi-Fi 传输速度快，可以达到 11 Mbps，但通信质量和安全性不是很好。

（3）应用方便，厂商只要在机场、车站等公共场所设置相关设备，并通过高速线路将因特网接入上述场所。

（4）Wi-Fi 最主要的优势是无线布线，因此非常适合移动办公用户的需要。

2. Wi-Fi 组成及工作原理

Wi-Fi 无线网络的基本配备就是无线网卡及一台 AP，AP（AccessPoint）一般翻译为“无线访问节点”或“桥接器”。AP 就像一般有线网络的 Hub 一般，无线工作站可以快速且轻易地与网络相连。特别是对于宽带的使用，Wi-Fi 更显优势。有线宽带网络（ADSL、小区 LAN 等）到户后，连接到一个 AP，然后在电脑中安装一块无线网卡即可应用。普通的家庭有一个 AP 已经足够，甚至用户的邻里得到授权后，则无需增加端口也能以共享的方式上网。

Wi-Fi 芯片的应用主要针对笔记本或手机，通常可以运行数小时后充电。芯片结构框图如图 5-38 所示。

Wi-Fi 芯片经过初始设置与连接关联后，该设备在之后的绝大多数时间里不做任何操作，仅在必要的时候定期唤醒，执行各种应用相关或网络相关的任务。

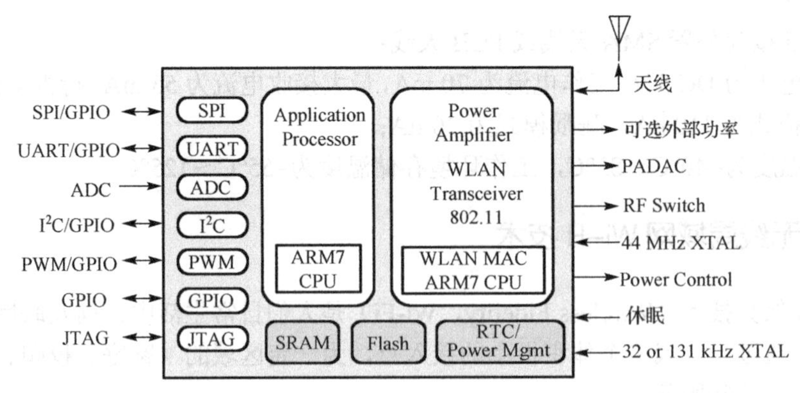

图 5-38 Wi-Fi 芯片结构框图

Wi-Fi 芯片内部高度集成的体系结构实现了有效的电源管理，一旦指定的操作为“空闲”，处理器和时钟部件能够快速切断至休眠状态实现省电。当收到收发操作指令时，在一个时钟周期内又能恢复正常工作。芯片的各部件可以根据需要灵活地关闭，也可将整个芯片所有部件（包括时钟晶振）全都关闭，进入深度休眠状态。恢复时，仅需几毫秒就可从深度睡眠状态切换到完全工作状态。这样一来，系统能够支持在制定的信标（beacon）时刻唤醒。

5.6.4 第 2、3、4 和 5 代通信技术简介

1. GPRS 通信技术

GPRS 是通用无线分组业务（General Packet Radio System）的缩写，是 1993 年英国 BT Cellnet 公司提出的 GSM 向第三代移动通信（3G）过渡的一种技术，通常称为 2.5G。GPRS 采用与 GSM 相同的频段、频带宽度、突发结构、无线调制标准、跳频规则，以及相同的 TDMA 帧结构，面向用户提供移动分组的 IP 或者 X.25 连接，从而为用户同时提供语音与数据业务。从外部看，GPRS 同时又是 Internet 的一个子网。

GPRS 无线网络技术是目前成熟的技术，由于其监控不受距离、地域、时间的限制，适合小批量数据量的传输。它支持 TCP/IP 协议，并且具有覆盖范围广、性能较为完善、本身具有较强的数据纠错能力、数据传输率较高可达 150 kbps，还能够保证数据传输的可靠性和实时性，以及分组模式数据应用的成本效益和网络资源的有效利用等功能，所以广泛应用于远程的无线数据传输领域。在实际应用中，GPRS 具备了高速传输、快捷登录、实时在线、合理计费、自如切换、业务丰富和资源共享等诸多优点。GPRS 技术由于间断的、突发性的或频繁的少量数据传输的特点，更适应信息处理领域中非周期性突发的数据传输。GPRS 技术的引入，为家庭网关接入外部数据网提供了一种新的解决方案。GPRS 是全球移动通信系统 GSM 的技术升级，从而真正实现 GSM 网络与 Internet 的兼容，它为用户提供从 9.6 kbps 到 150 kbps 数据传输速率。

GPRS 提供的业务主要包括：GPRS 承载 WAP 业务、电子邮件业务、在线聊天、无线接入 Internet、基于手机终端安装数据业务、支持行业应用业务、GPRS 短消息业务等。另外，GPRS 还可以实现无线监控与报警、无线销售、移动数据库访问、财经信息咨询、远程测量、车辆跟踪与监控、移动调度系统、交通管理、警务及急救等应用。

例如，GPRS 手机可与全球定位系统 GPS 结合提供车辆的实时调度、监控和管理。GPS

探测车辆位置等信息，由GPRS网络实时传输到车辆调度中心，调度中心的指示和命令也能够以短信方式发送给一个或多个驾驶员，具有成本低、覆盖范围广和无须专人维护的优点。

2. CDMA通信技术

码分多址（Code Division Multiple Access，CDMA）是一种扩展频谱多址数据通信技术，属于2.5代移动通信技术。第二次世界大战期间因战争的需要而研究开发出CDMA技术，其初衷是防止敌方对己方通信的干扰，在战争期间广泛应用于军事抗干扰通信，后来由美国高通公司更新成为商用蜂窝电信技术。1993年3月，美国通信工业学会（TIA）通过了CDMA空中接口标准IS-95，使CDMA成为第二代数字蜂窝移动通信系统，在通信速率等方面与GPRS接近。1995年，第一个CDMA商用系统运行之后，CDMA技术理论上的诸多优势在实践中得到了检验，从而在北美、南美和亚洲等地得到了迅速推广和应用。全球许多国家和地区，包括中国香港、韩国、日本、美国都已建有CDMA商用网络。

在国内，早在2002年左右，中国联通便已经建立了IS-95的CDMA网络，网络转移到中国电信后，经过不断完善和改进，目前已经完成了到3G标准的CDMA2000的过渡过程。

CDMA系统是由移动台子系统、基站子系统、网络子系统、管理子系统等几部分组成的，主要是采用扩频技术的码分多址方式进行工作。CDMA给每一个用户分配一个唯一的码序列（扩频码，PN码），并用它对承载信息的信号进行编码。知道该码序列用户的接收机可对收到的信号进行解码，并恢复出原始数据，这是因为该用户码序列与其他用户码序列的互相关是很小的。由于码序列的带宽远大于所承载信息的信号的带宽，编码过程扩展了信号的频谱，所以也称为扩频调制，所产生的信号也称为扩频信号。

CDMA通信不是简单的点对点、点对多点，甚至多点对多点的通信，而是大量用户同时工作的大容量、大范围的通信。移动通信的蜂窝结构是建立大容量、大范围通信网络的基础，而采用CDMA通信技术实现和构建多用户大容量的通信网络，具有码分多址的众多优异特点。CDMA多址技术能适合现代移动通信网所要求的大容量、高质量、综合业务、软切换等，得到了越来越多的运营商和用户的应用。

3. 3G、4G和5G通信技术

第三代无线通信技术（3G，3rd-Generation）是指支持高速数据传输的蜂窝移动通信技术。3G服务能够同时传输声音及数据信息，速率一般在几百kbps以上。目前，世界上的3G技术包含四种标准：CDMA2000、WCDMA、TD-SCDMA和WiMAX技术。

与GSM、GPRS、EGDE和CDMA-95为代表的第二代移动通信技术相比，3G的主要优势在于语音和数据传输速度的提升，并且能够在全球范围内更好地实现无线漫游，提供图像、音乐、视频流等多种媒体形式，实现网页浏览、电话会议、电子商务等多种信息服务，同时也与第二代系统有良好的兼容性。

3G无线通信技术能够支持不同的数据传输速度，也就是说，在室内、室外和行车的环境中能够实现高达2.1 Mbps传输速度。国内支持国际电联确定三个无线标准，分别是中国电信的CDMA2000，中国联通的WCDMA和中国移动的TD-SCDMA。在三种3G标准中，中国联通运营的WCDMA以185、186号段为代表，是目前世界上应用最广泛的，占据全球80%以上的市场份额；中国电信运营的CDMA2000以189号段为代表；中国移动运营的

TD-SCDMA 是由我国自主研发的 3G 标准。TD-SCDMA 和 WCDMA 模块的外形如图 5-39 所示。

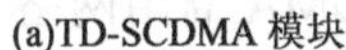

(a)TD-SCDMA 模块　　(b)WCDMA 模块

图 5-39　两种 3G 模块的外形图

TD-SCDMA（Time Division-Synchronous Code Division Multiple Access，时分同步码分多址）是在 1998 年 6 月 29 日，由我国工业和信息化部电信科学技术研究院提出的标准。该标准将智能天线、同步 CDMA 和软件无线电（SDR）等技术融于其中。发展至今，由于国内庞大的通信市场，该标准受到各大主要电信设备制造厂商的重视，全球一半以上的设备厂商都宣布可以生产支持 TD-SCDMA 标准的电信设备。

TD-SCDMA 在频谱利用率、频率灵活性、对业务支持具有多样性及成本等方面有独特优势。TD-SCDMA 采用了时分双工，上行和下行信道特性基本一致，因此，基站根据接收信号估计上行和下行信道特性比较容易。此外，TD-SCDMA 使用智能天线技术有先天的优势，而智能天线技术的使用又引入了 SDMA 的优点，可以减少用户间干扰，从而提高频谱利用率。此外，TD-SCDMA 还具有 TDMA 的优点，可以灵活设置上行和下行时隙的比例而调整上行和下行的数据速率的比例，特别适合因特网业务中上行数据少而下行数据多的场合。TD-SCDMA 是时分双工，不需要成对的频带，因此，和另外两种频分双工的 3G 标准相比，在频率资源的划分上更加灵活。基于 2G/3G 无线通信传输速率的比较如表 5-12 所示。

表 5-12　基于 2G/3G 无线通信方式速率的比较

网络制式	GSM (GPRS/EDGE)	CDMA2000 (1X)	CDMA2000 (EVDO RA)	TD-SCDMA (HSPA)	WCDMA (HSPA)	TD-LTE
Down-Link	236 kbps	153 kbps	3.1 Mbps	2.8 Mbps	14.4 Mbps	100 Mbps
Up-Link	118 kbps	153 kbps	1.8 Mbps	2.2 Mbps	5.76 Mbps	50 Mbps

目前国内 3.5G 通信技术也逐渐进入民用阶段，中国联通早在 2010 年便推出了 3.5G 通信技术的 HSDPA（High Speed Downlink Packet Access，高速下行分组接入）的无线上网卡，能够提供高达 7.2 Mbps 的无线通信速率，随后在 2011 年在多个城市又推出了 HSPA+（HSPA Evolution）无线上网业务，可提供 20 Mbps 以上的无线通信速率。

在 4G 通信方面，国内已经开始了应用研究以及部署工作，第四代无线通信技术能够在高速移动情况下提供高达 100 Mbps 的通信速率，4G 以 LTE 和 WiMAX 为代表。目前，TD-LTE 是第一个 4G 无线移动宽带网络数据标准，由中国最大的电信运营商——中国移动修订与发布，并且已经完成了一系列的现场试验，截止到 2011 年年底，中国移动已经在上海、南京、广州、深圳、杭州、厦门六个城市部署 TD-LTE 基站，并在北京建立了 TD-LTE 试验演示网。

5G 数据传输技术即第五代移动通信技术，由韩国三星公司率先研发成功。4G 网速比 3G 高出 10 倍左右，而 5G 网速更是远远高出 4G，数据传输速度可提高百倍。5G 最高理论传输速度可达数十 Gbps，整部超高画质电影可在 1 s 内下载完成。2014 年 5 月三星电子宣布，其已率先开发出了首个基于 5G 核心技术的移动传输网络，并表示将在 2020 年之前进行 5G 网络的商业推广。

5.7　卫星定位系统

定位系统是以确定空间位置为目标而构成的相互关联的一个装置或部件。由于美国全球卫星定位系统（Global Positioning System，GPS）在军事及民用方面的应用效果显著，其他国家也陆续展开了卫星导航系统的研究和部署。目前已经投入使用的有俄罗斯的 GLONASS 全球卫星导航系统和我国的北斗卫星导航系统。欧盟的伽利略定位系统目前正在部署中，将正式投入使用。我国已经建设自主研发的北斗全球卫星导航系统，目前已经可以为中国和周边地区提供定位服务。

1．美国全球卫星定位系统 GPS

（1）简介。美国全球卫星定位系统计划开始于 1973 年，由美国国防部领导下的卫星导航定位联合计划局（JPO）主导进行研究。经过数十年的研究和试验，1989 年正式开始发射 GPS 工作卫星，到 1994 年第 24 颗工作卫星的发射，标志着第一代 GPS 卫星星座组网的完成，从此 GPS 正式投入使用。截至 2011 年年末，在轨的 GPS 卫星数量共有 27 颗，每一颗卫星都有其固定的 ID。

由于美国国防部的背景，GPS 系统最初被设计为军用。2000 年 5 月 1 日，美国总统比尔•克林顿命令取消 GPS 系统的这种区别对待，从此民用 GPS 信号也可以达到 20 m 的精度，极大地拓展了 GPS 在民用工业方面的应用。随着 GPS 系统的不断完善发展，目前的军用 GPS 精度可达 0.3 m，民用 GPS 精度也达到了 3 m 左右。GPS 系统由以下三大部分组成。

① 宇宙空间部分。GPS 系统的宇宙空间部分由 24 颗工作卫星构成，采用 6 轨道平面，每平面 4 颗卫星的设计。GPS 的卫星布局保证在地表绝大多数位置，任一时刻都至少 4 颗卫星在视线之内，可以进行定位。

② 地面监控部分。GPS 系统的地面监控部分包括 1 个位于美国科罗拉多州空军基地的控制中心，4 个专用的地面天线，以及 6 个专用的监视站。

③ 用户设备部分。要使用 GPS 系统，用户端必须具备一个 GPS 专用接收机。接收机通常包括一个卫星通信的专用天线和用于位置计算的处理器，以及一个高精度的时钟。随着技术的发展，GPS 接收机变得越来越小型和廉价，已经可以集成到多数日用电子设备中。目前，应用的手机都配备有 GPS 接收机。

（2）GPS 定位的基本工作原理。GPS 定位的基本运作原理很简单，首先测得接收机与三个卫星之间的距离，然后通过三点定位方式确定接收机的位置。

如何测得接收机与 GPS 卫星间的距离呢？每一颗 GPS 工作卫星都在不断地向外发送信

息，每条信息中都包含有信息发出的时刻，以及卫星在该时刻的坐标。接收机会接收这些信息，同时根据自己的时钟记录下接收到信息的时刻。这样用接收到信息的时刻，减去信息发出的时刻就得到信息在空间中传播所用的时间。将这个时间乘上信息传播的速度（信息通过电磁波传递，速度为光速），就得到了接收机到信息发出时的卫星坐标之间的距离。

根据 GPS 的工作原理，可以看出时钟的精确度对定位的精度有着极大的影响。目前 GPS 工作卫星上搭载的是铯原子钟，精度极高，140 万年才会出现 1 s 的误差。然而，受限于成本，接收机上面的时钟不可能拥有和星载时钟同样的精度，而即使是微小的计时误差，乘以光速之后也会变得不容忽视。因此尽管理论上 3 颗卫星就已足够进行定位，但是实际中 GPS 定位至少需要借助 4 颗卫星。

（3）应用实例。伴随智能手机的迅速普及，目前大多数智能手机也都搭载了 GPS 定位功能。GPS 利用卫星进行地面目标的定位，通过 GPS 人们可以了解所在位置的详细坐标信息，卫星不断地向地面发送定位数据，数据量很大。地面的 GPS 接收机接收定位数据进行处理，得到所在位置的信息。接收机的性能越好，处理速度越快，得到的结果越精确，实时性越好。

目前流行使用的一种 GPS 接收模块的外形图和引脚定义图，如图 5-40 所示。该模块具备以下特性。

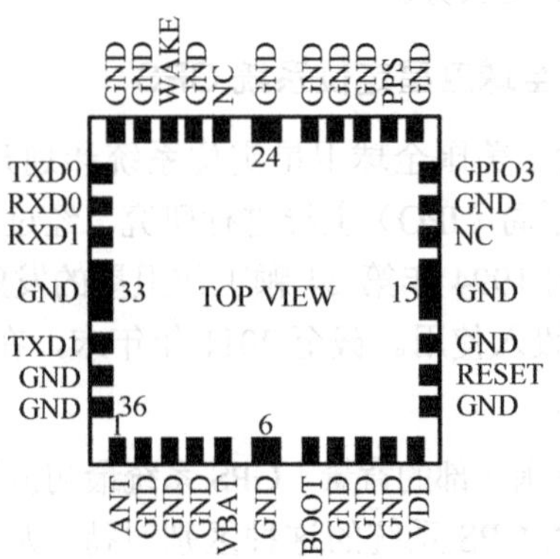

图 5-40 GPS 接收模块

- 低功耗设计，3.3 V 供电下仅 40 mA 电流，供电电压 3～3.6 V；
- 工作温度–40℃～85℃；
- 支持标准的 NMEA-0183 协议；
- 冷启动后定位时间 36 s，热启动后定位时间 30 s，复位启动后定位时间 2 s；
- 定位精度 3 m；
- 定位更新周期 1 Hz。

通常 GPS 模块的定位信息都是以串口的方式向外输出的，因此 GPS 模块一般除了供电和天线连接之外，还提供了串行接口，MCU 可以通过串行接口获取 GPS 定位信息。

目前国际通行的 GPS 信息的协议主要是 NMEA-0183 协议，NMEA 是一种基于 ASCII 编码的协议，每条记录以“$”符号为开头，结束于换行和回车字符。常见的 NMEA-0183 信息包括 GGA、GLL、GSA、GSV、RMC、VTG、ZDA 和 DTM，其中最常用的是 GGA、GSA、GSV、RMC 四类。

① GGA 信息包含位置信息、时间信息、定位状态等，例如接收到如下信息：

```
$GPGGA,033410.000,2232.1745,N,11401.1920,E,1,07,1.1,107.14,M,0.00,M,,*64
```

则依次表示当前信息是 GGA 定位信息，当前时间是 03 点 34 分 10 秒 000 毫秒，纬度和经度信息，SPS 模式，接收到 7 颗卫星信息，水平误差因子为 1.1，海拔高度 107.14，单位为 m（米）等。

② GSA 信息包含了定位信息、卫星编号、位置误差因子、水平误差因子和垂直误差因子等，例如接收到如下的信息：

```
$GPGSA,A,3,02,09,10,15,18,24,27,29,,,,,1.8,0.9,1.5*39
```

则依次表示当前的信息是 GSA 定位信息，2D/3D 自动切换模式，处在 3D 定位下，接收到的卫星 ID 为 02、09、10、15、18、24、27 和 29，位置误差因子 1.8、水平误差因子 0.9，垂直误差因子 1.5 等。

③ GSV 信息主要用于分条输出所使用的定位卫星的各类信息，如：

```
$GPGSV,3,1,12,02,35,123,25,24,22,321,48,15,78,335,53,29,45,261,45*77
$GPGSV,3,2,12,26,22,223,28,05,34,046,30,10,16,064,39,18,14,284,48*75
$GPGSV,3,3,12,27,32,161,31,33,,,30,09,25,170,34,21,15,318,*4B
```

则表示对应卫星的 ID 号、海拔高度、方位角、信号强度和信噪比等。

④ RMC 信息相当于 GGA 和 GSA 中部分信息的集合，例如：

```
$GPRMC,075747.000,A,2232.8990,N,11405.3368,E,3.9,357.8,260210,,,A*6A
```

则包括了时间信息、定位状态信息、经纬度信息、速度信息等。

GPS 和无线通信技术的发展，除了能够方便移动用户进行自身定位、道路信息获取、出行指导等基本功能和扩展功能之外，同时也为关键车辆的安保防范提供了便利条件。例如 GPS/GPRS 的车辆管理系统，如图 5-41 所示。

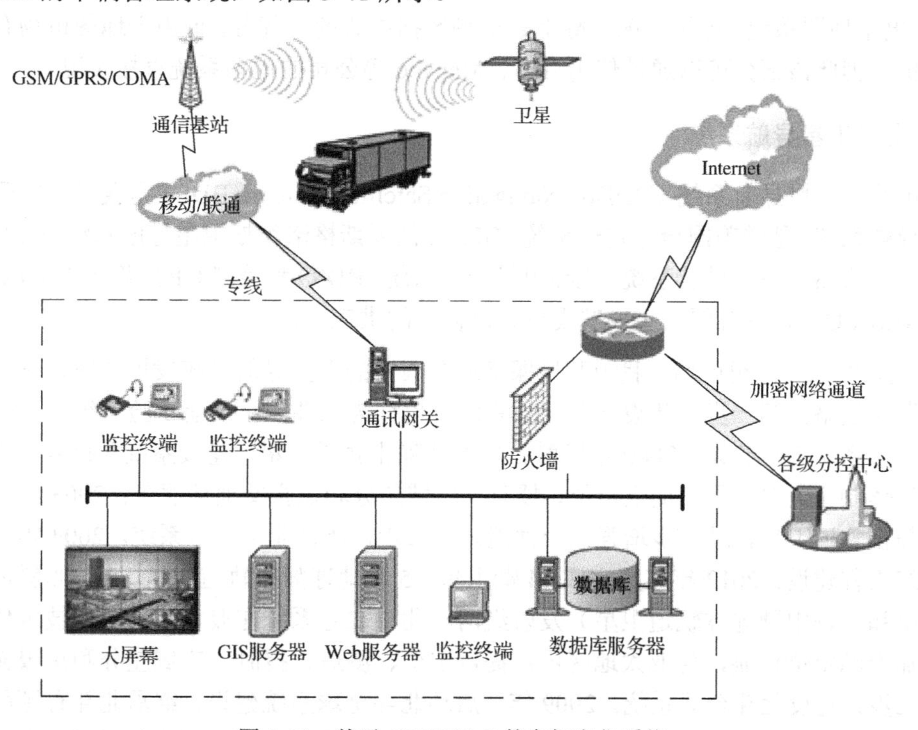

图 5-41　基于 GPS/GPRS 的车辆定位系统

目前基于 GPS/GPRS 或类似技术的车辆定位管理系统已经在国内得到了广泛的使用，其主要应用领域涵盖了银行运钞车、快递货运车辆、公安押运车辆等，该系统的基本用途也包含了车辆实时定位、车辆监测控制、车辆报警、车辆调度管理、车辆物流管理。系统一般由七个部分组成。

① 车载系统指装备在车辆内部的相关硬件设备，包括 GPS 天线、GPS 接收机、GPRS/3G 天线、GPRS/3G 通信系统、微处理器、电源系统、显示系统、遥控器和报警系统等。

② GPS 全球定位系统。通过车载系统中的 GPS 接收机接收 GPS 的卫星信号，经过解码等运算后，可以获取到车辆当前的经度、纬度及速度等车辆的状态信息，可以实现全球范围内的任何时间、任何地点的高精度定位及授时等服务。

③ GPRS/3G 移动数据通信系统。该系统是车辆设备与管理中心之间的数据交换平台，车载系统通过 GPS 获得的车辆状态数据，连同其他各类车辆数据、用户数据通过运营商的数据通信网络向外发送。与自组网技术相比，运营商网络有更广泛的覆盖范围和更稳定的通信保障，以及更低的成本。

④ 数据通信网络。数据通信网络包括移动运营商的网络（GPRS、3G 网络）、数据接入运营商提供的 Internet 接入网络（ISDN、ADSL、光纤等）。

⑤ 车辆数据中心。数据中心是连接车辆数据与监管中心等服务业务的纽带，具备数据的接收、发送、处理、存储、查询、维护、交换和管理等功能，后续的监管和调度等部门都需要通过车辆数据中心完成相关的查看和管理等功能。

⑥ 用户监管中心。用户监管中心实际上一个对外用户接口，该接口可以 BPS 的结构的 Web 页面呈现给用户，也可以 C/S 结构的客户端数据接口呈现给用户。

⑦ 电子地图系统。电子地图实际上是车辆数据中心的一部分，但由于地图市场有专门的公司提供，因此该部分可以通过使用百度、Mapabc 等公司的地图系统直接实现。

2. 北斗卫星导航系统

中国北斗卫星导航系统（BeiDou Navigation Satellite System，BDS）是我国自行研制的全球卫星导航系统，是继美国全球定位系统（GPS）、俄罗斯格洛纳斯卫星导航系统（GLONASS）之后第三个成熟的卫星导航系统。北斗卫星导航系统（BDS）和美国 GPS、俄罗斯 GLONASS、欧盟 GALILEO，是联合国卫星导航委员会已认定的供应商。

（1）简介。20 世纪后期，我国开始探索适合国情的卫星导航系统发展道路，逐步形成了三步走发展战略。第一步，建设北斗一号系统（也称为北斗卫星导航试验系统）。1994 年启动北斗一号系统工程建设；2000 年发射 2 颗地球静止轨道卫星，建成系统并投入使用，采用有源定位体制，为中国用户提供定位、授时、广域差分和短报文通信服务；2003 年发射第三颗地球静止轨道卫星，进一步增强系统性能。第二步，建设北斗二号系统。2004 年启动北斗二号系统工程建设；2012 年年底完成 14 颗卫星（5 颗地球静止轨道卫星、5 颗倾斜地球同步轨道卫星和 4 颗中圆地球轨道卫星）发射组网。北斗二号系统在兼容北斗一号技术体制基础上，增加无源定位体制，为亚太地区用户提供定位、测速、授时、广域差分和短报文通信服务。第三步，建设北斗全球系统。2009 年，启动北斗全球系统建设，继承北斗有源服务和无源服务两种技术体制。计划 2018 年，面向“一带一路”沿线及周边国家提供基本服务。2020

年前后，完成 35 颗卫星发射组网，为全球用户提供服务。2016 年 6 月 12 日，第二十三颗北斗导航卫星发射成功。如今，北斗导航系统的服务覆盖了全球 1/3 的陆地，使亚太地区 40 亿人口受益，其精度也与 GPS 相当。

目前，前两步已实现，中国成为世界上第四个拥有自主卫星导航定位系统的国家。中国最新发射的两颗北斗导航卫星与此前的北斗卫星相比有了重大突破，部件国产化率提高到 98%，其“心脏”、“慧脑”、“铁骨”等关键器部件全部为国产。到 2020 年，将完成 35 颗卫星发射组网，为全球用户提供服务。北斗系统具有以下特点：

① 北斗系统空间段采用三种轨道卫星组成的混合星座，与其他卫星导航系统相比高轨卫星更多，抗遮挡能力强，尤其低纬度地区性能特点更为明显。

② 北斗系统提供多个频点的导航信号，能够通过多频信号组合使用等方式提高服务精度。

③ 北斗系统创新融合了导航与通信能力，具有实时导航、快速定位、精确授时、位置报告和短报文通信服务五大功能。

（2）北斗系统的基本组成。北斗卫星导航系统由空间段、地面段和用户段三部分组成，可在全球范围内全天候、全天时地为各类用户提供高精度、高可靠定位、导航、授时服务，并具短报文通信能力，已经初步具备区域导航、定位和授时能力，定位精度为 10 m，测速精度为 0.2 m/s，授时精度为 10 ns。

北斗卫星导航系统空间段计划由 35 颗卫星组成，包括 5 颗静止轨道卫星、27 颗中地球轨道卫星、3 颗倾斜同步轨道卫星。5 颗静止轨道卫星定点位置为东经 58.75°、80°、110.5°、140° 和 160°，地球轨道卫星运行在 3 个轨道面上，轨道面之间为相隔 120° 均匀分布。目前北斗亚太区域导航正式开通时，已在西昌卫星发射中心发射了 17 颗卫星。这样 35 颗卫星在离地面 2 万多千米的高空上，以固定的周期环绕地球运行，使得在任意时刻，在地面上的任意一点都可以同时观测到 4 颗以上的卫星。北斗系统地面段包括主控站、时间同步/注入站和监测站等若干地面站。北斗系统用户段包括北斗兼容其他卫星导航系统的芯片、模块、天线等基础产品，以及终端产品、应用系统与应用服务等。

（3）北斗导航的原理。卫星导航实际上是通过测量卫星和地面站之间的距离以及确定它们之间的时钟关系，来明确卫星的位置信息。在已知卫星的位置和时间信息之后，地面用户同时接收到四颗卫星的导航信号之后就可以解算出自己的位置，这就是卫星导航定位的原理。

在接收机对卫星观测中，用户可得到卫星到接收机的距离。根据三维坐标中的距离公式，利用 3 颗卫星就可以组成 3 个方程式，解出观测点的位置（X, Y, Z）。考虑到卫星的时钟与接收机时钟之间的误差，实际上有 4 个未知数，X、Y、Z 和钟差，因而需要引入第 4 颗卫星，形成 4 个方程式进行求解，从而得到观测点的经/纬度和高程。

近几年来的应用结果表明，北斗系统信号质量总体上与 GPS 相当。在 45° 以内的中低纬地区，北斗动态定位精度与 GPS 相当，水平和高程方向分别可达 10 m 和 20 m 左右。北斗静态定位水平方向精度为米级，也与 GPS 相当，高程方向 10 m 左右，较 GPS 略差。在中高纬度地区，由于北斗可见卫星数较少、卫星分布较差，定位精度较差或无法定位。现阶段的北斗已经实现区域定位，但还不具备全球定位能力，北斗与 GPS 在定位效果上的差异，主要是由卫星数量和分布造成的。

北斗工程的实施带动了我国卫星导航、测量、电子、元器件等技术的发展。在我国的交通、通信、电力、测绘、防灾救灾等领域得到了广泛应用，带动了产业转型 升级。具体到普通人的生活中，它可以为我国周边地区提供连续稳定可靠的导航以及定位等服务。

习题与思考题五

一、选择题

（1）微处理器系统中引入中断技术可以（　　）。

A．提高外设速度　　B．减轻内存负担

C．提高 CPU 效率　　D．增加信息交换精度

（2）在嵌入式系统中，对于中、低速设备时最常用的数据传输方式是（　　）。

A．查询　　B．中断　　C．DMA　　D．I/O 处理机

（3）在输入输出控制方法中，采用（　　）可以使得设备与主存间的数据块传输无须 CPU 干预。

A．程序控制输入输出　　B．中断

C．DMA　　D．总线控制

（4）RS-232C 串行通信总线的电气特性要求总线信号采用 （　　）。

A．正逻辑　　B．负逻辑　　C．高电平　　D．低电平

（5）USB 总线采用的通信方式为（　　）。

A．轮询方式　　B．中断方式　　C．DMA 方式　　D．I/O 通道方式

（6）S3C2440 处理器为用户进行应用设计提供了支持多主总线的 I2C 接口，处理器提供符合 I2C 协议的设备连接的串行连接线为（　　）。

A．SCL 和 RTX　B．RTX 和 RCX　C．SCL 和 SDA　D．SDA 和 RCX

二、填空题

（1）嵌入式系统的设计过程包括：需求分析、规格说明、体系结构设计、构件设计、系统集成和________。

（2）I/O 接口电路数据传输方式有：查询、中断、________、通道和 I/O 处理机方式。

（3）I/O 接口编址方式有两种，分别是：统一编址和________。

（4）GPIO 支持查询、________、DMA 三种数据传输方式。

（5）A/D 转换可分为 4 个阶段，分别是：________、保持、量化、编码。

（6）软件实现按键接口设计的方式有：中断、________。

（7）串行通信的两种基本工作方式为：异步串行通信、________。

（8）RS-232C 的帧格式由四部分组成，包括：________、数据位、奇偶校验位和停止位。

（9）USB 支持________、中断、控制、批量等四种传输模式。

三、问答题

（1）介绍一下嵌入式系统的设计步骤有哪些。各部分主要工作是什么？

（2）在实际的项目设计中，如何选择嵌入式微处理器？

（3）嵌入式硬件系统通常包含哪几个部分？

（4）嵌入式系统中使用的存储器有哪几种？分别有什么特点及适用哪些场合？

（5）简述 S3C2440 微处理器的存储系统是如何分配的。

（6）简述在 S3C2440 微处理器中进行中断的过程。

（7）简述逐次逼近型 ADC 的结构及工作原理。

（8）若 A/D 转换的参考电压为 5 V，要能区分 1.22 mV 的电压，则要求采样位数为多少？

（9）在嵌入式系统中，有哪几种数字音频设备接口？简述各自的特点。

（10）简述行扫描式键盘扫描的过程。

（11）简述 LCD 的显示原理。

（12）简述 STN 和 TFT 两类 LCD 屏的区别。

（13）介绍一下电阻式、电容式触摸屏的工作原理。

（14）异步串行通信协议规定字符数据的传输规范，总结起来有哪几点？

（15）简述同步通信与异步通信的区别。

（16）S3C2440 提供了几个异步串口 UART？其主要特点有哪些？

（17）简述嵌入式系统中的 USB 接口的特点。

（18）简述 I2C 总线的特点。

（19）简述 SPI 工作原理。

（20）介绍一下 CAN 总线接口的特点。

（21）在嵌入式系统中，一般采用哪几种无线通信技术？各自的特点是什么？

（22）简单介绍一下什么是卫星导航定位系统，并举例说明其应用情况。

（23）随着人民生活水平的提高，汽车正以很快的速度步入家庭，但与之伴随的是汽车的被盗数量也逐年上升。试运用嵌入式系统、传感器、GPS（全球定位系统）、GPRS（通用分组无线业务）等技术，设计一款电子防盗器。根据上述设计需求，给出该装置的设计过程，主要包括系统功能定义、工作原理、硬件结构图、软件主流程图等。

第6章

μC/OS-II 操作系统及应用

6.1 概　　述

1. 概述

μC/OS（Micro Control Operation System）是一个著名的、源码公开的嵌入式实时操作系统内核，得益于其优秀的特性。在诸多领域得到了广泛的应用，其良好的可移性为它在多种平台上的应用奠定了基础。

μC/OS 最早出自于 1992 年美国嵌入式系统专家 Jean J.Labrosse 在《嵌入式系统编程》杂志的 5 月和 6 月刊上刊登的文章连载，并把 μC/OS 的源码发布在该杂志的 BBS 上。μC/OS 主要特点有公开源代码、代码结构清晰明了、注释详尽、组织有条理、可移植性好、可裁剪、可固化。内核属于抢占式，最多可以管理 60 个任务。从 1992 年开始，由于高度可靠性、移植性和安全性，μC/OS 已经广泛使用在从照相机到航空电子产品的各种应用中。

μC/OS 是一个可以基于 ROM 运行的、可裁剪的、抢占式、实时多任务内核，具有高度可移植性，特别适合于微处理器和控制器。为了提供最好的移植性能，μC/OS 最大程度上使用 ANSI C 语言进行开发，并且已经移植到近 40 多种处理器体系上，涵盖了从 8 位到 64 位各种 CPU（包括 DSP）。μC/OS 可以简单地视为一个多任务调度器，在这个任务调度器之上完善并添加了和多任务操作系统相关的系统服务，如信号量、邮箱等。

μC/OS 主要经历了三个版本 μC/OS、μC/OS-II 和 μC/OS-III，三者之间的区别，如表 6-1 所示。

表 6-1　μC/OS、μC/OS-II 和 μC/OS-III 之间区别

功　　能	μC/OS	μC/OS-II	μC/OS-III
诞生年份	1992	1998	2009
最大任务数	64	256	无限制
每个优先级的任务	1	1	无限制
时间片轮转	否	否	是
互斥信号量	否	是	是（可嵌套）
固定大小的内存管理	否	是	是
不通过信号量标记一个任务	否	否	是
不通过消息队列发消息给任务	否	否	是
软件定时器	否	否	是

续表

功　能	μC/OS	μC/OS-II	μC/OS-III
任务停止/恢复	否	是	是
代码段需求	3～8 KB	6～26 KB	6～20 KB
在运行时配置	否	否	是
每个对象命名	否	是	是
挂起多个对象	否	是	是
任务寄存器	否	是	是
嵌入的测量功能	否	有限制	大量的
时间戳	否	是	是
嵌入的内核调试	否	是	是
汇编可优化	否	否	是
任务级的时基定时器处理	否	否	是

2. μC/OS-II 简介

μC/OS-II 是一个免费的、源代码公开的实时嵌入式内核，其内核提供了实时系统所需要的一些基本功能。μC/OS-II 核心部分代码占用 8.3 KB，而且由于 μC/OS-II 是可裁剪的，所以用户系统中实际的代码最少可达 2.7 KB。由于 μC/OS-II 的开放源代码特性，用户可针对自己的硬件优化代码，获得更好的性能。μC/OS-II 操作系统系统的特点如下。

（1）有源代码。μC/OS-II 源代码是开放的，用户可登录 μC/OS-II 的网站（www.uCOS-II.com）下载针对不同微处理器的移植代码。这极大地方便了实时嵌入式系统 μC/OS-II 的开发，降低了开发成本。

（2）可移植。μC/OS-II 的源代码中，除了与微处理器硬件相关的部分是使用汇编语言编写的，其绝大部分是使用移植性很强的 ANSI C 来编写的，并且把用汇编语言编写的部分压缩到最低的限度，以使 μC/OS-II 更方便于移植到其他微处理器上使用，如 Intel 公司的 80x86、8051 等微控制器、Motorola 公司的 PowerPC 等微控制器、TI 公司的数字信号处理器 DSP，还包括 ARM 公司、飞利浦公司和西门子公司的各种嵌入式处理器。

（3）可固化。μC/OS-II 是为嵌入式应用而设计的操作系统，只要具备合适的软/硬件工具就可将 μC/OS-II 嵌入到产品中去，从而成为产品的一部分。

（4）可裁剪。μC/OS-II 可根据实际用户的应用需要使用条件编译来完成对操作系统的裁剪，这样就可以减少 μC/OS-II 对代码空间和数据空间的占用。

（5）可剥夺型。μC/OS-II 是完全可剥夺型的实时内核，优先运行就绪条件下优先级最高的任务。

（6）可确定性。绝大多数 μC/OS-II 的函数调用和服务的执行时间具有确定性，μC/OS-II 系统服务时间与用户应用程序任务数目的多少无关，在任何时候用户都能知道 μC/OS-II 的函数调用与服务的执行时间。

（7）多任务。μC/OS-II 可管理 64 个任务，一般建议用户保留 8 个任务给 μC/OS-II。这样，留给用户应用程序的任务最多可有 56 个。系统赋给每个任务的优先级必须不同，这意味着 μC/OS-II 不支持时间片轮转调度法。

（8）任务栈。μC/OS-II 的每个任务都有自己单独的栈和栈空间，为了满足应用程序对 RAM 的需求，使用 μC/OS-II 的栈空间校验函数可确定每个任务到底需要多少栈空间。

（9）系统服务。μC/OS-II 提供了很多系统服务，如信号量、互斥信号量、消息邮箱、事件标志、数据队列、块大小固定的内存的申请与释放，以及时间管理函数等。

（10）中断管理。中断可使正在执行的任务暂时挂起，如果优先级更高的任务被中断唤醒，则高优先级的任务在中断嵌套全部退出后立即执行，中断嵌套层数可达 255 层。

（11）稳定性与可靠性。μC/OS-II 与 μC/OS 的内核是一样的，只是提供了更多的功能。2000 年 7 月，μC/OS-II 在一个航空项目中得到了美国联邦航空管理局对商用飞机的符合 RTCA DO-178B 标准的认证。可以说，μC/OS-II 的每一种功能、每一个函数及每一行代码都经过了考验与测试。

3. μC/OS-III 简介

μC/OS-III 是一个可扩展的、可固化的、抢占式的实时内核，它管理的任务个数不受限制。它是第三代内核，提供了现代实时内核所期望的所有功能，包括资源管理、同步、内部任务交流等。μC/OS-III 提供的很多特性是在其他实时内核中所没有的，例如能在运行时测量运行性能、直接发送信号或消息给任务、任务能同时等待多个信号量和消息队列。

μC/OS-III 虽然是 μC/OS-II 的升级版本，但是其在 μC/OS-II 的基础上进行了较大的改进，其主要特性如下。

（1）μC/OS-III 完全是根据 ANSI C 标准写的源代码。

（2）μC/OS-III 是一个抢占式多任务处理内核，因此 μC/OS-III 正在运行的经常是最重要的就绪任务。

（3）μC/OS-III 允许多个任务拥有相同的优先级，当多个相同优先级的任务就绪时，并且这个优先级是目前最高的，μC/OS-III 会分配用户定义的时间片给每个任务去运行。每个任务可以定义不同的时间片，当任务用不完时间片时可以让出 CPU 给另一个任务。

（4）μC/OS-III 有一些内部的数据结构和变量，μC/OS-III 保护临界段可以通过锁定调度器代替关中断。因此关中断的时间会非常少，这样就使得 μC/OS-III 可以提高对其他中断源的快速响应。

（5）μC/OS-III 的中断响应时间是可确定的，μC/OS-III 提供的大部分服务的执行时间也是可确定的。

（6）μC/OS-III 可以被移植到大部分的 CPU 架构中，大部分支持 μC/OS-II 的器件通过改动就能支持 μC/OS-III。

（7）μC/OS-III 允许用户在运行时配置内核，所有的内核对象，如任务、堆栈、信号量、事件标志组、消息队列、消息、互斥信号量、内存分区、软件定时器等都是在运行时分配的，以免在编译时的过度分配。

（8）µC/OS-III 对任务数量无限制，实际上任务的数量取决于处理器能提供的内存大小。每一个任务需要有自己的堆栈空间，µC/OS-III 在运行时监控任务堆栈的生长，µC/OS-III 对任务的大小无限制，

（9）µC/OS-III 对优先级的数量无限制，然而配置 µC/OS-III 的优先级在 32～256 之间已经可以满足大多数的应用了。

（10）µC/OS-III 支持任何数量的任务、信号量、互斥信号量、事件标志组、消息队列、软件定时器、内存分区，用户在运行时分配所有的内核对象。

（11）µC/OS-III 允许任务停止自身或者停止另外的任务，停止一个任务意味着这个任务将不再执行直到被其他的任务恢复，停止可以被嵌套到 250 级。当然，这个任务必须被恢复同等次数才有资格再次获得 CPU。

6.2　µC/OS-II 系统

由于目前应用 µC/OS-II 的用户较多，所以下面对 µC/OS-II 进行详细介绍。µC/OS-II 与其他操作系统不同，其实只有一个内核，提供任务调度、任务间的通信与同步、任务管理、时间管理和内存管理等基本功能，各部分功能如下。

（1）µC/OS-II 的任务调度是完全基于任务优先级的抢占式调度，也就是最高优先级的任务一旦处于就绪状态，则立即抢占正在运行的低优先级任务的处理器资源。为了简化系统设计，µC/OS-II 规定所有任务的优先级不同。

（2）µC/OS-II 中最多可以支持 64 个任务，分别对应优先级 0～63，其中 0 级为最高优先级，第 63 级为最低级。系统保留了 4 个最高优先级的任务和 4 个最低优先级的任务，用户可以使用的任务数有 56 个。µC/OS-II 提供了任务管理的各种函数调用，包括创建任务、删除任务、改变任务的优先级和任务挂起、恢复等。系统初始化时会自动产生两个任务：一个是空闲任务，它的优先级最低，该任务仅给一个整型变量做累加运算，另一个是统计任务，它的优先级为次低，该任务负责统计当前 CPU 的利用率。

（3）µC/OS-II 的时间管理是通过定时中断来实现的，该定时中断一般为 10 ms 或 100 ms 发生一次，时间频率取由用户对硬件系统的定时器编程来实现。中断发生的时间间隔是固定不变的，该中断也称为一个时钟节拍。µC/OS-II 要求用户在定时中断的服务程序中，调用系统提供的与时钟节拍相关的系统函数，如中断级的任务切换函数、系统时间函数。

（4）在 ANSI C 中，是使用 malloc()和 free()两个函数来动态分配和释放内存的，但在嵌入式实时系统中，多次这样的操作会导致内存碎片，且由于内存管理算法的原因，malloc()和 free()的执行时间也是不确定的。µC/OS-II 中把连续的大块内存按分区管理，每个分区中包含整数个大小相同的内存块，但不同分区之间的内存块大小可以不同。用户需要动态分配内存时系统选择一个适当的分区，按块来分配内存。释放内存时将该块放回它以前所属的分区，这样能有效解决碎片问题，同时执行时间也是固定的。

（5）对一个多任务的操作系统来说，任务间的通信和同步是必不可少的。µC/OS-II 中提

供了4种同步对象，分别是信号量、邮箱、消息队列和事件。所有这些同步对象都有创建、等待、发送、查询的接口，以便用于实现进程间的通信和同步。

6.2.1 μC/OS-II 内核结构

μC/OS-II 操作系统的内核体系结构如图 6-1 所示，其核心主要可分为以下三部分。

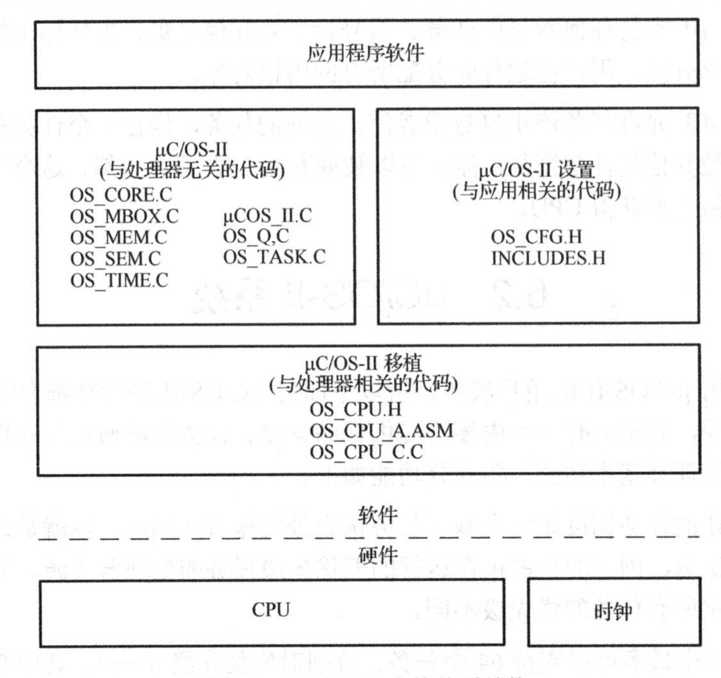

图 6-1 μC/OS-II 内核体系结构

（1）应用软件层。指的是基于 μC/OS-II 的应用程序代码。

（2）内核的核心代码层。主要包括8个源代码文件，这8个源代码文件为 OS_CORE.C、OS_MBOX.C、OS_MEM.C、OS_SEM.C、OS_TIME.C、uCOS_II.C、OS_Q.C 和 OS_TASK.C。其主要实现的功能分别是核心管理、事件管理、存储管理、消息队列管理、定时管理、信号量处理、消息管理和任务调度等，这部分代码与处理器无关。

（3）系统设置与移植层。系统设置部分的代码由两个头文件 OS_CFG.H 和 INCLUDES.H 组成，其主要功能是用来配置事件控制块的数目，以及是否包含消息管理的相关代码等。与处理器相关的移植代码部分包括：一个头文件 OS_CPU.H、一个汇编文件 OS_CPU_A.ASM 和一个 C 代码文件 OS_CPU_C.C。系统设置与移植层的具体应用和处理器相关，在 μC/OS-II 的移植和开发过程中，用户所需要关注的就是这部分文件。

6.2.2 μC/OS-II 内核源代码解析

1. 任务管理部分

任务的优先级越高，反映优先级的数值则越低。在最新的 μC/OS-II 版本中，任务的优先级数也可作为任务的标识符使用。

（1）任务控制块 OS_TCB。μC/OS-II 系统使用任务控制块 OS_TCB 来管理任务，OS_TCB 是一个数据结构，用来保存该任务的相关参数。包括任务堆栈指针、状态、优先级、任务表位置和任务链表指针等，如下所示。

```
struct os_tcb
{
    OS_STK          *OSTCBStkPtr;
    struct os_tcb *OSTCBNext;
    struct os_tcb *OSTCBprev;
    OS_EVENT       *OSTCBEventPtr;
    void           *OSTCBMsg;
    INT16U OSTCBDly;
    INT8U  OSTCBStat;
    INT8U  OSTCBPrio;
    INT8U  OSTCBX, OSTCBY, OSTCBBitX, OSTCBBitY;
} OS_TCB
```

（2）任务管理函数。任务管理主要通过以下 4 个函数来实现。

① OSTaskCreate()和带有扩展附加功能的 OSTaskCreateExt()函数用于建立一个新的任务。OSTaskCreate()函数有指向任务的指针、传递给任务的参数、指向任务堆栈栈顶的指针和任务的优先级 4 个参数。

② OSTaskSuspend()函数用来挂起自身或者处空闲任务之外的其他任务。挂起的任务只能在其他任务中通过调用恢复函数 OSTaskResume()使其恢复为就绪状态，该函数并不要求和挂起函数 OSTaskSuspend()成对使用。

③ OSTaskDel()函数删除一个任务，就是把该任务置于睡眠状态，任务的代码不再被 μC/OS-II 使用，而并不是说任务的代码被删除了。

④ OSTaskChangePrio()函数可以在任务运行过程中更改任务的优先级。

2. 内存管理部分

在 ANSI C 中，一般采用内存分配函数 malloc()和内存释放函数 free()两个函数动态地分配和释放内存。随着内存空间的不断分配与释放，会把原来很大的一块连续内存区域逐渐地分割成许多非常小的，并且彼此之间又不相邻的内存块，这就是内存碎片的问题。由于存储系统中有大量碎片的存在，会使得随后运行的程序再要求为之分配存储空间时，可能出现总的内存空间容量比所要求的大，即都以碎片的形式存在的情况。另外，由于内存管理算法上的原因，malloc()和 free()函数的执行时间也会是不确定的，这在嵌入式实时操作系统中是非常危险的现象，应该尽量避免。

为了消除多次动态分配与释放内存所引起的内存碎片和分配、释放函数执行时间的不确定性的现象，μC/OS-II 把连续的大块内存按分区来进行管理。每个分区中都包含若干个存储容量大小相同的内存块，但不同分区之间的内存块容量大小是可以不同的。在需要动态分配内存时可选择一个适当的分区，按块来分配内存。在释放内存时将该块放回它以前所属的分区，这样就能有效解决内存碎片问题。而且每次调用 malloc()和 free()分配和释放的都是整数倍的固定内存块长，这样执行时间就是确定的。

（1）内存管理控制块OS_MEM。为便于内存的管理，μC/OS-II中使用内存控制块的数据结构跟踪每一个内存分区系统。每个分区都有属于自己的内存控制块，系统是通过内存控制块数据结构OS_MEM来管理内存的，其结构如下。

```
typedef struct
{
    void * OSMemAddr;          //指向内存分区起始地址的指针
    void * OSMemFreeList;      //指向下一个空闲内存控制块或者下一个空闲内存块的指针
    INT32U OSMemBlkSize;       //内存分区中内存块的大小
    INT32U OSMemNBlks;         //内存分区中总的内存块数量
    INT32U OSMemNFree;         //内存分区中当前可以获得空闲内存块的数量
}
```

（2）内存管理函数。内存管理主要通过以下4个函数来实现。

① OSMemCreate()函数用于建立一个内存分区。该函数共有4个参数：内存分区的起始地址、分区内的内存块数、每个内存块的字节数和一个指向错误信息代码的指针。

② OSMemGet()函数用于分配一个内存块。当调度某任务执行时，必须先从已建立的内存分区中为该任务申请一个内存块。

③ OSMemPut()函数用于释放一个内存块。当某一任务不再使用一个内存块时，必须及时地把它放回到相应的内存分区中，以便下一次的分配操作。

④ OSMemQuery()函数用于查询一个特定内存分区的状态。例如，查询某内存分区中内存块的大小、可用内存块数和正在使用的内存块数等信息，所有这些信息都放在OS_MEM_DATA数据结构中。

3. 时间管理

μC/OS-II要求提供定时中断，以实现延时与超时控制等功能。这个定时中断也可以被称为时钟节拍。时钟节拍函数OSTimeTick()的作用是通知μC/OS-II发生了时钟节拍中断，下面再介绍其他可以处理时间问题的函数。

（1）任务延时函数OSTimeDly()。调用该函数会使μC/OS-II进行一次任务调度，并且执行下一个优先级最高的就绪态任务。任务调用 OSTimeDly()后，一旦规定的时间期满或者有其他任务通过调用OSTimeDlyResume()取消了延时，它就会立即进入就绪状态。只有当该任务在所有就绪任务中具有最高的优先级时，它才会立即运行。

（2）恢复延时的任务函数OSTimeDlyResume()。μC/OS-II具有允许结束正处于延时期的任务的功能，具体方法是通过调用OSTimeDlyResume()和指定要恢复的任务的优先级的方式，这样延时的任务就可以不用等待延时期满，而通过其他任务取消延时来使自己处于就绪态。OSTimeDlyResume()也可唤醒正在等待事件的任务，在这种情况下等待事件发生的任务会考虑是否终止等待事件。

（3）按时、分、秒、毫秒延时函数OSTimeDlyHMSM()。OSTimeDly()是一个非常有用的函数，但用户的应用程序必须要知道延时时间所对应的时钟节拍的数目，增加OSTimeDlyHMSM()函数后就可按时、分、秒和毫秒来定义时间，这样会显得更加方便。与OSTimeDly()一样，调用 OSTimeDlyHMSM()函数也会使 μC/OS-II 进行一次任务调度，并且执行下一个优先级最高的就绪态任务。任务调用 OSTimeDlyHMSM()后，一旦规定的时间期满或者其他任务通过调用 OSTimeDlyResume()取消了延时，它就会立即处于就绪态。同样只有当该任务在所有就绪态任务中具有最高的优先级时，它才会立即运行。

（4）系统时间函数 OSTimeGet()和 OSTimeSet()。无论时钟节拍何时发生，μC/OS-II 都会将一个 32 位的计数器加 1。这个计数器在调用 OSStart()初始化多任务和 4294967295 个节拍执行完一遍后，从 0 开始计数。当时钟节拍频率等于 100 Hz 时，这个 32 位的计数器每隔 497 天就重新开始计数。在执行的过程中可以通过调用 OSTimeGet()函数来获得该计数器的当前值，也可以通过调用 OSTimeSet()函数来改变该计数器的值。

6.2.3 μC/OS-II 任务及其创建

一个任务（或称为线程）是一个简单的程序，该程序可以认为 CPU 完全只属该程序自己。在 μC/OS-II 中，一个任务通常是一个无限的循环。一个任务看起来像其他 C 语言的函数一样，有函数返回类型和有形式参数变量。但任务是决不会返回的，返回参数必须定义成 void。例如：

```
Void YourTask(void *pdata)
{
    for(;; ){
        /*用户代码*/
        /*调用 μC/OS-II 的某种系统服务*/
        /*用户代码*/
    }
}
```

形式参数变量是由用户代码在第一次执行时带入的。值得注意的是该变量的类型是一个指向 void 的指针，这是为了允许用户应用程序传递任何类型的数据给任务。不同的是，当任务完成以后，任务可以自我删除。注意并非真的删除了任务代码，μC/OS-II 只是简单地不再理会这个任务了，这个任务的代码也不会再运行。如果任务调用了任务删除 OSTaskDel()函数，这个任务绝不会返回什么。

在调用 μC/OS-II 操作系统的其他服务之前，μC/OS-II 操作系统要求用户首先调用系统初始化函数 OSInit()，执行 OSInit()函数后将初始化 μC/OS-II 所有的变量和数据结构。另外 OSInit()会建立空闲任务，并且这个任务总是处于就绪状态的。空闲任务 OSTaskIdle()函数的优先级总是设置成为最低级别，即 OS_LOWEST_PRIO。

多任务的启动是用户通过调用 OSStart()函数来实现的，在启动 μC/OS-II 之前，用户至少要建立一个应用任务。例如：

```
void main()
{
    OSInit();
    ......
    通过 OSTaskCreate()或 OSTaskCreateExt()创建至少一个任务
    ......
    OSStart();                  /*开始多任务调度，OSStart()永远都不会返回*/
}
```

6.2.4 μC/OS-II任务状态及其调度

μC/OS-II是一个实时多任务的操作系统，多任务的运行实际上是靠处理器在许多任务之间转换来实现的、调度。处理器只有一个，轮番服务于一系列任务中的某一个。多任务运行很像前后台系统，但后台任务有多个。多任务运行使处理器的利用率得到最大的发挥，并使应用程序模块化。在实时应用中，多任务化的最大特点是开发人员可以将很复杂的应用程序层次化，使用多任务，应用程序将更容易设计与维护。

μC/OS-II可以管理多达64个任务，其优先级为从0到OS_LOWEST_PRIO，优先级号越低，其任务的优先级就越高。但目前版本的μC/OS-II有两个任务已经被系统占用了，而且保留了优先级0、1、2、3，以及OS_LOWEST_PRIO-3、OS_LOWEST_PRIO-2、0S_LOWEST_PRIO-1和OS_LOWEST_PRIO这8个任务已备将来使用，OS_LOWEST_PRIO是作为常数在OS_CFG.H文件中用定义常数语句“#define constant”来定义的。因此用户可以使用多达56个应用任务，但首先要给每个任务赋以不同的优先级，μC/OS-II总是运行进入就绪态的优先级最高的任务。目前应用的μC/OS-II中，任务的优先级号就是任务编号(ID)。优先级号（或任务的ID号）也可以被一些内核服务函数调用，如改变优先级函数OSTaskChangePrio()或者OSTaskDel()。

为了使μC/OS-II能管理用户任务，用户在建立一个任务时，必须将任务的起始地址与其他参数一起传给OSTaskCreate()或者OSTaskCreateExt()这两个函数中的任何一个函数。图6-2是μC/OS-II控制下的任务状态转换图，在任一时刻任务的状态一定是这五种状态之一。

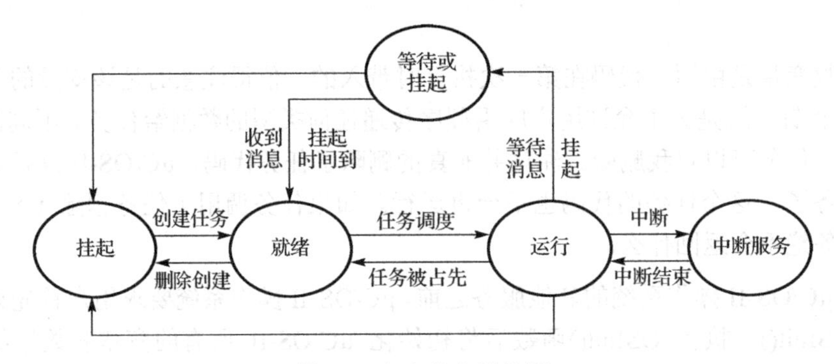

图6-2 任务状态转换图

挂起态又可称为休眠状态，指任务驻留在程序空间中，还没有交给μC/OS-II管理。如果要把任务交给μC/OS-II，则需要通过调用OSTaskCreate()或OSTaskCreateExt()这两个函数。任务一旦建立，这个任务就进入就绪状态准备运行。其中，任务的建立可以是在多任务运行开始之前，也可以动态地被一个运行着的任务来建立。一个任务可以通过调用OSTaskDel()返回到休眠状态，或者让另一个任务进入挂起态。

值得注意的是运行的任务可以通过调用OSTimeDly()或OSTimeDlyHMSM()这两个函数将自身延迟一段时间，此时该任务进入了等待状态。等待这段时间过去以后，系统服务函数OSTimeTick()使延迟了的任务进入就绪态。这样下一个优先级最高的、并进入了就绪态的任务立刻被赋予了CPU的控制权。

不过，正在运行的任务在等待某一事件的发生时也要等待，它是通过调用 OSSemPend()、OSMboxPend()或 OSQPend()这三个任务挂起函数之一来进行实现的。经调用以后的这个任务就进入了等待状态，此时在就绪态中优先级最高的任务会得到 CPU 的控制权。当被等待的事件发生时，被挂起的任务会进入就绪状态。事件发生的报告可能会来自另一个任务，也可能会来自中断服务子程序。

任务在没有被关中断或者没有被 μC/OS-II 关中断的情况下，正在运行的任务是可以被中断的。这时被中断了的任务就会进入中断服务子程序，同时正在执行的任务也会被挂起，中断服务子程序控制 CPU 的使用权。中断服务子程序可能会报告一个或多个事件的发生，而使一个或多个任务进入就绪状态。这种情况下，在中断服务子程序返回之前，μC/OS-II 要判断被中断的任务是否还是就绪态任务中优先级最高的。如果中断服务子程序使一个优先级更高的任务进入了就绪态，则新进入就绪态的这个优先级更高的任务将得以运行，否则原来被中断了的任务还会继续运行。

当所有的任务都处于等待事件发生或等待延迟事件结束的状态时，μC/OS-II 执行空闲任务（Idle Task）。

由于 μC/OS-II 总是运行进入就绪态任务中优先级最高的那个任务，那么确定哪一个任务优先级最高、该哪个任务将要运行的工作就要由调度器完成。μC/OS-II 任务调度所花的时间是常数，与应用程序中建立的任务数无关。任务切换很简单，一般由以下两步完成：首先将被挂起任务的微处理器寄存器推入堆栈；然后将较高优先级的任务的寄存器值从堆栈中恢复到寄存器中。在 μC/OS-II 中，就绪任务的栈结构看起来总是跟刚刚发生过中断一样，所有微处理器的寄存器都保存在栈中。换句话说，μC/OS-II 运行就绪态的任务所要做的一切，只是恢复所有的 CPU 寄存器并运行中断返回指令。

6.3　μC/OS-II 系统移植

所谓移植，就是指使一个实时操作系统能够在某个微处理器平台上运行。由于 μC/OS-II 的主要代码都是由标准的 C 语言写成的，所以其移植过程并不复杂。

6.3.1　μC/OS-II 移植条件

虽然 μC/OS-II 的大部分源代码是用 C 语言写成的，但是仍需要用汇编语言完成一些与微处理器相关的代码。例如，μC/OS-II 在读写微处理器、寄存器时只能通过汇编语言来实现，这是因为 μC/OS-II 在设计时就已经充分考虑了可移植性。为了要使 μC/OS-II 可以正常工作，处理器必须要满足如下要求。

（1）微处理器的 C 编译器能产生可重入代码。可重入的代码指的是一段代码（如一个函数）可以被多个任务同时调用，而不必担心会破坏其内部的数据。可重入型函数在任何时候都可以被中断执行，也不会因为在函数中断的时候被其他的任务重新调用，影响函数中的数据。

下面列举了两个例子来对可重入型函数和非可重入型函数进行比较。

程序 1：可重入型函数

```
void Exchange(int a, int b)
{
    int nTemp;
    nTemp= a;
    a = b;
    b = nTemp;
}
```

程序2：非可重入型函数

```
int g_nTemp;
void Exchange(int a, int b)
{
    g_nTemp = a;
    a = b;
    b = g_nTemp;
}
```

程序1中使用的是局部变量nTemp，C编译器把局部变量分配在栈中，所以多次调用同一个函数可以保证每次的nTemp互不受影响。而程序2中g_nTemp是全局变量，多次调用函数时必然受到影响。

代码的可重入性是保证完成多任务的基础，除了在C语言程序中使用局部变量外，还需要C编译器的支持。基于ARM的SDT、ADS等集成开发环境，都可以生成可重入的代码。

（2）打开或者关闭中断。在μC/OS-II操作系统中，可以通过进入中断屏蔽的宏定义OS_ENTER_CRITICAL()或者退出中断屏蔽的宏定义OS EXIT_CRITICAL()来控制系统关闭中断或者打开中断，这需要微处理器的支持。在目前的ARM系列的ARM7TDMI、ARM9T等微处理器上，都可以设置相应的寄存器来关闭或者打开系统的所有中断。

（3）微处理器支持中断，并且能产生定时中断（通常在10～1000Hz），μC/OS-II是通过微处理器产生定时的中断来实现多任务之间的调度的。

（4）微处理器支持能够容纳一定量数据的硬件堆栈，并具有将堆栈指针和其他CPU寄存器读写到堆栈（或者内存）的指令。

μC/OS-II进行任务调度时，会把当前任务的CPU内部寄存器的内容存放到此任务的堆栈中，然后从另一个任务的堆栈中恢复原来的工作寄存器，继续运行另一个任务。所以，寄存器中内容的入栈和出栈是μC/OS-II多任务调度的基础。

6.3.2 μC/OS-II的移植步骤

在μC/OS-II的移植过程中，本章使用的是基于ARM公司架构的软件开发工具ADS作为编译器。所值得关注的问题是与微处理器相关的代码，这部分主要包括一个头文件OS_CPU.H、一个汇编文件OS_CPU_A.ASM和一个C代码文件OS_CPU_C.C。

1．设置头文件OS_CPU.H中与处理器和编译器相关的代码

（1）与编译器相关的数据类型。

```
#define INT8U       unsigned char
#define INT16U      unsigned short
#define INT32U      unsigned long
#define OS_STK      unsigned long
#define BOOLEAN     int
#define OS_CPU_SR   unsigned long
#define INT8S       char
```

因为不同的微处理器有不同的字长，所以 μC/OS-II 的移植包括了一系列的类型定义以确保其可移植性。例如，μC/OS-II 的代码不使用 C 语言的 short、int 和 long 等数据类型，这是因为它们是与编译器密切相关的，不可移植。然而，我们所要求定义的整型数据结构是能够可移植的。为了方便起见，虽然 μC/OS-II 不采用浮点数据类型，但我们在实际中还是可以定义为浮点数据类型的。例如，INT16U 数据类型表示 16 位的无符号整数，μC/OS-II 和用户的应用程序就可以估计出声明为该数据类型的变量的取值范围是 0～65535。将 μC/OS-II 移植到 32 位的微处理器上也就意味着 INT16U 实际被声明为无符号短整型数据结构，而不是无符号整数数据结构。但是，μC/OS-II 所处理的仍然是 INT16U。

用户必须将任务堆栈的数据类型定义到 μC/OS-II 操作系统中，这个过程是通过为 OS_STK 声明正确的 C 语言数据类型来完成的。由于使用的微处理器上的堆栈成员是 16 位的，所以将 OS_TSK 声明为无符号整型数据类型。值得注意的是，所有的任务堆栈都必须使用 OS_TSK 声明数据类型。

（2）进入中断屏蔽的宏定义 OS_ENTER_CRITICAL()和退出中断屏蔽的宏定义 OS_EXIT_CRITICAL()。

```
extern  int  INTS_OFF(void);
extern  void INTS_ON(void);
#define OS_ENTER_CRITICAL()  {cpu_sr = INTS_OFF(); }
#define OS_EXIT_CRITICAL()    {if(cpu_sr==0)  INTS_ON();  }
```

与所有的实时内核一样，μC/OS-II 操作系统在进行任务切换时需要先禁止中断在访问代码的临界区，并且在访问完毕后重新允许中断，这就使得 μC/OS-II 能够保护临界区代码免受多任务或中断服务例程（ISR）的破坏。在 ARM 微处理器上，如 S3C2410 微处理器是通过 OS_ENTER_CRITICAL()和 OS_EXIT_CRITICAL()两个函数来实现开、关中断的。

（3）栈增长方向标 OS_STK_GROWTH。

```
#define OS_STK_GROWTH    1
#define STACKSIZE       256
```

绝大多数的微处理器的堆栈是从高地址向低地址增长的，但是有些微处理器是采用相反的方式工作的。鉴于这种情况，μC/OS-II 操作系统被设计成为这两种情况都可以处理，只要在结构常量 OS_STK_GROWTH 中指定堆栈的生长方式就可以了。例如，设 OS_STK_GROWTH 为 0 表示堆栈从下往上增长，设 OS_STK_GROWTH 为 1 表示堆栈从上往下增长。

2．用汇编语言在 OS_CPU_A.ASM 文件中编写 4 个与微处理器相关的函数

（1）调用优先级最高的就绪任务函数 OSStartHighRdy()。函数原型如下。

```
OSStartHighRdy
LDR r4, addr_OSTCBCur              ;得到当前任务 TCB 地址
LDR r5, addr_OSTCBHighRdy          ;得到最高优先级任务 TCB 地址
LDR r5, [r5]                       ;获得堆栈指针
LDR sp, [r5]                       ;转移到新的堆栈中
STR r5, [r4]                       ;设置新的当前任务 TCB 地址
LDMFD   sp!,  {r4}
MSR SPSR,  r4
LDMFD  sp!,  {r4}                  ;从栈顶获得新的状态
MSR CPSR,r4                        ;CPSR 处于 SVC32Mode 模式
LDMFD  sp!,  {t0-r12,  lr,pc}      ;运行新的任务
```

OSStartHighRdy()函数在 OSStart()多任务启动之后，负责从最高优先级任务的 TCB 控制块中获得该任务的堆栈指针 SP，并通过 SP 依次将 CPU 现场恢复。这时系统就将控制权交给用户创建的任务进程，直到该任务被阻塞或者被其他更高优先级的任务抢占 CPU。该函数仅仅在多任务启动时被执行一次，用来启动最高优先级的任务执行。移植该函数的原因是，它涉及将处理器寄存器保存到堆栈的操作。

（2）任务级的任务切换函数 OSCtxSw()。函数原型如下。

```
OS_TASK_SW
STMFD  sp!,{pc}                    ;保存 PC
STMFD  sp!, {lr}                   ;保存 LR
STMFD  sp!,  {r0-r12}              ;保存寄存器和返回地址
MRS r4,  CPSR
STMFD  sp!,{r4}                    ;保存当前的 CPSR
MRS r4,  SPSR
STMFD  sp!,{r4}                    ;保存 SPSR
;获得最高优先级任务的信息 OSPrioCur = OSPrioHighRdy
LDR     r4,addr_OSPrioCur
LDR     r5,addr_OSPrioHighRdy
LDRB    r6,  [r5]
STRB    r6,  [r4]
;得到当前任务 TCB 地址
LDR r4,   addr_OSTCBCur
LDR r5,  [r4]
STR sp,  [r5]                      ;保存 sp 在被占先的任务的 TCB
;得到最高优先级任务 TCB 地址
LDR r6,addr_OSTCBHighRdy
LDR r6,  [r6]
LDR sp,  [r6]                      ;得到新任务堆栈指针
;获得最高优先级任务的 TCB,即 OSTCBCur = OSTCBHighRdy
STR  r6,  [r4]                     ;设置新的当前任务的 TCB 地址
;保存任务方式寄存器
LDMFD  sp!,  {r4}
MSR SPSR,  r4
LDMFD  sp!,  {r4}
MSR CPSR,  r4
```

```
;返回到新任务的上下文
LDMFD  sp!,  {r0-r12,lr,pc}
```

OSCtxSw()函数由 OS_TASK_SW()宏调用，OS_TASK_SW()由 OSSched()函数调用，OSSched()函数负责任务之间的调度。OSCtxSw()函数的工作是先将当前任务的 CPU 现场保存到该任务的堆栈中，然后获得最高优先级任务的堆栈指针并从该堆栈中恢复此任务的 CPU 现场使之继续执行。这样，该函数就完成了一次任务切换。

（3）中断级的任务切换函数 OSIntCtxSw()。函数原型如下。

```
OSIntCtxSw
add    r7,  sp,  #16                 ;保存寄存器指针
LDR    sp,=IRQStack ;FIQ_STACK
mrs    r1,  SPSR                     ;得到暂停的 SPSR
orr    r1,  r1,  #0xC0               ;关闭 IRQ,FIQ
msr    CPSR_cxsf,  r1                ;转换模式(应该是 SVC_MODE)
ldr    r0,  [r7,#52]                 ;从 IRQ 堆栈中得到 IRQ 的任务 PC
sub    r0,  r0,  #4                  ;当前 PC 地址是(save_LR-4)
STMFD sp!,  {r0}                     ;保存任务 PC
STMFD sp!,  {lr}                     ;保存 LR
mov    lr,  r7                       ;在 LR 中保存 FIQ 堆栈 ptr(转到 nuke r7)
ldmfd  lr!,  {r0-r12}                ;从 FIQ 堆栈中得到保存的寄存器
STMFD  sp!,  {r0-r12}                ;在任务堆栈中保存寄存器
;在任务堆栈上保存 PSR 和任务 PSR
MRS     r4,  CPSR
bic     r4,  r4,  #0xC0              ;使中断位处于使能态
STMFD  sp!,  {r4}                    ;保存任务当前 PSR
MRS     r4,  SPSR
STMFD  sp!,  {r4}
;改变当前程序 OSPrioCur = OSPrioHighRdy
LDR     r4,  addr_OSPrioCur
LDR     r5,  addr_OSPrioHighRdy
LDRB    r6,  [r5]
STRB    r6,  [r4]
;得到被占先的任务 TCB
LDR     r4,addr_OSTCBCur
LDR     r5,  [r4]
STR     sp,  Ir5]                    ;保存 sp 在被占先的任务的 TCB
;得到新任务 TCB 地址
LDR r6,addr_OSTCBHighRdy
LDR r6,  [r6]
LDR sp,  [r6]                        ;得到新任务堆栈指针
STR r6,  [r4]                        ;设置新的当前任务的 TCB 地址
LDMFD  sp!,  {r4}
MSR SPSR,r4
LDMFD  sp!,  {r4}
BIC  r4,r4,#0xC0                     ;必须退出新任务通过允许中断
MSR CPSR,  r4
```

```
LDMFD  sp!,  {r0-r12,lr,pc}
```

OSIntCtxSw()函数由系统中断退出 OSIntExit()调用。由于中断可能会使更高优先级的任务进入就绪态，为了让更高优先级的任务能立即运行，在中断服务子程序的最后，OSIntExit()函数会调用 OSIntCtxSw()进行任务切换。这样做的目的主要是能够尽快地让高优先级的任务得到响应，保证系统的实时性能。OSIntCtxSw()与 OSCtxSw()都是用于任务切换的函数，其区别在于 OSIntCtxSw()中无须再保存 CPU 寄存器。因为在调用 OSIntCtxSw()之前已发生了中断，OSIntCtxSw()已将默认的 CPU 寄存器保存到了被中断的任务的堆栈中。

（4）时钟节拍中断服务函数 OSTickISR()。时钟节拍是特定的周期性中断，并且是由硬件定时器产生的，这个中断可看作系统心脏的脉动。时钟节拍是中断使得内核可将任务延时若干个整数时钟节拍，以及当任务等待事件发生时提供等待超时的依据，时钟节拍频率越高，系统的额外开销就越大，中断期间的时间间隔取决于不同的应用。

OSTickISR()首先将 CPU 寄存器的值保存在被中断任务的堆栈中，之后调用系统中断响应函数 OSIntEnter()，随后 OSTickISR()调用 OSTimeTick()，检查所有处于延时等待状态的任务，判断是否有延时结束就绪的任务。OSTickISR()最后调用 OSIntExit()，如果在中断中（或其他嵌套的中断）有更高优先级的任务就绪，并且当前中断为中断嵌套的最后一层，那么 OSIntExit()将进行任务调度。

如果进行了任务调度，OSIntExit()将不再返回调用者，而是用新任务堆栈中的寄存器数值恢复 CPU 现场，然后用 IRET 实现任务切换。如果当前中断不是中断嵌套的最后一层，或中断中没有改变任务的就绪状态，那么 OSIntExit()将返回调用者 OSTickISR()，最后 OSTickISR()返回被中断的任务。

3．用 C 语言编写 6 个操作系统相关的函数（OS_CPU_C.C）

这里主要涉及 6 个函数：OSTaskStkInit()、OSTaskCreateHook()、OSTaskDelHook()、OSTaskSwHook()、OSTaskStatHook()及 OSTimeTickHook()。

在这些函数中，唯一必须移植的是任务堆栈初始化函数 OSTaskStkInit()。这个函数在任务创建时被调用，负责初始化任务的堆栈结构并返回新堆栈的指针 stk。在 ARM 体系结构下，任务堆栈空间由高至低依次保存着 PC、LR、R12、R11、R10、…、R1、R0、CPSR 及 SPSR。OSTaskStkInit()初始化后的堆栈内容如图 6-3 所示，堆栈初始化工作结束后，返回新的堆栈栈顶指针。

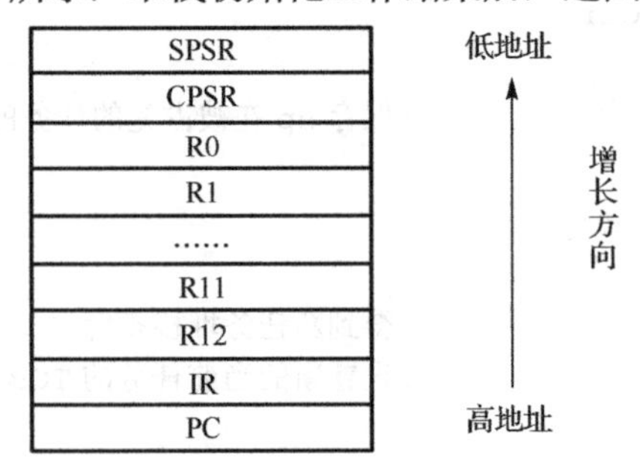

图 6-3　寄存器保存示意图

程序如下。

```
OS_STK * OSTaskStkInit(void  (*task)(void *pd),void *pdata,OS_STK *ptos,
```

```
                  INT16U opt)
    {
        unsigned int *stk;
        stk = (unsigned int*)ptos;        /*装载堆栈指针*/
        Opt++;
        /*为新任务建立堆栈*/
        *--stk = (unsigned int)task;      /*pc*/
        *--stk = (unsigned int)task;      /*lr*/
        *--stk = 12;                      /*r12*/
        *--stk = 11;                      /*r11*/
        *--stk = 10;                      /*r10*/
        *--stk = 9;                       /*r9*/
        *--stk = 8;                       /*r8*/
        *--stk = 7;                       /*r7*/
        *--stk = 6;                       /*r6*/
        *--stk = 5;                       /*r5*/
        *--stk = 4;                       /*r4*/
        *--stk = 3;                       /*r3*/
        *--stk = 2;                       /*r2*/
        *--stk = 1;                       /*r1*/
        *--stk = (unsigned int)pdata;     /*r0*/
        *--stk = (SUPMODE);               /*cpsr*/
        *--stk = (SUPMODE);               /*spsr*/
        return  ((OS_STK *)stk);
    }
```

以下 5 个 Hook 函数，又称为钩子函数，主要用来扩展 μC/OS-II 功能，使用前必须被声明，但并不一定要包含任何代码。

（1）OSTaskCreateHook()函数。当用 OSTaskCreate()函数或 OSTaskCreateExt()函数建立任务时，就会调用 OSTaskCreateHook()函数。μC/OS-II 设置完自己的内部结构后，会在调用任务调度程序之前调用 OSTaskCreateHook()函数。该函数被调用时中断是禁止的，因此应尽量减少该函数中的代码以缩短中断的响应时间。

（2）OSTaskDelHook()函数。当任务被删除时就会调用 OSTaskDelHook()函数，该函数在把任务从 μC/OS-II 的内部任务链表中解开之前被调用。当 OSTaskDelHook()函数被调用时会收到指向正被删除任务的 OS_TCB 的指针，这样它就可访问所有的结构成员了。OSTaskDelHook()函数可用来检验 TCB 扩展是否被建立了（一个非空指针），并进行一些清除操作。注意，此函数不返回任何值。

（3）OSTaskSwHook()函数。当发生任务切换时，调用 OSTaskSwHook()函数。不管任务切换是通过 OSCtxSw()函数，还是通过 OSIntCtxSw()函数来执行的都会调用该函数。OSTaskSwHook()函数可直接访问 OSTCBCur 和 OSTCBHighRdy，这是因为它们都是全局变量。OSTCBCur 指向被切换出去的任务的 OS_TCB，而 OSTCBHighRdy 指向新任务的 OS_TCB。

在调用 OSTaskSwHook()函数期间，中断一直是被禁止的。这是因为代码的多少会影响中断的响应时间，所以应尽量使代码简化。此函数没有任何参数，也不返回任何值。

（4）OSTaskStatHook()函数。OSTaskStatHook()函数每秒都会被 OSTaskStat()函数调用一次，可用 OSTaskStatHook()函数来扩展统计功能。例如，可保持并显示每个任务的执行时间、每个任务所占用的 CPU 份额以及每个任务执行的频率等。该函数没有任何参数，也不返回任何值。

（5）OSTimeTickHook()函数。OSTimeTickHook()函数在每个时钟节拍都会被 OSTimeTick()函数调用。实际上，OSTimeTickHook()函数是在节拍被 μC/OS-II 处理，并在通知用户的移植实例或应用程序之前被调用的。OSTimeTickHook()函数没有任何参数，也不返回任何值。

6.4 基于 μC/OS-II 的应用开发

6.4.1 应用程序结构的建立

1．创建任务

一个任务通常是一个无限循环，也如同其他 C 的函数一样具有函数返回类型，有形式参数变量。但是，任务是不会返回参数的。

```
void YourTask(void *pdata)
{
    for(;;)
    {
        /*用户代码*/
    }
    OSTaskDel(OS_PRIO_SELF);
}
```

形式参数变量是由用户代码在第一次执行时带入的，该变量的类型是一个指向 void 的指针。这是为了允许用户应用程序传递任何类型的数据给任务，不同的是当任务完成以后任务可以自我删除。任务代码并非真的删除了，μC/OS-II 只是简单地不再理会这个任务了，这个任务的代码也不会再运行，如果任务调用了 OSTaskDel()函数，这个任务不会返回什么。

为了使 μC/OS-II 能管理用户任务，用户必须在建立一个任务时将任务的起始地址与其他参数一起传给任务创建函数 OSTaskCreate()或任务创建扩展函数 OSTaskCreateExt()这两个函数中的任一个。

2．μC/OS-II 的启动

系统多任务的启动是用户通过调用 OSStart()函数来实现的，然而启动 μC/OS-II 之前，用户至少要建立一个应用任务。

```
void main(void)
{
    OSInit();                    /*初始化μC/OS-II */
    …
    通过调用 OSTaskCreate()或 OSTaskCreateExt()创建至少一个任务
    …
```

```
    OSStart();              /*开始多任务调度!OSStart()永远不会返回。
}
```

6.4.2　μC/OS-II 的 API

任何一个操作系统都会提供大量的应用程序接口 API 供开发者使用，μC/OS-II 也不例外。由于 μC/OS-II 面向的是实时嵌入式系统开发，并不要求大而全，所以内核提供的 API 也就大多与多任务相关，主要有任务类、消息类、同步类、时间类及临界区与事件类。下面介绍几个比较重要的 API 函数。

1．OSTaskCreate()函数

该函数在使用前，至少应在主函数 main()内被调用一次，同时要求在调用 OSInit()函数之后才可再调用该函数，它的作用就是创建一个任务。OSTaskCreate()函数有 4 个参数，它们分别是任务的入口地址、任务的参数、任务堆栈的首地址和任务的优先级。在调用这个函数后，系统会首先从 TCB 空闲列表内申请一个空的 TCB 指针，然后根据用户给出的参数初始化任务堆栈，并在内部的任务就绪表内标记该任务为就绪状，然后返回。这样，一个任务就创建成功了。

2．OSTaskSuspend()函数

该函数可将指定的任务挂起。如果挂起的是当前任务，那么还会引发系统执行任务切换先导函数 OSShed()来进行一次任务切换。实际上，这个函数只有一个指定任务优先级的参数。在系统内部，优先级除了表示一个任务执行的先后次序外，还起着区分每一个任务的作用。换句话说，优先级也就是任务的 ID，所以 μC/OS-II 不允许出现相同优先级的任务。

3．OSTaskResume()函数

该函数与 OSTaskSuspend()函数的作用正好相反，它用于将指定的已经挂起的函数恢复为就绪状态。如果恢复任务的优先级高于当前任务，那么还将引发一次任务切换。其参数类似于 OSTaskSuspend()函数，用来指定任务的优先级。注意，该函数并不要求和 OSTaskSuspend()函数成对使用。

4．OS_ENTER_CRITICAL()宏

由 OS_CPU．H 文件可知，OS_ENTER_CRITICAL()和 OS_EXIT_CRITICAL()都是宏。它们都与特定的 CPU 相关，一般都被替换为一条或者几条嵌入式汇编代码。由于系统希望向上层开发者隐藏内部实现，故一般都宣称执行此条指令后系统进入临界区。其实，它就是关个中断而已。这样，只要任务不主动放弃 CPU 使用权，别的任务就没有占用 CPU 的机会了。相对这个任务而言，它就是独占了，所以说进入临界区了。这个宏应尽量少用，因为它会破坏系统的一些服务，尤其是时间服务，并使系统对外界响应性能降低。

5．OS_EXIT_CRITICAL()宏

该宏与上面介绍的宏配套使用，在退出临界区时使用，其实它就是重新开中断。注意，

它必须和上面的宏成对出现，否则严重时会使系统崩溃。因此建议程序员尽量少用这两个宏调用，使用它们会破坏系统的多任务性能。

6. OSTimeDly()函数

该函数实现的功能是先挂起当前任务，然后进行任务切换。在指定的时间到来之后，将当前任务恢复为就绪状态，但并不一定运行。如果恢复后是优先级最高的就绪任务，那么运行之。简而言之，就是可使任务延时一定时间后再次执行，或者说暂时放弃CPU的使用权。一个任务可以不显式地调用这些可导致放弃CPU使用权的API，但多任务性能会大大降低。因为，此时仅仅依靠时钟机制在进行任务切换，一个好的任务应在完成一些操作后主动放弃CPU的使用权。

6.4.3 绘图函数及应用

μC/OS-II仅仅是一个实时多任务的内核，移植μC/OS-II到具体的微处理器平台以后，离实际的应用还是有些距离的。通常根据实际项目要求，需要对μC/OS-II进行扩展，建立一个简单实用的实时操作系统。比如，添加外设驱动程序和文件系统，以及添加基本的绘图函数。本节主要介绍常用的绘图函数及开发范例。

绘图是操作系统的图形界面的基础，μC/OS-II操作系统为图形界面提供了丰富的绘图函数。在多任务操作系统中，绘图设备上下文（DC）是绘图的关键，绘图设备上下文（DC）保存了每一个绘图对象的相关参数（如绘图画笔的宽度、绘图的原点坐标等）。在多任务操作系统中，通过绘图设备上下文（DC）来绘图，可以保证在不同的任务中绘图的参数是相互独立的，不会互相影响。

1. 常用的绘图函数

系统的绘图相关函数的详细情况如下。

（1）定义数据结构。

```
typedef struct{
    int DrawPointx;
    int DrawPointy;                //绘图所使用的坐标点
    int PenWidth;                  //画笔宽度
    U32 PenMode;                   //画笔模式
    COLORREF PenColor;             //画笔的颜色
    int DrawOrgx;                  //绘图的坐标原点位置
    iht DrawOrgy;
    int WndOrgx;                   //绘图的窗口坐标位置
    iht WndOrgy;
    Int DrawRangex;                //绘图的区域范围
    int DrawRangey;
    structRECT DrawRect;           //绘图的有效范围
    U8 bUpdataBuffer;              //是否更新后台缓冲区及显示
    U32 Fontcolor;                 //字符颜色
}DC,*PDC
```

```
typedef struct{
    int left;
    int top;
    int right;
    int hottom;
}structRECT
```

（2）initOSDC。定义：

```
void initOSDC();
```

功能：初始化系统的绘图设备上下文（DC），为 DC 的动态分配内存空间。

（3）CteateDC。定义：

```
PDC CreateDC();
```

功能：创建一个绘图设备上下文（DC），返回指向 DC 的指针。

（4）DestoryDC。定义：

```
void DestoryDC(PDC pdc);
```

功能：删除绘图设备上下文（DC），释放相应的资源。

参数说明：pdc 为指向绘图设备上下文（DC）的指针。

（5）SetPixel。定义：

```
void SetPixel(PDCpdc,intx,inty,COLORREF color);
```

功能：设置指定点的像素颜色到 LCD 的后台缓冲区，LCD 范围以外的点将被忽略。

参数说明：pdc 为指向绘图设备上下文（DC）的指针；x、y 指定的像素坐标；color 指定的像素颜色，高 8 位为空，接下来的 24 位分别对应 RGB 颜色的 8 位码。

（6）SetPixelOR。定义：

```
void SetPixelOR(PDC pdc,int i,int y,COLORREF color);
```

功能：设置指定点的像素颜色和 LCD 的后台缓冲区的对应点或运算，LCD 范围以外的点将被忽略。

参数说明：pdc 为指向绘图设备上下文（DC）的指针；x、y 指定的像素坐标；color 指定的像素颜色。

（7）SetPixelAND。定义：

```
void SetPixelAND(PDC pdc,int x,int y,COLORREF color);
```

功能：设置指定点的像素颜色和 LCD 的后台缓冲区的对应点与运算，LCD 范围以外的点将被忽略。

参数说明：pdc 为指向绘图设备上下文（DC）的指针；x、y 指定的像素坐标；color 指定的像素颜色。

（8）SetPixelXOR。定义：

```
void SetPixelXOR(PDC pdc,int x,int y,COLORREF color);
```

功能：设置指定点的像素颜色和LCD的后台缓冲区的对应点异或运算，LCD范围以外的点将被忽略。

参数说明：pdc为指向绘图设备上下文（DC）的指针；x、y指定的像素坐标；color指定的像素颜色。

（9）GetFontHeight。定义：

```
int GetPontHeight(U8 fnt);
```

功能：返回指定字体的高度。

参数说明：fnt表示输出字体的大小型号。

（10）TextOut。定义：

```
void TextOut(PDC pdc,int x,int y,U16 *ch,U8 bunicode,U8 fnt);
```

功能：在LCD屏幕上显示文字。

参数说明：pdc为指向绘图设备上下文（DC）的指针；x，y为所输出文字左上角的屏幕坐标；ch为指向输出文字字符串的指针；bunicode是否为Unicode编码，如果是TRUE，表示ch指向的字符串为unicode字符集，如果为FALSE，表示ch指向的字符串为GB字符集；fnt指定字体的大小型号。

（11）TextOutRect。定义：

```
void TextOutRect(PDC pdc,structRECT *prect,U16 *Ch,U8 bunicode,U8 fnt,U32
mtmode);
```

功能：在指定矩形的范围内显示文字，超出的部分将被裁剪。

参数说明：pdc为指向绘图设备上下文（DC）的指针；prect为所输出文字的矩形范围；ch为指向输出文字字符串的指针；bunicode是否为Unicode编码，如果是TRUE，表示ch指向的字符串为unicode字符集如果为FALSE，表示ch指向的字符串为GB字符集；fnt指定字体的大小型号；mtmode指定矩形中文字的对齐方式。

（12）MoveTo。定义：

```
void MoveTo(PDC pdc,int x,int y);
```

功能：把绘图点移动到指定的坐标。

参数说明：pdc为指向绘图设备上下文（DC）的指针；x、y为移动画笔到绘图点的屏幕坐标。

（13）LineTo。定义：

```
void LineTo(PDC pdc,int x,int y);
```

功能：在屏幕上画线，从当前画笔的位置画直线到指定的坐标位置，并使画笔停留在当前指定的位置。

参数说明：pdc为指向绘图设备上下文（DC）的指针；x、y为直线绘图目的点的屏幕坐标。

（14）DrawRectFrame。定义：

```
void DrawRectFrame(PDC pdc,int left,int top,int fight,int bottom);
```

功能：在屏幕上绘制指定大小的矩形方框。

参数说明：pdc 为指向绘图设备上下文（DC）的指针；1eft 为绘制矩形的左边框位置；fight 为绘制矩形的右边框位置；top 为绘制矩形的上边框位置；bottom 为绘制矩形的下边框位置。

（15）rawRectFrame2。定义：

```
void DrawRectFrame2(PDC pdc,structRECT *rect);
```

功能：在屏幕上绘制指定大小的矩形方框。

参数说明：pdc 为指向绘图设备上下文（DC）的指针；rect 为绘制矩形的位置及大小。

（16）FillRect。定义：

```
void  FillRect(PDC  pdc,int  left,int  top,int  right,int  bottom,U32
DrawMode,COLORREF color)
```

功能：在屏幕上填充指定大小的矩形。

参数说明：pdc 为指向绘图设备上下文（DC）的指针；left 为绘制矩形的左边框位置；right 为绘制矩形的右边框位置；top 为绘制矩形的上边框位置；bottom 为绘制矩形的下边框位置；DrawMode 为矩形的的填充模式和颜色；color 为填充的颜色值。

（17）FillRect2。定义：

```
void FillRect2(PDC pdc,structRECT *rect,U32 DrawMode,U32 color,COLORREF
color);
```

功能：在屏幕上填充指定大小的矩形。

参数说明：pdc 为指向绘图设备上下文（DC）的指针；Rect 为绘制矩形的位置及大小；DrawMode 为矩形的填充模式和颜色；Color 为填充的颜色值。

（18）ClearScreen。定义：

```
void ClearScreen();
```

功能：清除整个屏幕的绘图缓冲区，即清空 LCDBuffer2。

（19）SetPenWidth。定义：

```
U8 SetPenWidth(PDC pdc,U8 width);
```

功能：设置画笔的宽度，并返回以前的画笔宽度。

参数说明：pdc 为指向绘图设备上下文（DC）的指针；width 为画笔的宽度，默认值是 1，即一个像素点宽。

（20）SetPenMode。定义：

```
void SetPenMode(PDC pdc,U32 mode);
```

功能：设置画笔画图的模式。

参数说明：pdc 为指向绘图设备上下文（DC）的指针；mode 为绘图的模式。

（21）Circle。定义：

```
void Circle(PDC pdc,int x0,int y0,int r);
```

功能：绘制指定圆心和半径的圆。

参数说明：pdc为指向绘图设备上下文（DC）的指针；x0、y0为圆心坐标；r为圆的半径。

（22）ArcTo。定义：

```
void ArcTo(PDC pdc,int xl,int yl,U8 arctype,int R);
```

功能：绘制圆弧，从画笔的当前位置绘制指定圆心的圆弧到给定的位置。

参数说明：pdc为指向绘图设备上下文（DC）的指针；xl、yl为绘制圆弧的目的位置；arctype为圆弧的方向；R为圆弧的半径。

（23）SetLCDUpdata。定义：

```
U8 SetLCDUpdata(PDC pdc,U8 isUpdata);
```

功能：设定绘图的时候是否及时更新LCD的显示，返回以前的更新模式。

参数说明：pdc为指向绘图设备上下文（DC）的指针；isUpdata表示是否更新LCD的显示，可以为TRUE或者FALSE，如果选择及时更新则每调用一次绘图的函数都要更新LCD的后台缓冲区，并把后台缓冲区复制到前台，这样虽然可以保证绘图的实时性，但从总体来讲，会降低绘图的效率。

（24）Draw3DRect。定义：

```
voidDraw3DRect(PDCpdc,intleft,inttop,intright,intbotton,U32style);
```

功能：绘制指定大小和风格的3D边框的矩形。

参数说明：pdc为指向绘图设备上下文（DC）的指针；left为绘制矩形的左边框位置；right为绘制矩形的右边框位置；yop为绘制矩形的上边框位置；bottom为绘制矩形的下边框位置；colorl为左和上的边框颜色；color2为右和下的边框颜色。

（25）Draw3DRect2。定义：

```
void Draw3DRect2(PDC pdc,structRECT rect,COLORREF colorl,COLORREF color2);
```

功能：绘制指定大小和风格的3D边框的矩形。

参数说明：pdc为指向绘图设备上下文（DC）的指针；rect为绘制矩形的位置及大小；colorl为左和上的边框颜色；color2为右和下的边框颜色。

（26）GetPenWidth。定义：

```
U8 GetPenWidth(PDC pdc);
```

功能：返回当前绘图设备上下文（DC）画笔的宽度。

参数说明：pdc为指向绘图设备上下文（DC）的指针。

（27）GetPenMode。定义：

```
U32 GetPenMode(PDC pdc);
```

功能：返回当前绘图设备上下文（DC）画笔的模式。

参数说明：pdc为指向绘图设备上下文（DC）的指针。

（28）SetPenColor。定义：

```
U32 SetPenColor(PDC pdc,U32 color);
```

功能：设定画笔的颜色，返回当前绘图设备上下文（DC）画笔的颜色。

参数说明：pdc 为指向绘图设备上下文（DC）的指针；color 为画笔的颜色。

（29）GetPenColor。定义：

```
U32 GetPenColor(PDC pdc);
```

功能：返回当前绘图设备上下文（DC）画笔的颜色。

参数说明：pdc 为指向绘图设备上下文（DC）的指针。

（30）GetBmpSize。定义：

```
void GetBmpSize(char filename[],int *Width,int *Height);
```

功能：取得指定位图文件位图的大小。

参数说明：filename 为位图文件的文件名；Width 为位图的宽；Height 为位图的高。

（31）ShowBmp。定义：

```
void ShowBmp(PDC pdc,char filename[],int x,int y);
```

功能：显示指定的位图(Bitmap)文件到指定的坐标。

参数说明：pdc 为指向绘图设备上下文（DC）的指针；filename 为显示的位图（Bitmap）文件名；x、y 为显示位图的左上角坐标。

（32）SetDrawOrg。定义：

```
void SetDrawOrg(PDC pdc,int x,int y,int *oldx,int *oldy,);
```

功能：设置绘图设备上下文（DC）的原点。

参数说明：pdc 为指向绘图设备上下文（DC）的指针；x、y 为设定的新原点；Oldx、oldy 为返回的以前原点的位置。

（33）SetDrawRange。定义：

```
void SetDrawRange(PDC pdc,int x,int y,int *oldx,int *oldy);
```

功能：设置绘图设备上下文（DC）的绘图范围。

参数说明：pdc 为指向绘图设备上下文（DC）的指针；x、y 为设定的横向、纵向绘图的范围，如果 x（或者 y）为 1，则表示 x（或者 y）方向的比例随着 y（或者 x）方向的范围按比例缩放；如果参数为 0，表不方向相反；oldx、oldy 为返回的以前横向、纵向绘图的范围。

（34）LineToDelay。定义：

```
void LineToDelay(PDC pdc,int x,int y,int ticks);
```

功能：按指定的延时时间在屏幕上画线，从当前画笔的位置画直线到指定的坐标位置，并使画笔停留在当前指定的位置。

参数说明：pdc 为指向绘图设备上下文（DC）的指针；x、y 为直线绘图目的点的屏幕坐标；ticks 为指定的延时时间，系统的时间单位。

（35）ArcToDelay。定义：

```
void ArcToDelay(PDC pdc,int xl,int yl,U8 arctype,int R,int ticks);
```

功能：按照指定的延时时间绘制圆弧，从画笔的当前位置绘制指定圆心的圆弧到给定的位置。

参数说明：pdc 为指向绘图设备上下文（DC）的指针；xl、yl 为绘制圆弧的目的位置；arctype 为圆弧的方向；R 为圆弧的半径；ticks 为指定的延时时间，系统的时间单位。

2．应用实例

本节主要通过实例来进一步介绍和理解在 μC/OS-II 操作系统中与绘图相关的 API 的使用。本应用例子是在 LCD 屏幕上画一个圆矩形和圆，如图 6-4 所示。

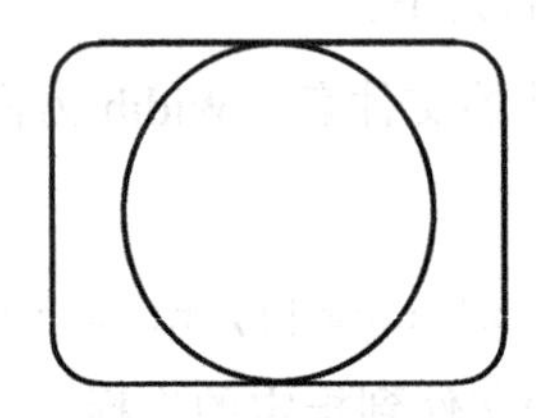

图 6-4 LCD 屏上显示的圆矩形和圆

绘图必须通过使用绘图设备上下文（DC）来实现，绘图设备上下文（DC）中包括了与绘图相关的信息，如画笔的宽度、绘图的原点等。这样在多任务系统中，不同的任务通过不同的绘图设备上下文（DC）绘图才不会互相影响。

绘制整个圆可以用 Circle 函数，绘制直线使用 Line 函数，绘制圆弧使用 ArcTo 函数。调试的过程中可以在每条的绘图函数之后调用 OSTimeDly()函数，使系统更新显示，输出到液晶屏上。为了方便绘图起见，可使用 SetDrawOrg 函数设置绘图的原点。main.c 源代码如下。

```
#include"..\ucos-II\includes.h"                /* uC/OS interface */
#include "..\ucos-II\add\osaddition.h"
#include "..\inc\drv.h"
#include <string.h>
#include <math.h>
/***************任务定义***********/
OS_STK Main_Stack[STACKSIZE*8]={0, };          //Main_Test_Task堆栈
void Main_Task(void *Id);                      //Main_Test_Task
#define Main_Task_Prio     12                  //Main_Test_Task优先级
/****************事件定义***********/
OS_EVENT *Uart_Rw_Sem;                         //UART读写控制权旗语

void initOSGUI()                               //初始化系统界面
{
    initOSMessage();
```

```
    initOSList();
    initOSDC();
    initOSCtrl();
    initOSFile();
}

/***************** Main function ***********/
intMain(int argc, char **argv)
{
    ARMTargetInit();                                    //开发板初始化
    OSInit();                                           //操作系统的初始化
    uHALr_ResetMMU();                                   //复位 MMU
    LCD_Init();                                         //初始化 LCD 模块
    LCD_printf("LCD initialization is OK\n");           //向液晶屏输出数据
    LCD_printf("320 x 240  Text Mode\n");
    initOSGUI();                                        //初始化图形界面
    LoadFont();                                         //调 Unicode 字库
    LoadConfigSys();                                    //使用 config.sys 文件配置系统设置
    LCD_printf("Create task on uCOS-II...\n");
    OSTaskCreate(Main_Task, (void *)0,  (OS_STK *)&Main_Stack[STACKSIZE*8
                        -1],  Main_Task_Prio); //创建系统任务
    OSAddTask_Init();                                   //创建系统附加任务
    LCD_printf("Starting uCOS-II...\n");
    LCD_printf("Entering graph mode...\n");
    LCD_ChangeMode(DspGraMode);                         //变 LCD 显示模式为文本模式
    InitRtc();                                          //初始化系统时钟
    //创建 Nand-Flash 写控制权旗语，初值为 1 满足互斥条件
    Nand_Rw_Sem=OSSemCreate(1);
    OSStart();                                          //操作系统任务调度开始，不会返回
    return 0;
}

void Main_Task(void *Id)                                //Main_Test_Task
{
    POSMSG pMsg=0;                                      //创建消息
    int oldx,oldy;                                      //保存原来坐标系位置
    PDC pdc;                                            //定义绘图设备上下文结构
    int x,y;                                            //坐标
    double offset=0;                                    //x 坐标偏移量
    ClearScreen();                                      //清屏
    pdc=CreateDC();                                     //创建绘图设备上下文
    //设置绘图圆点为屏幕中心
    SetDrawOrg(pdc,LCDWIDTH/2,LCDHEIGHT/2,&oldx,&oldy);
    Circle(pdc,0, 0, 50);                               //画圆
    MoveTo(pdc, -50, -50);                              //移动
    LineTo(pdc, 50, -50);                               //画线
    ArcTo(pdc, 80, -20, TRUE, 30);                      //画弧
```

```
    LineTo(pdc, 80, 20);
    ArcTo(pdc, 50, 50, TRUE, 30);
    LineTo(pdc, -50, 50);
    ArcTo(pdc, -80, 20, TRUE, 30);
    LineTo(pdc, -80, -20);
    ArcTo(pdc, -50, -50, TRUE, 30);
    SetDrawOrg(pdc, 0, LCDHEIGHT/2, &oldx,&oldy);//设置绘图原点为屏幕左边中部
    for(;;);                                     //无限等待
    DestoryDC(pdc);                              //删除绘图设备上下文
}
```

习题与思考题六

（1）简述 μC/OS-II 操作系统的主要特点。

（2）μC/OS-II 内核主要包括哪几部分？

（3）简述 μC/OS-II 的移植条件和移植步骤。

（4）如何建立 μC/OS-II 应用程序结构？

第7章

嵌入式 Linux 操作系统及应用

7.1 嵌入式 Linux 操作系统概述

1. 嵌入式 Linux 简介

嵌入式 Linux 是将 Linux 操作系统进行裁剪修改，使之能在嵌入式计算机系统上运行的一种操作系统。嵌入式 Linux 既继承了 Internet 上无限的开放源代码资源，又具有嵌入式操作系统的特性。到目前为止，嵌入式 Linux 已被成功移植到二三十种 CPU 架构，嵌入式 Linux 已广泛应用在工业制造、过程控制、通信、仪器、仪表、汽车、船舶、航空、航天、军事装备、消费类产品等众多领域。嵌入式 Linux 存在如下优势。

（1）嵌入式 Linux 是开放源代码的，不存在黑箱技术，遍布全球的众多 Linux 爱好者又是 Linux 开发者的强大技术支持。

（2）嵌入式 Linux 内核小、效率高，同时是可以定制的，其系统内核最小只有约 134 KB。

（3）嵌入式 Linux 是免费的 OS，在价格上极具竞争力。嵌入式 Linux 还有着嵌入式操作系统所需要的很多特色，突出的就是嵌入式 Linux 适应于多种 CPU 和多种硬件平台。

（4）嵌入式 Linux 内核的结构在网络方面是完整的，对网络中最常用的 TCP/IP 协议有完备的支持，并提供了包括十兆位、百兆位、千兆位的以太网络，以及对无线网络、Toker ring（令牌环网）、光纤甚至卫星的支持。

2. 嵌入式 Linux 的分类

由于 Linux 所具备的开源、稳定、高效、易裁剪、硬件支持广泛等优点，使得它在嵌入式系统领域近几年内迅速崛起。目前嵌入式 Linux 系统开发已经开辟了很大的市场，同时也开发出很多成型的产品，这些产品主要分如下三类。

- 第一类是专门为 Linux 的嵌入式方向定做的，如何让 Linux 更小、更容易嵌入到对体积、功能、性能等指标要求更高的硬件中去是这些产品的开发方向。
- 第二类是专门为 Linux 的实时特性设计的产品。将 Linux 开发成实时系统应用于一些关键的控制场合，如 RT-Linux，并已经用在工业控制等很多方面。
- 第三类的产品就是将实时性和嵌入式方案结合起来的方案，并且提供集成化的开发方案，如 Timesys 等。

基于上述三类产品，结合各种应用需求，下面介绍7种有代表性的嵌入式Linux。

（1）RT-Linux。RT-Linux是由美国墨西哥理工学院开发的嵌入式Linux操作系统。由于其独有的任务调度实时性，RT-Linux已经成功地应用于航天飞机的空间数据采集、科学仪器测控和电影特技图像处理等领域。RT-Linux 开发者并没有针对实时操作系统的特性而重写Linux的内核，因为这样做的工作量非常大。为此，RT-Linux提出了精巧的内核，并把标准的Linux核心作为实时核心的一个进程，同用户的实时进程一起调度。这样对Linux内核的改动非常小，并且充分利用了Linux下现有的丰富的软件资源。

（2）μClinux。μCLinux（micro-control Linux，即微控制器领域中的Linux系统）是由嵌入式Linux行业主要厂商之一Lineo公司推出的，同时也是开放源码的嵌入式Linux。μCLinux主要是针对目标处理器没有存储管理单元 MMU 的嵌入式系统而设计的。虽然它的体积很小，却仍然保留了Linux的大多数的优点：稳定、良好的移植性、优秀的网络功能、对各种文件系统完备的支持和标准丰富的API。其编译后的目标文件可控制在几百KB数量级，并已经被成功地移植到很多平台上。

（3）Embedix。Embedix是根据嵌入式应用系统的特点重新设计的Linux发行版本。Embedix提供了超过25种的Linux系统服务，包括Web服务器等。系统需要最小8 MB的内存，3 MB的ROM或快速闪存。最初，Embedix基于Linux 2.2内核设计而成，并已经成功地移植到了Intel x86和PowerPC处理器系列上。像其他的Linux版本一样，Embedix可以免费得。Luneo还推出了Embedix的开发调试工具包、基于图形界面的浏览器等。目前，Embedix已成为一种完整的嵌入式Linux解决方案。

（4）XLinux。XLinux是由美国网虎公司推出的，内核只有143 KB。XLinux核心采用了超字元集专利技术，让Linux核心不仅可能与标准字符集相容，还涵盖了12个国家和地区的字符集。因此，XLinux在推广Linux的国际应用方面有独特的优势。

（5）Mizi Linux。韩国MIZI公司公布的开放源代码的免费嵌入式操作系统arm-Linux。Mizi Linux 仍然保留了 Linux 的大多数优点，支持多种典型的处理器构架，包括 ARM、PowerPC、x86等；支持通用Linux API、内核体积小于512 KB、内核加上文件系统小于900 KB的系统。该产品中包含了功能强大的SDK开发环境，可以开发出支持消息传递、摄像、多媒体播放、智能个人信息管理、控制终端等应用软件。Mizi Linux支持MMU，集成了Apache服务器和MySQL数据库；具有完整的TCP/IP协议，同时对其他许多的网络协议都提供支持；支持多种文件系统，提供Qt/Embedded实现用户图形界面的开发。

（6）MidoriLinux。由美国MontaVista 软件公司基于Linux内核开发的嵌入式操作系统。MontaVista Linux 不需要用户支付版税，而且提供的所有开发工具和附加应用包都是开放源码的。MontaVista Linux能够支持广泛的CPU芯片系列，支持多种目标板结构，并提供强大的网络协议支持，而且拥有丰富的驱动程序和API。

（7）Easy Embedded OS（简称EEOS）。EEOS由北京中科院红旗软件公司推出，是国内做得较好的一款嵌入式Linux操作系统。该款嵌入式操作系统重点支持p-Java，其目标一方面是小型化，另一方面是能重复应用Linux的驱动和其他模块。

7.2　嵌入式 Linux 内核及其工作原理

7.2.1　嵌入式 Linux 内核

1. 内核特点

嵌入式 Linux 内核是一个开放自由的操作系统内核，具有如下特点。

（1）可移植性强。Linux 目前已经成为支持硬件平台最广泛的操作系统，已经在 x86、IA64、ARM、MIPS、AVR32、M68K、S390、Blackfin、M32R 等众多架构处理器上运行。

（2）嵌入式 Linux 极具伸缩性，内核可以任意裁剪。可以大至几十或者上百 MB，可以小至几百 KB，从超级计算机、大型服务器到小型嵌入式系统、掌上移动设备或者嵌入式模块都可以运行。

（3）模块化。嵌入式 Linux 内核采用模块化设计，很多功能都可以编译为模块，可以在内核运行中动态加载/卸载而无须重启系统。

（4）网络支持完善。嵌入式 Linux 内核集成完整的 POSIX 网络协议栈，网络功能完善。

（5）支持的设备广泛。嵌入式 Linux 源码中，设备驱动源码占了很大比例，几乎能支持所有常见的设备。

以 Linux 内核为核心的操作系统具有如下特点。

（1）开放性。遵循世界标准规范，特别是遵循开放系统互连（OSI）国际标准，凡遵循国际标准所开发的硬件和软件，都能彼此兼容，可方便地实现互连。

（2）多用户。嵌入式 Linux 操作系统继承了 Linux 操作系统，是一个真正的多用户操作系统。系统资源可以被不同用户各自拥有使用，即每个用户对自己的资源有特定的权限互不影响。经常有初学者将 Linux 的多用户与 Windows 的多用户混淆，实际上两者的差别是很大的。Windows 桌面同一时刻只允许一个用户登录，其余用户必须锁定，而 Linux 则允许多个用户同时登录。

（3）多任务。多任务是嵌入式系统最主要的一个特点，它是指计算机可以同时执行多个程序，而且各个程序的运行互相独立，Linux 系统调度每一个进程平等地访问处理器。多任务实际上很常见，例如我们在编写文档时，还可以一边听歌，甚至还可以从网上下载资料。这至少就有文档处理、音乐播放和网络下载三个任务，相互互不影响并是同时运行的。

（4）良好的用户界面。嵌入式 Linux 向用户提供了用户界面和系统调用两种界面，其中 Linux 不仅向传统用户提供基于文本的命令行界面（即 Shell），还为用户提供了图形用户界面。

（5）设备独立性。嵌入式 Linux 操作系统把所有外部设备统一当成文件来看待，只要安装它们的驱动程序任何用户都可以像使用文件一样操纵、使用这些设备，而不必知道它们的具体存在形式。Linux 的设备独立性使得它具有高度适应能力，能够适应随时增加支持新设备。

（6）完善的网络功能。嵌入式 Linux 内置完整的 POSIX 网络协议栈，在通信和网络功能方面优于其他操作系统。Linux 为用户提供了完善的、强大的网络功能，具体如下。

① 嵌入式 Linux 免费提供了大量支持 Internet 的软件，使得用户能用嵌入式 Linux 与其他人通过 Internet 网络进行通信。

② 用户能通过一些嵌入式 Linux 命令完成内部信息或文件的传输。

③ 嵌入式 Linux 系统既允许本身通过网络访问远程的系统，也允许远程系统通过网络访问自身。

（7）可靠的系统安全。嵌入式 Linux 采取了许多安全技术措施，包括对读、写进行权限控制、带保护的子系统、审计跟踪、核心授权等，为网络多用户环境中的用户提供了必要的安全保障。

（8）模块化。嵌入式 Linux 的模块化极大地提高了 Linux 的可裁剪性和灵活性，运行时可以根据系统的需要加载程序而无须重启系统。

（9）良好的可移植性。嵌入式 Linux 是一种可移植的操作系统，能够在不同的环境和平台上运行。目前，嵌入式 Linux 已经成为支持平台最广泛的操作系统。

2. 内核组成

嵌入式 Linux 的内核有五个组成部分，如图 7-1 所示。

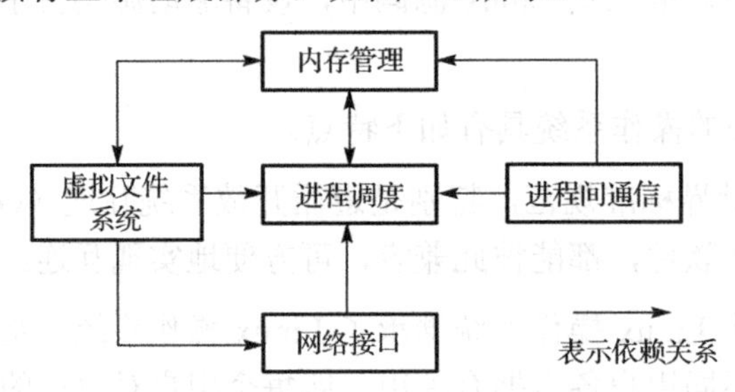

图 7-1　嵌入式 Linux 内核组成框图

（1）进程调度（SCHED）。进程调度负责控制进程对 CPU 的访问，当需要选择下一个进程运行时，由调度程序选择最值得运行的进程。可运行进程是仅等待 CPU 资源的进程，等待其他资源的进程是不可运行进程，Linux 使用了比较简单的基于优先级的进程调度算法来选择新的进程。

（2）内存管理（MM）。内存管理的作用是允许多个进程安全的共享主内存区域。Linux 的内存管理支持虚拟内存，即在计算机中运行程序的代码、数据、堆栈的总量可以超过实际内存的大小。操作系统只是把当前使用的程序块保留在内存中，其余的程序块则保留在外存中。必要时，操作系统负责在外存和内存间交换程序块。内存管理从逻辑上分为硬件无关部分和硬件相关部分，硬件无关部分提供了进程的映射和逻辑内存的对换，硬件相关的部分为内存管理硬件提供了虚拟接口。

（3）虚拟文件系统（VFS）。虚拟文件系统 VFS 隐藏了各种硬件的具体细节，为所有的设备提供了统一的接口。VFS 提供了多达数十种不同的文件系统，虚拟文件系统可以分为逻辑文件系统和设备驱动程序。逻辑文件系统指 Linux 所支持的文件系统（如 ext2、fat 等），设备驱动程序指为每一种硬件控制器所编写的设备驱动程序模块。

（4）网络接口（NET）。网络接口 NET 提供了对各种网络标准的存取和各种网络硬件的支持，网络接口一般分为网络协议和网络驱动程序。其中，网络协议部分负责实现每一种可能的网络传输协议。网络设备驱动程序负责与硬件设备通信，系统中每一种可能的硬件设备都有相应的设备驱动程序。

（5）进程间通信（IPC）。进程间通信 IPC 支持进程间各种通信机制，每个子系统都需要挂起或恢复进程，所以其他的子系统都要依赖它。当一个进程等待硬件操作完成时它就被挂起，操作真正完成后才被恢复执行。

3. 内核目录结构

嵌入式 Linux 内核源代码位于“/usr/src/linux”目录下，其主要目录功能介绍如下。

/arch：目录包括了所有和体系结构相关的核心代码，它下面的每一个子目录都代表一种 Linux 支持的体系结构，如 i386 就是 Intel CPU 及与之相兼容体系结构的子目录。

/documentation：目录下是一些文档。没有内核代码，是对每个目录作用的具体说明。

/drivers：目录中是系统中所有的设备驱动程序。它又进一步划分成几类设备驱动，每一种有对应的子目录，如声卡的驱动对应于“/drivers/sound”；block 下为块设备驱动程序，比如 ide（ide.c）。如果希望查看所有可能包含文件系统的设备是如何初始化的，可以看“/drivers/block/genhd.c”中的 device_setup()。其他的，如 Lib 放置核心的库代码、Net 放置核心的、与网络相关的代码、Ipc 这个目录包含核心的进程间通信的代码、Fs 放置所有的文件系统代码和各种类型的文件操作代码，它的每一个子目录支持一个文件系统，如 fat 和 ext2。

/fs：目录存放 Linux 支持的文件系统代码和各种类型的文件操作代码，每一个子目录支持一个文件系统，如 ext3 文件系统对应的就是 ext3 子目录。

/include：目录包括编译核心所需要的大部分头文件，例如与平台相关的头文件在“/include/linux”子目录下；与 Intel CPU 相关的头文件在“/include/asm-i386”子目录下，而“/include/scsi”目录则是有关 SCSI 设备的头文件目录。

/init：目录包含核心的初始化代码（不是系统的引导代码），有 main.c 和 Version.c 两个文件。

/ipc：目录包含了核心进程间的通信代码。

/kernel：内核管理的核心代码。此目录下的文件实现了大多数 Linux 系统的内核函数，其中最重要的文件当属 sched.c。同时，与处理器结构相关代码都放在“/archlib/”目录下。

/mm：目录包含了所有独立于 CPU 体系结构的内存管理代码，如页式存储管理内存的分配和释放等。与具体硬件体系结构相关的内存管理代码位于“/arch/*/mm”目录下，例如“/arch/i386/mm/Fault.c”。

/net：目录里是核心的网络部分代码，实现了各种常见的网络协议，其每个子目录对应于网络的一个方面。

/scripts：目录包含用于配置核心的脚本文件等。

/block：目录包含块设备驱动程序 I/O 调度。

/crypto：目录包含常用加密和散列算法（如 AES、SHA 等），还有一些压缩和 CRC 校验算法。

/security：目录主要包含 SELinux 模块。

/sound：目录包含 ALSA、OSS 音频设备的驱动核心代码和常用设备驱动。

/usr：实现了用于打包和压缩的 cpio 等。

7.2.2 嵌入式 Linux 启动过程

嵌入式 Linux 系统可以分为引导加载程序（BootLoader）、Linux 内核、文件系统和应用程序四个部分。

当系统首次引导时或系统被重置时，处理器会执行一个位于 Flash、ROM 中的已知位置处的代码。BootLoader 就是这第一段代码，它主要用来初始化处理器及外设，然后调用 Linux 内核。Linux 内核在完成系统的初始化之后需要挂载某个文件系统作为根文件系统（Root Filesystem），然后加载必要的内核模块、启动应用程序。以上，就是嵌入式 Linux 系统启动过程和 Linux 引导的整个过程。

根文件系统是 Linux 系统的核心组成部分，它可以作为 Linux 系统中文件和数据的存储区域，通常它还包括系统配置文件和运行应用软件所需要的库。应用程序可以说是嵌入式系统的“灵魂”，它所实现的功能通常就是设计该嵌入式系统所要达到的目标。如果没有应用程序的支持，任何硬件上设计精良的嵌入式系统都没有实用意义。

嵌入式 Linux 启动分为系统引导与嵌入式 Linux 启动两部分。其中，系统引导在完成嵌入式 Linux 装入内存前，初始化 CPU 和相关 IO 设备，并将嵌入式 Linux 调入内存的工作。系统引导主要由 BootLoader 实现，然后 BootLoader 将嵌入式 Linux 内核调入内存，再将权力交给嵌入式 Linux Kernel，进入嵌入式 Linux 的启动部分。

从以上分析可以看出，BootLoader 在运行过程中虽然具有初始化系统和执行用户输入的命令等作用，但它最根本的目的是为了启动 Linux 内核。嵌入式 Linux 和 PC 的 Linux 操作系统启动的区别如下。

① 在 PC 上，Linux 通常情况下是通过 lilo 或 grub 启动的。

② 在嵌入式 Linux 上，如 SC2440、SC6410 微处理器等，则是通过 Vivi、U-BOOT 等 BootLoader 进行启动的。无论是 lilo、grub 或 U-BOOT 都负责解压缩内核、加载内核、启动内核等几个过程。

Linux 内核有非压缩内核（称为 Image）和压缩版本 ZImage 两种映像方式。根据内核映像的不同，Linux 内核的启动在开始阶段也有所不同。ZImage 是 Image 经过压缩形成的，所以它的大小比 Image 小。但为了能使用 ZImage，必须在它的开头加上解压缩的代码，将 ZImage 解压缩之后才能执行，因此它的执行速度比 Image 要慢。但考虑到嵌入式系统的存储空容量一般比较小，采用 ZImage 可以占用较少的存储空间，因此牺牲一点性能上的代价也是值得的，一般的嵌入式系统均采用压缩内核的方式。

在 BootLoader 将 Linux 内核映像拷贝到 RAM 以后，开始解压内核映像和初始化。完成剩余的与硬件平台相关的初始化工作，再进行一系列与内核相关的初始化，然后调用第一个用户进程——init 进程并等待用户进程的执行，这样整个 Linux 内核便启动完毕。在很多情况下，可以调用一个简单的 shell 脚本来启动必需的嵌入式应用程序。

7.2.3　嵌入式 linux 文件系统

目前，嵌入式 Linux 支持多种文件系统，包括 ext2、ext3、vfat、ntfs、iso9660、jffs、romfs 和 nfs 等。为了对各类文件系统进行统一管理，嵌入式 Linux 继承了 Linux 的特性，引入了虚拟文件系统（Virtual File System，VFS），为各类文件系统提供一个统一的操作界面和应用编程接口。启动时，第一个必须挂载的是根文件系统。若系统不能从指定设备上挂载根文件系统，则系统会出错而退出启动。之后可以自动或手动挂载其他的文件系统。因此，一个系统中可以同时存在不同的文件系统。

不同的文件系统类型有不同的特点，因而根据存储设备的硬件特性、系统需求等有不同的应用场合。在嵌入式 Linux 应用中，主要的存储设备为 RAM（DRAM、SDRAM）和 ROM（常采用 Flash 存储器），常用的基于存储设备的文件系统类型，如 jffs2、yaffs、cramfs、romfs、ramdisk、ramfs、tmpfs 等。

1．基于 RAM 的文件系统

① initramfs。initramfs 在编译内核的同时被编译并与内核生成一个映像文件，可以压缩也可以不压缩，但是目前只支持 cpio 包格式。initramfs 可以通过执行这个文件系统中的程序引导真正的文件系统，这样加载根文件系统的工作就不是内核的工作，而是 initramfs 的工作。由于 initramfs 使用 cpio 包格式，所以很容易将一个单一的文件、目录、节点编译链接到系统中去。这样对于简单的系统使用起来很方便，不需要另外挂接文件系统。但是，因为 cpio 包实际是文件、目录、节点的描述语言包，为了描述一个文件、目录、节点，要增加很多额外的描述文字开销，特别是对于目录和节点。cpio 本身很小，额外添加的描述文字却很多，这样使得 cpio 包比相应的 image 文件大得多。

② ramdisk。ramdisk 是一种基于内存的虚拟文件系统（并非一个实际的文件系统），它将一部分固定大小（这个大小在编译内核的 make menuconfig 时配置）的内存当作外存一个分区来使用。ramdisk 是一种将实际的文件系统装入内存的机制，并且可以作为根文件系统，通常我们会使用 ext2 或 ext3 文件系统来格式化它。由于 ramdisk 是在内存中进行操作的，所以可以对里面的文件进行添加、修改和删除等操作。但是，一掉电就什么都不存在了。针对这个特性，可以将一些经常被访问而又不会更改的文件（如只读的根文件系统）通过 ramdisk 放在内存中，这样可以明显地提高系统的性能。在 Linux 的启动阶段，内核和 ramdisk 都是由 BootLoader 在启动时加载至内存的指定位置的，而 initrd 提供了一套机制，可以将内核映像和根文件系统一起载入内存。initrd 是 BootLoader Initialized RAM Disk，顾名思义，就是在系统初始化引导时候用的 ramdisk，其作用是完善内核的模块机制，让内核的初始化流程更具弹性。

③ ramfs、tmpfs。ramfs是Linus Torvalds开发的一种基于内存的文件系统，工作于虚拟文件系统（VFS）层，不能格式化，可以创建多个文件，在创建时可以指定其最大能使用的内存大小。ramfs、tmpfs文件系统把所有的文件都放在RAM中，所以读/写操作发生在RAM中。可以用ramfs、tmpfs来存储一些临时性或经常要修改的数据，如“/tmp”和“/var”目录，这样既避免了对Flash存储器的读写损耗，也提高了数据读写速度。ramfs、tmpfs相对于传统的ramdisk的不同之处主要在于不能格式化，文件系统大小可随所含文件内容大小变化。但它们都不可以像ramdisk一样作为根文件系统，而只能像procfs、devfs一样作为伪文件系统使用。

④ NFS网络文件系统（Network File System，NFS）是由Sun公司开发并发展起来的一项在不同机器、不同操作系统之间通过网络共享文件的技术。在嵌入式Linux系统的开发调试阶段，可以利用该技术在主机上建立基于NFS的根文件系统，挂载到嵌入式设备。这样，可以很方便地修改根文件系统的内容。

2. 基于Flash的文件系统

Flash（闪存）作为嵌入式系统的主要存储媒介，有其自身的特性。Flash的写入操作只能把对应位置的1修改为0，而不能把0修改为1（擦除Flash就是把对应存储块的内容恢复为1）。因此向Flash写入内容时，需要先擦除对应的存储区间，这种擦除是以块为单位进行的。

Flash存储器的擦写次数是有限的，NAND闪存还要有特殊的硬件接口和读写时序。因此，必须针对Flash的硬件特性设计符合应用要求的文件系统。传统的文件系统，如ext2等，用作Flash的文件系统会有诸多弊端。

在嵌入式Linux下，存储技术设备（Memory Technology Device，MTD）为底层硬件（闪存）和上层（文件系统）之间提供一个统一的抽象接口。使用MTD驱动程序的主要优点在于，它是专门针对各种非易失性存储器（以闪存为主）而设计的，因而它对Flash有更好的支持、管理和基于扇区的擦除、读/写操作接口。

一块Flash芯片可以被划分为多个分区，各分区可以采用不同的文件系统。两块Flash芯片也可以合并为一个分区使用，采用一个文件系统。即文件系统是针对于存储器分区而言的，而非存储芯片。

① jffs2。jffs文件系统最早是由瑞典Axis Communications公司基于Linux2.0的内核为嵌入式系统开发的文件系统，jffs2（Journalling Flash File System V2，日志闪存文件系统版本2）是RedHat公司基于jffs开发的闪存文件系统。最初是针对RedHat公司的嵌入式产品eCos开发的嵌入式文件系统，所以JFFS2也可以用在Linux、μCLinux中。它基于MTD驱动层，主要用于NOR型闪存。其特点是可读写的、支持数据压缩的、基于哈希表的日志型文件系统，并提供了崩溃/掉电安全保护和“写平衡”支持等；其缺点主要是当文件系统已满或接近满时，因为垃圾收集的关系而使jffs2的运行速度大大放慢。jffs2不适合用于NAND闪存，主要是因为NAND闪存的容量一般较大，这样会导致jffs2为维护日志节点所占用的内存空间迅速增大；另外，jffs2文件系统在挂载时需要扫描整个Flash的内容以找出所有的日志节点并建立文件结构，对于大容量的NAND闪存会耗费大量时间。关于jffs2系列文件系统的

使用详细文档，可参考 MTD 补丁包中 mtd-jffs-HOWTO.txt。

② yaffs2。yaffs、yaffs2（Yet Another Flash File System）是专为嵌入式系统使用 NAND 型闪存而设计的一种日志型文件系统。与 jffs2 相比，它减少了一些功能（如不支持数据压缩），所以速度更快，挂载时间很短，对内存的占用较小。另外它还是跨平台的文件系统，除了支持 Linux 和 eCos，还支持 WinCE、pSOS 和 ThreadX 等。yaffs、yaffs2 自带 NAND 芯片的驱动，并且为嵌入式系统提供了直接访问文件系统的 API，用户可以不使用 Linux 中的 MTD 与 VFS，直接对文件系统进行操作。当然，yaffs 也可与 MTD 驱动程序配合使用。yaffs 与 yaffs2 的主要区别在于，前者仅支持小页（512 B）NAND 闪存，后者则可支持大页（2 KB）NAND 闪存。同时，yaffs2 在内存空间占用、垃圾回收速度、读/写速度等方面均有大幅提升。

③ UBIFS。无排序区块图像文件系统（Unsorted Block Image File System，UBIFS）是用于固态硬盘存储设备上，并与 LogFS 相互竞争，作为 jffs2 的后继文件系统之一。真正开始开发于 2007 年，并于 2008 年 10 月第一次加入稳定版本于 Linux 核心 2.6.27 版。UBIFS 最早在 2006 年由 IBM 与 Nokia 的工程师所设计，专门为了解决 MTD（Memory Technology Device）设备所遇到的瓶颈。UBIFS 通过子系统 UBI 处理与 MTD 设备之间的动作，与 jffs2 一样，UBIFS 建构于 MTD 设备之上，因而与一般的 block 设备不兼容。jffs2 运行在 MTD 设备之上，而 UBIFS 则只能工作于 UBI volume 之上。

④ cramfs。cramfs（Compressed ROM File System）是 Linux 的创始人 Linus Torvalds 参与开发的一种只读的压缩文件系统，它也基于 MTD 驱动程序。在 cramfs 文件系统中，每一页（4 KB）被单独压缩，可以随机页访问，其压缩比高达 2:1。这样就为嵌入式系统节省大量的 Flash 存储空间，使系统可通过更低容量的 Flash 存储相同的文件，从而降低系统成本。cramfs 文件系统以压缩方式存储，在运行时解压缩，所以不支持应用程序以 XIP 方式运行，所有的应用程序要求被拷到 RAM 里去运行。但这并不代表 cramfs 比 ramfs 需求的 RAM 空间要大，因为 cramfs 是采用分页压缩的方式存放档案，在读取档案时，不会一下子就耗用过多的内存空间，只针对目前实际读取的部分分配内存，尚没有读取的部分不分配内存空间。在读取的档案不在内存时，cramfs 文件系统自动计算压缩后的资料所存的位置，再即时解压缩到 RAM 中。另外，它的速度快、效率高，其只读的特点有利于保护文件系统免受破坏，提高了系统的可靠性。cramfs 映像通常是放在 Flash 中，但也能放在别的文件系统里（使用 loopback 设备可以把它安装别的文件系统里）。由于以上特性，cramfs 在嵌入式系统中应用广泛。但是它的只读属性同时又是它的一大缺陷，使得用户无法对其内容对进扩充。

⑤ romfs。传统型的 romfs 文件系统是一种简单的、紧凑的、只读的文件系统，不支持动态擦写保存，能够按顺序存放数据，因而支持应用程序以 XIP（eXecute In Place，片内运行）方式运行。在系统运行时节省 RAM 空间，μClinux 系统通常采用 romfs 文件系统。

3. 其他文件系统

fat/fat32 也可用于实际嵌入式系统的扩展存储器（如 PDA、Smartphone、数码相机等的 SD 卡），这主要是为了更好地与最流行的 Windows 桌面操作系统相兼容。ext2 也可以作为嵌入式 Linux 的文件系统，不过将它用于 Flash 闪存会有诸多弊端。

7.3 嵌入式 Linux 内核定制与编译

7.3.1 交叉编译环境

该部分内容以宿主机为 Ubuntu 操作系统为例，进行相关介绍。

1. 建立工作目录

在 Ubuntu 操作系统的“/usr/local”目录下，建立一个 arm 目录以作为放置 arm-linux 交叉编译工具的位置，然后将 arm-linux 交叉编译工具源码包（如 arm-linux-gcc-4.3.2.tgz）通过虚拟机共享文件夹（“/mnt/hgfs/shared”）拷贝到此目录下，具体操作如下。

```
#mkdir /usr/local/arm
#cp /arm-linux-gcc-4.3.2.tgz /usr/local/arm
```

注意，此处“/arm-linux-gcc-4.3.2.tgz”表示将“arm-linux-gcc-4.3.2.tgz”文件包放于根目录，读者可根据实际情况进行修改。

2. 解压源码包

使用 tar 命令对 arm-linux 交叉编译工具源码包进行解压，解压后放于根目录中，具体操作如下。

```
#tar -xvzf /arm-linux-gcc-4.3.2.tgz -C /
```

3. 系统配置

解压结束后，需要对系统进行简单配置。使用文本编辑器（如 vi、vim）编辑 root 用户的配置文件.bashrc，该文件是一个隐藏文件。在该文件最后一行添加上 arm-linux 交叉编译工具的存放路径，然后保存退出。具体操作如下。

```
#vi /root/.bashrc
```

接下来编辑 root 用户配置文件，在.bashrc 文件最后一行填上图中框标记的语句，截图如下所示。

```
# enable programmable completion features (you don't need to enable
# this, if it's already enabled in /etc/bash.bashrc and /etc/profile
# sources /etc/bash.bashrc).
#if [ -f /etc/bash_completion ] && ! shopt -oq posix; then
#    . /etc/bash_completion
#fi

export PATH=$PATH:/root/ns-allinone-2.34/bin:/root/ns-allinone-2,34/tcl8.4.18/un
ix:/root/ns-allinone-2.34/tk8.4.18/unix

export LD_LIBRARY_PATH=$LD_LIBRARY_PATH:/root/ns-allinone-2.34/otcl-1.13:/root/n
s-allinone-2.34/lib

export TCL_LIBRARY=$TCL_LIBRARY:/root/ns-allinone-2.34/tcl8.4.18/library

export PATH=$PATH:/usr/local/arm/4.3.2/bin
```

要让修改生效，必须使用 source 命令，运行完该命令，再运行“arm-linux-gcc –v”，此时有 arm-linux-gcc 配置信息输出即说明交叉工具链安装完成，具体命令截图如下所示。

```
root@ubuntu:/usr/local/arm# vi /root/.bashrc
root@ubuntu:/usr/local/arm# source /root/.bashrc
root@ubuntu:/usr/local/arm# arm-linux-gcc -v
Using built-in specs.
Target: arm-none-linux-gnueabi
Configured with: /scratch/julian/lite-respin/linux/src/gcc-4.3/configure --build
=i686-pc-linux-gnu --host=i686-pc-linux-gnu --target=arm-none-linux-gnueabi --en
able-threads --disable-libmudflap --disable-libssp --disable-libstdcxx-pch --wit
h-gnu-as --with-gnu-ld --enable-languages=c,c++ --enable-shared --enable-symvers
=gnu --enable-__cxa_atexit --with-pkgversion='Sourcery G++ Lite 2008q3-72' --wit
h-bugurl=https://support.codesourcery.com/GNUToolchain/ --disable-nls --prefix=/
opt/codesourcery --with-sysroot=/opt/codesourcery/arm-none-linux-gnueabi/libc --
with-build-sysroot=/scratch/julian/lite-respin/linux/install/arm-none-linux-gnue
abi/libc --with-gmp=/scratch/julian/lite-respin/linux/obj/host-libs-2008q3-72-ar
m-none-linux-gnueabi-i686-pc-linux-gnu/usr --with-mpfr=/scratch/julian/lite-resp
in/linux/obj/host-libs-2008q3-72-arm-none-linux-gnueabi-i686-pc-linux-gnu/usr --
disable-libgomp --enable-poison-system-directories --with-build-time-tools=/scra
tch/julian/lite-respin/linux/install/arm-none-linux-gnueabi/bin --with-build-tim
e-tools=/scratch/julian/lite-respin/linux/install/arm-none-linux-gnueabi/bin
Thread model: posix
gcc version 4.3.2 (Sourcery G++ Lite 2008q3-72)
root@ubuntu:/usr/local/arm#
```

4．测试

为了验证编译环境建立成功可编写一个简单的程序，或者用一个已有的程序进行编译测试。

例如，使用 vi 建立 hello.c 的 C 程序代码，如下所示。

```
#include <stdio.h>
Int main(void)
{
    Printf("hello world!\n");
    Return 0;
}
```

7.3.2　内核定制及裁剪说明

根据嵌入式硬件平台的实际硬件配置，可对内核进行定制。鉴于目前实验平台大部分还采用的是 2.6 版本的内核，本部分以 linux-2.6.32.2 版本内核为例。

首先通过共享文件夹将 linux-2.6.32.2 文件夹拷贝到 Linux 系统中，为配置内核做好资源准备，在桌面上新建一个文件夹 zImage 作为编译内核的主目录。为了方便用户能够编译出和光盘烧写文件完全一致的内核，可以使用提供的 config_mini2440_a70 内核配置文件。这是一个适用 7 英寸 LCD 的内核配置文件，在内核目录中可以使用 ls 命令看到它的存在，截图如下所示。

```
root@ubuntu:~# mkdir 桌面/zImage
root@ubuntu:~# cp -R /mnt/hgfs/shared/2_定制Linux内核及制作文件系统/linux-2.6.32
.2/ 桌面/zImage/
root@ubuntu:~# cd 桌面/zImage/
root@ubuntu:~/桌面/zImage# ls
linux-2.6.32.2
root@ubuntu:~/桌面/zImage# cd linux-2.6.32.2/
root@ubuntu:~/桌面/zImage/linux-2.6.32.2# ls
arch                      config_mini2440_x35  init         README
block                     COPYING              ipc          REPORTING-BUGS
config_mini2440_a70       CREDITS              Kbuild       samples
config_mini2440_l80       crypto               kernel       scripts
config_mini2440_n35       Documentation        lib          security
config_mini2440_n43       drivers              MAINTAINERS  sound
config_mini2440_t35       firmware             Makefile     tools
config_mini2440_vga1024x768  fs                mm           usr
config_mini2440_w35       include              net          virt
root@ubuntu:~/桌面/zImage/linux-2.6.32.2#
```

执行 make menuconfig 命令来使用配置文件 config_mini2440_a70，稍等片刻就会出现配置内核界面，如图 7-2 所示。

```
                    Linux Kernel Configuration
Arrow keys navigate the menu.  <Enter> selects submenus --->.
Highlighted letters are hotkeys.  Pressing <Y> includes, <N> excludes,
<M> modularizes features.  Press <Esc><Esc> to exit, <?> for Help, </>
for Search.  Legend: [*] built-in  [ ] excluded  <M> module  < >

        General setup  --->
    [*] Enable loadable module support  --->
    -*- Enable the block layer  --->
        System Type  --->
        Bus support  --->
        Kernel Features  --->
        Boot options  --->
        CPU Power Management  --->
        Floating point emulation  --->
        Userspace binary formats  --->

                  <Select>    < Exit >    < Help >
```

图 7-2　配置内核界面

Linux 内核的配置选项有很多，下面就常见的一些选项分别予以图解，以便读者尽快熟悉内核配置，定制自己需要的内核。

1．配置 CPU 平台选项

在主菜单里面，选择“System Type”，按回车即可进入，如图 7-3 所示。

```
                         System Type
Arrow keys navigate the menu.  <Enter> selects submenus --->.
Highlighted letters are hotkeys.  Pressing <Y> includes, <N> excludes,
<M> modularizes features.  Press <Esc><Esc> to exit, <?> for Help, </>
for Search.  Legend: [*] built-in  [ ] excluded  <M> module  < >

    [*] MMU-based Paged Memory Management Support
        ARM system type (Samsung S3C2410, S3C2412, S3C2413, S3C2440,
    [ ] PWM device support
    -*- S3C2410 DMA support
    [ ]   S3C2410 DMA support debug
    [ ] ADC common driver support
        *** Boot options ***
    [ ] S3C Initialisation watchdog
    [ ] S3C Reboot on decompression error
    [*] Force UART FIFO on during boot process

                  <Select>    < Exit >    < Help >
```

图 7-3　配置 CPU 平台选项界面

从图中可以看到，系统大部分使用了标注了 S3C2410 的选项，这是因为 S3C2410 和 S3C2440 的很多寄存器地址等地址和设置是完全相同的。如果要选择板级选项，使用上下方向控制键一直找到 S3C2440 机器平台选项。可以进入“S3C2400 Machines”子菜单，可以看到里面有很多常见的使用 S3C2440 的目标板平台选项。在此选“FriendlyARMMini2440 development board”，如图 7-4 所示。

```
                       S3C2440 Machines
Arrow keys navigate the menu.  <Enter> selects submenus --->.
Highlighted letters are hotkeys.  Pressing <Y> includes, <N> excludes,
<M> modularizes features.  Press <Esc><Esc> to exit, <?> for Help, </>
for Search.  Legend: [*] built-in  [ ] excluded  <M> module  < >

    [ ] Simtec Electronics ANUBIS
    [ ] Simtec IM2440D20 (OSIRIS) module
    [ ] HP iPAQ rx3715
    [ ] SMDK2440
    [ ] NexVision NEXCODER 2440 Light Board
    [ ] Avantech AT2440EVB development board
    [*] FriendlyARM Mini2440 development board

                  <Select>    < Exit >    < Help >
```

图 7-4　S3C2440 平台选项

2. 配置 LCD 驱动以及背光控制支持

在主菜单中，选择“Device Drivers”，按回车进入，并找到如图 7-5 所示的选项，按回车键进入。

```
                         Device Drivers
 Arrow keys navigate the menu.  <Enter> selects submenus --->.
 Highlighted letters are hotkeys.  Pressing <Y> includes, <N> excludes,
 <M> modularizes features.  Press <Esc><Esc> to exit, <?> for Help, </>
 for Search.  Legend: [*] built-in  [ ] excluded  <M> module  < >

     < > Power supply class support  --->
     < > Hardware Monitoring support  --->
     < > Generic Thermal sysfs driver  --->
     [*] Watchdog Timer Support  --->
         Sonics Silicon Backplane  --->
         Multifunction device drivers  --->
     [ ] Voltage and Current Regulator Support  --->
     <*> Multimedia support  --->
         Graphics support  --->
     <*> Sound card support  --->

              <Select>    < Exit >    < Help >
```

图 7-5　配置 LCD 驱动以及背光控制支持 1

找到图 7-6 中的选项，按回车键进入。

```
                         Graphics support
 Arrow keys navigate the menu.  <Enter> selects submenus --->.
 Highlighted letters are hotkeys.  Pressing <Y> includes, <N> excludes,
 <M> modularizes features.  Press <Esc><Esc> to exit, <?> for Help, </>
 for Search.  Legend: [*] built-in  [ ] excluded  <M> module  < >

     < > Lowlevel video output switch controls
     <*> Support for frame buffer devices  --->
     [ ] Backlight & LCD device support  --->
         Display device support  --->
         Console display driver support  --->
     [*] Bootup logo  --->

              <Select>    < Exit >    < Help >
```

图 7-6 配置 LCD 驱动以及背光控制支持 2

出现类似如图 7-7 界面，并找到如图所示的选项，选中如图 7-7 所示的选项（选中是指最前面加有星号）。

```
                  Support for frame buffer devices
 Arrow keys navigate the menu.  <Enter> selects submenus --->.
 Highlighted letters are hotkeys.  Pressing <Y> includes, <N> excludes,
 <M> modularizes features.  Press <Esc><Esc> to exit, <?> for Help, </>
 for Search.  Legend: [*] built-in  [ ] excluded  <M> module  < >

     --- Support for frame buffer devices
     [ ]   Enable firmware EDID
     [ ]   Framebuffer foreign endianness support  --->
     [ ]   Enable Video Mode Handling Helpers
     [ ]   Enable Tile Blitting Support
           *** Frame buffer hardware drivers ***
     < >   Epson S1D13XXX framebuffer support
     <*>   S3C2410 LCD framebuffer support
     [*]     S3C2410 lcd debug messages
             LCD select (7 inch 800x480 TFT LCD)  --->

              <Select>    < Exit >    < Help >
```

图 7-7　配置 LCD 驱动以及背光控制支持 3

再选中“LCD select”，按回车键进入，如图 7-8 所示，可以看到加载的默认配置。

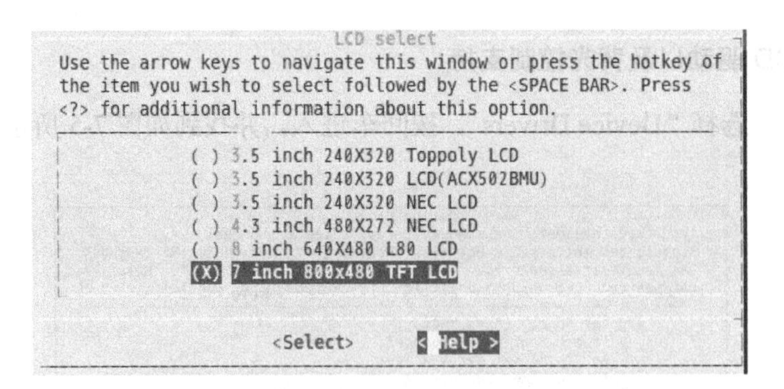

图 7-8　配置 LCD 驱动以及背光控制支持 4

config_mini2440_a70 内核配置文件选择的是实训平台配置的 7 寸 LCD（7 inch 800×480 TFT LCD），选择完毕后，按照下方的提示返回到“Device Drivers”配置菜单。

3．配置触摸屏驱动

在“Device Driversi”菜单里面，选择“Input device support”，按回车进入，找到并选择“Touchscreens”选项，按回车键进入，如图 7-9 所示。

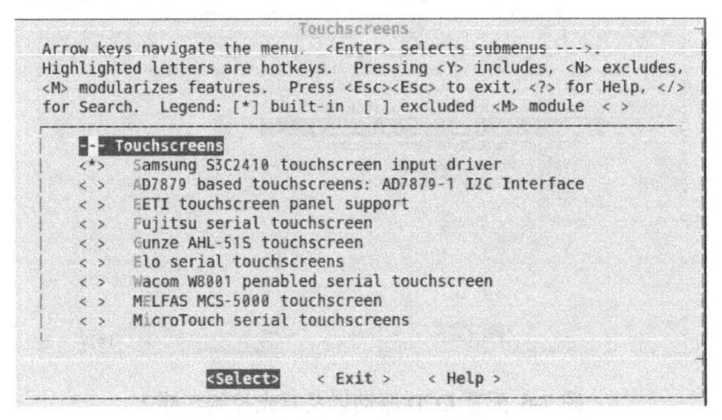

图 7-9　配置触摸屏驱动 1

如图 7-10 所示，选择“SamSung S3C2410”（注意：此部分与 S3C2440 兼容，以下操作类同）。

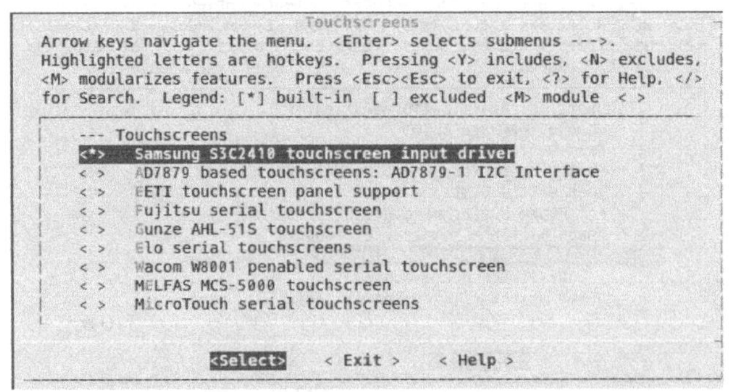

图 7-10　配置触摸屏驱动 2

选择完毕后，按<Exit>一直返回“Device Drivers”菜单。

4．配置 USB 鼠标和键盘驱动

在“Device Drivers”菜单里面，找到鼠标相关选项。按回车键进入，再选择如图 7-11 所示的“*”号所指示的选项。

```
                              HID Devices
Arrow keys navigate the menu.  <Enter> selects submenus --->.
Highlighted letters are hotkeys.  Pressing <Y> includes, <N> excludes,
<M> modularizes features.  Press <Esc><Esc> to exit, <?> for Help, </>
for Search.  Legend: [*] built-in  [ ] excluded  <M> module  < >

    --- HID Devices
    -*-   Generic HID support
    [ ]     /dev/hidraw raw HID device support
          *** USB Input Devices ***
    <*>   USB Human Interface Device (full HID) support
    [ ]   PID device support
    [ ]   /dev/hiddev raw HID device support
          Special HID drivers  --->

              <Select>    < Exit >    < Help >
```

图 7-11　配置 USB 鼠标和键盘驱动

完成后选择<Exit>返回“Deice Drivers”菜单。

5．配置 U 盘支持驱动

由于 U 盘用到了 SCSI 命令，所以需要先增加 SCSI 支持。在“Device Drivers”菜单里面，选择“SCSI device support”，按回车进入，在出现的次级菜单中，选择如图 7-12 所示的选项。

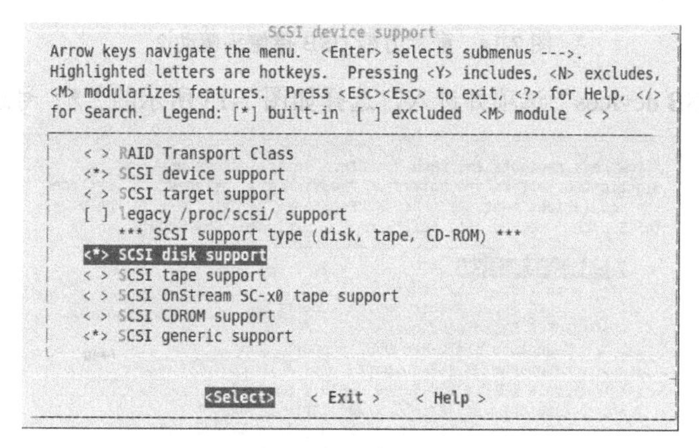

图 7-12　配置 U 盘支持驱动

返回“Device Drivers”菜单，选择“USB support”，按回车键进入“USB support”菜单，找到并选中“USB Mass Storage support”后，选择<Exit>返回“Device Drivers”菜单。

6．配置万能 USB 摄像头驱动

在“Device Drivers”菜单里面，选择“Multimedia devices”，回车进入，选择如图 7-13 所示的“*”号选项。

选择“Video capture adapters”，按回车键进入，出现如图 7-14 所示的菜单。

```
                        Multimedia support
Arrow keys navigate the menu.  <Enter> selects submenus --->.
Highlighted letters are hotkeys.  Pressing <Y> includes, <N> excludes,
<M> modularizes features.  Press <Esc><Esc> to exit, <?> for Help, </>
for Search.  Legend: [*] built-in  [ ] excluded  <M> module  < >

    <*>   Video For Linux
    [ ]     Enable Video For Linux API 1 (DEPRECATED)
    [*]     Enable Video For Linux API 1 compatible Layer
    < >   DVB for Linux
    <*>   OV9650 on the S3C2440 driver
          *** Multimedia drivers ***
    [ ]   Load and attach frontend and tuner driver modules as needed
    [ ]   Customize analog and hybrid tuner modules to build  --->
    [*]   Video capture adapters  --->
    [ ]   Radio Adapters  --->

              <Select>    < Exit >    < Help >
```

图 7-13　配置万能 USB 摄像头驱动 1

```
                        Video capture adapters
Arrow keys navigate the menu.  <Enter> selects submenus --->.
Highlighted letters are hotkeys.  Pressing <Y> includes, <N> excludes,
<M> modularizes features.  Press <Esc><Esc> to exit, <?> for Help, </>
for Search.  Legend: [*] built-in  [ ] excluded  <M> module  < >

    --- Video capture adapters
    [ ]   Enable advanced debug functionality
    [ ]   Enable old-style fixed minor ranges for video devices
    [ ]   Autoselect pertinent encoders/decoders and other helper chi
            Encoders/decoders and other helper chips  --->
    < >   Virtual Video Driver
    < >   SAA5246A, SAA5281 Teletext processor
    < >   SAA5249 Teletext processor
    < >   SoC camera support
    [*]   V4L USB devices  --->

              <Select>    < Exit >    < Help >
```

图 7-14　配置万能 USB 摄像头驱动 2

找到“V4L USB devices”选项并进入，选择如图 7-15 所示的“*”号选项。

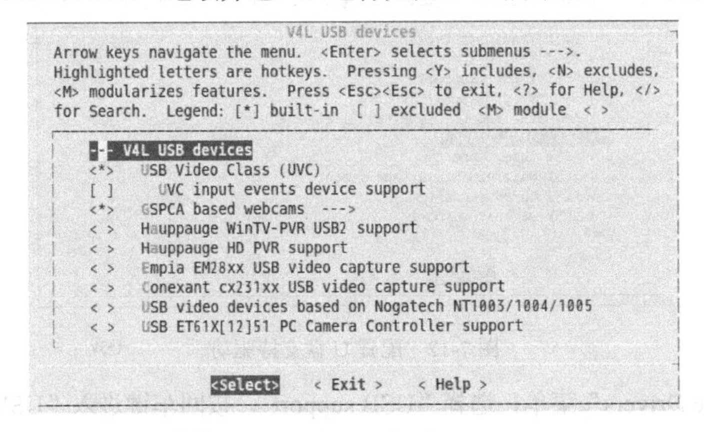

图 7-15　配置万能 USB 摄像头驱动 3

选择并进入图 7-16 中“GSPCA based webcams”，GSPCA 是一个常用的万能 USB 摄像头驱动程序。在此可以选择所有类型 USB 摄像头的支持，虽然这里选择了众多型号的摄像头驱动，但每个型号的 Video 输出格式并不完全相同，这需要在上层的应用程序中根据实际情况分别做处理，才能正常使用这些驱动。

一直选择<Exit>返回“Device Drivers”菜单。

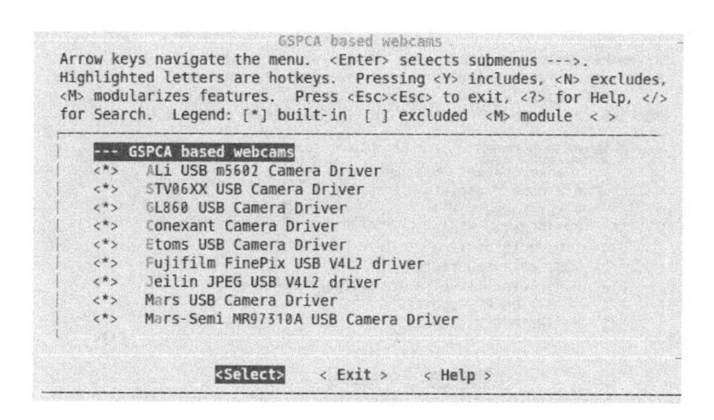

图 7-16　配置万能 USB 摄像头驱动 4

7. 配置 CMOS 摄像头驱动

如嵌入式平台配用的 CMOS 摄像头模块为 CAM130，其内部使用的 OV9650 芯片，因此需要为此配置驱动程序，步骤为：在“Device Drivers”菜单里选择“Multimedia support”，按回车键进入，选择如图 7-17 所示的“*”号选项。

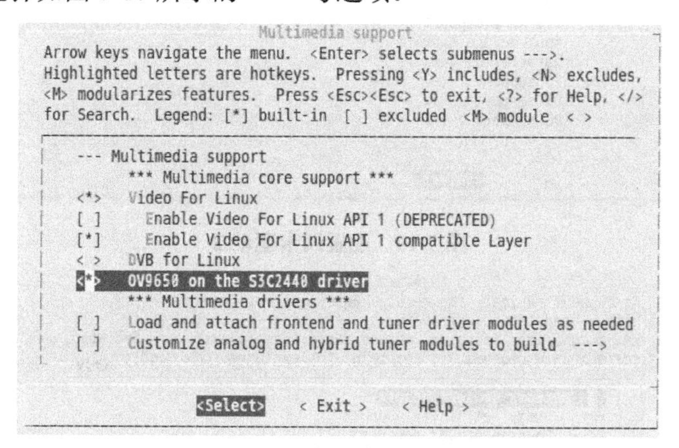

图 7-17　配置 CMOS 摄像头驱动

需要注意的是：为 CAM130 模块设计的驱动程序，既不属于 VL4 体系，也不属于 V4L2 体系，它就是一个简单的字符设备，这样做是为了方便移植。

一直选择<Exit>返回“Device Drivers”菜单。

8. 配置网卡驱动

要配置网卡驱动，首先要配置网络协议支持，在主菜单中，选择“Net working support”，按回车键进入，出现如图 7-18 所示的子菜单后，选择“Networking options”并进入。

除了选择 TCP/IP 协议之外，还推荐使用上图中缺省配置的几个选项，选择完毕，一直退回到主菜单，并选择进入如图 7-19 所示的“Device Drivers”菜单，找到“Network device support”。

选择进入，出现如图 7-20 所示的子菜单。

```
                    Networking options
Arrow keys navigate the menu.  <Enter> selects submenus --->.
Highlighted letters are hotkeys.  Pressing <Y> includes, <N> excludes,
<M> modularizes features.  Press <Esc><Esc> to exit, <?> for Help, </>
for Search.  Legend: [*] built-in  [ ] excluded  <M> module  < >

    <*> Packet socket
    [ ]   Packet socket: mmapped IO
    <*> Unix domain sockets
    < > PF_KEY sockets
    [*] TCP/IP networking
    [ ]   IP: multicasting
    [ ]   IP: advanced router
    [*]   IP: kernel level autoconfiguration
    [ ]     IP: DHCP support
    [ ]     IP: BOOTP support

              <Select>    < Exit >    < Help >
```

图 7-18　配置网卡驱动 1

```
                    Device Drivers
Arrow keys navigate the menu.  <Enter> selects submenus --->.
Highlighted letters are hotkeys.  Pressing <Y> includes, <N> excludes,
<M> modularizes features.  Press <Esc><Esc> to exit, <?> for Help, </>
for Search.  Legend: [*] built-in  [ ] excluded  <M> module  < >

    < > Serial ATA (prod) and Parallel ATA (experimental) drivers  --
    [ ] Multiple devices driver support (RAID and LVM)  --->
    [*] Network device support  --->
    [ ] ISDN support  --->
    < > Telephony support  --->
        Input device support  --->
        Character devices  --->
    <*> I2C support  --->
    [ ] SPI support  --->
        PPS support  --->

              <Select>    < Exit >    < Help >
```

图 7-19　配置网卡驱动 2

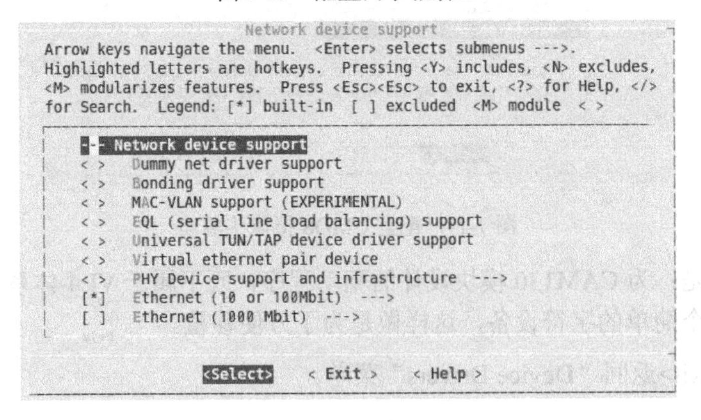

图 7-20　配置网卡驱动 3

找到并进入“Ethernet（10 or 100 Mbit）”选项，然后选中“Generic Media Independent Interface device support”和“DM9000 support”两项后，选择<Exit>一直返回到主菜单。

9．配置 USB 无线网卡驱动

系统采用的 Linux-2.6.32.2 内核已经包含了多种型号的 USB 无线网卡驱动，在提供的缺省配置中，也已经包含了大部分常见的网卡型号，如 TP-Link 系列、VIA 系列等，下面是驱动配置说明。

在主菜单中，选择“Net working support”，按回车键进入，选择“Wireless”并进入开始配置无线网络协议，选择如图 7-21 所示的“*”各项配置。

```
                              Wireless
Arrow keys navigate the menu.  <Enter> selects submenus --->.
Highlighted letters are hotkeys.  Pressing <Y> includes, <N> excludes,
<M> modularizes features.  Press <Esc><Esc> to exit, <?> for Help, </>
for Search.  Legend: [*] built-in  [ ] excluded  <M> module  < >

    --- Wireless
    <M>   cfg80211 - wireless configuration API
    [ ]     nl80211 testmode command
    [ ]     enable developer warnings
    [ ]     cfg80211 regulatory debugging
    [*]     enable powersave by default
    [ ]   Old wireless static regulatory definitions
    -*-   Wireless extensions
    [*]     Wireless extensions sysfs files
    <M>   Common routines for IEEE802.11 drivers

              <Select>    < Exit >    < Help >
```

图 7-21　配置 USB 无线网卡驱动 1

退回到内核配置主菜单，选择“Device Drivers”并进入，开始配置无线网卡驱动，如图 7-22 所示。

```
                              Device Drivers
Arrow keys navigate the menu.  <Enter> selects submenus --->.
Highlighted letters are hotkeys.  Pressing <Y> includes, <N> excludes,
<M> modularizes features.  Press <Esc><Esc> to exit, <?> for Help, </>
for Search.  Legend: [*] built-in  [ ] excluded  <M> module  < >

    <*> Memory Technology Device (MTD) support  --->
    < > Parallel port support  --->
    [*] Block devices  --->
    [ ] Misc devices  --->
    < > ATA/ATAPI/MFM/RLL support  --->
        SCSI device support  --->
    < > Serial ATA (prod) and Parallel ATA (experimental) drivers  --
    [ ] Multiple devices driver support (RAID and LVM)  --->
    [*] Network device support  --->
    [ ] ISDN support  --->

              <Select>    < Exit >    < Help >
```

图 7-22　配置 USB 无线网卡驱动 2

进入“Network device support”子菜单，找到如图 7-23 所示的“Wireless LAN”子项。

```
                          Network device support
Arrow keys navigate the menu.  <Enter> selects submenus --->.
Highlighted letters are hotkeys.  Pressing <Y> includes, <N> excludes,
<M> modularizes features.  Press <Esc><Esc> to exit, <?> for Help, </>
for Search.  Legend: [*] built-in  [ ] excluded  <M> module  < >

    [*]   Ethernet (10 or 100Mbit)  --->
    [ ]   Ethernet (1000 Mbit)  --->
    [ ]   Ethernet (10000 Mbit)  --->
    [*]   Wireless LAN  --->
          *** Enable WiMAX (Networking options) to see the WiMAX driv
          USB Network Adapters  --->
    [ ]   Wan interfaces support  --->
    < >   PPP (point-to-point protocol) support
    < >   SLIP (serial line) support
    < >   Network console logging support (EXPERIMENTAL)

              <Select>    < Exit >    < Help >
```

图 7-23　配置 USB 无线网卡驱动 3

按回车键进入，出现图 7-24 所示的界面。

```
                              Wireless LAN
  Arrow keys navigate the menu.  <Enter> selects submenus --->.
  Highlighted letters are hotkeys.  Pressing <Y> includes, <N> excludes,
  <M> modularizes features.  Press <Esc><Esc> to exit, <?> for Help, </>
  for Search.  Legend: [*] built-in  [ ] excluded  <M> module  < >

      --- Wireless LAN
      [ ]   Wireless LAN (pre-802.11)  --->
      [*]   Wireless LAN (IEEE 802.11)  --->

                <Select>    < Exit >    < Help >
```

图 7-24　配置 USB 无线网卡驱动 4

再选择“Wireless LAN（IEEE 802.11）”子项并进入，可以看到已经配置了按芯片厂商为分类的常见各种 USB 无线网卡类型，图 7-25 所示为 Ralink 公司芯片方案的 USB 无线网卡驱动支持。

```
                          Wireless LAN (IEEE 802.11)
  Arrow keys navigate the menu.  <Enter> selects submenus --->.
  Highlighted letters are hotkeys.  Pressing <Y> includes, <N> excludes,
  <M> modularizes features.  Press <Esc><Esc> to exit, <?> for Help, </>
  for Search.  Legend: [*] built-in  [ ] excluded  <M> module  < >

      < >   Simulated radio testing tool for mac80211
      < >   Softmac Prism54 support
      <M>   Atheros Wireless Cards  --->
      < >   IEEE 802.11 for Host AP (Prism2/2.5/3 and WEP/TKIP/CCMP)
      < >   Broadcom 43xx wireless support (mac80211 stack)
      < >   Broadcom 43xx-legacy wireless support (mac80211 stack)
      <M>   ZyDAS ZD1211/ZD1211B USB-wireless support
      [ ]     ZyDAS ZD1211 debugging
      <M>   Ralink driver support  --->
      < >   TI wl12xx driver support  --->

                <Select>    < Exit >    < Help >
```

图 7-25　配置 USB 无线网卡驱动 5

选择<Exit>一直返回到“Device Drivers”菜单。

10．配置音频驱动

在“Device Drivers”菜单中选择“Sound card supprt”并进入，出现如图 7-26 所示的子菜单。

```
                           Sound card support
  Arrow keys navigate the menu.  <Enter> selects submenus --->.
  Highlighted letters are hotkeys.  Pressing <Y> includes, <N> excludes,
  <M> modularizes features.  Press <Esc><Esc> to exit, <?> for Help, </>
  for Search.  Legend: [*] built-in  [ ] excluded  <M> module  < >

      --- Sound card support
      [*]   Preclaim OSS device numbers
      <*>   Advanced Linux Sound Architecture  --->
      < >   Open Sound System (DEPRECATED)  --->

                <Select>    < Exit >    < Help >
```

图 7-26　配置音频驱动 1

在图 7-27 所示的菜单中，选择 ALSA 接口支持（Advanced Linux Sound Architecture）。

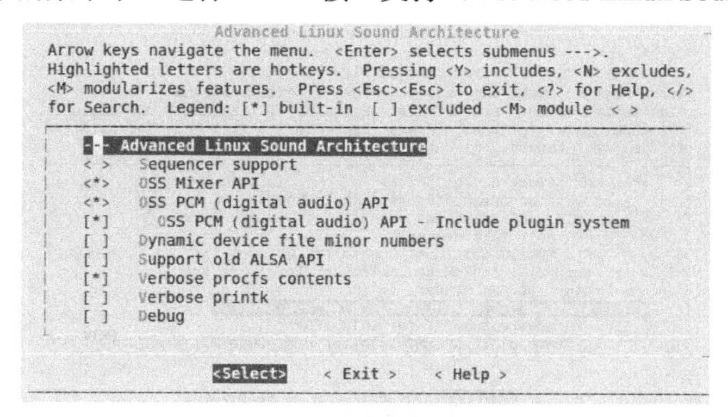

图 7-27　配置音频驱动 2

进入“Advanced Linux Sound Architecture”，如图 7-28 所示。

```
                  Advanced Linux Sound Architecture
Arrow keys navigate the menu.  <Enter> selects submenus --->.
Highlighted letters are hotkeys.  Pressing <Y> includes, <N> excludes,
<M> modularizes features.  Press <Esc><Esc> to exit, <?> for Help, </>
for Search.  Legend: [*] built-in  [ ] excluded  <M> module  < >

    --- Advanced Linux Sound Architecture
    < >   Sequencer support
    <*>   OSS Mixer API
    <*>   OSS PCM (digital audio) API
    [*]     OSS PCM (digital audio) API - Include plugin system
    [ ]   Dynamic device file minor numbers
    [ ]   Support old ALSA API
    [*]   Verbose procfs contents
    [ ]   Verbose printk
    [ ]   Debug

              <Select>    < Exit >    < Help >
```

图 7-28　配置音频驱动 3

选中“OSS Mixer API”以增加老式的 OSS API 支持，然后选择“ALSA for SoC audio support”，并进入，开始选择 ALSA 接口驱动支持，如图 7-29 所示。

```
                    ALSA for SoC audio support
Arrow keys navigate the menu.  <Enter> selects submenus --->.
Highlighted letters are hotkeys.  Pressing <Y> includes, <N> excludes,
<M> modularizes features.  Press <Esc><Esc> to exit, <?> for Help, </>
for Search.  Legend: [*] built-in  [ ] excluded  <M> module  < >

    --- ALSA for SoC audio support
    <*>   SoC Audio for the Samsung S3CXXXX chips
    < >   SoC AC97 Audio support for LN2440SBC - ALC650
    <*>   SoC I2S Audio support UDA134X wired to a S3C24XX
    < >   SoC I2S Audio support for TLV320AIC23 on Simtec boards
    < >   SoC I2S Audio support for Simtec Hermes board
    < >   Build all ASoC CODEC drivers

              <Select>    < Exit >    < Help >
```

图 7-29　配置音频驱动 4

选择完毕，一直按<Exit>返回到“Device Drivers”菜单。

11．配置 SD/MMC 卡驱动

在“Device Drivers”菜单中选择“MMC/SD/SDIO card support”选项，按回车键进入，

选择如图7-30所示的“*”各项，以配置好MMC/SD卡驱动，它可以支持高速大容量SD卡，最大可达32 GB。

```
                         MMC/SD/SDIO card support
 Arrow keys navigate the menu.  <Enter> selects submenus --->.
 Highlighted letters are hotkeys.  Pressing <Y> includes, <N> excludes,
 <M> modularizes features.  Press <Esc><Esc> to exit, <?> for Help, </>
 for Search.  Legend: [*] built-in  [ ] excluded  <M> module  < >

     <*>   MMC block device driver
     [*]     Use bounce buffer for simple hosts
     < >   SDIO UART/GPS class support
     < >   MMC host test driver
           *** MMC/SDIO Host Controller Drivers ***
     < >   Secure Digital Host Controller Interface support
     <M>   Atmel SD/MMC Driver
     <*>   Samsung S3C SD/MMC Card Interface support
     [ ]     Hardware support for SDIO IRQ
             Samsung S3C SD/MMC transfer code (Use PIO transfers only)

                   <Select>    < Exit >    < Help >
```

图7-30　配置SD/MMC卡驱动

按<Exit>返回到“Device Drivers”菜单。

12．配置看门狗驱动支持

在图7-31所示的“Device Drivers”菜单中，选择“Watchdog Timer Support”选项。

```
                          Device Drivers
 Arrow keys navigate the menu.  <Enter> selects submenus --->.
 Highlighted letters are hotkeys.  Pressing <Y> includes, <N> excludes,
 <M> modularizes features.  Press <Esc><Esc> to exit, <?> for Help, </>
 for Search.  Legend: [*] built-in  [ ] excluded  <M> module  < >

     [ ] SPI support  --->
         PPS support  --->
     -*- GPIO Support  --->
     < > Dallas's 1-wire support  --->
     < > Power supply class support  --->
     < > Hardware Monitoring support  --->
     < > Generic Thermal sysfs driver  --->
     [*] Watchdog Timer Support  --->
         Sonics Silicon Backplane  --->
         Multifunction device drivers  --->

                   <Select>    < Exit >    < Help >
```

图7-31　配置看门狗驱动支持1

按回车键进入，选中如图7-32所示的看门狗驱动支持。

```
                       Watchdog Timer Support
 Arrow keys navigate the menu.  <Enter> selects submenus --->.
 Highlighted letters are hotkeys.  Pressing <Y> includes, <N> excludes,
 <M> modularizes features.  Press <Esc><Esc> to exit, <?> for Help, </>
 for Search.  Legend: [*] built-in  [ ] excluded  <M> module  < >

     --- Watchdog Timer Support
     [ ]   Disable watchdog shutdown on close
           *** Watchdog Device Drivers ***
     < >   Software watchdog
     <*>   S3C2410 Watchdog
           *** USB-based Watchdog Cards ***
     < >   Berkshire Products USB-PC Watchdog

                   <Select>    < Exit >    < Help >
```

图7-32　配置看门狗驱动支持2

按<Exit>返回到“Device Drivers”菜单。

13．配置 LED 驱动

在“Device Drivers”菜单中，找到“Character devices”选项，按回车键进入“Character devices”，找到并选中 LED 驱动支持，如图 7-33 所示。

```
                         Character devices
Arrow keys navigate the menu.  <Enter> selects submenus --->.
Highlighted letters are hotkeys.  Pressing <Y> includes, <N> excludes,
<M> modularizes features.  Press <Esc><Esc> to exit, <?> for Help, </>
for Search.  Legend: [*] built-in  [ ] excluded  <M> module  < >

    -*- Virtual terminal
    [ ]   Support for binding and unbinding console drivers
    [ ] /dev/kmem virtual device support
    <M> Mini2440 module sample
    <*> LED Support for Mini2440 GPIO LEDs
    <*> Buttons driver for FriendlyARM Mini2440 development boards
    <*> Buzzer driver for FriendlyARM Mini2440 development boards
    [*] ADC driver for FriendlyARM Mini2440 development boards
    [ ] Non-standard serial port support
        Serial drivers  --->

               <Select>    < Exit >    < Help >
```

图 7-33　配置 LED 驱动

按<Exit>返回到“Device Drivers”菜单。

14．配置按键驱动

在“Device Drivers”菜单中，找到“Character devices”选项，按回车进入“Character devices”，找到并选中“Buttons”驱动支持，如图 7-34 所示。

```
                         Character devices
Arrow keys navigate the menu.  <Enter> selects submenus --->.
Highlighted letters are hotkeys.  Pressing <Y> includes, <N> excludes,
<M> modularizes features.  Press <Esc><Esc> to exit, <?> for Help, </>
for Search.  Legend: [*] built-in  [ ] excluded  <M> module  < >

    -*- Virtual terminal
    [ ]   Support for binding and unbinding console drivers
    [ ] /dev/kmem virtual device support
    <M> Mini2440 module sample
    <*> LED Support for Mini2440 GPIO LEDs
    <*> Buttons driver for FriendlyARM Mini2440 development boards
    <*> Buzzer driver for FriendlyARM Mini2440 development boards
    [*] ADC driver for FriendlyARM Mini2440 development boards
    [ ] Non-standard serial port support
        Serial drivers  --->

               <Select>    < Exit >    < Help >
```

图 7-34　配置按键驱动

按<Exit>返回到“Device Drivers”菜单。

15．配置 PWM 控制蜂鸣器驱动

在“Device Drivers”菜单中找到“Character devices”选项，按回车进入“Character devices”，找到并选中“Buzzer”驱动支持，如图 7-35 所示。

按<Exit>返回到“Device Drivers”菜单。

16．配置 AD 转换驱动

在“Device Drivers”菜单中找到“Character devices”选项，按回车进入“Character devices”，找到并选中“ADC”驱动支持，如图 7-36 所示。

```
                    Character devices
Arrow keys navigate the menu.  <Enter> selects submenus --->.
Highlighted letters are hotkeys.  Pressing <Y> includes, <N> excludes,
<M> modularizes features.  Press <Esc><Esc> to exit, <?> for Help, </>
for Search.  Legend: [*] built-in  [ ] excluded  <M> module  < >

    -*- Virtual terminal
    [ ]   Support for binding and unbinding console drivers
    [ ] /dev/kmem virtual device support
    <M> Mini2440 module sample
    <*> LED Support for Mini2440 GPIO LEDs
    <*> Buttons driver for FriendlyARM Mini2440 development boards
    <*> Buzzer driver for FriendlyARM Mini2440 development boards
    [*] ADC driver for FriendlyARM Mini2440 development boards
    [ ] Non-standard serial port support
        Serial drivers  --->

              <Select>    < Exit >    < Help >
```

图 7-35　配置 PWM 控制蜂鸣器驱动

```
                    Character devices
Arrow keys navigate the menu.  <Enter> selects submenus --->.
Highlighted letters are hotkeys.  Pressing <Y> includes, <N> excludes,
<M> modularizes features.  Press <Esc><Esc> to exit, <?> for Help, </>
for Search.  Legend: [*] built-in  [ ] excluded  <M> module  < >

    -*- Virtual terminal
    [ ]   Support for binding and unbinding console drivers
    [ ] /dev/kmem virtual device support
    <M> Mini2440 module sample
    <*> LED Support for Mini2440 GPIO LEDs
    <*> Buttons driver for FriendlyARM Mini2440 development boards
    <*> Buzzer driver for FriendlyARM Mini2440 development boards
    [*] ADC driver for FriendlyARM Mini2440 development boards
    [ ] Non-standard serial port support
        Serial drivers  --->

              <Select>    < Exit >    < Help >
```

图 7-36　配置 ADC 驱动

按<Exit>返回到“Device Drivers”菜单。

17．配置串口驱动

在“Device Drivers”菜单中找到“Character devices”选项，按回车进入“Character devices”，找到“Serial drivers”选项，如图 7-37 所示。

```
                    Character devices
Arrow keys navigate the menu.  <Enter> selects submenus --->.
Highlighted letters are hotkeys.  Pressing <Y> includes, <N> excludes,
<M> modularizes features.  Press <Esc><Esc> to exit, <?> for Help, </>
for Search.  Legend: [*] built-in  [ ] excluded  <M> module  < >

    <*> LED Support for Mini2440 GPIO LEDs
    <*> Buttons driver for FriendlyARM Mini2440 development boards
    <*> Buzzer driver for FriendlyARM Mini2440 development boards
    [*] ADC driver for FriendlyARM Mini2440 development boards
    [ ] Non-standard serial port support
        Serial drivers  --->
    -*- Unix98 PTY support
    [ ]   Support multiple instances of devpts
    [ ] Legacy (BSD) PTY support
    < > IPMI top-level message handler  --->

              <Select>    < Exit >    < Help >
```

图 7-37　配置串口驱动 1

按回车进入“Serial drivers”，选中串口驱动支持如图 7-38 所示。

```
                         Serial drivers
Arrow keys navigate the menu.  <Enter> selects submenus --->.
Highlighted letters are hotkeys.  Pressing <Y> includes, <N> excludes,
<M> modularizes features.  Press <Esc><Esc> to exit, <?> for Help, </>
for Search.  Legend: [*] built-in  [ ] excluded  <M> module  < >

    < > 8250/16550 and compatible serial support
        *** Non-8250 serial port support ***
    <*> Samsung SoC serial support
    [*] Support for console on Samsung SoC serial port
    <*> Samsung S3C2440/S3C2442 Serial port support

              <Select>    < Exit >    < Help >
```

图 7-38　配置串口驱动 2

按<Exit>返回到“Device Drivers”菜单。

18．配置 RTC 实时时钟驱动

在“Device Drivers”菜单中找到“Real Time Clock”选项，按回车进入“Real Time Clock”选项，如图 7-39 所示的子菜单，选择 2440 系统的 RTC 驱动支持。

```
                         Real Time Clock
Arrow keys navigate the menu.  <Enter> selects submenus --->.
Highlighted letters are hotkeys.  Pressing <Y> includes, <N> excludes,
<M> modularizes features.  Press <Esc><Esc> to exit, <?> for Help, </>
for Search.  Legend: [*] built-in  [ ] excluded  <M> module  < >

    < >    Maxim/Dallas DS1553
    < >    Maxim/Dallas DS1742/1743
    < >    Simtek STK17TA8
    < >    ST M48T86/Dallas DS12887
    < >    ST M48T35
    < >    ST M48T59/M48T08/M48T02
    < >    TI BQ4802
    < >    EM Microelectronic V3020
           *** on-CPU RTC drivers ***
    <*>    Samsung S3C series SoC RTC

              <Select>    < Exit >    < Help >
```

图 7-39　配置 RTC 实时时钟驱动

返回“Device Drivers”菜单。

19．配置 I2C-EEPROM 驱动支持

在图 7-40 所示的“Device Drivers”菜单中，找到“I2C support”项，选择进入该项。

```
                         I2C support
Arrow keys navigate the menu.  <Enter> selects submenus --->.
Highlighted letters are hotkeys.  Pressing <Y> includes, <N> excludes,
<M> modularizes features.  Press <Esc><Esc> to exit, <?> for Help, </>
for Search.  Legend: [*] built-in  [ ] excluded  <M> module  < >

    --- I2C support
    [ ]   Enable compatibility bits for old user-space
    <*>   I2C device interface
    [ ]   Autoselect pertinent helper modules
            I2C Algorithms  --->
          I2C Hardware Bus support  --->
          Miscellaneous I2C Chip support  --->
    [ ]   I2C Core debugging messages
    [ ]   I2C Algorithm debugging messages
    [ ]   I2C Bus debugging messages

              <Select>    < Exit >    < Help >
```

图 7-40　配置 I2C-EEPROM 驱动支持 1

在图 7-41 所示的菜单中选择并进入“I2C Hardware Bus support”子项。

```
                  I2C Hardware Bus support
Arrow keys navigate the menu.  <Enter> selects submenus --->.
Highlighted letters are hotkeys.  Pressing <Y> includes, <N> excludes,
<M> modularizes features.  Press <Esc><Esc> to exit, <?> for Help, </>
for Search.  Legend: [*] built-in  [ ] excluded  <M> module  < >

       *** I2C system bus drivers (mostly embedded / system-on-chip)
    < > Synopsys DesignWare
    < > GPIO-based bitbanging I2C
    < > OpenCores I2C Controller
    <*> S3C2410 I2C Driver
    < > Simtec Generic I2C interface
        *** External I2C/SMBus adapter drivers ***
    < > Parallel port adapter (light)
    < > TAOS evaluation module
    < > Tiny-USB adapter

              <Select>    < Exit >    < Help >
```

图 7-41　配置 I2C-EEPROM 驱动支持 2

再选择“S3C2410 I2C Driver”（与部分与 S3C2240 兼容）即可，如图 7-42 所示。

```
                  I2C Hardware Bus support
Arrow keys navigate the menu.  <Enter> selects submenus --->.
Highlighted letters are hotkeys.  Pressing <Y> includes, <N> excludes,
<M> modularizes features.  Press <Esc><Esc> to exit, <?> for Help, </>
for Search.  Legend: [*] built-in  [ ] excluded  <M> module  < >

        *** I2C system bus drivers (mostly embedded / system-on-chip)
    < > Synopsys DesignWare
    < > GPIO-based bitbanging I2C
    < > OpenCores I2C Controller
    <*> S3C2410 I2C Driver
    < > Simtec Generic I2C interface
        *** External I2C/SMBus adapter drivers ***
    < > Parallel port adapter (light)
    < > TAOS evaluation module
    < > Tiny-USB adapter

              <Select>    < Exit >    < Help >
```

图 7-42　配置 I2C-EEPROM 驱动支持 3

20．配置 yaff2s 文件系统的支持

要使用 yaffs2 文件系统，需要先配置 NAND Flash 驱动支持，在“Device drivers”菜单中选择“MTD”选项，按回车进入“MTD”，注意图 7-43 子菜单中<*>号的选项，不要取消。

```
            Memory Technology Device (MTD) support
Arrow keys navigate the menu.  <Enter> selects submenus --->.
Highlighted letters are hotkeys.  Pressing <Y> includes, <N> excludes,
<M> modularizes features.  Press <Esc><Esc> to exit, <?> for Help, </>
for Search.  Legend: [*] built-in  [ ] excluded  <M> module  < >

    --- Memory Technology Device (MTD) support
    [ ]   Debugging
    < >   MTD tests support
    < >   MTD concatenating support
    [*]   MTD partitioning support
    < >     RedBoot partition table parsing
    [ ]     Command line partition table parsing
    < >     ARM Firmware Suite partition parsing
    < >     TI AR7 partitioning support
          *** User Modules And Translation Layers ***

              <Select>    < Exit >    < Help >
```

图 7-43　配置 NAND 驱动支持 1

找到“NAND Device Support”选项，按回车进入，如图 7-44 所示，选择 Nand Flash 驱动支持。

```
                        NAND Device Support
Arrow keys navigate the menu.  <Enter> selects submenus --->.
Highlighted letters are hotkeys.  Pressing <Y> includes, <N> excludes,
<M> modularizes features.  Press <Esc><Esc> to exit, <?> for Help, </>
for Search.  Legend: [*] built-in  [ ] excluded  <M> module  < >

    --- NAND Device Support
    [ ]   Verify NAND page writes
    [ ]   NAND ECC Smart Media byte order
    [ ]   Enable chip ids for obsolete ancient NAND devices
    < >   GPIO NAND Flash driver
    <*>   NAND Flash support for Samsung S3C SoCs
    [ ]     Samsung S3C NAND driver debug
    [ ]     Samsung S3C NAND Hardware ECC
    [ ]   Samsung S3C NAND IDLE clock stop
    < >   DiskOnChip 2000, Millennium and Millennium Plus (NAND reimp

              <Select>    < Exit >    < Help >
```

图 7-44 配置 NAND 驱动支持 2

返回到内核配置主菜单，并找到“File systems”选项，如图 7-45 所示。

```
                     Linux Kernel Configuration
Arrow keys navigate the menu.  <Enter> selects submenus --->.
Highlighted letters are hotkeys.  Pressing <Y> includes, <N> excludes,
<M> modularizes features.  Press <Esc><Esc> to exit, <?> for Help, </>
for Search.  Legend: [*] built-in  [ ] excluded  <M> module  < >

        Boot options  --->
        CPU Power Management  --->
        Floating point emulation  --->
        Userspace binary formats  --->
        Power management options  --->
    [*] Networking support  --->
        Device Drivers  --->
        File systems  --->
        Kernel hacking  --->
        Security options  --->

              <Select>    < Exit >    < Help >
```

图 7-45 配置 NAND 驱动支持 3

进入并找到如图 7-46 所示的选项“Miscellaneous filesystems”。

```
                          File systems
Arrow keys navigate the menu.  <Enter> selects submenus --->.
Highlighted letters are hotkeys.  Pressing <Y> includes, <N> excludes,
<M> modularizes features.  Press <Esc><Esc> to exit, <?> for Help, </>
for Search.  Legend: [*] built-in  [ ] excluded  <M> module  < >

    < > Kernel automounter support
    < > Kernel automounter version 4 support (also supports v3)
    < > FUSE (Filesystem in Userspace) support
        Caches  --->
        CD-ROM/DVD Filesystems  --->
        DOS/FAT/NT Filesystems  --->
        Pseudo filesystems  --->
    [*] Miscellaneous filesystems  --->
    [*] Network File Systems  --->
        Partition Types  --->

              <Select>    < Exit >    < Help >
```

图 7-46 配置 NAND 驱动支持 4

按回车进入，找到并选中“YAFFS2 file system support”选项，如图 7-47 所示。

```
                     Miscellaneous filesystems
Arrow keys navigate the menu.  <Enter> selects submenus --->.
Highlighted letters are hotkeys.  Pressing <Y> includes, <N> excludes,
<M> modularizes features.  Press <Esc><Esc> to exit, <?> for Help, </>
for Search.  Legend: [*] built-in  [ ] excluded  <M> module  < >

    < >   Apple Extended HFS file system support
    < >   BeOS file system (BeFS) support (read only) (EXPERIMENTAL)
    < >   BFS file system support (EXPERIMENTAL)
    < >   EFS file system support (read only) (EXPERIMENTAL)
    <*>   YAFFS2 file system support
    -*-     512 byte / page devices
    [ ]       Use older-style on-NAND data format with pageStatus byt
    [ ]       Lets Yaffs do its own ECC
    -*-     2048 byte (or larger) / page devices
    [*]       Autoselect yaffs2 format

              <Select>    < Exit >    < Help >
```

图 7-47 配置 NAND 驱动支持 5

按<Exit>返回到“File systems”菜单进行下一步。

21．配置 EXT2/VFAT/ NFS 等文件系统

在“File System”菜单中，找到“Network File Systems”选项，回车进入，选择如图 7-48 所示的选项，这样配置编译出的内核就可以通过 NFS 启动系统了。

```
                    Network File Systems
Arrow keys navigate the menu.  <Enter> selects submenus --->.
Highlighted letters are hotkeys.  Pressing <Y> includes, <N> excludes,
<M> modularizes features.  Press <Esc><Esc> to exit, <?> for Help, </>
for Search.  Legend: [*] built-in  [ ] excluded  <M> module  < >

   --- Network File Systems
   <*>   NFS client support
   [*]     NFS client support for NFS version 3
   [ ]       NFS client support for the NFSv3 ACL protocol extension
   [ ]     NFS client support for NFS version 4 (EXPERIMENTAL)
   [*]     Root file system on NFS
   < >   NFS server support
   < >   Secure RPC: Kerberos V mechanism (EXPERIMENTAL)
   < >   Secure RPC: SPKM3 mechanism (EXPERIMENTAL)
   < >   SMB file system support (OBSOLETE, please use CIFS)

               <Select>    < Exit >    < Help >
```

图 7-48　配置 EXT2/VFAT/ NFS 等文件系统 1

为了支持优盘或者 SD 卡等存储设备常用的 FAT32 文件系统，还需要配置与此相关的文件系统支持，如图 7-49 所示，在“File Systems”菜单中选择“DOS/FAT/NT Filesystems”选项。

```
                       File systems
Arrow keys navigate the menu.  <Enter> selects submenus --->.
Highlighted letters are hotkeys.  Pressing <Y> includes, <N> excludes,
<M> modularizes features.  Press <Esc><Esc> to exit, <?> for Help, </>
for Search.  Legend: [*] built-in  [ ] excluded  <M> module  < >

   < > Kernel automounter support
   < > Kernel automounter version 4 support (also supports v3)
   < > FUSE (Filesystem in Userspace) support
       Caches  --->
       CD-ROM/DVD Filesystems  --->
       DOS/FAT/NT Filesystems  --->
       Pseudo filesystems  --->
   [*] Miscellaneous filesystems  --->
   [*] Network File Systems  --->
       Partition Types  --->

               <Select>    < Exit >    < Help >
```

图 7-49　配置 EXT2/VFAT/ NFS 等文件系统 2

按回车键进入，然后选择常用的 VFAT 文件系统格式，如图 7-50 所示，以便支持 FAT32。

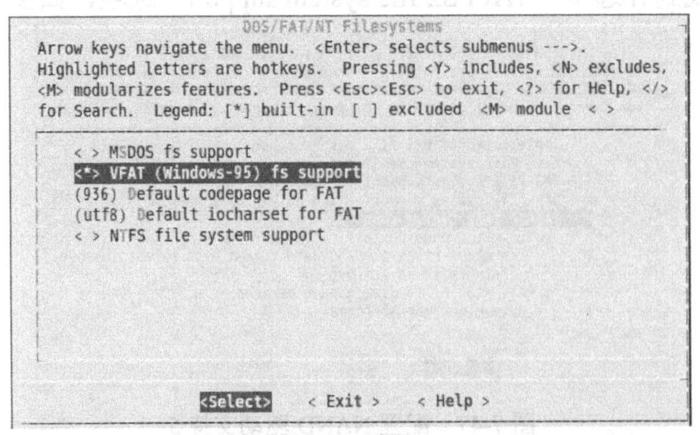

图 7-50　配置 EXT2/VFAT/ NFS 等文件系统 3

返回到内核配置主菜单，再选择 Exit 退出配置界面。至此，已经了解内核的大部分常用选项的配置，更多的内核选项可以自行查询相关资料。

7.3.3　编译内核

输入以下命令，开始编译内核：

```
# make zImage
```

编译内核可能需要等待一段很长的时间，若编译成功，将会在“arch/arm/boot”目录下生成 Linux 内核映像文件 zImage。

至此，编译完成的 zImage 已经可以下载到开发板进行进一步的测试了。若之前编译内核不在“/usr/src”下，还需要将编译好内核 Linux2.6.32.2 文件夹拷贝到“/usr/src”文件夹下。

7.3.4　制作文件系统映像

1．安装 mkyaffs2image 文件系统制作工具

mkyaffs2image 是一个命令行的程序，使用它可以把主机上的目标文件系统目录制作成一个映像文件，以便烧写到嵌入式系统平台中。

针对 64 MB 或 128 MB/256 MB/512 MB/1 GB 的 mini2440/mcro2440 核心板，分别有两套制作工具：mkyaffs2image 和 mkyaffs2image-128M。其中 mkyaffs2image 是制作适用于 64 MB 版本文件系统映像的工具，它沿用了以前的名字；mkyaffs2image-128M 是制作适用于 128 MB/256 MB/512 MB/1 GB 版本文件系统映像的工具。

在相应目录中，执行命令：

```
tra xvzf mkyaffs2image.tgz -C
```

以前的内核系统支持的是 yaffs 文件系统，现在使用的是 yaffs2 文件系统，因此需要不同的制作工具，故称为 mkyaffs2image，按照上面的命令解压后它会被安装到“/usr/sbin”目录下，并产生两个文件：mkyaffs2image 和 mkyaffs2image-128M。

至此，制作文件系统的工具就准备好了。

2．制作文件系统映像

首先需要将 rootfs_qtopia_qt4.tar.zg 从共享空间拷贝到 Linux 系统中（这是因为共享空间中无法创建链接，制作文件系统过程中会出现错误），此处直接在桌面上新建一个 myrootfs 文件夹作为制作文件系统的根目录。然后，将 rootfs_qtopia_qt4.tar.zg 解压缩到该文件夹。

解压完成后会在 myrootfs 中出现 rootfs_qtopia_qt4 文件夹，表明解压已经成功，然后进入 myrootfs 执行如下命令制作文件系统镜像。

```
mkyaffs2image rootfs_qtopia_qt4 rootfs_qtopia_qt4.img
```

制作过程完成后，即可看到如图 7-51 所示的界面。

利用 ls 命令可以看到，已经在当前目录下生成了 root_qtopia.img 镜像文件。

```
Object 3519, rootfs_qtopia_qt4/www/leds.html is a file, 10 data chunks written
Object 3520, rootfs_qtopia_qt4/www/webcam.html is a file, 7 data chunks written
Object 3521, rootfs_qtopia_qt4/www/mini2440.png is a file, 738 data chunks writt
en
Object 3522, rootfs_qtopia_qt4/www/led-result.template is a file, 1 data chunks
written
Object 3523, rootfs_qtopia_qt4/www/index.html is a file, 7 data chunks written
Operation complete.
3267 objects in 317 directories
166071 NAND pages
FriendlyARM Computer Technology Inc.
root@ubuntu:~/桌面/myrootfs# ls
rootfs_qtopia_qt4  rootfs_qtopia_qt4.img
root@ubuntu:~/桌面/myrootfs#
```

图 7-51　界面效果

7.4　嵌入式 Linux 驱动及应用开发

嵌入式 Linux 将设备主要分成两大类：一类是块设备，类似磁盘以记录块或扇区为单位，成块进行输入/输出的设备；另一类是字符设备，类似键盘以字符为单位，逐个进行输入/输出的设备。网路设备是介于块设备和字符设备之间的一种特殊设备。

块设备接口仅支持面向块的 I/O 操作，所有 I/O 操作都通过在内核地址空间中的 I/O 缓冲区进行。它可以支持随机存取的功能，文件系统通常都建立在块设备上。

字符设备接口支持面向字符的 I/O 操作，由于它们不经过系统的快速缓存，所以它们负责管理自己的缓冲区结构。字符设备接口只支持顺序存取的功能，一般不能进行任意长度的 I/O 请求，而是限制 I/O 请求的长度必须是设备要求的基本块长的整倍数。

7.4.1　设备驱动程序简介

设备驱动程序实际是处理和操作硬件控制器的软件，是内核中具有最高特权级的、驻留内存的、可共享的底层硬件处理例程。驱动程序是内核的一部分，也是操作系统内核与硬件设备的直接接口。驱动程序屏蔽了硬件的细节，完成以下功能。

- 对设备初始化和释放。
- 对设备进行管理，包括实时参数设置，以及提供对设备的操作接口。
- 读取应用程序传输给设备文件的数据或者回送应用程序请求的数据。
- 检测和处理设备出现的错误。

Linux 操作系统将所有的设备全部看成文件，并通过文件的操作界面进行操作。对用户程序而言，设备驱动程序隐藏了设备的具体细节，对各种不同设备提供了一致的接口。一般情况是把设备映射为一个特殊的设备文件，用户程序可以像对其他文件一样对此设备文件进行操作。这意味着：

- 由于每一个设备至少由文件系统的一个文件代表，因而都有一个“文件名”。
- 应用程序通常可以通过系统调用 open()打开设备文件，建立起与目标设备的连接。
- 打开了代表着目标设备的文件，即建立起与设备的连接后，可以通过 read()、write()、ioctl()等常规的文件操作对目标设备进行操作。

设备文件的属性由三部分信息组成：第一部分是文件的类型，第二部分是一个主设备号，第三部分是一个次设备号。其中类型和主设备号结合在一起唯一地确定了设备文件驱动程序及其界面，而次设备号则说明目标设备是同类设备中的第几个。

由于 Linux 将设备当作文件处理，所以对设备进行操作的调用格式与对文件的操作类似，其内部主要包括 open()、read()、write()、ioctl()、close()等。应用程序发出系统调用命令后，会从用户态转到核心态，通过内核将 open()这样的系统调用转换成对物理设备的操作。

在驱动工程中，处理器与外设之间传输数据的控制方式通常有查询方式、中断方式和直接内存存取（DMA）方式三种形式。

（1）查询方式。设备驱动程序通过设备的 I/O 端口空间，以及存储器空间完成数据的交换。例如，网卡一般将自己的内部寄存器映射为设备的 I/O 端口，而显示卡则利用大量的存储器空间作为视频信息的存储空间。利用这些地址空间，驱动程序可以向外设发送指定的操作指令。通常由于外设的操作耗时较长，因此当处理器实际执行了操作指令之后，驱动程序可采用查询方式等待外设完成操作。

（2）中断方式。查询方式白白浪费了大量的处理器时间，而中断方式才是多任务操作系统中最有效利用处理器的方式。当 CPU 进行主程序操作时，外设的数据已存入端口的数据输入寄存器或端口的数据输出寄存器已空，此时由外设通过接口电路向 CPU 发出中断请求信号。CPU 在满足一定条件下，暂停执行当前正在执行的主程序，转入执行相应能够进行输入/输出操作的子程序。待输入/输出操作执行完毕之后，CPU 再返回并继续执行原来被中断的主程序。这样，CPU 就避免了把大量时间耗费在等待、查询外设状态的操作上，使其工作效率得以大大提高。

（3）直接访问内存（DMA）方式。利用中断，系统和设备之间可以通过设备驱动程序传输数据。但是当传输的数据量很大时，因为中断处理上的延迟，利用中断方式的效率会大大降低。而直接内存访问（DMA）可以解决这一问题，DMA 可允许设备和系统内存间在没有处理器参与的情况下传输大量数据。设备驱动程序在利用 DMA 之前，需要选择 DMA 通道并定义相关寄存器和数据的传输方向，然后将设备设定为利用该 DMA 通道传输数据。设备完成设置之后，可以立即利用该 DMA 通道在设备和系统的内存之间传输数据，传输完毕后产生中断以便通知驱动程序进行后续处理。在利用 DMA 进行数据传输的同时，处理器仍然可以继续执行指令。

7.4.2 驱动程序结构

嵌入式 Linux 操作系统继承 Linux 操作系统，支持标准的驱动框架——file_operations 结构体，该结构体定义如下。

```
struct file_operations {
    structmodule *owner;
    loff_t(*llseek) (struct file *, loff_t, int);
    ssize_t(*read) (struct file *, char *, size_t, loff_t *);
    ssize_t(*write) (struct file *, const char *, size_t, loff_t *);
    int(*readdir) (struct file *, void *, filldir_t);
    unsignedint (*poll) (struct file *, struct poll_table_struct *);
```

```
    int(*ioctl) (struct inode *, struct file *, unsigned int, unsigned long);
    int (*mmap)(struct file *, struct vm_area_struct *);
    int (*open)(struct inode *, struct file *);
    int(*flush) (struct file *);
    int(*release) (struct inode *, struct file *);
    int(*fsync) (struct file *, struct dentry *, int datasync);
    int(*fasync) (int, struct file *, int);
    int (*lock)(struct file *, int, struct file_lock *);
    ssize_t(*readv) (struct file *, const struct iovec *, unsigned long,
                                                    loff_t *);
    ssize_t(*writev) (struct file *, const struct iovec *, unsigned long,
                                                    loff_t *);
    ssize_t(*sendpage) (struct file *, struct page *, int, size_t, loff_t *,
                                                        int);
    unsignedlong (*get_unmapped_area)(
    struct file*,
    unsignedlong,
    unsignedlong,
    unsignedlong,
    unsignedlong);
};
```

其中主要函数说明如下。

- lseek：移动文件指针的位置，只能用于可以随机存取的设备。
- read：进行读操作，buf为存放读取结果的缓冲区，count为所要读取的数据长度。
- write：进行写操作，与read类似。
- select：进行选择操作。
- ioctl：进行读、写以外的其他操作。
- mmap：用于把设备的内容映射到地址空间，一般只有块设备驱动程序使用。
- open：打开设备进行I/O操作，返回0表示成功，返回负数表示失败。
- release：即关闭操作。

7.4.3 设备注册和初始化

设备的驱动程序在加载时首先需要调用入口函数 init_module()，该函数最重要的一个工作就是向内核注册该设备，对于字符设备则调用 register_chrdev()完成注册。register_chrdev 的定义为

```
int register_chrdev(unsignedint major, const char *name,
                                        struct file_ operations *fops);
```

其中，major是为设备驱动程序向系统申请的主设备号。如果为0，则系统为此驱动程序动态分配一个主设备号；name 是设备名；fops 是对各个调用的入口点说明。此函数返回 0 时表示成功；返回-EINVAL表示申请的主设备号非法，主要原因是主设备号大于系统所允许的最大设备号；返回-EBUSY，表示所申请的主设备号正在被其他设备程序使用。如果动态分配主设备号成功，此函数将返回所分配的主设备号。如果 register_chrdev()操作成功，设备

名就会出现在"/proc/dvices"文件中。

Linux 在"/dev"目录中为每个设备建立一个文件，用"ls -l"命令列出函数返回值，若小于 0 则表示注册失败，返回 0 或者大于 0 的值表示注册成功。注册以后，Linux 将设备名与主、次设备号联系起来。当有对此设备名的访问时，Linux 通过请求访问的设备名得到主、次设备号，然后把此访问分发到对应的设备驱动，设备驱动再根据次设备号调用不同的函数。

当设备驱动模块从 Linux 内核中卸载，对应的主设备号必须被释放。字符设备在 cleanup_module()函数中，调用 unregister_chrdev()来完成设备的注销。unregister_chrdev()的定义为：

```
int unregister_chrdev(unsignedint major, const char *name);
```

此函数的参数为主设备号 major 和设备名 name。Linux 内核把 name 和 major 在内核注册的名称对比，如果不相等，卸载失败，并返回-EINVAL。如果 major 大于最大的设备号，也返回-EINVAL。

包括设备注册在内，设备驱动的初始化函数主要完成的功能有以下五项。

（1）对驱动程序管理的硬件进行必要的初始化，对硬件寄存器进行设置，如设置中断掩码、设置串口的工作方式、设置并口的数据方向等。

（2）初始化设备驱动相关的参数。一般说来，每个设备都要定义一个设备变量，用以保存设备相关的参数。在这一步骤里，对设备变量中的项进行初始化。

（3）在内核注册设备。调用 register_chrdev()函数来注册设备。

（4）注册中断。如果设备需要 IRQ 支持，则要使用 request_irq()函数注册中断。

（5）其他初始化工作。初始化部分一般还负责给设备驱动程序申请包括内存、时钟、I/O 端口等在内的系统资源，这些资源也可以在 open 子程序或者其他地方申请。这些资源不用时，应该释放，以利于资源的共享。

若驱动程序是内核的一部分，初始化函数则要按如下方式声明。

```
int __init chr_driver_init(void);
```

其中__init 是必不可少的，在系统启动时会由内核调用 chr_driver_init 完成驱动程序初始化。

当驱动程序是以模块的形式编写时，则要按照如下方式声明。

```
int init_module(void)
```

当运行后面介绍的 insmod 命令插入模块时，会调用 init_module 函数完成初始化工作。

7.4.4 驱动程序案例

本实例中，针对模块化的驱动架构，编辑驱动程序。

```
# define __KERNEL__
# define MODULE
#include <linux/config.h>
#include <linux/module.h>
#include <linux/devfs_fs_kernel.h>
```

```
#include <linux/init.h>
#include <linux/kernel.h>   /* printk() */
#include <linux/fs.h>       /* everything... */
#include <linux/errno.h>    /* error codes */
#include <linux/types.h>    /* size_t */
#include <linux/proc_fs.h>
#include <linux/poll.h>     /* COPY_TO_USER */
#define DEVICE_NAME         "mydriver"
#define demo_MAJOR 250
#define demo_MINOR 0

static struct file_operations mydriver_ops={
    write: mydriver_write,
    read: mydriver_read,
    open:   mydriver_open,
    release:mydriver_release,
};
int mydriver_init(void){
    int result;
    result = register_chrdev(demo_MAJOR,"mydriver1",&mydriver_ops);
    if(result<0)
    {
        printk("register err\n");
        return result;
    }
    printk("<1>init ok\n");
    return 0;
}
void exit mydriver_exit(void){
    unregister_chrdev(demo_MAJOR,"mydriver1");
    printk("<1>exit ok\n");
}
module_init(mydriver_init);
module_exit(mydriver_exit);
```

（2）编写如下 Makefile，对其进行编译。

```
DIR=/usr/src/linux-2.4.20-8
CC= armv4l-unknown-linux-gcc
FLG=-D__KERNEL__ -DMODULE -I$(DIR)/include
all:mydriver.c
        $(CC) -c $(FLG) $^
clean:
        rm -f *.o
```

（3）对其进行动态管理。

① 创建设备文件。

```
mknod /dev/mydriver c major minor
```

c 是指字符设备；major 是主设备号，可以在“/proc/devices”里看到；minor 是从设备号，设置成 0 就可以了。

② 安装设备。

```
insmod -f mydriver.o
```

如果安装成功，在“/proc/devices”文件中就可以看到设备 mydriver，并可以看到它的主设备号。

③ 卸载设备。

```
$ rmmod mydriver
```

（4）编写应用程序，对其进行调用。

```
#include <stdio.h>
#include <sys/types.h>
#include <sys/stat.h>
#include <fcntl.h>
main()
{
    int testdev;
    int i;
    char buf[10];
    testdev = open("/dev/mydriver", O_RDWR);
    if ( testdev == -1 )
    {
        printf("Cannt open file \n");
        exit(0);
    }
    read(testdev, buf, 10);
    for (i = 0; i < 10;i++)
    printf("%d\n", buf[i]);
    release(testdev);
}
```

习题与思考题七

（1）嵌入式 Linux 的产品主要分为哪三类？

（2）嵌入式 Linux 的内核有哪几部分组成？各自功能有哪些？

（3）简述嵌入式 Linux 的启动过程。

（4）简述嵌入式 Linux 的文件系统。

第 8 章

Android 操作系统及应用

8.1 Android 操作系统概述

Android 操作系统采用软件堆层的架构，底层内核以 Linux 核心为基础，由 C 语言开发；中间层包括函数库 Library 和虚拟机 Virtual Machine，由 C++开发；最上层是各种应用软件，由 Java 编写开发。这样使得应用软件开发的门槛降低，软件开发周期缩短。同时，绝大多数的应用软件只需简单的修改和移植就可以在 Android 平台上继续使用。Android 主要使用于移动设备，如智能手机和平板电脑。

Android 操作系统最初是由 Android 公司开发的，2005 年 Google 收购了 Android 公司及其团队，2007 年谷歌公司正式向外界展示了这款名为 Android 的操作系统，并且宣布建立一个全球性的联盟组织，该组织由 34 家手机制造商、软件开发商、电信运营商及芯片制造商共同组成，这一联盟将支持谷歌发布的手机操作系统以及应用软件，将共同开发 Android 系统的开放源代码。

在 2008 年 9 月，谷歌公司正式发布了 Android 1.0 系统，先后推出了 Android 1.5、Android 1.6、Android 2.0 等多个版本。为了避免版权问题，从 2009 年 5 月开始，Android 操作系统改用甜点名来作为版本代号，这些版本按照大写字母的顺序来进行命名，从 Android 1.5 发布开始，作为每个版本代表的甜点的尺寸越变越大，并按照 26 个字母数序：纸杯蛋糕（Cupcake）、甜甜圈（Donut）、松饼（Eclair）、冻酸奶（Froyo）、姜饼（Gingerbread）、蜂巢（Honeycomb）、Ice Cream Sandwich（冰激凌三明治）、Jelly Bean（果冻豆）、Kitkat（奇巧）、Lollipop（棒棒糖）。目前，Android 操作系统已经成为全球受欢迎的智能手机平台，它具有以下特点。

- 价格占优、价廉但性能并不低；
- 应用程序发展迅速；
- 得到智能手机厂家助力和运营商的鼎力支持；
- 系统开源利于创新。

8.2 Android 操作系统的体系结构

Android 系统的底层建立在 Linux 系统之上，该平台由操作系统、中间件、用户界面和应用软件四层组成。Android 系统采用了软件叠层的方式进行构建，自上到下依次是应用程序层、应用程序框架层、系统运行库层（系统库、Android 运行时的环境），以及 Linux 内核层。

Android 操作系统的体系结构，如图 8-1 所示。

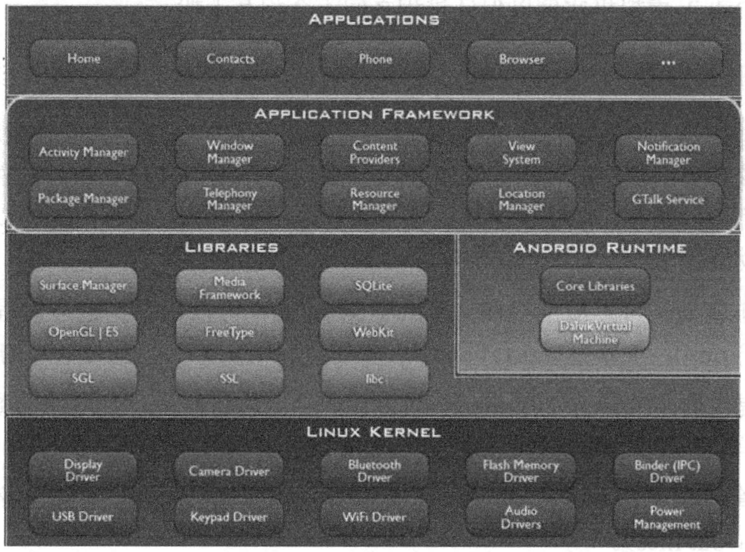

图 8-1 Android 系统架构图

1．Linux 内核层

Android 的基础是 Linux 2.6 内核，它为 Android 提供了启动和管理硬件，以及 Android 应用程序的最基本的软件。Android 中的安全机制、内存管理、进程管理、网络协议栈和驱动模型都依赖于 Linux 内核，Linux 内核也作为硬件和软件栈之间的硬件抽象层。

2．系统库和 Android 运行环境

在内核之上是一系列的共享程序库，该库通过 Android 应用程序框架为开发者和类似终端设备拥有者的群体提供需要的核心功能，这些功能包括：

（1）系统 C 库（libc）是一个从 BSD 继承来的标准 C 系统函数库（libc），专门为基于嵌入式 Linux 的设备定制。

（2）媒体库基于 Packet Video Open CORE，支持录放，并且可以录制许多流行的音频、视频格式，还支持静态映像文件，如 MPEG4、H.264、MP3、AAC、JPG、PNG。

（3）Surface Manager 是对显示子系统的管理，并且为多个应用程序提供 2D 和 3D 的无缝融合。

（4）LibWebCore 是一个最新的 Web 浏览器引擎，用来支持 Android 浏览器和可嵌入的 Web 视图。

（5）SGL 是一个内置的 2D 图形引擎。

（6）3D Libraries 是基于 OpenGL ES 1.0 API 实现的，可以使用 3D 硬件加速或者使用高度优化的 3D 软件加速。

（7）FreeType 可对位图（bitmap）和向量（vector）字体进行显示。

（8）SQLLite 是一个对于所有应用程序可用、功能强大的轻型关系型数据库引擎。

另外 Android 在本层还提供 Dalvik 虚拟机功能来运行应用程序，每一个应用程序进程都有一个独立的 Dalvik 虚拟机实例以保证进程之间不会相互干扰。

3. 应用程序框架层

应用程序框架是一个应用程序的核心，是所有参与开发的程序员共同使用和遵守的约定，可以完全访问核心应用程序所使用的 API 框架。应用程序框架简化了组件软件的重用，任何一个应用程序都可以发布它的功能模块。该应用程序层重用机制使得组件可以被用户替换，应用程序框架功能如下。

（1）具有丰富而又可扩展的视图（Views System），可以用来构建应用程序，包括列表（lists）、网格（grids）、文本框（text boxes）、按钮（buttons），甚至可嵌入的 Web 浏览器。

（2）内容提供器（Content Providers）可以让一个应用访问另一个应用的数据（如联系人数据库），或共享它们自己的数据。

（3）资源管理器（Resource Manager）提供非代码资源的访问，如本地字符串、图形、和布局文件（layout files）。

（4）通知管理器（Notification Manager）可以在状态栏中显示自定义的提示信息。

（5）活动管理器（Activity Manager）管理应用程序生命周期并提供常用的导航退回功能。

（6）窗口管理器（Window Manager）管理所有的窗口程序。

（7）包管理器（Package Manager）是 Android 系统内的程序管理。

4. 应用程序层

应用层是用 Java 语言编写的运行在虚拟机上的程序，如 E-mail 客户端、SMS 短消息程序、日历、地图、浏览器、联系人管理程序等。

8.3 Android 开发工具

目前，对于 Android 操作系统开发而言，主要有 基于 JDK + Eclipse + ADT +独立的 SDK，以及基于 JDK + Android Studio +独立的 SDK 两大开发工具。

8.3.1 基于 Eclipse + ADT 的开发环境搭建

Android 采用 Java 语言进行开发，JDK 是整个 Java 的核心，其内部包括了 Java 运行环境、Java 工具和 Java 基础的类库。Eclipse 是一个开放源代码的、基于 Java 的可扩展开发平台，其内部是一个框架和一组服务，需通过插件组件构建开发环境。ADT 是一个用于 Eclipse IDE 的插件，该插件能让 Eclipse 和 Android SDK 关联起来，配合 Eclipse 形成集成的环境来构建 Android 应用程序，Android SDK 则提供开发测试所必需的 Android API 类库。

用户要通过 Eclipse 来开发 Android 应用程序，就必须下载并安装 Eclipse + JDK + ADT + SDK 四个软件或开发包。

安装基于 Eclipse 的开发环境，需要依次安装 JDK、Eclipse、SDK、ADT。

（1）JDK 的安装。打开 JDK 的官方网址 www.oracle.com，在 Java 下载页面下根据自己操作系统类型选择合适的 JDK 版本下载，下载后直接双击默认安装即可。安装 Java JDK 后，为了使用方便，需要配置 java_Home 和 path 环境变量，配置方法如图 8-2 和图 8-3 所示。注意 Path 为修改原有系统变量，只要新增“%java_Home%\bin”即可，不要删除原有的内容。

图 8-2　新建系统变量界面

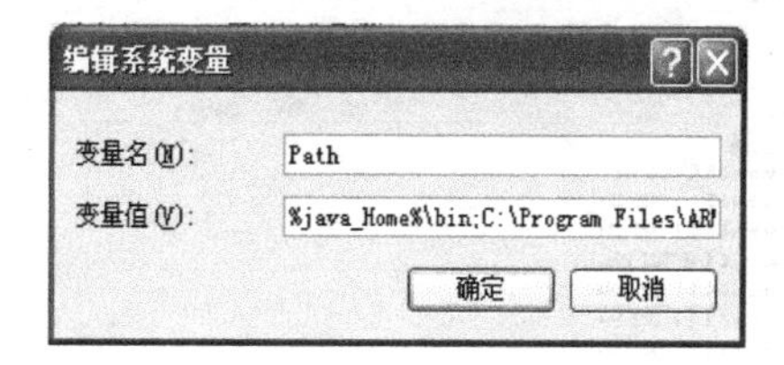

图 8-3　编辑系统变量

（2）Eclipse 的安装。打开 Eclipse 的官方网址 http://www.eclipse.org/downloads/，在下载页面选择 Eclipse IDE for java EE Developers 软件，如图 8-4 所示。这个软件不需要安装，直接将压缩包解压到自己规划的目录即可，解压后双击 Eclipse.exe 即可启动 Eclipse。

图 8-4　Eclipse 下载

（3）SDK 的安装。打开 SDK 的官方网址 developer.android.com/sdk/，在下载页面可以看到 SDK 下载链接，用户可以选择适合自己操作系统的版本下载安装，如图 8-5 所示。Windows 平台下的 SDK 安装包有 zip 和 exe 两种格式，这两种格式只是安装方法不同，并没有差别。zip 是下载后直接解压使用，exe 是下载后单击安装后使用。zip 文件解压或 exe 文件安装完成后，安装后的 SDK 目录组成如图 8-6 所示。

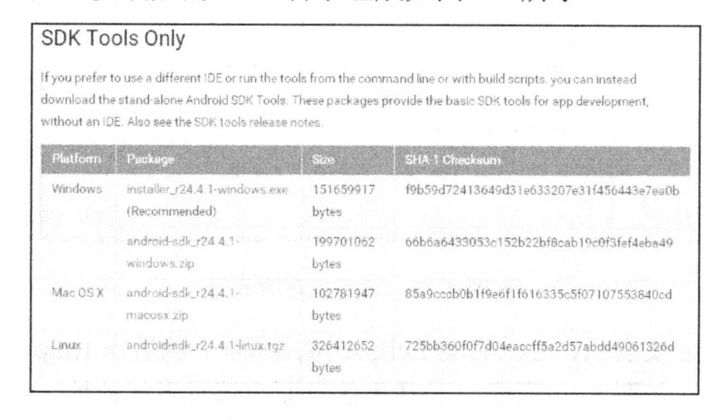

SDK Tools Only

If you prefer to use a different IDE or run the tools from the command line or with build scripts, you can instead download the stand-alone Android SDK Tools. These packages provide the basic SDK tools for app development, without an IDE. Also see the SDK tools release notes.

Platform	Package	Size	SHA-1 Checksum
Windows	installer_r24.4.1-windows.exe (Recommended)	151659917 bytes	f9b59d72413649d31e633207e31f456443e7ea0b
	android-sdk_r24.4.1-windows.zip	199701062 bytes	66b6a6433053c152b22bf8cab19c0f3fef4eba49
Mac OS X	android-sdk_r24.4.1-macosx.zip	102781947 bytes	85a9cccb0b1f9e6f1f616335c5f07107553840cd
Linux	android-sdk_r24.4.1-linux.tgz	326412652 bytes	725bb360f0f7d04eaccff5a2d57abdd49061326d

图 8-5　SDK 开发包下载界面

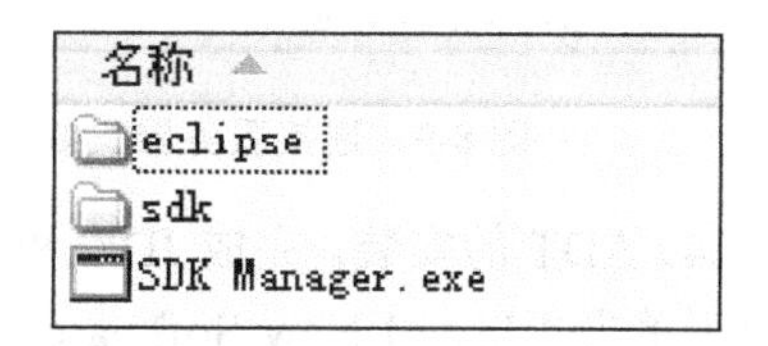

图 8-6　SDK 目录组成

完成上述安装后，SDK 开发包并没有完全安装完毕，还需要双击 SDK Manager.exe，如图 8-7 所示，根据自己的需要，选择不同的 Android SDK 版本并单击“Install packages”按钮下载，弹出如图 8-8 所示的对话框，选择“Accept License”并单击“Install”按钮即可自动完成下载安装。如果双击 SDK Manager.exe 后打开界面，列表中仅能看到本地已安装的项目，看不到未安装项目，则说明 Android SDK 更新失败，如图 8-9 所示。由于防火墙的原因，SDK Manager.exe 工具无法连接 Google 官网，用户可以在工具中单击“Tools”菜单下的“Options”选项，弹出图 8-10 所示的对话框，在“Proxy Settings”中填写可以访问的镜像网站及端口，关闭 SDK Manager.exe 后重新启动即可刷新出 SDK 包列表。

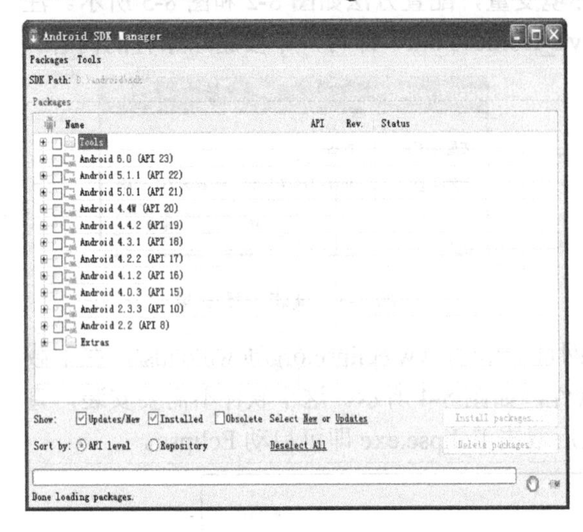

图 8-7 SDK 下载工具运行界面

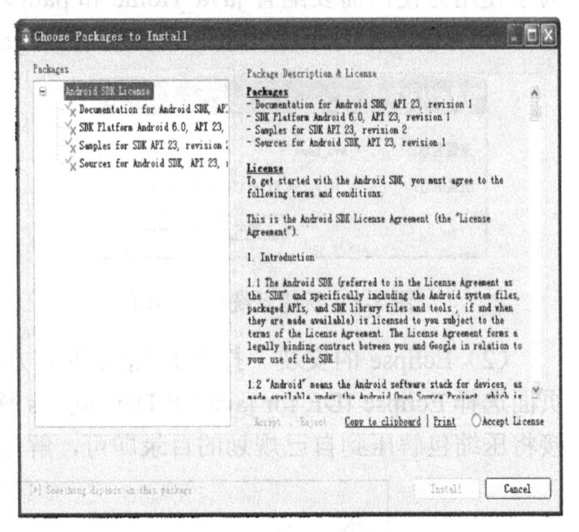

图 8-8 SDK 版本更新界面

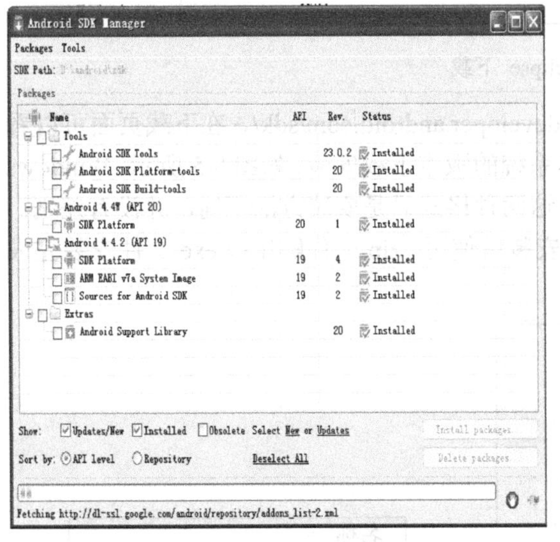

图 8-9 连接服务器失败

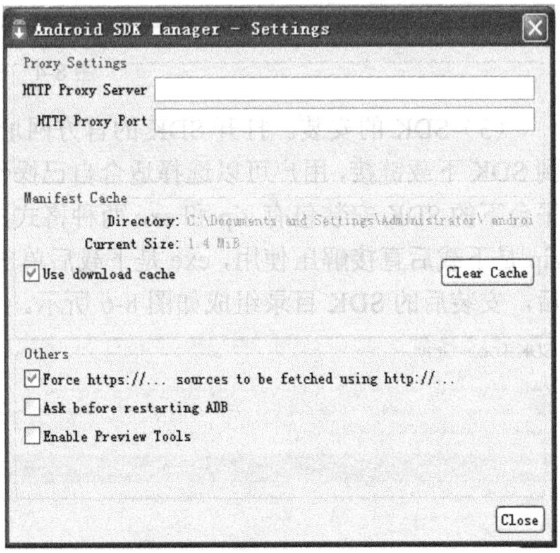

图 8-10 填写代理服务器

（4）ADT 的安装。完成 JDK 和 Eclipse 安装后，可以启动 Eclipse 应用程序，然后在 Help 菜单下单击“Install New Software”菜单，如图 8-11 所示。在弹出的界面中填写下载地址，如图 8-12 所示，按要求操作即可完成 ADT 安装。如下载失败，也可从第三方网站下载 ADT 离线包后，单击图 8-12 中“Archive”按钮来完成 ADT 安装。

（5）模拟器的配置使用。为了能够在 PC 上直接运行 Android 应用程序，而不需要每次都把程序下载到真机测试运行，可以在 ADT 中配置虚拟设备 AVD 来运行 Android 程序。单击“Eclipse”中菜单选项中的“Window”，并单击下拉菜单的“Android Virtual Device Manager”

选项，再单击“New”选项，填写任意“AVD Name”，下拉“Device”选择任意设备，继续下拉“CPU/ABI”选择“ARM(armeabi)”，单击“OK”按钮即可，如图 8-13 所示。

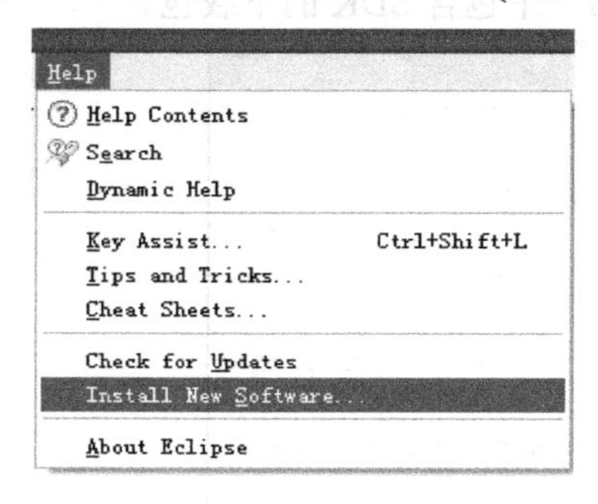

图 8-11　安装新插件

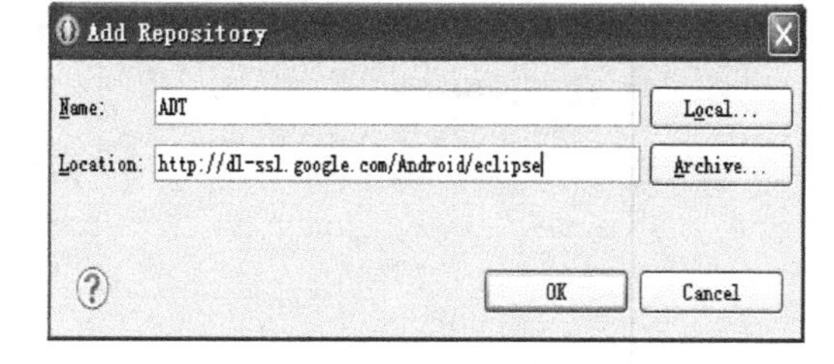

图 8-12　填写下载地址

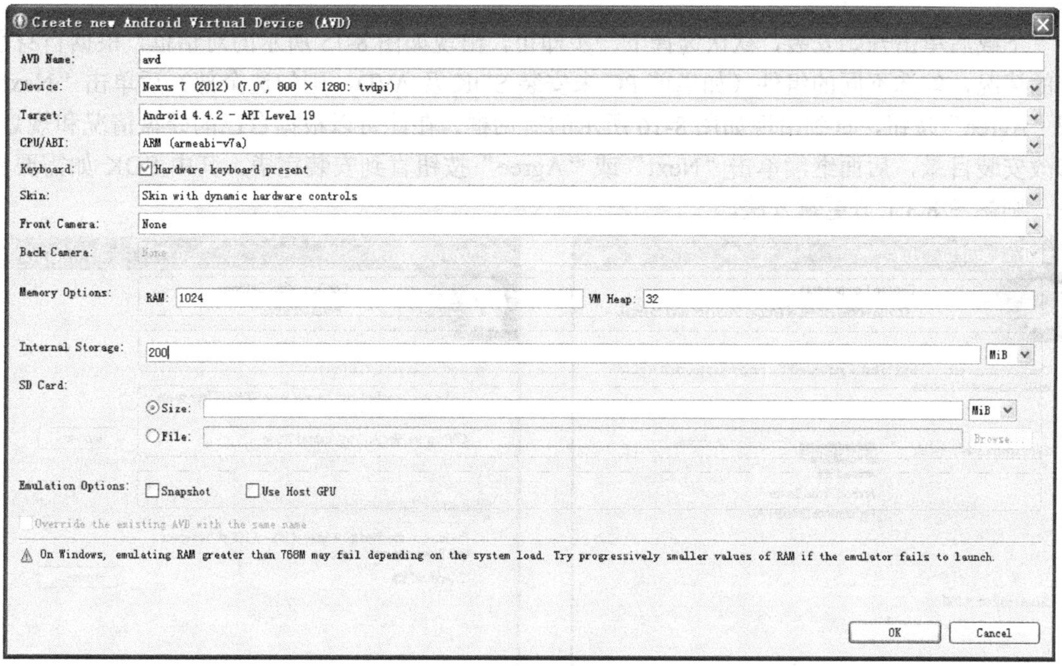

图 8-13　创建模拟器

完成以上 5 步操作，即可完成 Android 开发环境就搭建，可以进行后续应用开发。

8.3.2　基于 Android Studio 的环境搭建

Android Studio 是 2013 年 5 月 Google 公司专门为 Android 操作系统开发推出的工具，它将逐步取代 Eclipse+ADT 的开发方式。

安装基于 Android Studio 的开发环境，需要依次安装 JDK、Android Studio、SDK（也可下载 Android Studio + SDK 的集成版本）。

1. JDK 的安装

参考 8.3.1 节。

2. Android Studio + SDK 的安装

官网下载 Windows 安装包，如图 8-14 所示，选择第一个包含 SDK 的下载包。

Platform	Android Studio package	Size	SHA-1 checksum
Windows	android-studio-bundle-143.2739321-windows.exe Includes Android SDK **(recommended)**	1166 MB (1223633080 bytes)	c556debf40de6b5d6f6d65d169a64398e3380183
	android-studio-ide-143.2739321-windows.exe No Android SDK	264 MB (277789224 bytes)	3e8c25bd7b7f3aa326f7b2a349c4d67c550d13ac
	android-studio-ide-143.2739321-windows.zip No Android SDK, no installer	280 MB (294612422 bytes)	705c00f52b715d6a845c97979ced6f9b1b3f11c6
Mac OS X	android-studio-ide-143.2739321-mac.dmg	279 MB (292574501 bytes)	0f3d53a08815c00912c13738abc79e82207b20ed
Linux	android-studio-ide-143.2739321-linux.zip	278 MB (292106971 bytes)	b64070ee4ec4868e9dd942b56f76864634cb0c67

图 8-14 Android Studio 下载页面

下载后单击开始安装，默认选择下一步即可，出现如图 8-15 所示的对话框，根据自身系统的情况，勾选不同的组件（如当前 PC 未安装 SDK 及 AVD，则勾选全部）后单击“Next”或“Agree”按钮，直到出现如图 8-16 所示的对话框，在此可以根据自己的硬盘情况和规划，修改安装目录，后面继续单击“Next”或“Agree”按钮直到安装完毕。其中 SDK 如需要更新，则参考 8.3.1 节更新方法。

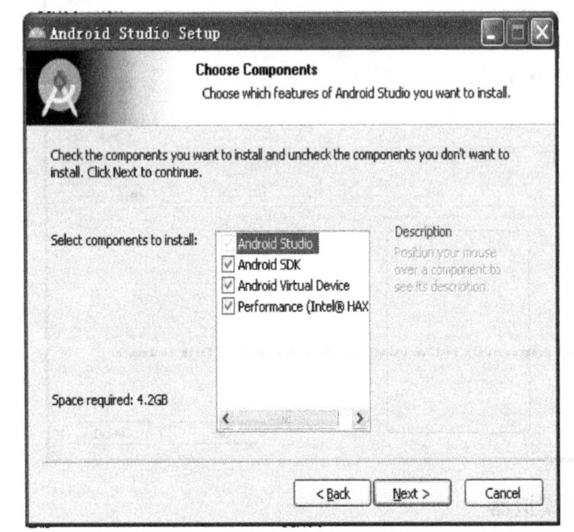

图 8-15 选择安装组件

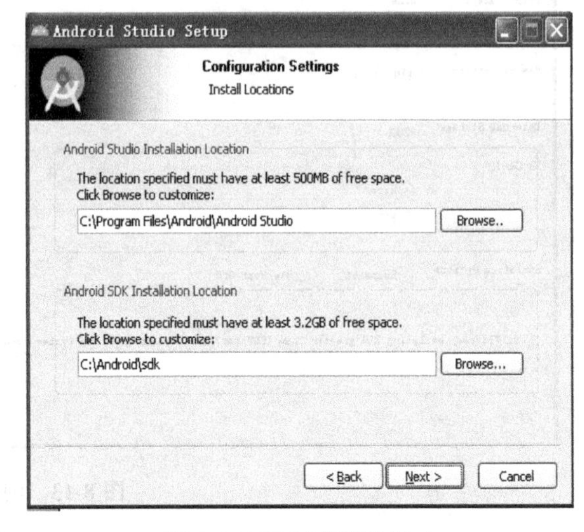

图 8-16 选择安装路径

3. 模拟器的配置使用

参考 8.3.1 节。

完成以上三步操作，Android 开发环境就搭建好了，之后就可以进行后续开发。

8.4 基于 Android 操作系统的应用开发

在完成上述章节的开发环境搭建后，即可进行基于 Android 系统的应用软件开发。本节采用 Eclipse 作为开发工具，完成游戏手柄模拟程序实例。采用 Android Studio 作为开发工具的读者，请参照本书实例作对应修改。

1. 实例内容与应用设备

本实例内容是编写基于 Android 系统的游戏手柄模拟程序。用户单击安卓手机上面的手柄模拟界面，手机通过 Wi-Fi 发送 UDP 数据包到指定设备从而实现手机控制的目的。

（1）安装 Microsoft Windows XP 或更高版本操作系统，同时搭建 Eclipse + ADT 或者 Android Studio 开发工具。

（2）运行 Android 系统的手机或平板。

（3）运行 Android 系统。

2. 实例原理与相关知识

- Android UI 设计。
- Socket 通信原理。

3. 实例步骤

（1）新建 Android 工程项目。单击“File”菜单，选择“New→Android Application Project”。如果没有这一选项的话，就选择“Other”。打开 Android 后面的选项，选择“Android Application Project”。单击“Next”按钮，如图 8-17 所示。填写项目名称，一般以大写字母开头，如图 8-18 所示，然后单击“Next”按钮继续进入配置项目界面、工程项目图标界面、活动界面，可以任意选择也可以默认，最后单击“Finish”按钮即创建工程成功，如图 8-19 所示。

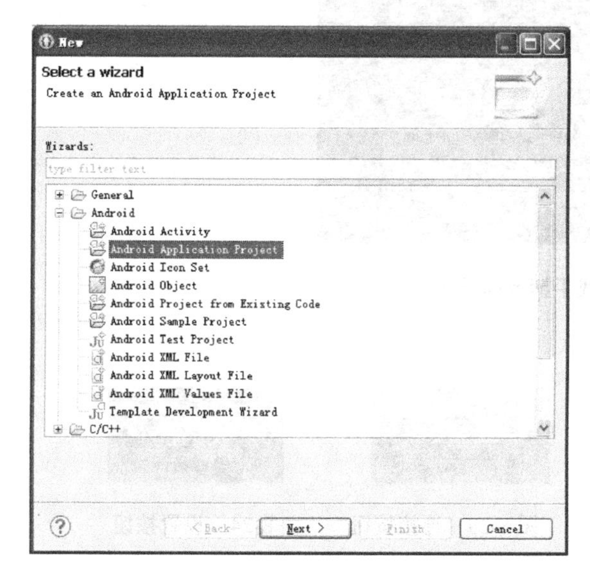

图 8-17　新建 Android 工程项目

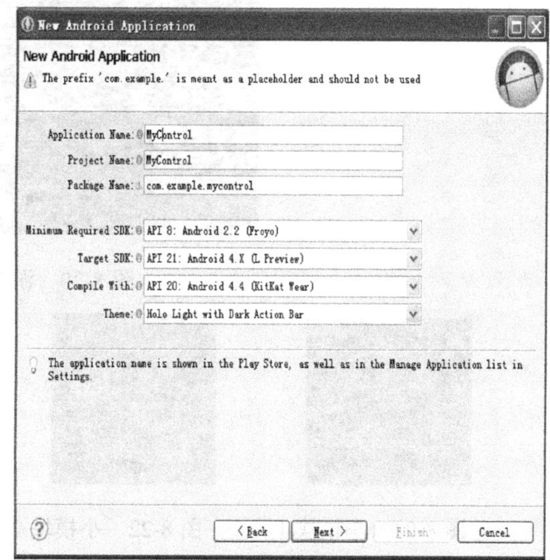

图 8-18　填写项目界面

（2）用户界面的设计。由于是游戏手柄的模拟，所以直接按照真实手柄设计界面即可，如图 8-20 所示。Android 的界面是美工画好图后，程序员根据需要将图片切割成一个个小模块，如图 8-21、图 8-22、图 8-23 和图 8-24 所示，然后分别实现。

```
import android.support.v7.app.ActionBarActivity;

public class MainActivity extends ActionBarActivity {

    @Override
    protected void onCreate(Bundle savedInstanceState) {
        super.onCreate(savedInstanceState);
        setContentView(R.layout.activity_main);
    }


    @Override
    public boolean onCreateOptionsMenu(Menu menu) {
        // Inflate the menu; this adds items to the action bar if it is present.
        getMenuInflater().inflate(R.menu.main, menu);
        return true;
    }

    @Override
    public boolean onOptionsItemSelected(MenuItem item) {
        // Handle action bar item clicks here. The action bar will
        // automatically handle clicks on the Home/Up button, so long
        // as you specify a parent activity in AndroidManifest.xml.
        int id = item.getItemId();
        if (id == R.id.action_settings) {
            return true;
```

图 8-19 创建工程完成界面

本实例可以分为方向盘模块（见图 8-21）、游戏按钮模块（见图 8-22）、其他按钮模块（连接、断开、设置）。按照要求切割好图片后，分别利用 ImageView 控件导入对应的图片即可实现图 8-20 所示的界面。

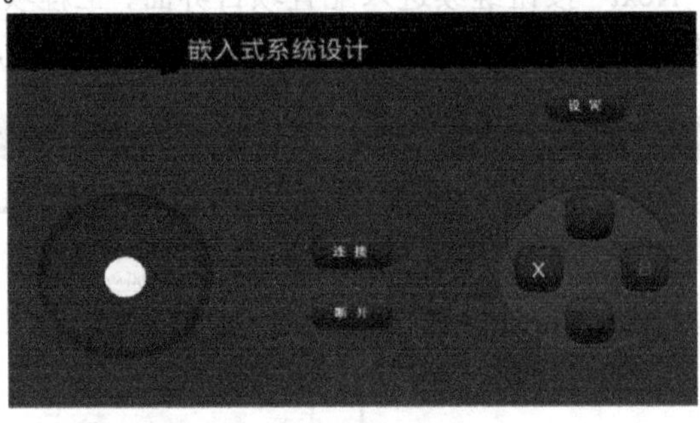

图 8-20 游戏手柄界面设计

图 8-21 小模块 1

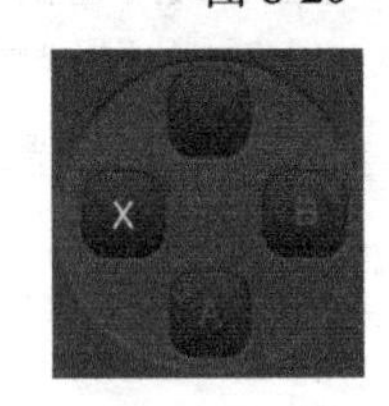

图 8-22 小模块 2

图 8-23 连接按钮

图 8-24 设置按钮

本实例界面设置 XML 文件如下。

```
<RelativeLayout
    xmlns:android="http://schemas.android.com/apk/res/android"
    xmlns:tools="http://schemas.android.com/tools"
    android:layout_width="wrap_content"
    android:layout_height="fill_parent"
    android:background="@drawable/black"
```

```
    android:paddingBottom="@dimen/activity_vertical_margin"
    android:paddingLeft="@dimen/activity_horizontal_margin"
    android:paddingRight="@dimen/activity_horizontal_margin"
    android:paddingTop="@dimen/activity_vertical_margin"
    android:screenOrientation="landscape"
    tools:context="com.example.control.MainActivity" >

<!-- 嵌入式系统设计标题显示 -->
    <TextView
        android:id="@+id/txtTitle"
        android:layout_width="wrap_content"
        android:layout_height="wrap_content"
        android:layout_alignParentLeft="true"
        android:layout_alignParentTop="true"
        android:text="@string/title_main"
        android:textSize="20sp" />
<!-- 断开连接图片按钮显示 -->
    <ImageView
        android:id="@+id/imgDisConn"
        android:layout_width="wrap_content"
        android:layout_height="35dp"
        android:layout_below="@+id/imgConn"
        android:layout_centerHorizontal="true"
        android:src="@drawable/btndisconn" />
<!-- 右侧按钮圆盘界面显示 -->
    <ImageView
        android:id="@+id/imgvCtrl"
        android:layout_width="140dp"
        android:layout_height="140dp"
        android:layout_alignParentBottom="true"
        android:layout_alignRight="@+id/imgvSet"
        android:layout_marginBottom="23dp"
        android:src="@drawable/btn" />
<!-- 连接图片按钮显示 -->
    <ImageView
        android:id="@+id/imgConn"
        android:layout_width="wrap_content"
        android:layout_height="35dp"
        android:layout_alignBottom="@+id/imgvTouch"
        android:layout_centerHorizontal="true"
        android:layout_marginBottom="14dp"
        android:src="@drawable/btnconn" />
<!-- 设置服务器地址、端口按钮显示 -->
    <ImageView
        android:id="@+id/imgvSet"
        android:layout_width="wrap_content"
        android:layout_height="35dp"
```

```
        android:layout_alignParentRight="true"
        android:layout_below="@+id/txtTitle"
        android:layout_marginTop="16dp"
        android:src="@drawable/btnsetup" />
<!-- 设置左侧导向罗盘 -->
    <ImageView
        android:id="@+id/imgvCircle"
        android:layout_width="150dp"
        android:layout_height="150dp"
        android:layout_alignLeft="@+id/txtTitle"
        android:layout_alignTop="@+id/imgvCtrl"
        android:src="@drawable/ctrlcircle" />
<!-- 设置导向罗盘单击点 -->
    <ImageView
        android:id="@+id/imgvTouch"
        android:layout_width="wrap_content"
        android:layout_height="wrap_content"
        android:layout_alignBottom="@+id/imgvCtrl"
        android:layout_alignRight="@+id/imgvCircle"
        android:layout_marginBottom="52dp"
        android:layout_marginRight="57dp"
        android:src="@drawable/touchcircle" />
</RelativeLayout>
```

（3）按钮单击事件的添加方法。界面中需要处理用户单击的控件需要增加触摸事件，以设置按钮为例。在事件定义中，填入此事件需要调用的函数。

变量定义：

```
ImageView imgvSet;
```

变量赋值：

```
imgvSet = (ImageView) mainView.findViewById(R.id.imgvSet);
```

增加对应事件：

```
imgvSet.setOnTouchListener(new OnTouchListener()
{
    @Override
    public boolean onTouch(View v, MotionEvent event)
    {
        if(event.getAction() == MotionEvent.ACTION_UP){
            //该图片发生单击事件时，自动触发下面语句
            setContentView(setupView);
        }
        return true;
    }
});
```

（4）网络消息发送方法。

```
//创建 UDP，并发送一个字符串到服务器
public void SendCMD(String CMD)
{
    class MyThread implements Runnable{
        private String cmd;
        public MyThread(String cmd) {
            this.cmd = cmd;
        }
        public void run()
        {
            try
            {
                DatagramSocket socket = new DatagramSocket();
                socket.setSoTimeout(3000);
                byte data[] = cmd.getBytes();//把字符串 str 字符串转换为字节数组
                java.lang.System.out.println(cmd);
                //创建一个 DatagramPacket 对象，用于发送数据
                //参数一：要发送的数据；参数二：数据的长度；参数三：服务端的网络地址；
                //参数四：服务器端端口号
                InetAddress serverAddress = InetAddress.getByName(strIP);
                //ipaddr.getText().toString()
                DatagramPacket packet = new DatagramPacket(data,
                                      data.length ,serverAddress ,iPORT);
                java.lang.System.out.println(strIP);
                java.lang.System.out.println(iPORT);
                socket.send(packet);           //把数据发送到服务端
                socket.close();
            }
            catch (IOException e)
            {
                // TODO Auto-generated catch block
                e.printStackTrace();
            }
        }
    }
    MyThread SendMsg=new MyThread(CMD);
    new Thread(SendMsg).start();
}
```

当手机 APP 需要发送 UDP 报文时，调用上述封装好的函数即可，例如

```
SendCMD("2:0*0");
```

上述简单的一行代码就能发送“2:0*0”这个字符串到 UDP 服务器。综上所述，完成上述的游戏模拟程序开发需要以下几个步骤。

① 设计手机客户端和嵌入式服务器之间的接口协议。

② 设计界面，画出符合要求的图片。

③ 切割图片，分为几个小模块，每个模块使用一个 ImageView 来导入显示。

④ 为每个 ImageView 增加单击事件，通过鼠标 XY 坐标的比较，计算图片被单击的位置，从而得出具体按了对应图片中的哪个按钮。

⑤ 为界面需要的每个动作添加合适的命令，并发送给 UDP 服务器，实现手机控制。

习题与思考题八

（1）Adroid 操作系统的特点有哪些？

（2）针对 Adroid 操作系统的开发工具有哪些？

（3）简述 Eclipse + ADT 的开发环境搭建过程。

（4）简述 Android Studio 的开发环境搭建过程。

第9章 嵌入式系统开发应用实例

9.1 概 述

随着嵌入式系统应用发展日益蓬勃，很多高校都开设了嵌入式系统设计专业方向，为社会提供嵌入式系统开发与应用人才。实验教学是嵌入式系统学习过程中的一个的重要环节，是深化理论知识学习、提高学习者动手能力的重要途径。实验设备是实验教学进行的基础，学生们通过自己实际动手操作，能够加强对理论课知识的理解和掌握，也能够学到很多理论课上未涉及的知识。但若没有一个设计合理、能够十分贴切地满足实验课程的嵌入式平台，则很容易将嵌入式的初学者挡在嵌入式学习王国的城门之外，让初学者面对嵌入式实验课程时感到手足无措。嵌入式系统课程群的实验环节需要实验设备，直接在市场上购买嵌入式系统实验设备可能会出现如下问题。

- 外购设备价格相对较高，出现故障后维护周期较长。
- 外购实验设备采用的技术往往没有全部公开，给二次开发带来困难。
- 当设备使用年限超出保修期之后，出现问题难以维护。

鉴于此原因，本章详细介绍了如何研发、设计实现用于嵌入式系统课程群所需的实验教学平台，以及配套实验课程内容。

嵌入式系统综合实训平台是一款以 ARM9 系列 S3C2440 微处理器为核心，集实验教学和课程设计于一体的实验、实训教学平台。本平台针对“嵌入式系统结构”、“嵌入式操作系统”、“嵌入式软件设计”和“嵌入式系统设计与应用”等嵌入式专业课程的需要，在该平台上可分别在无操作系统、嵌入式实时操作系统 μC/OS-II 和 Linux 操作系统情况下，完成 35 种软件开发及应用的实例。

嵌入式系统设计步骤一般由需求分析、体系结构设计、硬件/软件设计、系统集成和系统测试五阶段组成。各个阶段之间往往要求不断反复和修改，直至完成最终的设计目标。有关嵌入式系统设计的详细步骤参见 5.1 节。嵌入式系统综合实训平台的硬件和软件设计完成后，其实物图如 9-1 所示。

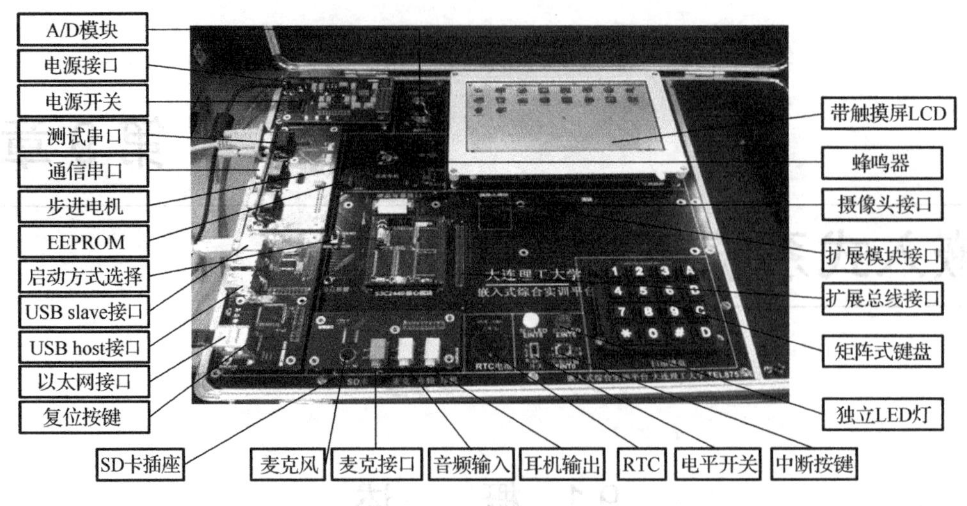

图9-1　平台实物图

9.2　硬件系统设计

在实训平台的硬件设计中采用了Top-Down设计方法，将系统的硬件先分成若干个模块，再设计系统全部的框图。

（1）微处理器选型。在嵌入式系统设计中，核心就是嵌入式微处理器。嵌入式微处理器应该具备对实时多任务的响应能力、很强的存储保护功能，以及可扩展性，另外还要降低嵌入式微处理器功耗。

（2）总线设计。因为总线是进行互连以及传输信息、指令、数据的桥梁，因此在设计中应该特别注意。在嵌入式系统中，采用片内总线与片外总线的方式，可以确保CPU与片内部件的连接，也可以确保与外部设备的准确连接。

（3）存储器设计。嵌入式系统内可以分为高速缓存Cache、主存、外存三种形式的存储器，对这三个存储器也应该有明确的设计，以便提高系统的运行速度。

（4）I/O端口设计。嵌入式系统是面向应用的，在I/O端口设计中，应该具备多任务、多平台的特点，确保嵌入式系统的适用性。

考虑到系统整体的需求，以及提高实训平台的灵活性，故对本实训平台硬件设计采取“核心板+系统平台主板”的设计模式。实验教学平台硬件整体架构模型，如图9-2所示。

实训平台核心板部分包括S3C2440微处理器、SDRAM、Flash等部件，通过插件方式与系统平台主板链接。根据课程群实验教学的需要，在系统平台主板上，还有配有一定的外围模块及扩展接口模块，具体包括：

（1）硬件模块：JTAG接口、串行接口、矩阵键盘、蜂鸣器、步进电机、A/D及D/A转换电路、独立LED、独立按键、音频输入/输出、触摸屏模块、USB控制器、以太网控制器等。

（2）外围接口模块：SD卡接口、I2C总线接口、CMOS摄像头接口、UART接口等。

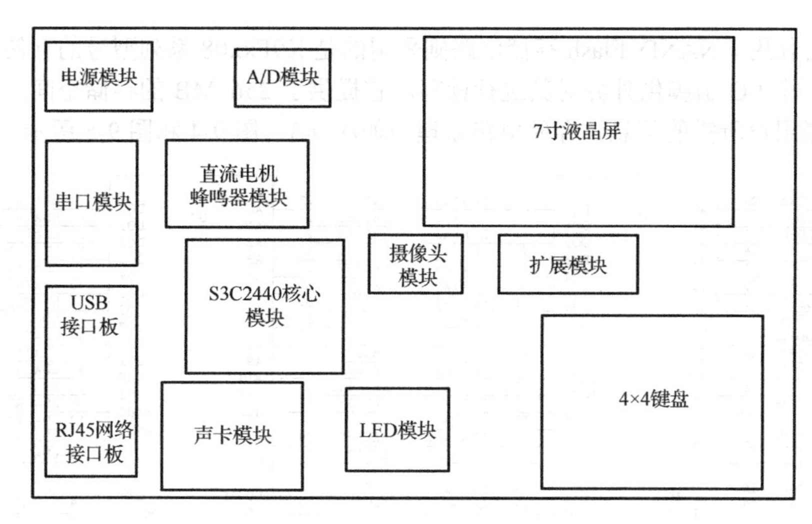

图 9-2　实验平台硬件整体架构模型图

（3）扩充接口模块：GPS 模块、GPRS 模块、ZigBee 通信模块、传感器输入模块、扩展 GPIO 模块接口等。

9.2.1　核心板结构组成

嵌入式系统综合实训教学平台采用 Micro2440 开发板作为系统核心板，Micro2440 中包含 S3C2440 微处理器、存储单元、电源电路、复位电路、标准 JTAG 调试口、用户调试指示灯等部分。

S3C2440 微处理器是三星公司推出的基于 ARM9 系列的 32 位 RISC 微处理器，是一款低功耗、低价格、高性能的微控制器，采用哈佛高速缓冲体系结构，具有独立的 16 KB 数据 Cache 和 16 KB 的指令 Cache，每个 Cache 均由 8 字长的行组成。S3C2440 微处理器片上资源丰富，包括外部存储控制器（SDRAM 控制和片选逻辑）、LCD 控制器、4 通道 DMA 并有外部请求引脚、3 通道 UART、2 通道 SPI、1 通道 I2C 总线接口、1 通道 IIS 总线音频编/解码器接口、兼容 SD 主接口协议 1.0 版和 MMC 卡协议 2.11 兼容版、2 个 USB 主机端口和 1 个 USB 设备端口、4 通道 PWM 定时器和 1 通道内部定时器/看门狗定时器、8 通道 10 位的 ADC 和触摸屏接口、具有日历功能的 RTC、相机接口、130 个通用 I/O 端口和 24 通道外部中断源、具有四种运行模式（普通、慢速、空闲和掉电），以及 PLL 片上时钟发生器。

在核心板上，除了核心微处理器 S3C2440 之外，还设计了频率为 32.768 kHz 和 12 MHz 的两个晶振直接给微处理器提供时钟频率。为了满足微处理器不同引脚的电压要求，还设计有 3.3 V 产生电路和 1.25 V 产生电路。此外，还设计了 JTAG 调试电路，在系统无操作系统支持的情况下，可以通过 JTAG 接口将程序下载到微处理器中直接运行。而核心板上的四个 LED 指示灯，可以通过微处理器的相应引脚直接控制其亮灭变化。

核心板上还设计有 SDRAM、NOR Flash 和 NAND Flash 三种存储器件的电路。其中作为内存的 SDRAM 存储电路使用的是两片 HY57V561620FTP-H 型号的存储芯片，每一片的存储空间多达 32 MB。两片存储芯片采用并行连接方式，能为实训平台提供 64 MB 的内存空间。NOR Flash 存储电路选择的是 SST39VF1601 型号的存储芯片，该型号芯片提供了 2 MB 的存储空间供平台使用。NAND Flash 存储电路则采用的是 K9Fxx08 系列型号的存储芯片，这种芯片设计有 8 个 I/O 引脚供外界对其进行读写，它提供了 256 MB 的存储空间，用于长期存储操作系统或用户所需的信息。存储电路原理图如图 9-3、图 9-4 和图 9-5 所示。

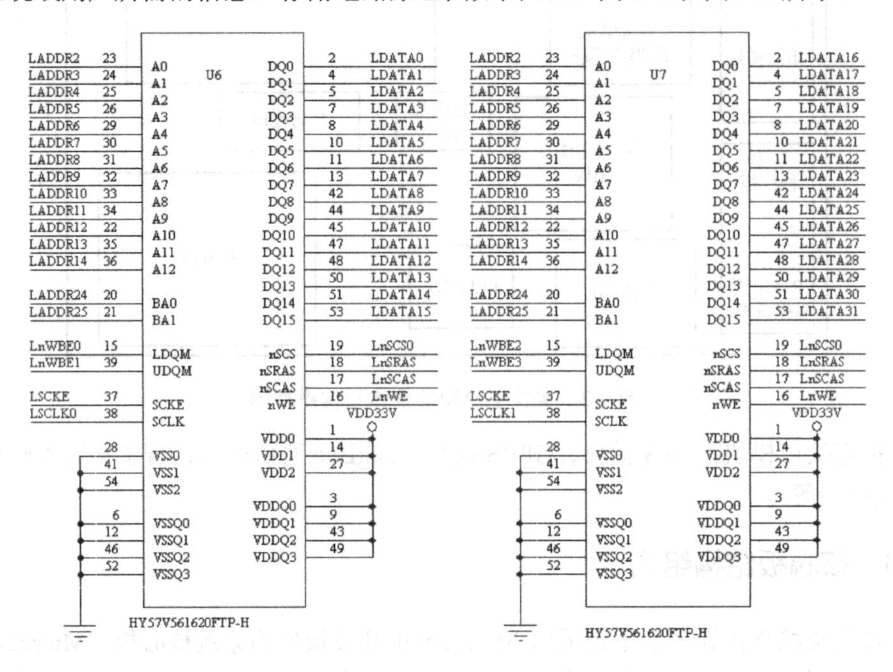

图 9-3　SDRAM 电路原理图

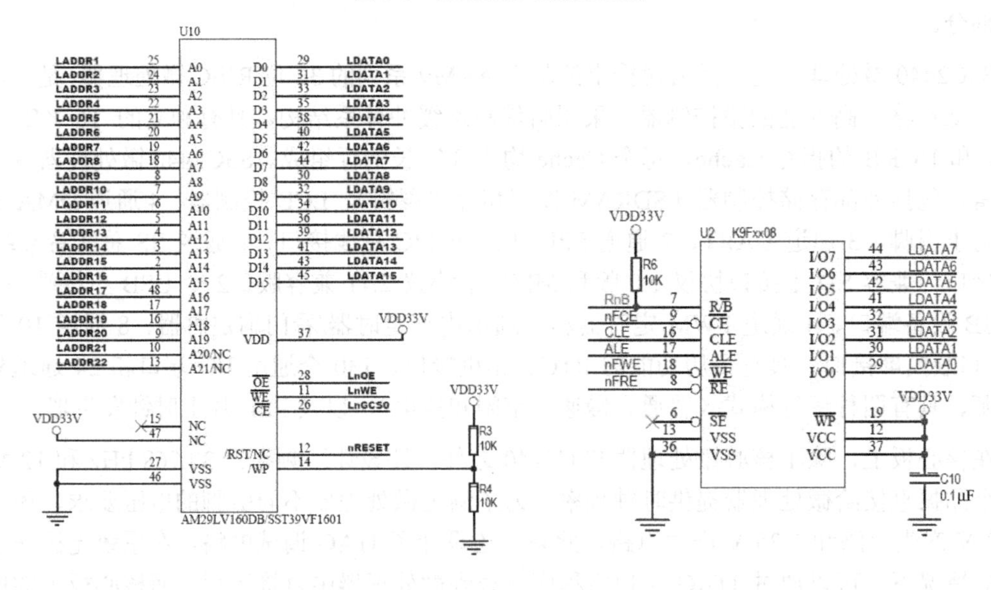

图 9-4　NOR Flash 电路原理图　　　　图 9-5　NAND Flash 电路原理图

9.2.2 系统平台主板结构组成

系统平台主板与核心板之间是通过核心板的插针与主板上的插座相契合而连接起来的，由于 S3C2440 引脚较多，因此设计了三组插针和插座。主板上插座的电路原理如图 9-6 所示。

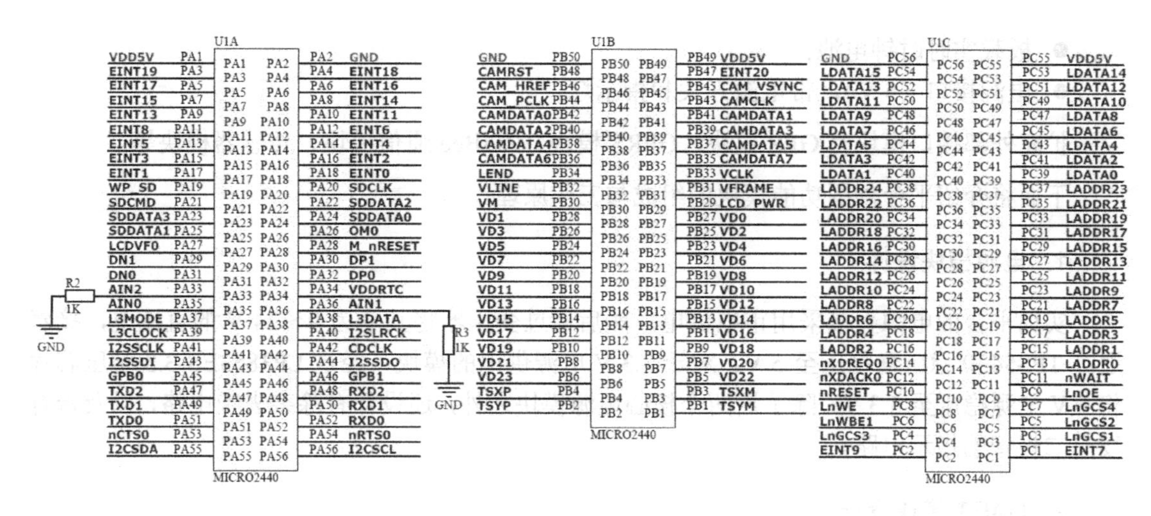

图 9-6　主板插座电路图

系统平台主板上的所有电路模块都是通过这三组插座与核心板上的微处理器对应的引脚相连的，因此对于每一个模块来说，都可以构成一个比较完整的电路。由于不同的电路模块对于供电电压的需求不太一样，有些模块的工作电压值在整个实训平台中比较特殊，因此对于这样的电源模块就直接设计在主板上。例如，CMOS 摄像头模块，其正常工作电压值为 1.8 V，与实训平台上的其他模块使用电压值不一样，因此将其供电的电源电路设计在主板上。在 CMOS 摄像头模块的供电电路中，采用了型号为 LM1117MP-1.8 的稳压器，将电路中的 5 V 电压值稳压至 1.8 V。在稳压芯片的两侧，即 5 V 电源输入端和 1.8 V 电源输出端都各添加有 220 μF 的电容，用于增强输出电源稳定性。

外围模块与主板之间的连接方式采用“插针+插座”的方式，插座均设计在主板上。外部接口模块如下所示。

- 7 英寸 LCD 显示 256 色真彩 TFT 液晶屏，屏幕分辨率可以达到 1024×768 像素；
- LCD 显示屏上已经集成有四线电阻式触摸屏；
- 1 个 100 Mbps 以太网 RJ-45 接口；
- 3 个 UART 串行口；
- 1 个 2.0 mm 间距 10 针 JTAG 接口；
- 1 个 SD 卡存储接口；
- 4 个 USB Host 接口；
- 1 个 USB Slave 接口；
- 1 个 I2C 总线芯片，用于 I2C 总线测试；
- 1 路立体声音频输出接口，1 路麦克风接口，1 路音频信号输入接口；
- 4 个 LED 发光二极管；
- 16 个按键的小矩阵键盘；
- 1 个直流电机；
- 1 个 PWM 控制蜂鸣器；
- 1 个可调电阻，用于 A/D 转换测试；
- 1 个 2.0 mm 间距 20 引脚的 CMOS 摄像头接口；

- 板载实时时钟电池；
- 电源接口（5 V），带电源开关和指示灯。

扩充外部接口模块有 GPS 模块、GPRS 模块、ZigBee 通信模块、传感器模块等。

下面将介绍平台外围功能模块的组成与工作原理。

1．电源模块设计

实训平台的电源直接采用市电供电，然后通过变压器将其变为 9～24 V 的直流电，接着通过 TPS5430 稳压器稳压至 5 V。对于 3.3 V 电源供电的模块，经过 LP3853ES-3.3 稳压芯片将 5 V 电源稳压至 3.3 V。除了这两个核心电源模块之外，还设计有除杂去噪电路，以及带有发光二极管的指示电路。

2．UART 模块设计

UART 模块的电路设计如图 9-7 所示。

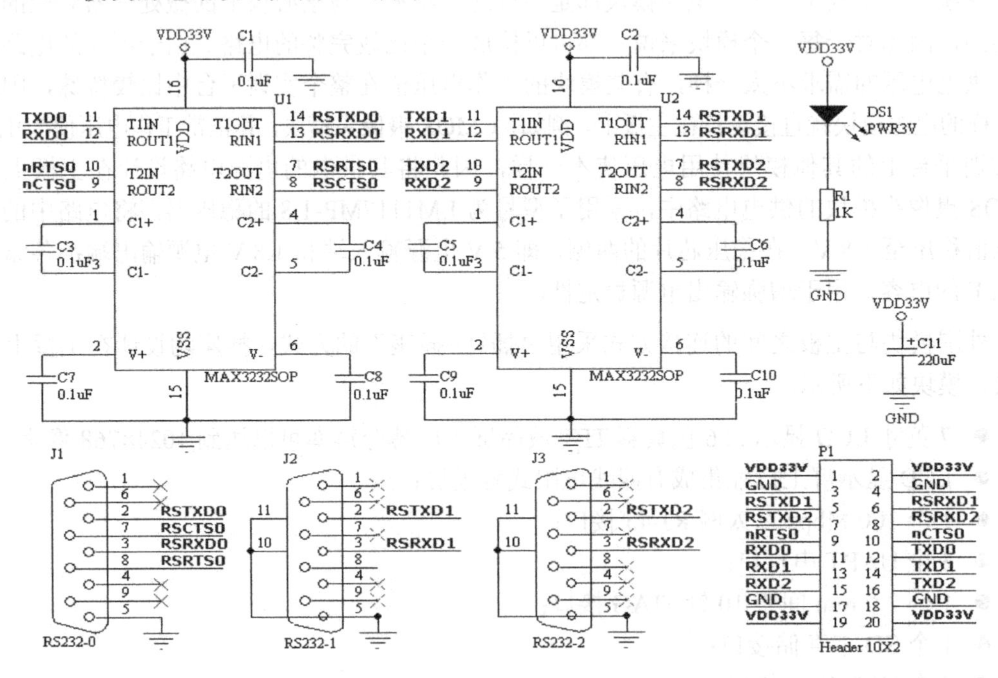

图 9-7 UART 电路原理图

实训平台的 UART 模块为单独设计，根据前面器件选型时的分析可知，UART 模块最主要的任务是完成 TTL 电平和 UART 电平之间的转换。因此，图中 P1 为与主板相连的插针接口，nRTS0、nCTS0、RXD0 和 TXD0 为串口 0 所需的四条线，并且串口 0 一般作为实训平台的默认串口使用。nRTS0 和 nCTS0 为控制信号线；RXD0 和 TXD0 为数据收发线；RXD1 和 TXD1 为串口 1 的数据收发线；RXD2 和 TXD2 为串口 2 的数据收发线；RSTXD1、RSRXD1、RSTXD2 和 RSRXD2 这四条线则是接引至主板上扩展接口供扩展模块使用的信号线。图中的串口芯片 U1 供串口 0 单独使用，串口芯片 U2 则是由串口 1 和串口 2 共同使用。发光二极管所在的指示电路用来指示 UART 模块的供电电压是否正常。

3. A/D 电路模块设计

A/D 模块的电路设计比较简单，因此直接将其设计在了主板上。具体电路设计如图 9-8 所示。

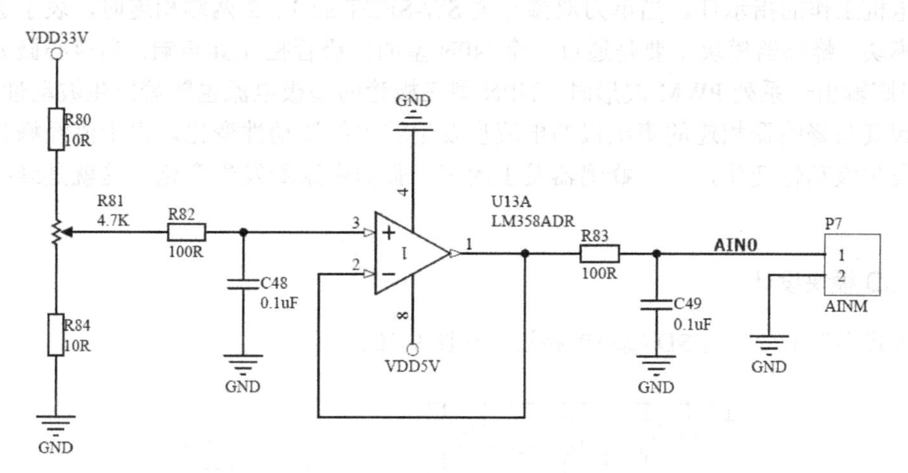

图 9-8　A/D 模块电路原理图

4. 蜂鸣器与步进电机模块设计

为了节省资源，嵌入式实训平台的蜂鸣器和步进电机模块都是采用 PWM 方式进行控制的，并且它们共用核心微处理器的一个 I/O 端口 GPB0，两个模块的使用通过一个单刀双掷开关来选择，具体电路设计图如图 9-9 所示。

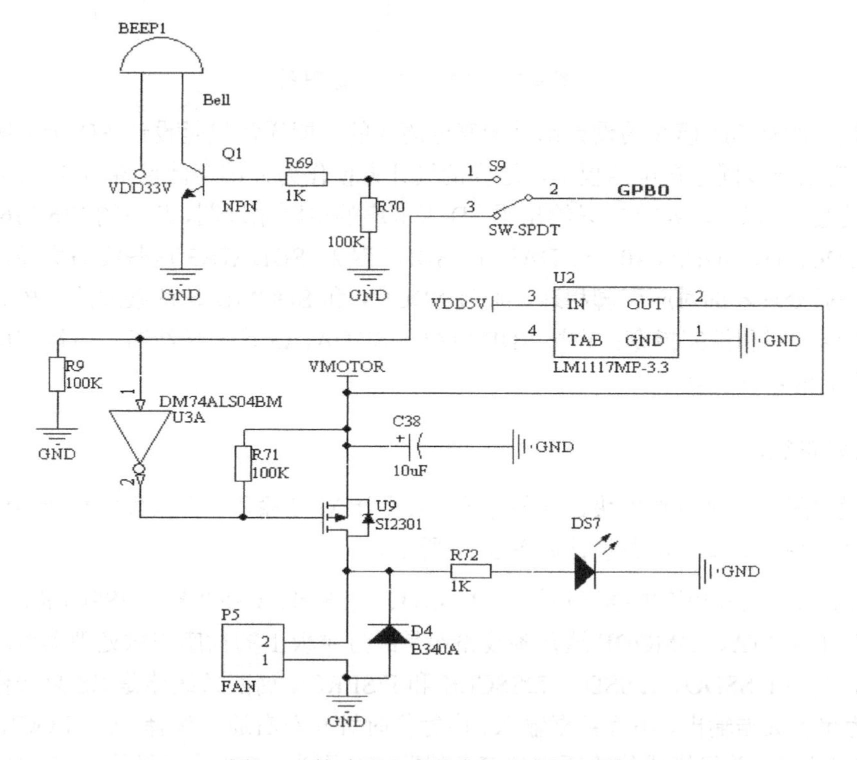

图 9-9　蜂鸣器和步进电机电路原理图

图中 P5 为步进电机的接口，步进电机采用两线控制，其中一端直接接地，另一端通过核心微处理器的 GPB0 端口输出 PWM 波形控制其转速大小。另外，在电路原理图中还有一个发光二极管 DS7。当步进电机工作时，发光二极管就会点亮。因此，该发光二极管也是步进电机工作的指示灯。当单刀双掷开关 SW-SPDT 的 1、2 两端相连时，表示选择使用蜂鸣器模块。蜂鸣器模块主要是通过一个 NPN 型的三极管控制其声响，当核心微处理器的 GPB0 引脚输出一系列 PWM 波形时，NPN 型三极管的基极电流也随着发生波动性的变化，从而引起其与蜂鸣器相连的集电极的电流也发生较大的波动性变化。由于流经蜂鸣器的电流强度发生波动性变化，所以蜂鸣器发出的声音强弱也跟着发生变化，这就是蜂鸣器的工作原理。

5．SD 模块设计

嵌入式实训平台中的 SD 模块电路设计如图 9-10 所示。

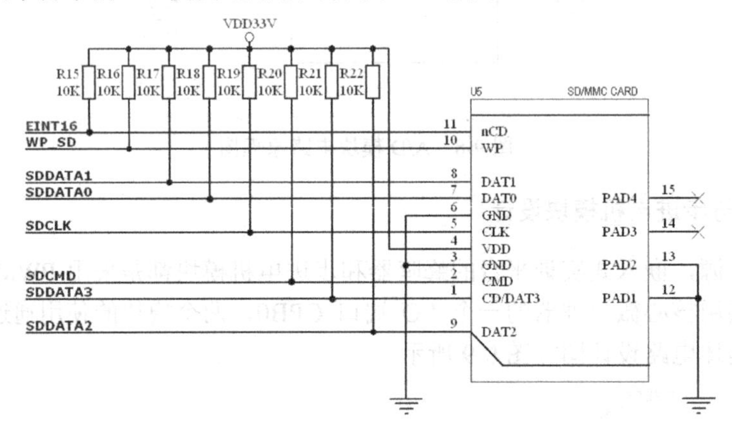

图 9-10　SD 模块电路原理图

目前几乎所有 SD 模块的设计都是卡座分离式的，即通常只是设计 SD 卡卡座而无须将 SD 卡用焊锡或导线固定在电路板上。这样的设计方便作为外部存储设备的 SD 卡随身携带，增强其移动性。所以，图 9-10 中只给出了 SD 卡卡座的电路原理图，其中的 EINT16、WP_SD、SDCLK、SDCMD、SDDATA0、SDDATA1、SDDATA2、SDDATA3 这些线路均经过主板上的插座与核心微处理器的对应引脚相连，通过 SDCLK 和 SDCMD 这两条线路，核心微处理器向 SD 卡发送读写和控制指令；通过 SDDATA0～SDDATA3 这四条线路，可以完成微处理器与 SD 卡之间的数据交互。

6．音频模块设计

音频模块采用的是单独模块设计的方式，共设计 MIC 输入、音频输出和音频信号输入三个接口。音频模块的接口电路设计如图 9-11 所示。

图中 P1 为与主板相连的插针设计，I2SSDO、I2SSDI、CDCLK、I2SSCLK、I2SLRCK、L3CLOCK、L3DATA、L3MODE 这几条线路都是经过主板上的插座与微处理器对应的引脚直接相连的，其中 I2SSDO、I2SSDI、I2SSCLK 和 I2SLRCK 这四条线路是 IIS 总线模式所必需的，分别为串行数据输出、串行数据输入、串行位时钟和左右通道选择；L3CLOCK、L3DATA 和 L3MODE 是 L3 总线模式传输所需的三条线路，分别为 L3 总线时钟线、L3 总线数据线和

L3 总线模式线。此外，图中的 J1（EAROUT）为与耳机相连的音频输出接口，J2（LINEIN）为音频信号输入接口，一般用于系统录制音频或各种模拟信号的输入端，J3（MICIN）为与耳机相连的语音输入接口。

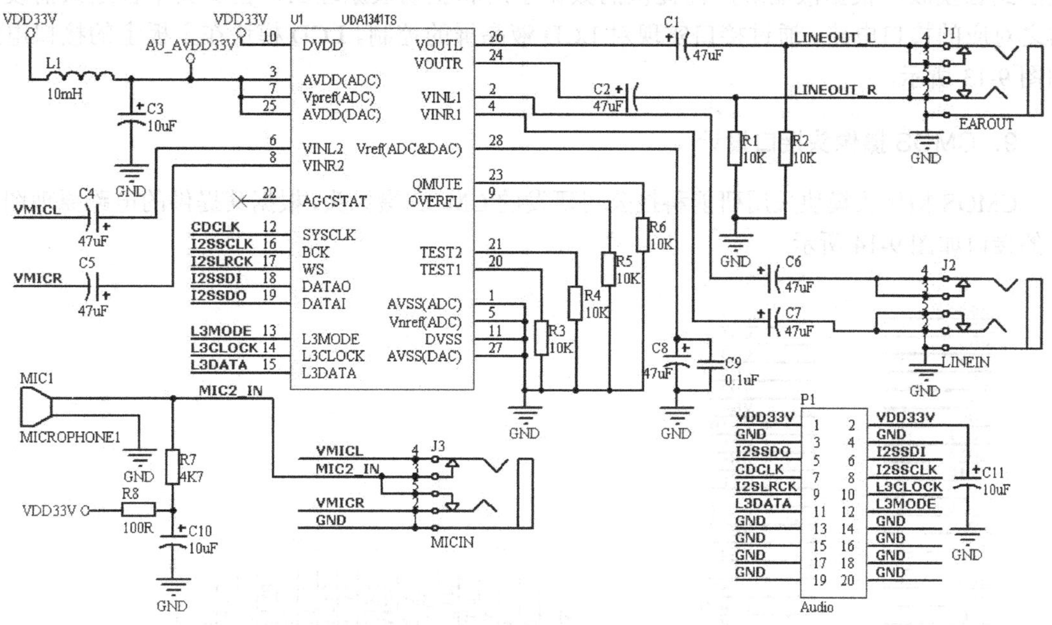

图 9-11　音频模块电路原理图

7．USB 模块设计

USB 模块需要设计一个从设备接口和四个主设备接口，而核心微处理器 S3C2440 内部已集成的 USB 模块，能够提供一个从设备接口和两个主设备接口。为了节省微处理器的引脚资源，在此，只使用微处理器的从设备接口和一个主设备接口。因此外围 USB 模块设计的主要工作就是使用 AU9254 这款芯片将 S3C2440 提供的一个主设备接口扩充为四个，具体电路设计如图 9-12 所示。

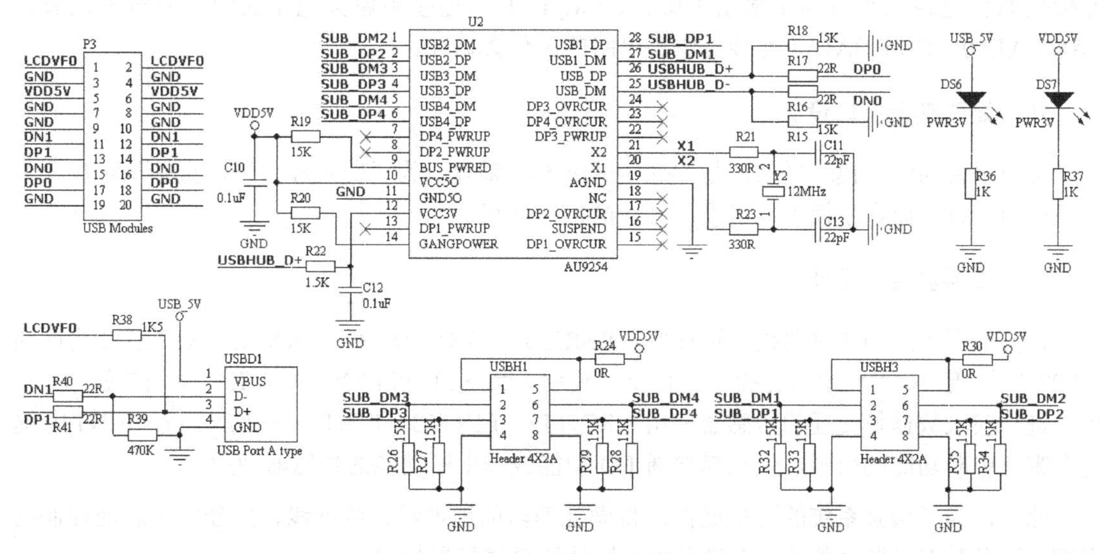

图 9-12　USB 模块电路原理图

8. LCD 模块设计

LCD 模块选用的是群创公司研制开发的 7 寸液晶显示屏，并且液晶屏的表层涂有一层电阻式触摸膜。根据液晶屏厂商提供的数据手册和驱动板原理图，在实训平台上只需设计与之对应的接口电路，通过接口实现对 LCD 液晶屏的控制。LCD 模块在主板上的接口电路如图 9-13 所示。

9. CMOS 摄像头接口设计

CMOS 摄像头模块采用研能科技公司研发的 CMOS 摄像头，根据其提供的电路原理图设计的接口如图 9-14 所示。

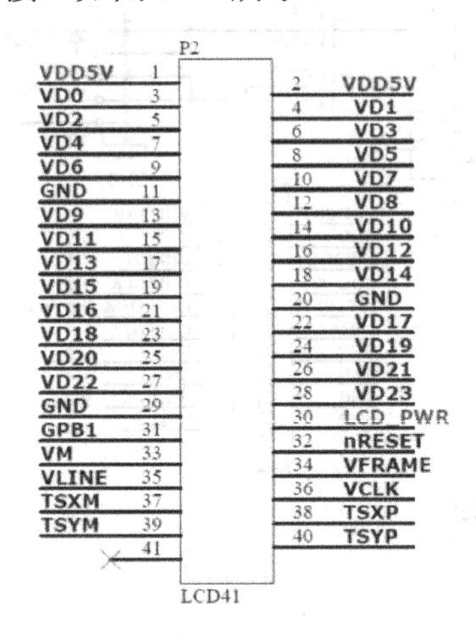

图 9-13 LCD 接口电路原理图

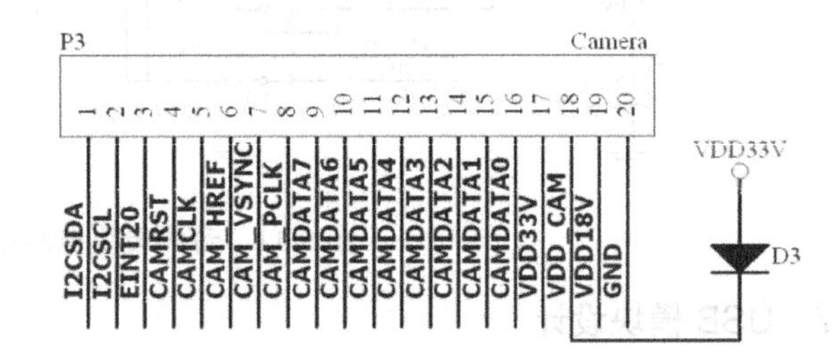

图 9-14 CMOS 摄像头接口电路

CMOS 摄像头可以采用 I2C 总线方式对其进行读写，因此在设计其接口电路时，留有了 I2C 总线所需的数据线和时钟线。CAMRST 连接摄像头电路的复位引脚，CAMCLK 连接摄像头电路的系统时钟输入脚，CAM_HREF 连接摄像头电路的 HREF 输出脚，CAM_VSYNC 连接摄像头电路的垂直同步输出引脚，CAM_PCLK 连接摄像头电路的像素时钟输出脚，CAMDATA0～CAMDATA7 连接摄像头电路的 8 位数据线。

10. 矩阵键盘接口设计

实训平台的键盘模块采用的是 4×4 矩阵式扫描键盘。为了美观和方便，直接从市场上购买现成的键盘，而在主板上只需设计相应的接口即可。

11. 传感器接口设计

在实训平台上的传感器接口设计中，RSRXD1、RSTXD1 和 RSRXD2、RSTXD2 为两路 UART 串行接口，供需要串行操作的传感器使用。I2CSCL 和 I2CSDA 为 I2C 总线的接口，供需要进行较大数据量交互的传感器使用。EINT11、EINT13～EINT15 和 EINT17～EINT19 这几个带有中断功能的引脚，供只需普通 I/O 功能或需中断功能的传感器使用。

此外，为了增强系统的可扩展性，将微处理器的地址线、数据线、部分用于功能控制的引脚，以及带有中断功能的 I/O 口引出，设计了总线扩展接口。

9.3　软件系统设计

在嵌入式系统中，软件系统一般包括系统软件（如操作系统）和应用软件两大类。

9.3.1　系统软件需求分析与设计

在软件方面，本实训平台提供了分别在无操作系统、嵌入式实时操作系统 μC/OS-II 和 Linux 操作系统情况下，35 种软件开发及应用的实例。

在嵌入式实训平台上开发无操作系统的应用程序并运行，这个过程比较简单，只需在 Windows 操作系统下使用 ADS 编写源代码，然后使用 DNW 将其下载到 NAND Flash 中运行即可。

基于 μC/OS-Ⅱ的嵌入式实验教学平台的软件开发流程如下：首先，将 μC/OS-Ⅱ操作系统在 Micro2440 核心板上的移植。然后，进行软件的设计与实现，具体包括 μC/OS-Ⅱ的任务调度、中断和时钟、任务的同步与通信、动态内存管理等实验的编码和测试。最后，编写程序代码来测试该实验平台的功能健全性。

实训平台中的 Linux 操作系统内核版本 Linux2.6 内核能够完成 27 个实验内容，包括最底层的 BootLoader 移植、Linux2.6 内核定制、带有 Qt 图形系统的文件系统编译，以及模块驱动程序和应用程序。

嵌入式 Linux 系统中的软件主要分为引导加载程序、系统内核、文件系统和应用程序。因此，在编写完应用程序的源代码将其下载到实训平台上运行之前，还有一些准备工作要完成，具体包括：烧写 BootLoader、Linux 内核镜像和文件系统。而在向实训平台中的 NAND Flash 存储器烧写这三个映像文件前，还需针对具体的硬件环境对其进行修改，即所谓的移植。有关 Linux 内核与文件系统的定制，参见第 7 章相关内容。

9.3.2　用户应用程序设计

下面以 Linux 下矩阵键盘应用实验为例，介绍完成实验内容的过程。

1．实例目的、内容和实验设备

在嵌入式综合实训平台上，具有 16 按键的矩阵键盘。通过对本实例的操作，能够使应用者初步了解普通矩阵键盘实现原理；熟悉 Linux 操作系统下简单驱动程序的设计。实例内容是编写基于嵌入式综合实训平台核心板的矩阵键盘驱动程序，然后编写测试程序对其进行测试。

本实例使用的设备及工具在硬件方面有嵌入式综合实训平台、PC。在软件方面有 Ubuntu10.10 操作系统。

2．预备知识与实例原理

（1）矩阵式键盘简介。详见 5.4.1 节内容。

（2）实现平台矩阵式键盘应用电路。S3C2440 微处理器与具有 16 按键的矩阵键盘连接的硬件电路如图 9-15 所示，图中键盘的纵列线从左到右依次连接微处理器的 EINT15、EINT5、EINT4 和 EINT3（即对应 S3C2440 芯片的 I/O 引脚依次为 GPG7、GPF5、GPF4 和 GPF3），键盘横向线从上到下依次连接 EINT2、EINT1、EINT13 和 EINT14（即对应 S3C2440 芯片 I/O 引脚为 GPF2、GPF1、GPG5 和 GPG6）。

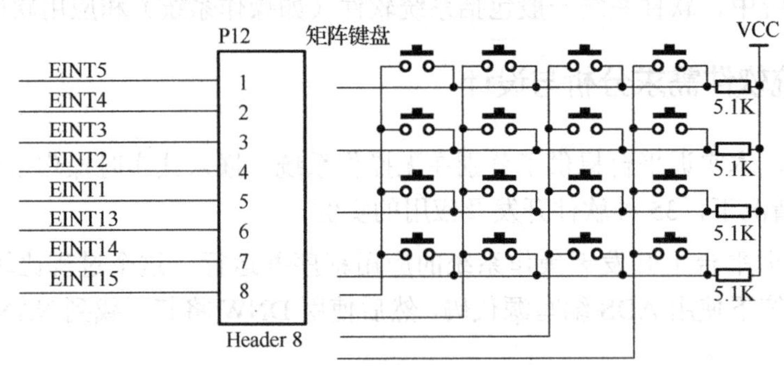

图 9-15 S3C2440 微处理器与键盘连接图

当微处理器采用中断扫描方式时，如有按键按下时会向微处理器申请中断，微处理器可以进入中断处理程序。在 Linux 操作系统下的矩阵式键盘具体的工作流程如图 9-16 所示。

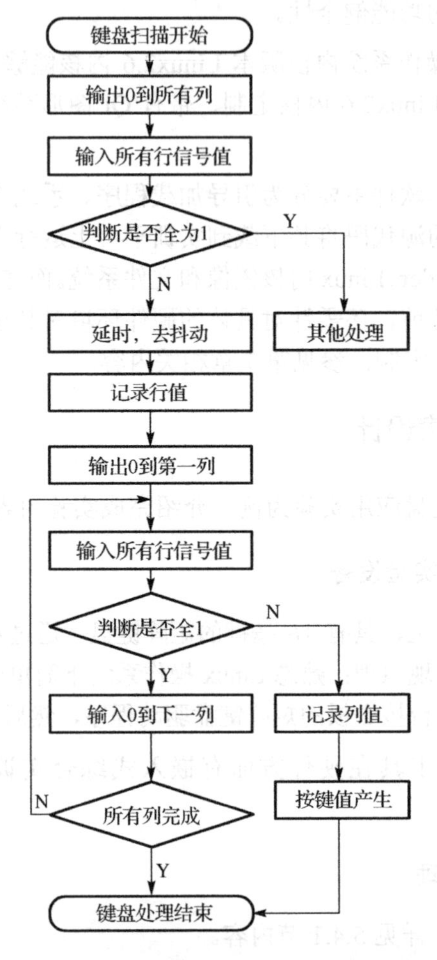

图 9-16 行扫描法键盘处理程序流程图

3. 程序编写

主要编程代码片段如下。

```
//定义中断信息结构
structbutton_irq_desc
{
    intirq;
    int pin;
    intpin_setting;
    int number;
    char *name;
};
structcol_desc
{
    int pin;
    intpin_setting;
};

//定义对应键盘列线的处理器 I/O 引脚为输出方式
staticstructcol_desccol_table [] =
{
    {S3C2440_GPG(7) , S3C2440_GPIO_OUTPUT},
    {S3C2440_GPF(5) , S3C2440_GPIO_OUTPUT},
    {S3C2440_GPF(4) , S3C2440_GPIO_OUTPUT},
    {S3C2440_GPF(3) , S3C2440_GPIO_OUTPUT},
};
//定义对应键盘行线的处理器 I/O 引脚为输入方式
staticstructbutton_irq_descbutton_irqs [] =
{
    {IRQ_EINT2, S3C2440_GPF(2) , S3C2440_GPF2_EINT2 , 0 , "KEY1"},
    {IRQ_EINT1, S3C2440_GPF(1) , S3C2440_GPF1_EINT1 , 1 , "KEY2"},
    {IRQ_EINT13, S3C2440_GPG(5) , S3C2440_GPG5_EINT13 , 2 , "KEY3"},
    {IRQ_EINT14, S3C2440_GPG(6) , S3C2440_GPG6_EINT14 , 3 , "KEY4"},
};
static volatile char key_values [] = {'0', '0', '0', '0'};
static volatile char user_values [] = {'0', '0'};
static DECLARE_WAIT_QUEUE_HEAD(button_waitq);        //等待队列
static volatile intev_press=0;    //中断 flag，中断处理函数置 1，read 函数清 0
static volatile int row = -1;
static volatile int col = -1;
//中断处理函数
staticirqreturn_tbuttons_interrupt(intirq, void *dev_id)
{
    //读键值
    structbutton_irq_desc *button_irqs=(structbutton_irq_desc *)dev_id;
    int down;
    inti,t=10;
```

```
    down =!s3c2440_gpio_getpin(button_irqs->pin);
    //if ((down != (key_values[button_irqs->number] & 1)) && (down == 1))
    {// Changed
        if(down == 1)                         //判定键盘被按键的行号
        {
            udelay(100);
            down = !s3c2440_gpio_getpin(button_irqs->pin);
            if((down == 1)&&(ev_press == 0))
            {
                key_values[button_irqs->number] = '0' + down;
                ev_press = 1;                 //表示中断发生
                for(i = 0; i < 4; i++)    //循环以便判定键盘被按键的列号
                {
                    s3c2440_gpio_setpin(col_table[i].pin, 1);
                    udelay(10);
                    t = s3c2440_gpio_getpin(button_irqs->pin);
                    switch(t)
                    {
                        case 2:
                        case 4:
                        case 32:
                        case 64:row = button_irqs->number;col = i;
                        break;
                        default:row = -1;col = -1;break;
                    }
                s3c2440_gpio_setpin(col_table[i].pin, 0);
                if((row >= 0) && (col >= 0))
                {
                    break;
                }
            }
        }
        wake_up_interruptible(&button_waitq);        //唤醒休眠的进程
    }
    return IRQ_RETVAL(IRQ_HANDLED);
    }
}
staticint s3c2440_buttons_open(structinode *inode, struct file *file)
{
    int i, j;
    int err = 0;
    for (i = 0; i <sizeof(button_irqs)/sizeof(button_irqs[0]); i++)
    {   //中断注册
        if (button_irqs[i].irq< 0)
        {
            continue;
        }
```

```
        err=request_irq(button_irqs[i].irq,buttons_interrupt,
        IRQ_TYPE_LEVEL_LOW,button_irqs[i].name,(void *)&button_irqs[i]);
        if (err)
            break;
    }
    for(j = 0; j < 4; j++)
    {
        s3c2440_gpio_cfgpin(col_table[j].pin, col_table[j].pin_setting);
    }
    if (err)
    {
        i--;
        for (; i >= 0; i--)
        {
            if (button_irqs[i].irq< 0)
            {
                continue;
            }
            disable_irq(button_irqs[i].irq);
            free_irq(button_irqs[i].irq, (void *)&button_irqs[i]);
        }
        return -EBUSY;
    }
    ev_press = 1;
    //列线拉低
    for(i = 0; i< 4; i++)
    {
        s3c2440_gpio_setpin(col_table[i].pin, 0);
    }
    return 0;
}
staticint s3c2440_buttons_close(structinode *inode, struct file *file)
{
int i;
    for (i = 0; i <sizeof(button_irqs)/sizeof(button_irqs[0]); i++)
    { //中断释放
        if (button_irqs[i].irq< 0)
        {
            continue;
        }
        free_irq(button_irqs[i].irq, (void *)&button_irqs[i]);
    }
    return 0;
}
staticint s3c2440_buttons_read(struct file *filp, char __user *buff,
                                            size_t count, loff_t *offp)
{
```

```
    unsigned long err;
    if (!ev_press)
    {
        if (filp->f_flags& O_NONBLOCK)
            return -EAGAIN;
        else
            wait_event_interruptible(button_waitq, ev_press);
    }
    user_values[0] = row+48;
    user_values[1] = col+48;
    err = copy_to_user(buff, (const void *)user_values, 2);
    /* copy_to_user 函数将判断出的按键位置（二维数组）写入到用户区，供应用程序使用，此处需要特别说明的是写入到用户区的是 char，而不是 int，例如写入（'1'，'2'），其实在用户访问时得到的是（49，50）*/
    user_values[0] = '0';
    user_values[1] = '0';
    col = -1;
    row = -1;
    ev_press = 0;
    return err ? -EFAULT : min(sizeof(key_values), count);
}
static unsigned int s3c2440_buttons_poll( struct file *file,
                                          structpoll_table_struct *wait)
{
    unsignedint mask = 0;
    poll_wait(file, &button_waitq, wait);
    if (ev_press)
        mask |= POLLIN | POLLRDNORM;
    return mask;
}
staticstructfile_operationsdev_fops =
{
    .owner   = THIS_MODULE,
    .open    = s3c2440-buttons_open,
    .release = s3c2440_buttons_close,
    .read    = s3c2440_buttons_read,
    .poll    = s3c2440_buttons_poll,
};
staticstructmiscdevicemisc =
{
    .minor = MISC_DYNAMIC_MINOR,
    .name = DEVICE_NAME,
    .fops = &dev_fops,
};
static int __initdev_init(void)                      //矩阵键盘驱动的初始化函数
{
    int ret;
```

```
    ret = misc_register(&misc);
    printk (DEVICE_NAME"\tinitialized\n");
    return ret;
}
static void __exit dev_exit(void)
{
    misc_deregister(&misc);                          //卸载设备
    printk (DEVICE_NAME"\exit\n");
}

module_init(dev_init);                               //加载该模块
module_exit(dev_exit);                               //卸载该模块
MODULE_LICENSE("GPL");
MODULE_AUTHOR("FriendlyARM Inc.")
```

4．实例操作步骤

实例步骤包括编译源码和下载运行两个步骤，其详细操作过程参见第 7 章相关内容。

9.3.3　综合实训平台应用实例简介

嵌入式系统综合实训平台的设计是针对于嵌入式专业课程群的需要，提供了在无操作系统、嵌入式实时操作系统μC/OS-II 和 Linux 操作系统三种不同环境下的 35 种应用实例项目，具体应用实例详见表 9-1 所示。有关本章所介绍的相关硬件设计和各部分应用实例应用中的程序代码等相关内容，详见参考文献 4。

表 9-1　实例项目及相关内容

嵌入式系统结构课程	无操作系统应用实例	实例 1　ADS1.2 集成开发环境的安装与应用
		实例 2　外部按键中断的应用
		实例 3　RS-232 串行接口通信
		实例 4　基于 I2C 总线通信的器件应用
		实例 5　LED 指示灯驱动
		实例 6　LCD 图片显示
		实例 7　蜂鸣器驱动
		实例 8　直流电机驱动
嵌入式操作系统课程	μC/OS-II 和 Linux 操作系统	实例 9　μC/OS-II 实时操作系统多任务调度
		实例 10　μC/OS-II 多任务间通信
		实例 11　μC/OS-II 内存管理
		实例 12　Linux 下交叉编译工具链的建立
		实例 13　Linux 下内核及制作文件系统
嵌入式 C/C++程序设计课程	外设接口应用实例	实例 14　Linux 下独立按键应用
		实例 15　Linux 下矩阵键盘应用
		实例 16　Linux 下 A/D 转换应用
		实例 17　Linux 下 LED 控制应用
		实例 18　Linux 下 LCD 驱动应用
		实例 19　Linux 下触摸屏控制应用

续表

嵌入式 C/C++程序设计课程	外设接口应用实例	实例 20　Linux 下 I2C 总线器件控制应用
		实例 21　Linux 下 USART 串口应用
		实例 22　Linux 下网络通信应用
		实例 23　Linux 下 U 盘读写应用
		实例 24　Linux 下 SD 卡读写应用
		实例 25　Linux 下蜂鸣器控制应用
		实例 26　Linux 下电机控制应用
		实例 27　Linux 下 CMOS 摄像头应用
		实例 28　Linux 下 USB 接口摄像头应用
		实例 29　Linux 下音频播放应用
嵌入式系统应用课程	传感器应用实例	实例 30　超声波传感器应用
		实例 31　温湿度传感器应用
		实例 32　光照强度传感器应用
		实例 33　三轴数字加速度传感器应用
		实例 34　陀螺仪运动传感器应用
		实例 35　人体红外传感器应用

参 考 文 献

[1] 陈丽蓉，李际炜，于喜龙，等. 嵌入式微处理器系统及应用. 北京：清华大学出版社，2010.

[2] 邱铁. ARM 嵌入式系统结构与编程（第 2 版）. 北京：清华大学出版社，2013.

[3] 苗风娟，等. ARM Cortex-A8 体系结构与外设接口实战开发. 北京：电子工业出版社，2014.

[4] 马洪连，李大奎，朱明，等. 嵌入式系统开发与应用实例. 北京：电子工业出版社，2015.

[5] 周中孝，周永福，陈赵云，等. ARM 系统开发与实战. 北京：电子工业出版社，2014.

[6] Peter Marwedel. 嵌入式系统设计：嵌入式信息物理系统基础（第 2 版）. 何宗彬，译. 北京：机械工业出版社，2013.

[7] Edward Ashford Lee. 嵌入式系统导论：CPS 方法. 李仁发，译. 北京：机械工业出版社，2012.

[8] Tammy Noergaard.Embedded Systems Architecture (Second Edition) Elsevier Inc. 2012.

[9] Jean J. Labrosse. 嵌入式实时操作系统 uCOS-III. 北京：北京航空航天大学出版社，2012.